薄板材料连接新技术

何晓聪　著

北　京

冶金工业出版社

2016

内 容 提 要

本书是作者近 30 年从事薄板材料连接新技术研究和教学经验的总结，主要阐述了自冲铆接技术、压印连接技术及结构粘接技术，包括连接机理、失效机理及结构粘结技术与自冲铆接技术或压印连接技术的复合应用。

本书可供航空航天、汽车制造等领域工程技术人员和研究人员阅读。

图书在版编目（CIP）数据

薄板材料连接新技术/何晓聪著 . —北京：冶金工业出版社，2016.1

ISBN 978-7-5024-7090-6

Ⅰ.①薄… Ⅱ.①何… Ⅲ.①金属薄板—连接技术

Ⅳ.①TG14

中国版本图书馆 CIP 数据核字（2015）第 271309 号

出 版 人　谭学余
地　　址　北京市东城区嵩祝院北巷 39 号　邮编　100009　电话　（010）64027926
网　　址　www.cnmip.com.cn　电子信箱　yjcbs@cnmip.com.cn
责任编辑　杨秋奎　加工编辑　李维科　美术编辑　彭子赫　版式设计　孙跃红
责任校对　石　静　责任印制　牛晓波
ISBN 978-7-5024-7090-6
冶金工业出版社出版发行；各地新华书店经销；固安华明印业有限公司印刷
2016 年 1 月第 1 版，2016 年 1 月第 1 次印刷
787mm×1092mm　1/16；21.5 印张；519 千字；327 页
75.00 元

冶金工业出版社　投稿电话　（010）64027932　投稿信箱　tougao@cnmip.com.cn
冶金工业出版社营销中心　电话　（010）64044283　传真　（010）64027893
冶金书店　地址　北京市东四西大街 46 号（100010）　电话　（010）65289081（兼传真）
冶金工业出版社天猫旗舰店　yjgycbs.tmall.com
（本书如有印装质量问题，本社营销中心负责退换）

序

我非常高兴地看到昆明理工大学何晓聪教授的学术专著《薄板材料连接新技术》出版。这是一部汇集作者及其研究团队多年研究成果的专著。

我于1999年在英国Manchester大学认识何晓聪教授。我注意到何教授从1991年留学日本开始，多年潜心研究薄板材料连接新技术。在英国Manchester大学获得工学博士学位后，何教授在英国Bradford大学、Manchester大学等多所著名大学担任博士后助理研究员、副研究员，并于2005年被英国Warwick大学创新制造技术研究所聘为高级研究员，参与英国下一代节能型汽车制造技术的研究，承担汽车白车身轻型薄板材料连接新技术的研发工作，在该领域取得了国际公认的学术成就。何晓聪教授于2008年初作为海外高层次人才被引进回国，创建昆明理工大学创新制造技术研究所，继续进行薄板材料连接新技术的研发工作。

多年来，交通运输领域的能源消耗和环境污染问题非常突出。航空、汽车等制造业越来越多采用轻合金、复合材料等新、轻型薄板材料代替传统材料，以实现减重增效、节能减排，促进绿色发展。然而，由于很多新轻型薄板材料焊接性能不好或无法焊接，因此亟需开发薄板材料连接新技术。

何晓聪教授及其研究团队，对自冲铆接、压印连接等薄板材料连接新技术进行了系统深入的研究，在连接机理、失效机理和过程优化等方面得出重要结论，在国际重要学术期刊发表了系列研究论文，并在轿车全铝合金车身上用新技术全面取代传统的点焊技术并获得成功，为轻量化航空器机身及汽车白车身制造等提供了创新技术储备。

2008年以来，何晓聪教授多次应邀为包括《Progress in Materials Science》（2015年影响因子27.417）在内的多种国际重要学术期刊撰写薄板材料连接新技术学科领域综述专论，系统总结该技术领域30多年来在理论研究和实际应用方面的成就与不足，提出今后一段时期的发展思路。

目前，我国正处在由"制造大国"向"制造强国"转换的关键时期，自冲铆接、压印连接等薄板材料连接新技术已开始应用于航空器、汽车、轻化工机械、家电等制造领域，具有广阔的应用前景，在不远的将来将成为轻量化航空器机身及汽车白车身的主流制造技术。

　　本书的出版，将对自冲铆接、压印连接等薄板材料连接新技术在我国航空航天、汽车制造等领域的推广应用起到积极的促进作用。另外，细心的读者会发现，本书所引用的参考文献中，绝大部分出自何晓聪教授及其研究生的研究成果。因此可以说，这本学术专著也是读者系统全面了解这项新技术的宝贵参考资料。

中国工程院院士　陈予恕

2015 年 10 月 26 日

前　言

由于能源紧缺及环境污染所带来的巨大压力，各工业领域都将结构轻量化作为提高竞争力的重要手段之一，因此铝、钛、镁合金等轻合金薄板材料被广泛应用于各类产品的制造。由于很多轻合金薄板焊接性能不好，不能用传统的点焊技术进行连接，因此急需开发薄板材料连接新技术。

近年来，迅速发展的自冲铆接技术和压印连接技术为此提供了全新的解决思路。这些技术具有很多优点，例如可以连接同种或异种板材成为组合结构；可以连接双层或多层板材组合及"三明治"结构；可以连接表面有镀、涂层的板材；质量持续稳定；连接时无热量、烟、气、火花、粉尘或碎屑等产生，属典型绿色制造技术，在航空航天、汽车及轻化工等领域中的应用日益广泛。

粘接技术本属传统连接技术，然而近年来多种高强优质粘接剂的研发成功赋予了传统粘接技术新的生命力。尤其是当粘接技术与上述自冲铆接技术或压印连接技术相结合，往往可以得到"1+1>2"的效果，并可有效减少或消除机械连接中普遍存在的微动磨损。

本书的撰写是作者在近30年从事薄板材料连接新技术研究和教学的经验积累上完成的。本书的内容绝大部分取自作者及其团队研究生的研究成果，并参考了国内外同行近年来的学术论著。

本书内容分为三部分，分别阐述自冲铆接技术、压印连接技术及结构粘接技术的连接机理、失效机理，以及结构粘结技术与自冲铆接技术或压印连接技术的复合应用。第一部分（第1～5章）由邢保英博士、许竞楠硕士协助撰写；第二部分（第6～12章）由郑俊超硕士、杨慧艳硕士、刘福龙硕士协助撰写；第三部分（第13～16章）由博士生王玉奇、唐勇硕士协助撰写。昆明理工大学创新制造技术研究所曾凯博士、丁燕芳讲师为本书的撰写提出很好的建议；博士生赵伦、张越及硕士生卢毅、王医峰、高爱凤、张先炼、程强、余童欣等人为本书的撰写提供了多方面的支持，在此一并衷心致谢！

　　虽然作者已在薄板材料连接技术领域从事研究教学近 30 年，但因学识所限，书中难免存在疏漏和不足之处，敬请同行和读者不吝赐教。若本书能对薄板材料连接新技术在我国航空航天、汽车制造等领域的推广应用起到一些促进作用，作者将感到十分欣慰。

　　本书的研究内容得到国家科技重大专项（2012 ZX04012-031）、国家自然科学基金项目（50965009）及云南省教育厅科技重大专项（ZD201504）的资助，顺致谢意！

作　者
2015 年 10 月

目　　录

1 自冲铆接技术概述

1.1 自冲铆接技术的发展

近年来，全球工业迅速发展，对能源的消耗日益剧增。社会的持续发展是建立在能源不断消耗的基础之上的，由于能源的日益枯竭，生存环境的持续恶化，当今社会对环保的标准开始逐渐提高，在产品设计、制造和回收等全生命周期中越来越重视绿色能源理念，各行业对新型节能技术也越来越重视，将低碳环保作为自身的发展方向。

作为全球制造业的支柱产业之一的汽车行业，面临更加严峻的挑战。随着汽车工业的发展，对汽车经济性要求越来越高，从而使汽车制造商更加重视车身总成的轻量化和连接的高质量。汽车的轻量化，就是在保证汽车的安全和操控性能的前提下，尽可能降低汽车的整车质量，从而提高汽车的动力性，减少燃料消耗，降低排气污染。据统计，汽车总质量的30%为车身质量，降低车身质量能很好地实现节能减排，并能有效改善汽车经济性。研究表明，当整车质量减轻10%时，燃油经济性提高3.8%，加速时间缩短8%，CO排放量减少4.5%，制动距离缩短5%，轮胎寿命提高7%，转向力降低6%。迄今为止，我国轿车生产绝大部分采用钢板作为车身材料。为了减轻车身质量，必须减少车身钢板厚度，采用高强度薄钢板，但车身钢板厚度太薄，又会带来刚度及车身动态性能等问题。因此，减轻车身质量的有效办法就是使用轻型材料，如轻合金或复合材料等。

当采用钢板作为车身材料时，通常采用点焊作为连接钢质车身结构的主要方法。点焊不仅有利于大批量生产，而且质量牢固可靠。但是对于轻合金、复合材料及异种板材之间的连接，点焊就很难实现有效连接，需研发新的连接方法。目前多种新方法成功应用于新轻型薄板材料的连接，例如摩擦搅拌焊接[1]、激光焊接[2]等，而近年来迅速发展的自冲铆接技术更为此提供了全新的解决思路[3]。

自冲铆接技术发明于20世纪中叶，但该技术的应用与研究，只在近30年中才取得了长足的进步[4,5]。现在在发达国家，车身结构中已开始用铝合金等新轻型材料来代替传统的钢材，这样不仅降低了车身质量，还提高了整车性能。由于许多新轻型薄板材料的焊接性能不好，甚至无法焊接，因此急需开发新轻型薄板材料连接技术。各大汽车制造商在过去20年中一直在寻找解决问题的方法。英国的Henrob公司与美国、德国和澳大利亚的有关科研部门合作，共同为用户开发出自冲铆接技术，该技术始用于建筑工业和大型家用电器的安装。在汽车行业，针对铝合金空间框架一体化车身的组装中，生产商开始重视自冲铆接技术[6,7]。从1993年起，德国奥迪汽车公司在奥迪全铝系列汽车上开始采用自冲铆技术，许多汽车开发项目都采用了自冲铆接技术作为连接方法。随着自冲铆接技术的不断发展和成熟，其将会成为最有潜力的机械连接方法并具有更加广泛的应用[8,9]。

一些欧美发达国家的知名汽车制造商在轿车车身生产制造过程中采用铝合金代替部分

或全部钢材，例如，第一代全铝车身的奥迪 A8、全铝承载式车身结构的捷豹 XJ 型、多种材料和多种连接工艺的沃尔沃 S80 等，如图 1.1 所示。

　　然而一种材料替代另外一种材料并不是一件简单的事情。与传统钢质硬壳式结构相比，铝合金挤压成形部件所组成的空间构架（见图 1.2）结构可获得等效的强度和刚度。尽管铝合金的强度和刚度远低于钢材，但在空间构架的设计中通过采用较厚的铝合金材料截面耦合可以补偿这个问题。然而，材料和白车身结构组合的改变使车身制造过程中面临着采用何种有效连接方法的挑战。空间构架连接技术选择的成功与否，在很大程度上取决于该连接技术如何使自身很好地适用于大批量生产。衡量潜在的连接技术是否适用于工业生产，需要考虑的项目包括：操作成本、生产周期、可靠性和质量[10~13]。

图 1.1　铝合金在车身上的应用
（捷豹 XJ8 铆接铝质白车身）

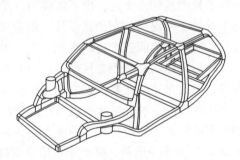

图 1.2　空间构架实例[9]

1.2　自冲铆接原理及工艺过程

　　自冲铆接本质为机械冷成形技术，可以实现两层或多层板材的有效连接。其连接原理是通过冲头下行压迫铆钉刺入板材，铆钉在刺入板材的过程中向四周张开形成铆扣，在基板中形成一个永久性紧固结构，从而将基板紧紧连接在一起[7,14]。

　　根据采用铆钉形式的不同，将自冲铆接分为实心铆钉自冲铆接和半空心铆钉自冲铆接。

1.2.1　实心铆钉连接工艺过程

　　实心铆钉自冲铆接可用来连接硬质和软质材料，以及不同机械性能的材料组合。假如连接条件不是很苛刻，可采用该技术。现代制造业中，已有装配过程中开始采用该技术。实心铆钉自冲铆接过程如图 1.3 所示，在接头连接过程中，铆钉充当切割冲头的作用。当冲头压迫铆钉头时，孔内的基板材料被切割下来，如阶段 Ⅱ 和 Ⅲ 所示，切割掉的废料从下模具的内孔中掉落下来。该模具边缘处有凹槽，并且其边缘相当于一个切削刃。在阶段 Ⅳ 中，基板被压紧，底层材料流入到铆钉周长方向处的凹槽内。最终，材料流动包围住铆钉形成接头。常用的实心铆钉和实心铆钉连接设备分别如图 1.4 和图 1.5 所示[15,16]。

　　实心铆钉连接技术可连接多种材料，不仅是金属板材，还包括铸造合金、塑料和各种夹层材料组合。该技术被用于薄壁车身单元中高力学性能材料的连接，其连接实例如图 1.6 所示[15]。

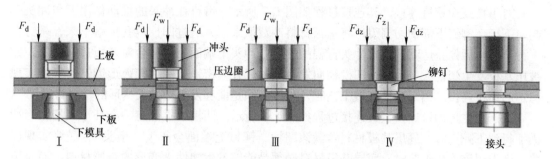

图 1.3 实心铆钉自冲铆接过程[15]

图 1.4 实心铆钉[15]

图 1.5 实心铆钉连接设备[15]

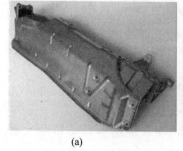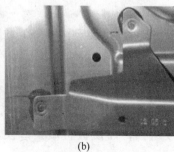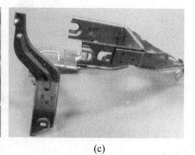

(a)　　　　　　　　　　(b)　　　　　　　　　　(c)

图 1.6 实心铆钉连接实例[15]

（a）铸造合金板；（b）粘接金属板（复合接头）；（c）钢板

实际应用中实心铆钉连接工艺主要分为腰鼓形铆钉连接和圆柱形铆钉连接。

对于腰鼓形铆钉连接，其连接过程如图1.7所示。铆钉在冲头的推动作用下与冲头一起向下行，铆钉下部的切割刃口将基板材料冲裁下来，并通过凹模内孔掉落下来，铆钉在下行至凹模后停止运动。随着冲头行程的继续，冲头下端面处的凸台对基板进行施压，使被压基板发生塑性大变形并沿凹模径向发生流动，并紧密地包围住腰鼓形铆钉，最终实现稳定的锁止连接。当采用该连接工艺时，基板必须是能够发生塑性大变形的金属材料[16]。

对于圆柱形铆钉连接，其连接过程如图1.8所示。凹模上端部有一个环形凹槽，当冲头下行到下死点时，底层基板材料填满该凹槽，铆钉上端面会产生"墩头"，最终实现连接。当采用该连接工艺时，底层基板材料必须是能够发生塑性大变形的金属材料，而对顶层材料无严格要求和限制。

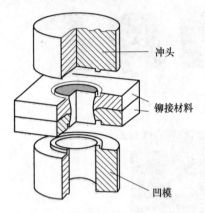

图1.7　腰鼓形铆钉连接过程[16]

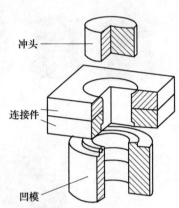

图1.8　圆柱形铆钉连接过程[16]

1.2.2　半空心铆钉连接工艺过程

根据自冲铆接的工作原理可知，该技术通常用来连接两层或者多层板材。现以两层板材的半空心铆钉自冲铆接为例，说明其连接过程。该过程涉及两个不同的过程，即刺穿和扩张。通常采用四个阶段来进行描述，如图1.9所示。

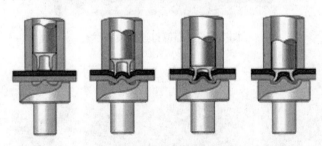

图1.9　半空心铆钉连接过程示意图

（1）夹紧：压边圈将上下板压紧，并使板材贴紧凹模，冲头推动铆钉下行至上板表面。

（2）刺穿：冲头推动铆钉向下行刺穿上板并进入下板。

（3）扩张：在冲头和凹模的共同作用下，下板材料流入凹模，同时铆钉管腿向四周张开，在基板中形成一个机械互锁结构。

（4）释放：当冲压机达到预定冲压载荷和行程时，停止并返回。

其连接本质为连续冷成形操作，在铆接过程中铆钉刺穿上层材料并在基板中形成一个永久性的机械内锁。连接过程中需要冲头和模具共同作用，因此要求工具必须可接近到基板的上下两侧[17,18]。

由于不需要对板材进行预钻孔，因此被连接板材之间、被连接板材和铆钉之间不需要准确的校准设备。因为铆接过程依赖于机械互锁而不是材料的熔接，故自冲铆接技术可以用来连接多种材料和各类材料的组合。例如，镀锌钢板、有机涂层钢板和喷漆钢板，钢板和铝合金的组合及塑料与金属的组合等。对于钢板，用来进行连接的钢板厚度范围为0.5~3mm，铆接接头的总厚度可以达到6mm。对于轻合金，铆接接头的总厚度则可以达到10mm。

实际应用中，考虑到连接工艺特点、连接强度等因素，主要采用半空心铆钉连接工艺。欧洲市场上自冲铆接应用中，实心铆钉连接所占市场份额大概为10%，而半空心铆钉连接所占份额大概达到90%[17]。因此本书选择半空心铆钉连接为对象，进行相关介绍，在后续内容中若无特别指明时，所涉及的自冲铆接均为半空心铆钉连接。

自冲铆接工艺参数主要包含四个部分：铆钉、凹模、被连接材料和铆接参数。

（1）实际自冲铆接生产中常采用的半空心铆钉参数包括：材料、强度及表面处理；铆钉管腿形状；铆钉长度；铆钉管腿内直径、铆钉管腿外直径，如图1.10（a）所示。

通常采用高强度钢制造铆钉，以确保铆钉的强度高于被连接材料的强度，从而实现连接；通常会对铆钉表面进行防锈处理，目前常用的是镀锌处理。由图1.10（a）可知，半空心铆钉的内部为一中空的型腔，铆钉管腿端部具有一定尖角；根据被连接材料的总厚度选择铆钉长度；对于铆钉管腿内、外直径的选择，需要与所用的凹模结构相匹配。

（2）凹模类型有平底凹模（简称平模）和带凸台的凹模，见图1.10（b）和图1.10（c），通常采用冷作模具钢制造凹模。

1）平模，其结构参数包括：凹模内径和凹模深度。它通常用来连接强度较高的材料。

2）带凸台的凹模，其结构参数包含：凹模内径、凹模深度和凸台高度。它通常用来连接强度较低的材料。

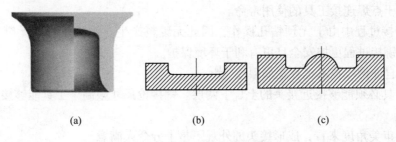

(a)   (b)   (c)

图1.10　自冲铆钉和凹模

（3）被连接材料。在自冲铆接时，为获得良好质量的接头，需要合理选择被连接材料，包括材料物理性质及强度、材料厚度和连接方向等。

根据已有的实验结果和铆接经验，在铆接时需要遵循以下原则：

1）连接从薄板压入到厚板；

2）连接从软板压入到硬板；

3）连接从非金属板压入到金属板。

（4）铆接参数包括铆接压强和冲头行程。

1）铆接压强：铆接压强根据冲头的执行动作分为预压紧压强、刺穿压强和整形压强。总体上来讲，对于铆接压强的选择，随着被连接材料强度的增加，铆接压强增加；通过对试件的试铆结果评估进而分别对预压紧压强、刺穿压强和整形压强进行调整和设置。值得注意的是，铆接压强的设定要在铆接设备能力范围内，不可超出设备的安全极限，否则铆接无法进行。

2）冲头行程：自冲铆接是通过控制冲头行程进而实现材料的连接。当被连接材料总厚度增加时，需要减小冲头行程；反之，则增加行程。当所采用的铆钉长度增加时，也要减小冲头行程；反之，则增加行程。

要根据被连接材料的实际情况合理选择铆接参数，以确保接头具有良好的铆接质量。

1.3　自冲铆接技术的特点

根据上述对自冲铆接技术的介绍，与点焊等其他传统连接方法相比，其具有以下诸多优势[19~21]：

（1）铆接过程中不涉及冶金过程，因此自冲铆接头质量更加稳定，并且可在线监控接头质量，便于无损检测。

（2）可以实现对难以点焊和不易点焊的材料及其多种材料组合的有效连接，包括预涂层材料、夹层材料和铝-钢材料组合。

（3）无需对被连接基板表面进行特殊的表面预处理和清洁。铝合金自冲铆接头的疲劳性能显著优于铝合金点焊接头。

（4）铆接过程中无需预钻孔及预冲裁，无需对孔位置进行调整，与传统连接技术相比，降低了成本。

（5）连接速度快，基板厚度的增加不会延长连接时间，易实现与机械手的集成，便于自动化生产，适用于全自动化、批量生产和高速装配系统。

（6）与点焊相比，维护次数较少。通常，自冲铆接工具使用寿命可达 200000 次连接操作，远高于点焊连接工具的使用寿命。

（7）铆接过程中由于无预钻孔操作，因此无废料产生。铆接过程中无废气和火花产生。因此，铆接过程更加安全且更有利于环境保护。

然而，自冲铆接技术也存在局限性[7,13]：

（1）工具必须能够接近接头的上、下两层。铆接枪尺寸限制了工具能够接触到接头中的区域。

（2）从审美角度来看，成形接头的外观不是十分令人满意。

（3）铆钉的存在使铆接过程中引入了附加耗材的使用；并且铝合金接头中由于铝板和钢质铆钉直接接触易产生电化学腐蚀。

（4）不适于连接脆性材料，基板连接厚度有限，成形过程中需要的压力较大。

（5）由于铆接过程中需要很大的压力，因此铆接工具质量较大。

实验研究表明，自冲铆接具有良好的疲劳性能，如图 1.11 所示。图 1.11 中分别为在相同试验条件下自冲铆接（SPR）、压印连接（clinch）和点焊（spot weld）三种连接方式的疲劳寿命。从图 1.11 中可以看出，相同载荷下，自冲铆接的疲劳寿命高于压印连接，而压印连接又高于点焊。

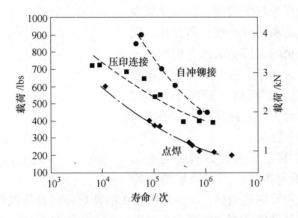

图 1.11　自冲铆接、压印连接及点焊疲劳寿命对比[7]

对比分析自冲铆接和点焊性能，如图 1.12 所示。当点焊熔核直径与自冲铆接铆钉直径相同时，自冲铆接与点焊所能承受的剪切应力相同；对于剥离应力，自冲铆接优于点焊；对于动态疲劳强度，自冲铆接的优势相当突出。

根据以上分析，可知自冲铆接与点焊相比具有以下优点：能够连接多层铝、镀层薄钢板、强化塑料、复合材料，不需要预钻孔，耐疲劳，可实现铆接过程实时监控、铆接质量可用肉眼直观观察，对环境影响小、无热辐射、无火花、无废料、低能耗、低噪声，能与粘接剂和润滑剂相容等[22]。

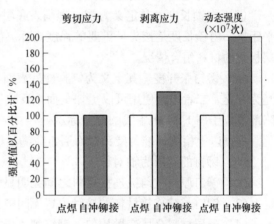

图 1.12　自冲铆接与点焊性能对比[14]

1.4　自冲铆接头的质量评价标准及其方法

影响自冲铆接头质量的参数可以大致分成三类[23]：

（1）几何参数。下模具几何形状、铆钉几何形状和基板厚度等。

（2）材料参数。基板材料参数和铆钉材料参数等。

（3）工艺参数。冲头速度、铆接压力等。

铆接过程中，通过对基板材料、铆钉和下模具的选择，基本可以确定相关的几何参数和材料参数，即确定铆接工艺参数。铆接过程中的质量控制通过载荷-行程曲线在线检测[24]，在确定参考基准曲线之前，需要对自冲铆接头的质量进行评价和确定，通常采取的方法是对接头剖面进行检测，图 1.13 所示为自冲铆接头的铆接点剖面模型。为了对自冲铆接头质量进行剖面直观检测，所采用的检查标准为钉头高度、残余底厚、内锁长度和钉脚张开度[23]。

（1）钉头高度。其定义为铆钉头上表面与上层板材上表面之间的垂直距离。当钉头高度为正值时，钉头高于上层板材上表面，造成接头表面不平整，还会影响接头的密封性和防蚀性。反之，当钉头高度为负值时，钉头沉入上层板材上表面，同样造成接头表面不平整。原则上要求接头中铆钉头上表面与上层板材上表面平齐。然而，特殊应用场合中允许钉头高度在一定范围内变化，但是该范围必须注明。

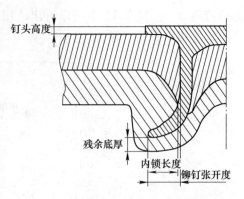

图 1.13　自冲铆接头的铆接点剖面模型

（2）残余厚度。其定义为铆钉脚尖与底层板材下表面之间的垂直距离。当残余底厚为零时，表明铆钉脚尖已刺穿底层板材，严重影响接头的外观和密封防蚀性能。有时残余底厚会出现在接头底面其他位置，例如铆模中心锥尖处。值得注意的是，当底层板材发生断裂时，也可认为是该部位的残余底厚为零。

（3）内锁长度。其定义为铆钉脚刺入底层板材并张开后，铆钉脚尖与刺入点之间的水平距离。内锁长度是接头最重要的强度指标。但是，该值的大小也要结合具体的铆钉和底层板材的材料组合情况。

（4）铆钉张开度。其定义为钉脚柱外表面与铆钉脚尖之间的水平距离。它与内锁长度互为补充，二者结合使用可以更加全面地反映接头的真实连接质量。应用中接头常见的缺陷部位位于图 1.14 中虚线圆圈所标示处。

根据以上检测标准，接头截面通常应满足以下条件：

（1）铆钉的变形为轴对称。

（2）铆钉原内腔与被连接材料之间无明显间隙，被连接材料应将其完全充满。

（3）铆钉与被连接材料的接触位置无间隙。

（4）下层材料金属变形均匀，铆钉刺入但并不刺穿，且无裂纹。

（5）铆钉腿部应完全张开，形成机械互锁。

（6）钉头高度要不大于 0.3mm 或为零；当大于 0.3mm 时，铆钉腿部可能没有完全张开，未形成可靠的互锁结构。残余底厚要不小于 0.14mm，该值过小可能是铆钉刺入太深，易导致下板材料被刺穿。

实际生产应用中，根据以上质量检测标准，结合各制造行业对自冲铆接头的不同要求，制定具体的质量检测标准。对于必须注重外观而承载不高的产品，如家电产品，则要求钉头高度绝对值很小，以保证外形平滑美观，而对钉脚张开度和残余底厚的要求可以相对宽松；反之，对于承载较高而外观无需平滑的产品，例如建筑构件，则要求较大的钉脚张开度和残余底厚，以保证足够的接头强度。对于既注重承载能力又注重外观的产品，如飞行器、轿车等，则对所有质量检测标准都有严格的要求。在对自冲铆接头质量的截面观察检测中，除粗略的直接目测外，还可借助显微镜及相应的软件对截面及相关数据进行精确的测量分析。

通过对自冲铆接头质量的截面观测结果进行分析，不仅可以确定接头的连接质量，更重要的是可以得到产品质量反馈信息，作为优化改进工艺过程的重要依据。影响自冲铆接

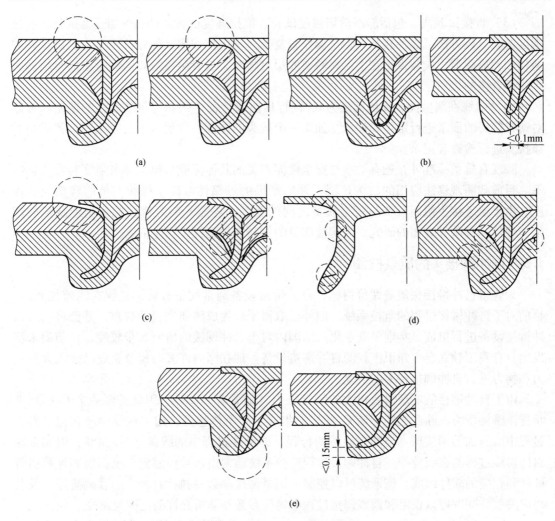

图 1.14 常见的自冲铆接头缺陷

（a）钉头下陷和凸起；（b）上层板材未被刺穿和内锁长度过小（<0.1mm）；（c）接头中存在缝隙；

（d）铆钉和接头中存在裂纹；（e）刺穿下层板材和残余底厚过小（<0.15mm）

头质量的因素很多，而且这些因素之间还存在相互影响。根据业内经验，在众多参数中，对自冲铆接头质量影响最为显著的是材料组合、铆模锥尖高度、铆钉长度及冲头速度。

通过对铆接点剖面参数的检测和评价，调整和确定铆接工艺参数，最终获得铆接接头。考虑到自冲铆接头的外观和强度，接头质量的判定显得尤为重要。目前常用的质量评价标准为：外观检查、冶金分析、拉伸测试和曲线在线监测。

（1）外观检查是较为直观、方便和行之有效的方法，评价标准为外观（铆钉和接头的位置、对称性、裂纹等）、轴线对中性（冲头与下模具轴线的重合度）、残余底厚和内锁长度。在铆接后的铆接点处沿子午面切割、磨光和抛光，观察、测量和分析其截面形状。该方法是凭借经验对接头截面形状进行评估，可靠性有限。

（2）冶金分析，评价标准与试样的宏观磨片（安装工具、材料和板材厚度）和车身的宏观磨片（破坏性）有关。该测试方案与安全性相关。

（3）直接试验法，包括静态剪切强度试验、抗拉强度试验及动态剪切强度试验、抗拉强度试验。该方法可靠性较高，但是操作较复杂。其中拉伸测试的评价标准为测试试件的剪切和剥离载荷。失效发生在上层材料或底层材料时，或者满足需要的载荷指标时均认为接头是合格的。

（4）曲线在线监测，评价标准为载荷-行程曲线特征，例如与包络曲线的偏差。可以对铆接接头的质量进行定位和记录。如果一个接头的铆接参数超过了公差范围，就必须对该接头进行检查和记录。

除现有质量标准外，还有一些与安全性能相关的其他标准，包括冲击强度和疲劳强度等。目前截面观察法应用的较为广泛，评估结果的可靠性取决于操作人员的铆接经验程度。由于缺乏接头截面形状与铆接质量之间的关系，还需开展对铆接接头制造缺陷的产生、评价、预防等方面的研究，为铆接质量的控制和检测提供理论依据。

1.5　自冲铆接头的质量检测

为获得自冲铆接头质量评价指标，自冲铆接设备通常配备有铆接过程在线监控系统。目前对于自冲铆接过程的监控系统，国外已取得了较为成熟和完善的成果，并已将其与自冲铆接设备进行集成，实现了商业化。而国内对于自冲铆接的研究起步较晚，目前尚未研发出具有我国独立自主知识产权的自冲铆接设备。现在国内许多高校及企业已投入大量人力和物力进行自冲铆接技术的研究。

由于自冲铆接的实现需要很大的铆接压力（通常为 40kN），因此需要一个 C-框架来承受该铆接压力。除此之外，该 C-框架上集成了多个传感器，用于在线检测和记录铆接过程中所施加的铆接压力与冲头向下的行程，即铆接过程中的载荷-行程曲线，以实现对自冲铆接过程的在线监控。自冲铆接过程监控系统通常由信号传感器、拾振器和计算机等硬件和相应的软件组成。该系统可以控制、记录铆接参数（执行行程、加载载荷等）及其对应关系，同时可以设定和调整铆接过程中铆接参数浮动所允许的范围及路径。

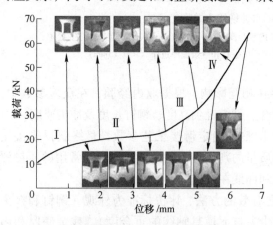

图 1.15　自冲铆接过程力-行程曲线与实验结果[23]

为研究自冲铆接机理及被连接板材的变形特征，通常将监控到的载荷-行程曲线分为四个典型阶段进行分析研究，一个典型的连接载荷-行程曲线如图 1.15 所示，它反映了自冲铆接过程中夹持、刺穿和连接过程的实际情况。从图中可以看到，在铆接过程中，四个阶段的载荷和行程呈现出各自的变化特点。在阶段 I 中，需要将铆钉推动下行，并且使铆钉接触并刺入上板，因此初期随着行程的增加载荷缓慢增加；在阶段 II 中，铆钉刺入并逐渐穿透上板，在刺穿上板阶段由于材料本身特性一定，其所需要的载荷基本稳定，在刺穿上板的时候，载荷有所释放，出现稍微降低的趋势，即表现出随着行程的不断增加，载荷基本稳定并在后期出现下降的趋势；在阶段 III 中，由于铆钉和上板之间存在摩擦，并且随着铆钉刺入下板，为促进下板材料在凹模内流动，载荷增加，即表现出随着行程的增加载荷迅速增加；在阶段Ⅳ中，由于凹模型腔有限，板材材料流动越来越困难，同时为了保证板材充分实现塑性大变形，需要更大程度地增加载荷，即表现出行程小幅度延长，而载荷急剧上升[21]。

自冲铆接过程在线质量监控的具体方法，是先根据产品要求及工况条件选定基本参数，通过反复试验获得理想的连接参数；再进行自冲铆接并测得一条载荷-行程曲线，以该曲线为基准来实时监控其余自冲铆接过程的质量。如某一过程的载荷-行程曲线与基准曲线出入太大，则说明该过程出现质量问题，例如材质有缺陷或机器故障导致工艺参数发生变化等。通过对铆接过程的在线监控，可有效控制相同工况下批量产品的质量。

借助该方法可以定性和定量地对接头质量进行在线监控，根据满意的工艺参数，连接设备中管理系统绘制的参考载荷-行程曲线如图1.16所示，基于自冲铆接工艺参数在曲线上设置3个监测窗口。窗口1代表铆钉刺穿上板的状态，窗口2代表铆钉刺入底板的状态，窗口3代表铆钉在底板中扩张的状态。定义曲线通过窗口的进-出路径方向：对于窗口1，曲线由底部进入，从右侧出去；对于窗口2，曲线由左侧进入经由右侧出去；对于窗口3，曲线由左侧进入最终由顶部出去。若不按上述路径，则系统认为连接异常并自动报警。窗口的大小代表载荷及行程的公差范围，可根据自冲铆接技术的应用场合对其进行合理设置。当铆接参数超出该范围时，认为连接异常并自动报警[22,24]。

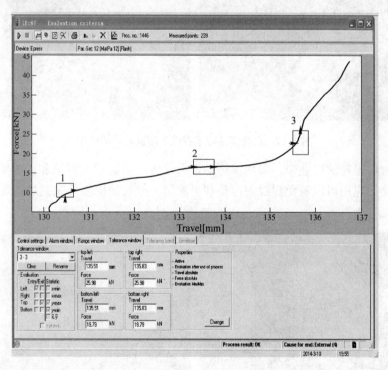

图1.16 自冲铆接过程载荷-行程曲线

1.6 自冲铆接技术的应用

自冲铆接具有连接快速、质量可靠、疲劳强度高、成本低、可连接各种材料等优点，它可有效连接轻量化结构中的铝合金、覆有涂层的高强度钢、复合材料和其他现代材料，且连接可靠性较高；这些材料大部分都无法或不易通过点焊实现连接。汽车制造业、家用电器、房屋设施、通风设备和金属板房屋等广泛采用自冲铆接，特别是预涂层的板材和铝合金。

自冲铆接是欧洲铝质车身豪华型轿车的主要连接技术，包括奔驰 S 系列小轿车和宝马 Z8。每辆车车身中自冲铆接的应用达到 1800 处；第一代全铝白车身中自冲铆接头的数量达到 1400 个。奥迪 A8 和奥迪 A2 结构为标准的铝质空间构架。与此相反，典型钢质车身结构中点焊接头的数量范围在 3000～4000 个之间[7]。

奥迪 A4 中采用该技术装配车顶横梁，奥迪 A6 和 TT 中采用该技术装配前方机罩；宝马 3 系和 5 系中采用该技术装配前方组件。此外，车身上的天窗框架、前后防风罩、车门和地板中也有自冲铆接技术的应用[19]。自冲铆接技术在汽车制造业中的应用如图 1.17 所示。

图 1.17　自冲铆接技术在汽车制造业中的应用

金属板材房屋建筑行业中，采用镀锌钢板来建构活动房屋的框架和楼板梁。板材的连接中自冲铆接的应用可以避免焊缝的修整和再涂层，并且使框架外观更加美观，如图 1.18 所示。

图 1.18　自冲铆接技术在金属板材和建筑行业中的应用

1.7　自冲铆接的实例

本节以两块 2mm 厚的 5052 铝合金（Al5052）板材的自冲铆接头为例，对其铆接工艺进行详细地描述，试件几何参数如图 1.19 所示。

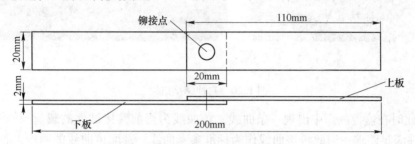

图 1.19　自冲铆接头几何参数

（1）采用 Böllhoff 公司生产的 RIVSET VARIO-FC（MTF）型自冲铆接设备，其最大许可压强为 25MPa，即最大许可铆接力为 50kN。铆钉类型为该公司生产的半空心镀锌硼钢铆钉，其头部直径为 $\phi7.7$mm，管腿外径为 $\phi5.3$mm，根据下述经验公式选择铆钉长度为 $L=6$mm：

$$L = h + 2$$

式中　h——被连接材料组合总厚度。

对于 Al5052 板材，采用平模或带凸台的凹模均可实现连接，此处选择平模。根据被连接材料组合总厚度和铆钉参数，所选平模的参数为：凹模内径为 $\phi9$mm，深度为 1.25mm。

启动铆接设备，在 MTF 型自冲铆接设备控制面板中设置铆接参数。铆接参数见表 1.1。

表 1.1　自冲铆接参数设置

预紧压强/MPa	刺穿压强/MPa	整形压强/MPa	冲头行程/mm
5	15	10	130.4

（2）铆接区域中心的确定和定位块中心的对照。

1）铆接区域中心的确定。根据接头的几何参数（见图 1.19），确定各板材的搭接位置和搭接区域中铆接点的所在位置，绘制出铆接点所在的横向和纵向中心线。

2）定位块中心的对照。基于凹模结构尺寸选择合适的定位块，将定位块套入凹模中，确定定位块的中心线，并标示在定位块的支撑臂上；将准备好的板件放在定位块上，并将板件上铆接点所在的纵向中心线与支撑臂上的中心线对照。

（3）启动计算机并打开铆接监控软件 PME administrator 3.2.501。

（4）进行试铆：对铆接设备进行充压，待充压完成，双手握持被连接板材，右脚踩住踏板，进行铆接，待完成铆接且冲头返回后，松开踏板，取走试件。铆接结果如图 1.20（a）所示。

（5）试铆后对试件进行切割，获得接头子午截面，观察铆钉变形状况，试件截面如图 1.20（b）所示，满足自冲铆接头截面检测标准，确定铆接参数。

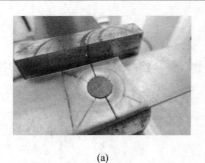
(a)
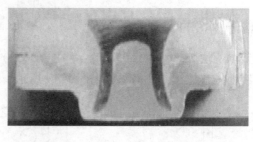
(b)

图 1.20　自冲铆接结果

（6）此时在监控画面中出现一条曲线，该曲线为当前铆接试件的载荷-行程曲线。由于试铆试件满足要求，因此将该曲线作为标准参考曲线。选取该曲线的两个部位进行公差浮动范围设置，并设置曲线的路径，如图 1.21 所示，其中 Window1 和 Window2 分别为设置的公差范围，当该部位的载荷或行程中任一参数不在该范围内，则系统报警，认为铆接质量不合格。对于 Window1 曲线的路径为左进右出，对于 Window2 曲线的路径为左进上出，

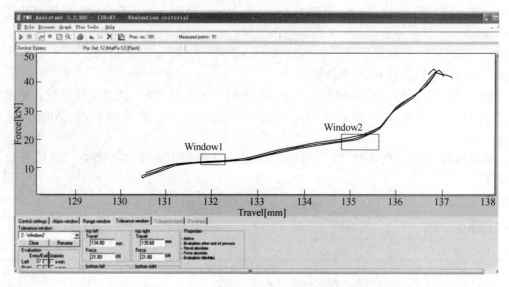

图 1.21　自冲铆接实例中的载荷-行程曲线

曲线必须满足这些路径要求，否则系统报警，认为铆接质量不合格。

　　根据设置的参数进行铆接，每铆接一个试件，窗口中就会自动记录对应的载荷-行程曲线，剔除不合格的试样曲线，多次铆接后，窗口如图 1.21 所示。根据铆接试件的载荷-行程曲线，认为该批试件具有相同的铆接质量。

　　（7）铆接完成，该批试件如图 1.22 所示。

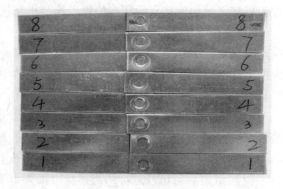

图 1.22　自冲铆接试件

参 考 文 献

[1] He X C, Gu F S, Ball A. A review of numerical analysis of friction stir welding [J]. Progress in Materials Science, 2014, 65: 1~66.

[2] He X C. Finite element analysis of laser welding: A state of art review [J]. Materials and Manufacturing Processes, 2012, 27 (12): 1354~1365.

[3] He X C, Pearson I, Young K. Self-pierce riveting for sheet materials: State of the art [J]. Journal of Materials Processing Technology, 2008, 199 (1): 27~36.

[4] 邢保英. 自冲铆连接机理及力学性能研究 [D]. 昆明: 昆明理工大学, 2014.

[5] 严柯科. 自冲铆接头动力学数值模拟与疲劳分析 [D]. 昆明: 昆明理工大学, 2011.

[6] 董标. 自冲铆接头动力学分析 [D]. 昆明: 昆明理工大学, 2010.

[7] 张玉涛. 单搭自冲铆接头的动力学分析与疲劳研究 [D]. 昆明: 昆明理工大学, 2011.

[8] 许竞楠. 自冲铆连接的疲劳性能分析 [D]. 昆明: 昆明理工大学, 2012.

[9] 高山凤. 单搭自冲铆接头机械性能研究 [D]. 昆明: 昆明理工大学, 2010.

[10] He X C, Gu F S, Ball A. Fatigue behavior of fastening joints of sheet materials and finite element analysis [J]. Advances in Mechanical Engineering, 2013, Article ID 658219.

[11] Barnes T A, Pashby I R. Joining techniques for aluminium spaceframes used in automobiles (Part I): Solid and liquid phase welding [J]. Journal of Materials Processing Technology, 2000, 99 (1~3): 62~71.

[12] Xing B Y, He X C, Zeng K, et al. Mechanical properties of self-piercing riveted joints in aluminum alloy 5052 [J]. International Journal of Advanced Manufacturing Technology, 2014, 75 (1~4): 351~361.

[13] Barnes T A, Pashby I R. Joining techniques for aluminium spaceframes used in automobiles (Part II): Adhesive bonding and mechanical fasteners [J]. Journal of Materials Processing Technology, 2000, 99 (1): 72~79.

[14] He X C, Wang Y F, Lu Y, et al. Self-piercing riveting of similar and dissimilar titanium sheet materials [J]. International Journal of Advanced Manufacturing Technology, 2015, 80: 2105~2115.

[15] Mucha J. The effect of material properties and joining process parameters on behavior of self-pierce riveting joints made with the solid rivet [J]. Materials and Design, 2013, 52: 932~946.

[16] 万淑敏. 半空心铆钉自冲铆接技术的研究 [D]. 天津: 天津大学, 2007.

[17] 邢保英, 何晓聪, 唐勇, 等. 铆钉分布形式对自冲铆接头力学性能的影响 [J]. 工程力学, 2013, 30 (2): 280~285.

[18] He X C, Zhao L, Deng C J, et al. Self-piercing riveting of similar and dissimilar metal sheets of aluminum alloy and copper alloy [J]. Materials and Design, 2015, 65: 923~933.

[19] Zhao L, He X C, Xing B Y, et al. Influence of sheet thickness on fatigue behavior and fretting of self-piercing riveted joints in aluminum alloy 5052 [J]. Materials and Design, 2015, 87: 1010~1017.

[20] Xing B Y, He X C, Wang Y Q, et al. Study of mechanical properties for copper alloy H62 sheets joined by self-piercing riveting and clinching [J]. Journal of Materials Processing Technology, 2015, 216: 28~36.

[21] 邢保英, 何晓聪, 王玉奇, 等. 多铆钉自冲铆接头力学性能机理 [J]. 吉林大学学报, 2015, 45

　　　(5)：1488～1494.

[22] 何晓聪，何家宁，柯建宏，等. 自冲铆接头的质量评价及强度可靠性预测 [J]. 湖南大学学报（自然科学版），2010，37（12）：1～4.

[23] He X C, Xing B Y, Zeng K, et al. Numerical and experimental investigations of self-piercing riveting [J]. International Journal of Advanced Manufacturing Technology, 2013, 69 (1～4)：715～721.

[24] He X C, Gu F S, Ball A. A process monitoring method for self-piercing riveting [J]. Advanced Science Letters, 2012, 14 (1)：394～397.

自冲铆接头成形机理分析

自冲铆接技术的实现是一个基板材料发生塑性大变形的过程，不但改变了基板材料的几何外形尺寸，还影响了组织的形态和力学性能[1]。任何一种连接技术的发展和完善都需要对其成形机理进行充分研究，这有助于对连接工艺的控制，从而提高连接质量。自冲铆接作为一种较为新型的连接技术，有必要对其成形机理进行详细地分析。

基于 Al5052 板材在汽车中的广泛应用，本章以 Al5052 自冲铆接头成形机理为例，采用阳极化覆膜方法对 Al5052 自冲铆接头进行金相分析，观察材料的流向和组织结构，并研究这些变形特征对接头力学性能的影响。此外考虑到观测技术和金相实验工艺的复杂性，通过数值模拟方法分析铆接过程中基板材料变形、流动情况和成形后接头中的应力、应变分布。

2.1 Al5052 自冲铆接头金相实验及分析

金相实验观测研究的材料组织结构代表性尺度范围为 $10^{-9} \sim 10^{-2}$ m 数量级，主要反映和表征构成材料的相和组织组成物晶粒（也包括可能存在的亚晶）、非金属夹杂物以及某些晶体缺陷的数量、形貌、大小、分布、取向等[2~4]。

金相实验中常用的应用方法有显像方法、衍射方法和微区成分分析方法。本章的主要研究内容是自冲铆接后 Al5052 自冲铆接头中的材料组织结构的变形和流动情况。考虑到一些应用方法对分析设备要求高，且实验成本也较高，参考现有的研究成果和国家标准，选择显像方法进行金相实验分析。由于 Al5052 为典型的 Al-Mg 系防锈铝合金材料，具有极高的耐腐蚀性，传统的腐蚀方法难以观察到其微观组织结构，因此采用电解抛光和阳极化覆膜的方法进行金相实验，并采用微分干涉相衬法对金相组织进行观察[5]。

2.1.1 Al5052 自冲铆接头金相试样的制备

2.1.1.1 试样的手工磨光和机械抛光

考虑到金相试样制备过程中接头界面会发生一定量的磨损，因此在切割接头时稍微偏向一侧进行加工。以 2mm-2mm Al5052 自冲铆接头为对象，接头数量为 10 个，沿接头宽度方向进行切割并获得金相试件磨面。参考国家标准（GB/T 3246.1—2000）[6]，进行金相试样的制备。考虑到切割后试样磨面粗糙且具有严重的变形层，需要对其进行磨光，在磨光过程中使磨面变形层逐渐消除，其过程如图 2.1 所示[7]。

首先采用 400 目棕刚玉砂纸对切割后的试样磨面进行打磨，去除截面在切割时产生的划痕和刀坑。当磨面成为平面后，分别采用 800 目和 1000 目的棕刚玉砂纸进一步打磨，去除表面上的变形层和所有划痕。之后采用绿碳化硅干湿两用金相砂纸在流水条件下在玻璃板上进行打磨，采用的砂纸目数分别为 1200 目、1800 目和 2500 目。整个打磨过程中，每更换一次新目数的砂纸，均将试件旋转 90°，确保每次打磨方向与上一次打磨方向相垂直。并且在一次打磨过程中，必须按照一个方向进行研磨，不允许反复研磨的情况发生，

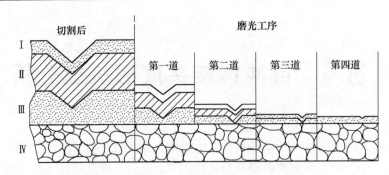

图 2.1　磨面表面的变形层消除过程示意图[7]

（Ⅰ + Ⅱ + Ⅲ表示切割获得的磨面表面的总变形层）

Ⅰ—严重变形层；Ⅱ—变形较大层；Ⅲ—变形微小层；Ⅳ—无变形的原始组织

这样可避免磨面发生倾斜。考虑到 Al5052 材质较软，打磨过程中研磨力不宜过大，研磨力过大会导致新划痕的出现。

试样磨面经手工磨光后，仍然存在细微的磨痕和变形扰动层，这可能会影响组织的正确显示，因此需要对磨面进行抛光。磨面的抛光不仅可以去除磨面上的痕迹，还可以抛掉磨面表面的变形扰动层。本章实验中选择机械抛光，将研磨好的磨面在流水下冲洗，采用带绒毛呢子抛光布在抛光机上进行机械抛光。这是因为抛光布的间隙能够储存抛光微颗粒，微颗粒部分显露在抛光布的表面，并产生磨削作用，防止了磨料因离心力而飞散；加之绒毛与磨面之间的摩擦作用，促使磨面更加平滑光亮。

抛光机转速设置为 150r/min，分别采用粒度为 2.5μm 和 0.5μm 的金刚石喷雾抛光剂进行粗抛和细抛。金刚石抛光磨料有如下优点：（1）磨料颗粒的硬度很高且尖锐，对软的或是硬的材料均能发挥很好的磨削作用；（2）磨料基本上是单纯发挥磨削的作用，无滚压作用，因此不会在试样磨面引入变形扰乱层；（3）磨料的切削使用寿命较长，切削能力佳，磨料损耗小，制备试样效果较好[8]。

使磨面与抛光布轻轻接触，抛光过程中对试件持续喷洒清水，确保试件与抛光布接触部位处于湿润状态。抛光后的磨面基本上达到光滑镜面状态。机械抛光后在流水下冲洗，并用无水酒精擦拭磨面表面，之后采用吹风机的冷风将表面吹干。

2.1.1.2　试样的电解抛光

由于 Al5052 材质较软且具有良好的抗腐蚀性，为完全去除划痕和抛光痕迹，继续采用电解抛光。电解抛光装置原理如图 2.2 所示[6]。由于该过程本质为一种电化学溶解现

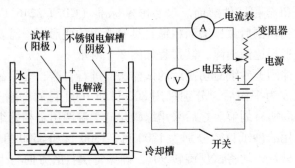

图 2.2　电解抛光原理[6]

象，不存在机械及热变形，不会在抛光后的磨面表面生成扰乱层及形成新的表面划痕。并且对实验操作者无过多的技术要求，易获得良好的抛光效果。

目前学者们对于电解抛光的理论解释研究还尚未形成一致的共识，主要的解释理论有黏膜假说、扩散假说、阴离子局部放电假说和电冲击穿透假说等。本书作者接受阴离子局部放电假说，该假说认为进行电解抛光的基础是待抛光的阳极材料凸起部位可发生阴离子放电。正是这种电化学反应，阳极材料表面局部区域被阴离子放电的产物破坏。由于破坏了阳极材料中凸起部位表层，使得该凸起部位出现了较大密度的电流，因此加快了材料的溶解，直到凸起部位材料的消失，最终实现磨面的抛光。

电解抛光所需设备有提供抛光电压的稳压电源（30V）、万用表、夹子（竹质和钢质两种）、导线、闸刀开关和烧杯若干等。阳极为待抛光磨面，阴极为铅块。电解液为10mL的体积分数为70%的高氯酸和90mL的体积分数为99.7%的无水乙醇的混合溶液。

用体积分数为20%的硝酸溶液对机械抛光后的磨面沿同一方向进行表面擦拭，在流水条件下进行冲洗。之后采用无水乙醇沿同一方向将磨面表面擦拭干净，待无水乙醇完全挥发后，进行电解抛光。

将实验所用设备按照图2.2所示进行连接，连接好的设备如图2.3所示。采用竹质夹子将待抛光试件与电源阳极连接起来，采用钢质夹子将铅板与电源阴极连接起来；将配制好的电解液倒入到抛光烧杯中。打开电源，设置需要的电压，同时调整阳极和阴极之间的距离，以控制电流。当达到合适的抛光时间时，关闭电源开关并移出阳极试件。马上在流水条件下对抛光后的试样进行冲洗，在体积分数为30%的硝酸溶液中去除抛光表面上的化学产物，之后再用流水对抛光表面进行冲洗，最终用无水乙醇对表面进行清洁并将其擦干，完成电解抛光。

图2.3　电解抛光和阳极氧化覆膜连接

电解抛光过程中可在阴极铅板表面观察到大量小气泡的产生，而在阳极试件表面会间隙性地出现较大尺寸的气泡，如图2.4（a）所示。

（a）　　　　　　　　　　　　　（b）

图2.4　电解抛光（a）和阳极氧化覆膜过程（b）

每次测量的阳极表面抛光后的面积、阴极浸没在电解液中的面积及电解抛光过程中的所用
参数见表 2.1。

表 2.1　电解抛光和阳极化覆膜工艺参数

编号	电解抛光			阳极化覆膜				
	电压 /V	电流 /A	时间 /s	电压 /V	初始电流 /A.	终止电流 /A	时间 /s	阴极浸没 面积/mm²
1-1	25	1.06	10	20	0.46	—	180	8.25
1-2	25	1.3	10	20	0.56	0.42	240	8.25
1-3	25	1.4	10	20	0.65	0.62	300	8.25
1-4	25	1.2	10	20	0.72	—	210	12.5
1-5	25	1.16	10	20	0.81	0.8	270	12.5
2-1	25	1.65	10	25	0.84	0.79	180	8.25
2-2	25	1.12	10	25	0.77	—	240	8.25
2-3	25	1.12	10	25	0.53	—	300	8.25
2-4	25	1.14	10	25	0.72	0.65	210	12.5
2-5	25	1.35	10	25	0.75	0.8	270	13.75

2.1.2　阳极化覆膜过程

通常的金相显微镜是依靠磨面反射光的强度差从而实现对金相组织的鉴别，其依据
为：（1）基于两种相组织不同的反射系数，反射系数较小的相，其显微色调较为暗淡；
（2）基于两种不同色彩的相组织，包括相组织自身色彩的差异或者由于薄膜染色而获得的
色彩差异；（3）当晶界或者相界发生凹陷时，直射光线会发生散射，最终使晶界呈现为暗
色。但是在一些特殊情况下，不同的组织反射系数非常接近，致使衬度降低，在一般金相
显微镜下很难进行判断，因此必须采取措施以提高组织衬度。

目前光学金相分析领域中，提高衬度的方法主要有两种：（1）改变金相试样磨面状
态，通过各种途径最终使不同的组织形成具有一定厚度的薄膜，基于干涉进而呈现颜色衬
度；（2）通过相衬的方法，采用偏振光干涉相衬装置，可以将具有微小位相差的光转化成
具有较大强度差的光，最终可提供足够的成像衬度[7]。

根据材料中铜含量选择晶界腐蚀方法，现有标准表明当含铜量小于 0.4% 时，优先选
择电解抛光及偏振光的方法；当含铜量大于 0.4% 时，优先选择 Kellers 试剂。对比分析多
次接头的腐蚀结果，最终确定采用阳极化覆膜方法制备试样，用微分干涉相衬法对金相组
织进行观察。

采用 30V 的稳压电源提供覆膜电压，同样地阳极为抛光后的磨面，阴极为铅块。根据
国家标准（GB/T 3246.1—2000）[6]配置覆膜液。当覆膜液采用硫酸和磷酸的水溶液时，
经过多次实验并未获得理想的制膜效果和质量，最终采用氟硼酸溶液进行阳极化覆膜操
作。称取 5g 硼酸（含量为 99.5% 的分析纯），放置在塑料容器中，然后在该容器中注入
200mL 水和 14.2mL 氢氟酸，硼酸完全溶解冷却后，作为覆膜液待用。

阳极化覆膜原理和连接线路与电解抛光相同，分别如图 2.2 和图 2.3 所示。将配制好

的电解液倒入覆膜烧杯中，覆膜过程中试件的连接方法和操作过程与电解抛光过程中的相同。阳极化覆膜过程中需要用玻璃棒慢慢地搅拌，这样可以使试样表面上所覆的膜层更加均匀。覆膜过程中在阴极铅板表面可以观察到大量雾状气泡的产生，而阳极试样表面间隙性地出现较大尺寸的气泡，如图 2.4（b）所示，并且观察万用表的电流，发现电流出现下降。完成覆膜后采用无水乙醇进行表面膜层的清洁，并用电吹风的冷风将其吹干。每次测量阴极浸没在覆膜液中的面积及覆膜过程中所用参数，见表 2.1。观察覆膜后的试件表面，在光的照射下可以清晰地观察到彩色薄膜的存在，可以根据表面是否出现彩色光晕对覆膜质量进行初步判断。

电解抛光和覆膜过程中需要注意的是，每次操作后均需要对阴极铅块进行清洗，并且要及时对铅块表面的腐蚀物进行去除，防止影响后续实验效果。

将覆膜后的试样放置到智能数字万用材料显微镜中，进行偏光微观组织分析并拍照。

2.2 实验结果及分析

2.2.1 金相实验工艺参数的分析

参照国家标准（GB/T 3246.1—2000）[6]，调整电解抛光和阳极化覆膜工艺参数，从而研究阴、阳两极板表面之间的水平距离、阴极浸没面积、电压和电流等因素对实验结果的影响，实验过程中的工艺参数见表 2.1。其中最重要的参数就是阴、阳两极板表面之间的水平距离，该距离会直接影响抛光和覆膜效果。如果该距离过小会导致电流密度过高，而过大则会导致电流密度不足。过高或过低的电流密度参数分别会引起金相试件表面的过烧现象和欠腐蚀现象，它们的阳极化覆膜效果如图 2.5 所示。

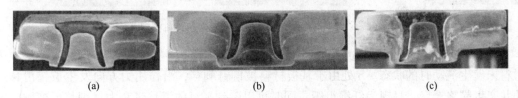

(a)   (b)   (c)

图 2.5　阳极氧化覆膜效果
（a）过烧；（b）欠腐蚀；（c）覆膜良好

对比表 2.1 中实验工艺参数和 10 个试样的金相显微结果，发现编号为 2-4 的试件显微结果最佳，即可确定最佳电解抛光和阳极化覆膜的工艺参数。阴极浸没面积均为 12.5mm²；阳极试件与阴极铅板表面之间的水平距离介于 20 ~ 40mm 之间时均可。对于电解抛光，电压为 25V，电流为 1.14A，时间为 10s；对于阳极化覆膜，电压为 25V，初始电流为 0.72A，终止电流为 0.65A，时间为 210s。

2.2.2 金相组织流向和结构分析

进行金相组织显微观察之前，需对试件表面进行处理。由于接头中包含两种材料——铝合金基板和钢质铆钉，因此覆膜后的接头中，铝合金呈现出彩色光晕表层，钢材处呈现为黑色或锈斑。为避免杂质影响到后续显微观察和对膜层的破坏，需要去除这些物质。进行显微观察的试样截面及其金相组织结构和材料流向如图 2.6 所示。

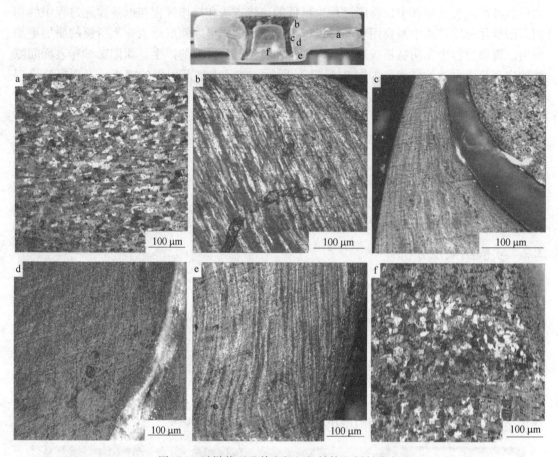

图 2.6   试样截面及其金相组织结构和材料流向

由图 2.6 可以看出，a 处晶粒为原始母材等轴晶粒组织，该部位基本未发生变形，为材料未发生流动时的状态。b 处由于基板材料被铆钉刺穿，沿作用力方向发生位错滑移运动并产生晶格畸变，呈现为纤维组织，同时可以看到平行的滑移带和大量细长形变胞，材料的这种变形特点会增强加工硬化效果；同时变形会导致产生残余应力，使塑性和韧性下降，很容易出现裂纹。c 处组织分布沿受力方向类似于 b 处，但由于该处断裂，承载水平降低，其流动稍弱于 b 处。d 处观察到类似于 b 处的组织流动分布结果，可见该处也发生了较大程度的加工硬化，且随着远离该处，流动分布情况逐渐减弱。e 处越靠近铆钉组织流动越明显，同时尺寸变小。b、c、d 和 e 处的组织变形具有明显的方向性，其流动方向与铆钉管腿运动方向一致，且这些组织主要处于被拉伸状态。要注意到 e 处下方的材料，组织的流向已经发生改变，朝向凹模内腔流动。随着铆钉中空内腔的逐渐填满，f 处材料组织在铆钉内腔的挤压作用下，朝向铆钉内腔底部外侧流动，组织结构被压缩细化，越靠近接触部位，尺寸越小。[9,10]

图 2.6 中最明显最突出的变形特征就是晶粒的变形。由于自冲铆接为机械冷成形连接技术，本质为塑性大变形。基板材料主要承受拉伸作用力，在成形阶段后期，局部材料会出现压缩的受力状态。根据现有的理论知识可知，当金属材料发生塑性变形后，晶粒沿外部作用力的方向被拉长。变形程度足够大时，晶粒会最终变形为细条状，最终呈现为纤维

组织形态。由于塑性大变形的发生，晶粒之间的位错能密度逐渐增大并且相邻晶粒间的位错能相互作用，加之晶粒内滑移系和塑性变形程度的不同，将晶粒进一步划分为若干个取向各异的较小尺寸的晶块，呈现为亚晶结构。随着塑性变形程度的进一步加剧，亚晶数量增加，且尺寸降低，各亚晶之间的位向差变大，最终形成更多的细长亚晶。大量细长亚晶的出现会增大滑移的阻力，宏观上促进变形材料的加工硬化，增强基板的屈服强度。这是因为该强度是晶粒开始发生滑移时的应力，因此该应力取决于晶界部位的应力集中程度，而该部位的应力集中程度与晶粒的粗细有关[1]。可用 Hall-Petch 公式表述，即：

$$\sigma_s = \sigma_0 + Kd^{-\frac{1}{2}} \tag{2.1}$$

式中，σ_0 为常数，近似为单晶材料的屈服强度；K 为常数，代表该多晶体材料中晶界对强度的影响因子，其值取决于晶界结构；d 为各晶粒平均直径。式（2.1）从数学模型角度描述了屈服强度和晶粒结构尺寸的关系。可以看出，对于一种既定材料，晶粒结构尺寸越小，屈服强度越高[1]。根据这个理论和自冲铆接过程中材料塑性变形特点（如图 2.6 所示），可知自冲铆接过程中，发生较大程度的加工硬化，可有效提高基板的屈服强度，促进材料的流变应力和疲劳强度等宏观力学性能。

基于图 2.6 中的分析结果，选择接头截面处一些典型部位进行硬度测试[11]，结果如图 2.7 所示。由图可知，成形接头中产生明显的加工硬化效应。越靠近铆钉，基板的加工硬化效果越明显。

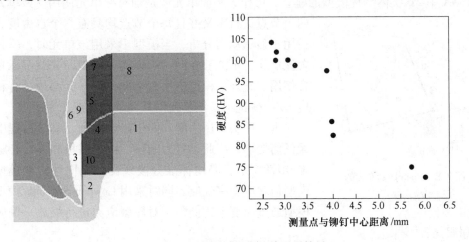

图 2.7　硬度测量部位及其测量结果

由图 2.6 和图 2.7 可知，基板与铆钉接触的周边，塑性变形较大。其中 b、c、d 和 e 处材料组织流动分布均较强，细化程度较高。由于 c 处发生断裂，一定程度上降低了加工硬化效果，也释放了该处的残余应力，缓解了应力集中。b、d 和 e 处的晶粒更细，表明这些部位的材料加工硬化程度更高，屈服强度、流变应力及疲劳强度更高，这直接影响接头的力学性能。因材料微观组织的变化是由切应力作用所引起的，组织在切应力方向上细化，会使接头整体上在抗剪切强度方面有所提高；由于材料合金化方法的广泛使用，会使多晶体材料的形变强化能力及屈服强度均高于单晶体的纯元素材料；剪切载荷状态下的失效通常垂直于加载方向，即微观上垂直于晶粒细化方向。在失效部位处存在大量残余应力，最容易也最先出现裂纹，即铆接过程中要预留足够的残余底厚，否则会引起下板铆接处脱落。

2.3   自冲铆接过程中材料流动的有限元分析

2.3.1   有限元分析软件的选择及模型的建立

目前技术上很难实现对自冲铆接过程中基板材料流动的实时观察，为了直观和有效地对其进行研究，采用有限元分析方法对连接过程中材料的变形和流动进行模拟。近些年的研究成果表明有限元分析的有效性和便捷性，参考现有的研究成果和考虑各种商用有限元分析软件的优缺点。ANSYS/LS-DYNA 是目前最常用的功能齐全的以显式为主、隐式为辅的通用非线性（几何非线性、材料非线性和接触非线性）动力分析有限元软件，能够模拟复杂的问题，适用于二维、三维非线性结构的高速碰撞、爆炸和金属成形等非线性动力学冲击问题。基于自冲铆接过程中存在多对接触面的特征，选择并介绍利用 ANSYS/LS-DY-NA 有限元软件对自冲铆接过程进行模拟[12,13]。

利用 ANSYS 前处理器中的建模工具建立自冲铆接过程的有限元模型，选择 LS-DYNA 求解器的显示求解方式实现连接过程的数值模拟。由于自冲铆接结构为对称圆形，为节省计算时间和提高效率，采用平面模型。本小节中建模方法是采用自下而上的方法，其中铆钉部分建模较为复杂，方法为采用 APDL 编程语言生成关键点，继而连线成面。考虑到连接过程中基板材料发生塑性大变形甚至断裂，选择 2D Plane162 单元，它适用于 ANSYS/LS-DYNA 中 2D 实体结构模型的建立，可作为平面单元或是轴对称单元使用。该单元通过四个节点进行定义并且每个节点均具有六个自由度，它只适用于显示动力分析，当模型中采用该单元时，就只能包含该单元，不能够在同一个模型中将 2D 与 3D 显示单元混合使用。此外，模型中所有 Plane162 单元必须具有相同的应力/应变选项，该单元的几何形状如图 2.8 所示[14]。

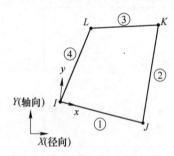

图 2.8   Plane162 单元的几何形状[15]

由于冲头、压边圈和凹模足够刚硬，铆接过程中几乎无任何变形，因此设置为刚体。由于基板和铆钉管腿发生弹-塑性变形，采用标准分段线性各向同性塑性模型，该模型包含应变率效应。同时采用 Cowper-Symonds 模型，该模型通过应变率比例因子对屈服应力进行缩放。偏应力要满足屈服函数[15]：

$$\phi = \frac{1}{2}s_{ij}s_{ij} - \frac{\sigma_y^2}{3} \leqslant 0 \tag{2.2}$$

其中

$$\sigma_y = \left[1 + \left(\frac{\dot{\varepsilon}}{C}\right)^{\frac{1}{P}}\right]\left(\sigma_0 + \frac{E_t E}{E - E_t}\varepsilon_{\text{eff}}^P\right) \tag{2.3}$$

式中 s_{ij}——偏离分量；

　　　$\dot{\varepsilon}$——应变率；

　C，P——应变率参数；

　　　σ_0——初始屈服应力；

　　　E_t——切线模量；

E——弹性模量；

ε_{eff}^{P}——有效塑性应变。

模型几何尺寸与 2mm-2mm Al5052 自冲铆接头的连接参数一致，其中铆钉几何形状与高度为 6mm 的铆钉实际尺寸一致，所用材料参数见表 2.2。单元类型选项中选择轴对称应力/应变选项，材料连续方式选择拉格朗日算法和面积加权选项。由于连接过程中涉及六对接触对，分别为冲头-铆钉、上板-下板、铆钉-上板、铆钉-下板、压边圈-上板、凹模-下板，为避免拉格朗日算法使塑性大变形过程中模型网格过度畸变而使分析精度下降，采用自适应划分技术。对于三个刚性体，限制冲头和压边圈沿 X、Z 方向的位移和所有方向的旋转自由度，限制凹模所有方向的位移和旋转自由度。网格划分后的模型如图 2.9 所示。定义三组参数矩阵，分别为时间、位移和载荷参数矩阵。其中时间-位移矩阵组赋予冲头，通过冲头的运动实现铆钉的下行；时间-载荷矩阵组赋予压边圈，通过压边圈的承载防止压边圈外侧基板的翘曲和回弹。模拟过程中选择单面自动 2D 接触类型。考虑到上板被剪断，对上板设置失效判据，其有效塑性应变为 2.2[16]。

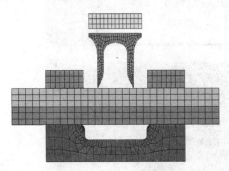

图 2.9　有限元模型

表 2.2　材料参数

项　　目	$\rho/\mathrm{kg\cdot m^{-3}}$	μ	E/GPa	σ_0/MPa	E_t/MPa	C	P
铆钉	7830	0.3	207	930	207	40	5
Al5052	2700	0.33	70	120	384	5500	4.8

在 ANSYS 求解器中，通过求解器输出 K 文件，并对 K 文件进行相关的修改和设置。之后在 LS-DYNA 求解器中进行求解，获得 d3plot 文件，用于后续分析。

2.3.2　有限元数值模拟结果及分析

将有限元数值模拟获得的自冲铆接头与自冲铆接获得的接头截面进行对比分析，如图 2.10 所示。由图 2.10 可以看出，有限元模拟获得的接头截面与自冲铆接获得的相同，因此可通过该接头的成形过程模拟来分析自冲铆接头的成形机理。

2.3.2.1　连接过程中被连接板材变形和材料流动分析

根据自冲铆接过程中基板的变形特点，其

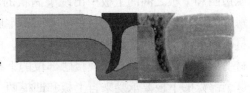

图 2.10　接头截面对比

连接过程可分为四个阶段。因此将数值仿真结果也分为四个阶段来分析基板变形和材料流动特征。考虑到模型的对称性，选择该模型的 1/2 进行分析，如图 2.11 所示。

图 2.11　基板变形和流动过程

　　从图 2.11 中看出，第一个阶段中，铆钉与基板刚刚接触，铆钉未与基板发生相互作用，基板维持原态，没有出现变形或发生流动。由于重力作用，基板材料表现出垂直向下流动的趋势。

　　第二个阶段中，铆钉刺入上板，基板开始发生弯曲变形。位于铆钉管腿左侧的上板中与铆钉管腿接触部位的材料在铆钉管腿的作用下，沿基板变形方向流动，朝凹模内腔方向流动，随着远离裂口，这些部位材料的流动幅度趋于减弱。铆钉管腿右侧的上板中的材料朝铆钉管腿运动的方向流动，位于压边圈附近的上板上表面的材料流动密度和幅度最大。压边圈和下板之间的上板中出现漩涡状的流动，这是铆钉和下板相反状态力作用的结果，铆钉的运动使上板中右侧材料朝着凹模空腔的方向流动，而来自下板的反作用力则使这些材料向上流动，因此形成漩涡状的流动。此时，下板下表面处于自由状态区域的材料沿板材变形方向流动，而与凹模接触部位的下板中的材料流动则显得较为杂乱无章，这是因为这个部位的下板要承受来自上板和凹模两个不同方向的作用力。可以看出下板中的材料流向主要是沿板材变形方向，朝凹模内腔方向流动。

　　第三个阶段中，上板已被刺穿，铆钉接触到下板。上板断裂处及下板与铆钉接触的部位流动幅度增强。位于铆钉管腿右侧的上板材料流动方向发生改变，沿断裂表面朝向上、下板接触的部位流动，趋于填充该处的间隙；而位于左侧的上板材料仍然沿趋于填满凹模内腔的方向流动。由于板材已经接触到凹模内腔中心表面，在其反作用力作用下，上、下板中心部位也开始发生流动。上板中心部位的材料由于无法下行并在铆钉管腿和下板的作用下，开始向上流动，趋于充满铆钉中空腔体。下板材料向外周流动趋于充满凹模其余空余部位；而靠近凹模附近的下板区域由于凹模反作用力的影响，使得材料呈现出回流的趋势。

第四个阶段中，铆接成形，此时流动的材料主要分布在铆钉管腿周围和铆钉头下方。由于铆钉仍然有运动的趋势，铆钉中空内腔的上板材料沿着铆钉管腿运动的方向流动；铆钉头下方的上板材料在铆钉头的作用下朝向上板未变形区域的方向流动，以此缓解该部位的应力应变集中程度。与铆钉管腿接触部位的下板材料朝凹模内腔剩余空隙的部位流动，趋于将凹模内腔填满。

通过以上分析可知，整个自冲铆接过程中上、下板材料在内部发生流动，远离变形部位的流动逐渐减弱甚至没有发生。材料流向取决于受到的外部作用力的方向，正是这些材料内部的流动才实现了整个接头宏观的塑性大变形。最终成形接头中材料流动最厉害的是铆钉头与上板接触部位和铆钉管腿与下板接触部位，可以推测这两处为接头中应力、应变较为集中的部位，有可能成为接头力学测试中的薄弱环节和危险部位。

2.3.2.2 成形后接头中的应力、应变分析

成形自冲铆接头中的平面应力和有效塑性应变分布情况如图2.12（a）、（b）所示。接头应力和应变分布图表明最大平面应力和有效塑性应变分别位于75号单元和600号单元，它们在模型中的位置如图2.12（c）所示。

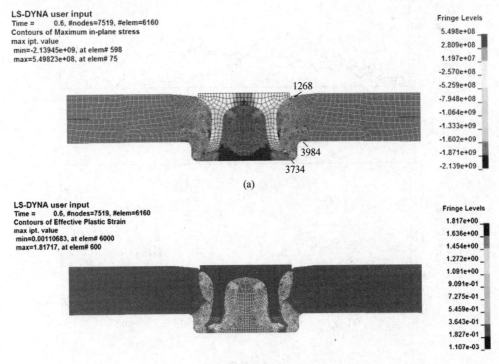

(a)

(b)

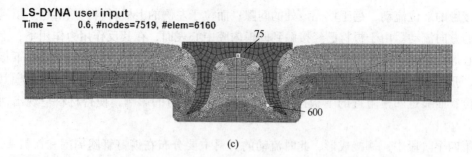

（c）

图 2.12　应力、应变分布图和最大应力、应变单元位置

由图 2.12（c）可以看出，最大应力和应变单元分别位于铆钉头内侧表面和被剪断的上板材料中，由于铆钉强度足够大并且位于铆钉中空内腔的被剪断的上板材料对接头力学性能影响不大，因此这两处位置可以忽略。根据应力、应变值和上述对基板变形和材料流动的分析，选择三处典型位置进行分析，它们的单元号分别为 3734、3984 和 1268。铆接过程中这些单元的应力-时间、应变-时间和内部能量密度-时间曲线如图 2.13 所示。

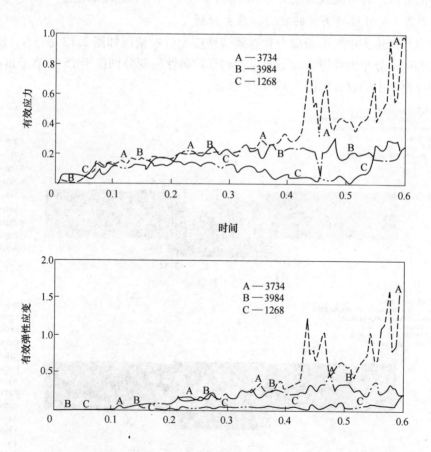

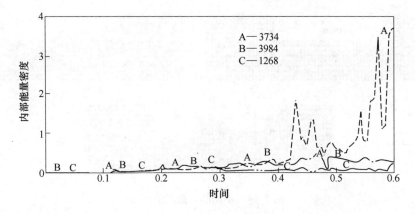

图 2.13　时间历程曲线

从图 2.12 和图 2.13 中可以看出，单元 3734 处的应力、应变和内部能量密度最大，即在铆接过程中，该单元位置处的变形程度最大，尤其是在铆接过程后期。这是由于下板发生剧烈塑性大变形，基板没有发生断裂，无法使应力、应变和内部能量得以充分释放，并且铆钉强度远远高于基板；即使接头成形后，该部位仍要承受来自铆钉管腿的作用力。加之下板残余厚度有限，使得该单元位置处成为接头中的薄弱环节。在外部载荷作用下，该部位很容易发生失效。

单元 3984 处的应力、应变和内部能量稍微高于单元 1268 处，这是因为单元 3984 在铆接过程中需要承受来自上板和凹模的作用力，主要是凹模的反作用力，并且认为凹模为刚体，其强度为无限大。这种成形条件下单元 3984 处的连接条件更为恶劣。而单元 1268 所在的上板在铆接早期发生断裂，使应力、应变和内部强度在一定程度上得以释放，缓解了基板的变形程度，因此其应力、应变和内部能量上升幅度不大。铆接后期，由于开始接触到铆钉头，在其作用力下使得上板局部区域，即该单元周围位置的连接条件变得恶劣起来。尽管单元 3984 处变形程度比单元 1268 处的大，但是由于单元 3984 位于板材自由表面，在成形接头中没有受到其他约束的影响；而单元 1268 仍要承受来自铆钉头和下板的作用力，因此可以推测，与单元 3984 相比，单元 1268 更容易发生失效。

结合铆接过程中基板的变形和材料流动分析，通过对成形接头中典型部位的应力、应变和内部能量分析，推测成形接头中的危险部位将会出现在上板与铆钉头接触部位及铆钉管腿与下板接触部位。

2.4　自冲铆接头铆接过程参数优化设计

2.4.1　凹模凸台高度对铆接质量的影响

采用凸台高度分别为 $h=0\text{mm}$、$h=0.5\text{mm}$ 和 $h=0.8\text{mm}$ 三种凹模，在其他参数不变的情况下进行铆接过程数值模拟，如图 2.14 所示。模拟结果和行程-载荷曲线如图 2.15 和图 2.16 所示。实际应用中对于自冲铆接头性能的评估，目前主要依靠铆接过程的行程-载荷曲线和对截面形状的观察来进行，因此分析凸台高度对自冲铆接头性能的影响需要从这两个方面去考虑。

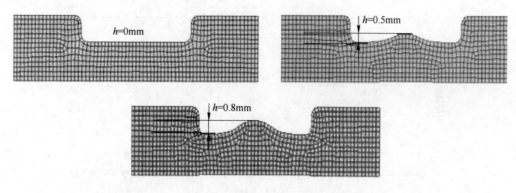

图 2.14　不同凸台高度的凹模

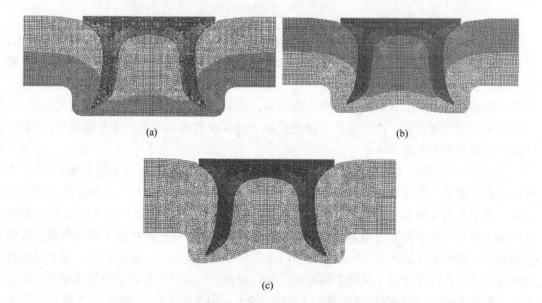

图 2.15　不同凹模凸台高度 h 模拟结果

(a) h = 0mm；(b) h = 0.5mm；(c) h = 0.8mm

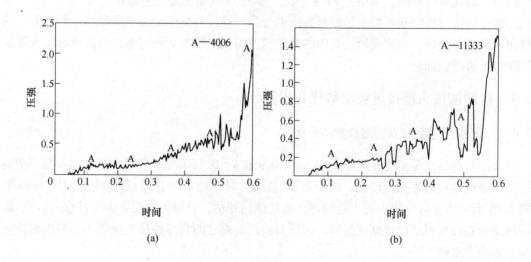

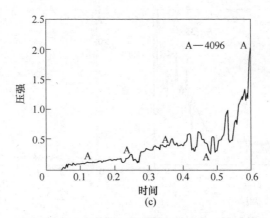

图 2.16 不同凹模凸台高度的时间-载荷曲线

（a）$h=0$mm；（b）$h=0.5$mm；（c）$h=0.8$mm

从图 2.15 可以看出，凹模凸台高度的增加有利于下层板料向凹模腔内流动，从而使铆钉更好地嵌入下层板料，使接头形成良好的机械自锁结构。当凸台高度 $h=0.8$mm 时，铆钉腿部的变形、板料向凹模腔内流动的过程和最终铆接效果都优于 $h=0.5$mm 时的情况；当 $h=0.5$mm 时，铆接模拟效果优于 $h=0$mm 时的情况。从图 2.15 和图 2.16 中可以看出，随着凹模凸台高度的增加，铆接所需要的最大铆接载荷也随之增加，铆钉腿部张开程度和铆接镶嵌量增大。铆接完成后接头的自锁性能由铆接镶嵌量来反映，所以相对来说镶嵌量越大铆接质量越好。凸台高度 $h=0.8$mm 时，虽然铆接镶嵌量值较大，但使凹模底部的接触板料变薄，这样容易造成底部脱落。因此凹模的设计需在考虑最大载荷的情况下适当加大凹模凸台的高度，以取得凸台高度、最大载荷和铆接成形后凹模底部接触材料三者之间最优配置[12,17,18]。

2.4.2 铆钉尺寸对铆接质量影响

铆钉对接头的形貌和力学性能有很大的影响，直接影响到铆钉穿透铝板的能力和铆接接头截面形貌。在上下层板厚度均为 2mm 的 Al5052 板材数值模拟过程中，铆钉材料、凹模凸台形状相同；改变铆钉的尺寸，分别用 5mm 和 6mm 长度铆钉进行数值模拟。其模拟结果如图 2.17 和图 2.18 所示。

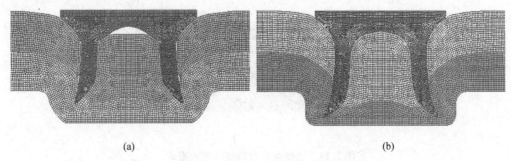

（a）   （b）

图 2.17 不同尺寸铆钉模拟结果

（a）5mm 铆钉；（b）6mm 铆钉

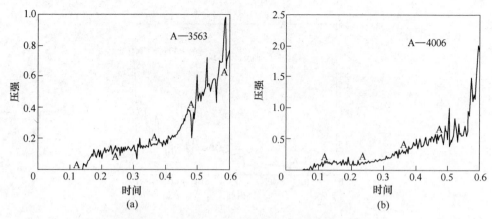

图 2.18　不同尺寸铆钉铆接过程时间–载荷曲线

(a) 5mm 铆钉；(b) 6mm 铆钉

图 2.17 表明对于铆接 2mm-2mm Al5052 板材，6mm 长的铆钉更加适合。铆钉能够很好成形，铆钉腿部呈弧线张开，在铆钉躯干中间位置上层板料断开；而前者铆接过程明显不适合，没有达到预期的自锁效果，这样自冲铆接头的抗拉强度较低。由此可知，铆接不同厚度的板材，铆钉尺寸的选择对铆接过程有一定的影响，需要根据特殊情况采用适当的铆钉，以达到预期的铆接效果。

2.4.3　动、静摩擦系数对铆接质量影响

铆钉与上、下板的摩擦系数对铆接结果有一定的影响，特别是铆钉与上板之间的摩擦系数的影响尤为明显。摩擦系数越高，需要的铆接力越大。摩擦力直接影响自冲铆接头的最终成形形状及上层板料跟随铆钉腿部的延展量。从图 2.19 可以看出，随着摩擦系数的增加，上板材料随铆钉腿部的延展量也增大，铆钉内腔就会出现未充满现象，摩擦系数越大未充满的空间越大。

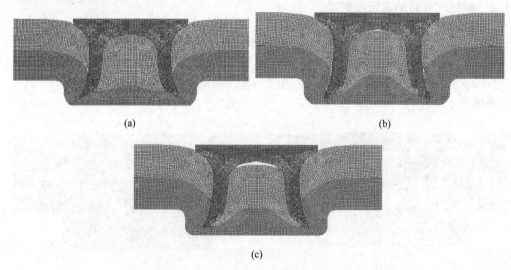

图 2.19　摩擦系数对铆接结果的影响

(a) 静摩擦系数 0，动摩擦系数 0.2；(b) 静摩擦系数 0.2，动摩擦系数 0.2；

(c) 静摩擦系数 0.2，动摩擦系数 0.3

2.4.4　对塑性应变比的敏感性

在数值模拟过程中，塑性应变比的设置是为了使上板在需要的时候断裂为两部分。当达到设定塑性应变比时网格就会被删除。不同的塑性应变比对模拟结果有重要影响。当塑性应变比为 2.0 时，可以达到比较光滑的接触界面；当塑性应变比为 1.0 时，接触界面就非常粗糙，网格丢失较多。铆钉内侧由于网格丢失较多出现锯齿形接触界面，最终成形结果中铆钉腿部与上、下板料之间出现较大空隙，下模未能充满，铆钉腿部的张开程度也比塑性应变比为 2.0 时要小。这样铆钉腿部距离下模的距离就更小，残余底厚也更小，如图 2.20 所示。

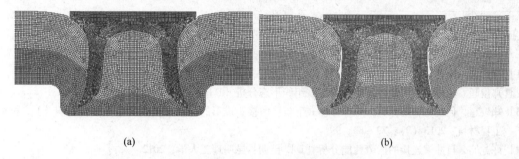

(a)　　　　　　　　　　　　　　　　　　　　　(b)

图 2.20　塑性应变比对自冲铆接头的影响
（a）塑性应变比 2.0；（b）塑性应变比 1.0

2.5　小结

以 2mm-2mm Al5052 自冲铆接头为金相试件，采用电解抛光和阳极化覆膜实现微观组织的显微，并采用微分干涉相衬法对其进行观察。对比分析显微效果，确定电解抛光和阳极化覆膜的最佳工艺参数。通过金相实验对接头中几个典型部位的组织变化进行观察、分析以及硬度测试，发现发生塑性大变形部位的材料由原始母材等轴晶粒被拉伸成为细长的纤维组织，晶粒结构尺寸被大幅度细化，产生了加工硬化效果，从而影响了接头的力学性能。对自冲铆接头力学性能的差异和失效形式从组织结构角度进行了解释说明，为今后接头材料组织再处理提供研究基础。

以自冲铆接头成形机理为研究对象，采用有限元数值模拟方法分析铆接过程中基板的材料变形、流动情况和成形接头中的应力应变分布，结果表明材料的流向取决于外部作用力，正是这些材料内部的流动才实现了整个接头宏观的塑性大变形。最终成形接头中材料流动最剧烈的是铆钉头与上板接触部位和铆钉管腿与下板接触部位，可以得到这两处为接头中应力应变较为集中的部位。通过对接头中典型部位的应力、应变和内部能量分析，结合铆接过程中的变形特征，可以推测成形接头中危险部位将出现在上板与铆钉头接触部位和铆钉管腿与下板接触部位。

自冲铆过程中涉及较多工艺参数，如凹模凸台高度、铆钉尺寸、静动摩擦系数等，分析这些参数对铆接过程模拟结果的影响可知，随着时间的增加，凹模凸台高度的增加会直接影响接头的成形性，使最终成形接头中的镶嵌量增加而残余厚度减小，即增强了自冲铆接头的内锁性能和连接效果；但是铆接载荷会增大，同时凹模底部接触板料边薄，容易造成底部脱落。因此，需对铆接载荷、凸台高度和成形后接头的残余底厚进行综合考虑，以实现参数的最优化配置。铆钉尺寸对于不同厚度板材的模拟结果也有重要影响，需根据不同板材厚度及铆钉变形情况选择合适尺寸的铆钉。摩擦系数对铆接结果有较大影响，随着摩擦系数的增加，上层板料随铆钉腿部的延展量增大，并且铆钉内腔空隙也相应增加。塑性变形失效系数直接决定着模拟过程中的网格删除量，塑性变形失效系数小则网格删除量就多，最终导致成形后界面粗糙，下模未能充满。

可见，有限元数值模拟和金相实验方法的使用，可有效地研究自冲铆接过程的细观成形机理及其对成形接头力学性能的影响。

参 考 文 献

[1] 谢希文，路若英. 金属学原理 [M]. 北京：航空工业出版社，1989.

[2] 郑俊超. 压印接头力学性能研究及微观组织形态分析 [D]. 昆明：昆明理工大学，2012.

[3] 郑俊超，何晓聪，邢保英，等. 分体式下模压印接头成形的有限元模拟及接头微观组织 [J]. 机械工程材料，2013（9）：79～83，99.

[4] 许竞楠. 自冲铆连接的疲劳性能分析 [D]. 昆明：昆明理工大学，2012.

[5] 邢保英. 自冲铆连接机理及力学性能研究 [D]. 昆明：昆明理工大学，2014.

[6] 国家质量技术监督局. 变形铝及铝合金制品组织检验方法（GB/T 3246.1—2000）[M]. 北京：中国标准出版社，2000.

[7] 王岚，杨平，李长荣. 金相实验技术 [M]. 2 版. 北京：冶金工业出版社，2010.

[8] 邢保英，何晓聪，唐勇，等. 自冲铆成形机理及静力学性能分析 [J]. 材料导报，2013，27（1）：135～138，145.

[9] Xu J N, He X C, Tang Y, et al. Microstructure and mechanical properties analysis of AL-5052 self-pierce riveting joint in material application engineering [J]. Advanced Materials Research, 2013, 625: 173~176.

[10] 许竞楠，何晓聪，曾凯，等. 自冲铆接头组织及性能分析 [J]. 焊接学报，2014（7）：91～95，118.

[11] 张玉涛. 单搭自冲铆接头的动力学分析与疲劳研究 [D]. 昆明：昆明理工大学，2011.

[12] He X C, Gu F S, Ball A. Recent development in finite element analysis of self-piercing riveted joints [J]. International Journal of Advanced Manufacturing Technology, 2012, 58: 643~649.

[13] He X C, Pearson I, Young K. Finite element analysis of self-pierce riveted joints [C]. Key Engineering Materials, 2007, 344: 663~668.

[14] He X C. Application of finite element analysis in sheet material joining [M]. In: David Moratal, editor. Finite Element Analysis-From Biomedical Applications to Industrial Developments, Rijeka: InTech, 2012: 343~368.

[15] ANSYS. ANSYS Help V12.1 [R]. ANSYS, 2009.

[16] He X C, Xing B Y, Zeng K, et al. Numerical and experimental investigations of self-piercing riveting [J]. International Journal of Advanced Manufacturing Technology, 2013, 69（1~4）：715~721.

[17] 严柯科. 自冲铆接头动力学数值模拟与疲劳分析 [D]. 昆明：昆明理工大学，2011.

[18] 严柯科，何晓聪，张玉涛，等. 单搭自冲铆接过程的数值模拟及质量评价 [J]. 中国制造业信息化，2011，40（19）：76～78.

自冲铆接头静力学性能及其失效机理

静力学性能是接头力学性能的主要参数指标，为系统研究自冲铆接技术的静力学性能，可通过实验方法研究基板预成形角、厚度、宽度、铆钉数量及其分布结构对 Al5052 自冲铆接头静力学性能的影响。采用扫描电子显微镜（SEM）对力学测试后的典型试件断口进行分析，从而研究其失效机理，为自冲铆接结构的设计及优化提供基础，促进该技术在实际应用中的发展。考虑到实验研究的成本，基于有限元数值模拟方法的特征，以 Al5052 自冲铆接头为对象，采用数值模拟方法分析自冲铆接头的静力学性能，以研究接头的承载特征及其机理[1]。

3.1 自冲铆接头的制备及静力学试验

3.1.1 材料测试

采用 2mm 厚的 Y2 工业纯铝板（Y2）、Al5052 铝板、1.3mm 和 1mm 厚的 SPCC 钢板、1.5mm 厚的 H62 黄铜（H62）和钛合金（TA1），沿轧制方向切割试样。参考《金属材料拉伸试验室温试验方法》（GB/T 228.1—2010），由于板材宽度为 20mm，因而选择不带头试样，测试试样几何尺寸如图 3.1 所示。

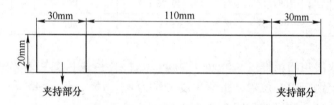

图 3.1　材料测试试样几何尺寸

采用 MTS Landmark100 材料实验机，如图 3.2（a）所示，通过 testwork 模块进行材料测试，选择位移控制模式，测试速度为 5mm/min。采用标距为 20mm 的引伸计，选择点刃进行测量，各材质至少测试两个试样。测试结果均值见表 3.1。

3.1.2 试件的连接设备及其制备

3.1.2.1 试件规格

为系统地研究自冲铆接头的静力学性能，本章采用厚度为 1.5mm 和 2mm 的 Al5052 板材进行试件的制备。考虑到自冲铆接头在实际应用中的工况，对板材进行预成形角操作，研究接头的最佳预成形角，采用 1.5mm 厚的板材制备带有预成形角的自冲铆接头；采用 2mm 厚的板材制备不同宽度、不同铆钉数量及不同铆钉分布结构的接头。所有板材长度均为 110mm。

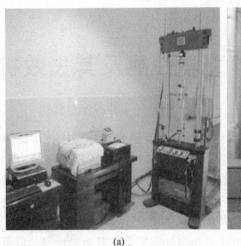

(a)　　　　　　　　　　　　　　　　　(b)

图 3.2　力学测试设备

(a) MTS Landmark100 材料实验机；(b) AG-IS 型力学实验机

表 3.1　测得的材料力学性能参数

材　料	剪切模量/GPa	屈服强度/MPa	抗拉强度/MPa	应变率/%
Y2	73.74	168.04	168.05	10.87
Al5052	68.20	208.94	231.21	17.50
SPCC	97.5	256.45	320.15	15.48
H62	108.74	349.36	351.67	55
TA1	98.5	396.8	402.5	33

　　对于带有预成形角的试件（1.5mm-1.5mm 组合），搭接长度均为 20mm，对板材进行预折弯操作，确定铆钉中心位置，折弯角度分别为 0°、15°、30°、45° 和 60°。以 0° 和 30° 连接后试件为例，其几何尺寸如图 3.3（a）所示。

　　对于不同宽度的试样（2mm-2mm 组合），宽度为 20mm 的试件搭接长度为 20mm；宽度为 40mm 的试件搭接长度为 40mm，确定铆钉中心位置。连接后试样几何尺寸如图 3.3（b）所示。

　　对于不同铆钉数量及其分布结构的试样（2mm-2mm 组合），搭接长度均为 40mm，确定铆钉中心位置。连接后试样几何尺寸如图 3.3（c）所示。

3.1.2.2　连接设备

　　制备自冲铆接头的连接设备为 Böllhoff 公司生产的 RIVSET VARIO-FC（MTF）型自冲铆接设备，如图 3.4 所示。该设备通过电液伺服机构实现连接，其最大许可压强为 25MPa，即最大许可铆接力为 50kN。本章涉及两种厚度基板的组合连接：第一组为 1.5mm-1.5mm，第二组为 2mm-2mm。根据基板总厚度，第一组、第二组分别选择长度为 5mm、6mm 的铆钉头直径为 7.7mm 沉头型冷镀锌硼钢半空心铆钉。选择平底下模具，如图 3.5 所示。

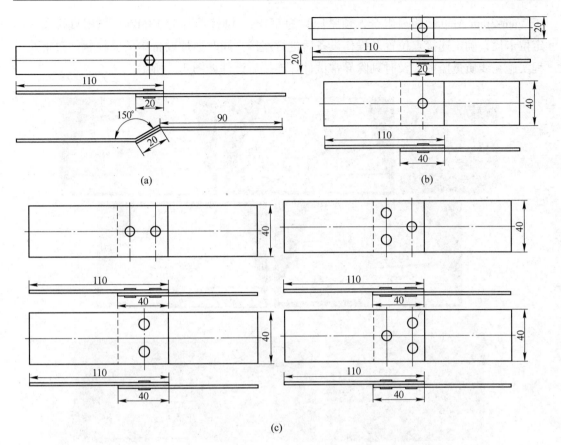

图 3.3 试件几何尺寸

（a）预成形角试样（1.5mm-1.5mm）；（b）不同板宽的试样（2mm-2mm）；

（c）不同铆钉数量及其分布结构的试样（2mm-2mm）

图 3.4 自冲铆接设备

图 3.5 自冲铆接中的下模具

3.1.2.3 接头的制备

对于 1.5mm-1.5mm Al5052 板材组合，根据连接经验和参考工艺参数对基板进行试铆，然后对试铆件沿接头子午面切割，通过观察截面中的残余底厚、内锁长度和钉脚张开度；进而调整工艺参数，最终确定铆接压强：预紧压强为 5MPa，铆接压强为 15MPa。对于 2mm-2mm Al5052 板材组合，预紧压强为 5MPa，铆接压强为 18MPa。采用自行设计的定位卡尺，确定连接点位置及操作设备后进行连接。同时通过设备中的监控软件对铆接过程实施在线质量监控，及时剔除异常试件。连接后试件如图 3.6 所示。

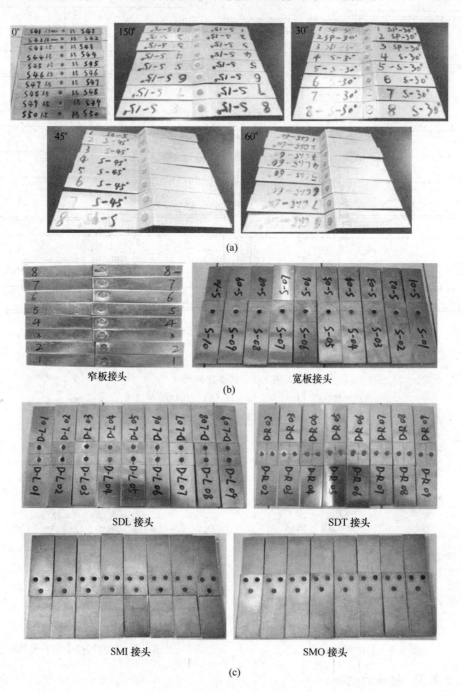

图 3.6　连接后的 SPR 试件

（a）预成形角接头（1.5mm-1.5mm）；（b）不同宽度的接头（2mm-2mm）；

（c）不同铆钉数量及其分布结构的接头（2mm-2mm）

3.1.3 静力学试验设备及测试参数

试验采用 MTS Landmark100 和 Shimadz 制作所生产的 AG-X 100kN 力学实验机，如图 3.2 所示。所用试件均采用垫片，长度为 30mm，确保加载路径与试件轴线一致，降低试验过程中产生的扭矩。对于预成形角接头，0°、15°、30°、45°和 60°试件的垫片厚度分别为 1.5mm、6mm、10mm、15mm 和 15mm（夹具尺寸限制，夹持垫片厚度最大为 15mm）；对于 2mm-2mm 板材组合，垫片厚度均为 2mm。预成形角试件采用 AG-X 100kN 实验机进行测试，其他试件组采用 MTS Landmark100 实验机测试；试验速度为 10mm/min；每组至少测试 8 个。

3.1.4 静力学试验结果及断口 SEM 分析设备

通过试验获得各组接头的静力学性能指标结果，包括载荷-位移曲线及接头失效形式。基于这些结果可以分析基板预成形角、厚度、宽度、铆钉数量及其分布结构对接头静力学性能的影响。

采用 FEI 公司生产的型号为 MLA650 的 SEM 分析设备（见图 3.7），该设备配备有 EDAX 公司生产的 X 射线能谱仪（EDX），可将微观形貌与这些区域的化学成分结合起来。选用 SEM 分析突出的优点是能够对测试后的断口直接进行观察和分析，避免了对断口的处理以及复型的制作。EDX 分析最大的优点是可对粗糙断口表面进行元素分析，同样避免了对断口的预处理。

图 3.7 SEM 分析设备

对测试后典型试件的断口进行显微观察，可从微观角度分析和说明接头的静力学失效机理。

3.1.5 静力学试验数据分析理论

考虑到力学测试成本及静力学性能的稳定性，各组采用 7~8 个试件进行测试。由于测试件数有限，为获得可靠分析结果，采用统计学对试验数据进行分析。基于各统计分布特征，本章选择正态分布。中心极限定理是科学与工程应用领域统计分析中常用的分布类型，是大部分连续型总体很好的一个统计模型。该分布的随机变量均值的取值可为任意实数，其方差的取值也同样可以为任意正实数。其概率密度函数为[2]：

$$f(t) = \frac{1}{\sigma\sqrt{2\pi}}\,e^{-\frac{1}{2}\left(\frac{t-\mu}{\sigma}\right)^2} \tag{3.1}$$

式中，μ 为均值；σ 为标准差。

对于数据的检验分析，采用正态分布检验的可行性及正确性可通过以下三种方法进行检验：

（1）构建分析数据的相对频率直方图或者茎叶图。假如分析数据近似服从正态分布，则由数据所绘制的图的形状呈现为带细尾的丘陵形且同时关于均值对称。

（2）求取分析数据样本的四分位差值（Q_d）和 σ，之后计算 Q_d/σ。假如分析数据近似服从正态分布，则 $Q_d/\sigma \approx 1.3$。

（3）构建分析数据的正态概率图。假如分析数据近似服从正态分布，则数据点分布近似呈现为一条直线。

统计分析中，需要估计若干总体特征参数，假设为某个参数（θ），θ 通常为 μ 或者 σ；点估计采用 $\hat{\theta}$ 表示。例如，一个随机变量 Y 的随机样本为 y_1，y_2，$\cdots$，y_n，其中一个总体均值 $E(Y) = \mu$ 的点估计是均值 $\bar{y}$，相似地，σ 的点估计是样本标准差 S；另一种总体特征参数 θ 的评估方法是区间估计，它通过样本数据进而获得两个点的规则，最终表达为一个在很高水平的置信系数下的包含 θ 的区间。

由于样本数据计算获得点估计参数，因此具有抽样分布。点估计的抽样分布全面地描述了其性质。根据中心极限定理，当样本容量较大时（例如 $n \geqslant 30$），均值的抽样分布近似服从正态分布，其均值为 μ，标准差为 $\sigma/\sqrt{n}$。

对于点估计的求解存在多种方法，如最小二乘法、刀切估计、稳健估计、贝叶斯估计等，其中较为经典的是矩法和极大似然估计法。对于区间估计方法主要有枢轴法、自助法和贝叶斯法，其中最常用的求解方法是枢轴法，它主要是通过构建一个枢轴统计量进而计算 θ 的区间，该统计量是样本数据值和某个 θ 的函数。当样本容量很大时，基于中心极限定理，可以将正态随机变量作为统计量进而求解期望值的置信区间[2~4]。

但是由于静力学测试中试件数量较少，远远小于 30，属典型小样本数据，因此在计算 θ 的置信区间时需要引入新的分布函数。当样本数据容量较小且总体近似服从正态分布时，选择与正态分布相关的学生氏 t 分布（t 分布），对 θ 的置信区间进行计算。其概率密度函数为：

$$f(x \mid v) = \frac{\Gamma\left(\dfrac{v+1}{2}\right)}{\Gamma\left(\dfrac{v}{2}\right)} \frac{1}{\sqrt{v\pi}} \frac{1}{\left(1 + \dfrac{x^2}{v}\right)^{\frac{v+1}{2}}} \tag{3.2}$$

式中，v 为各试件组自由度；Γ（·）为伽马函数。

同样的，t 分布检验的可行性及正确性可通过以下方法进行检验：对于来自近似正态总体的样本数据分析，t 分布均适用。对于小样本容量，采用常用的判断方法检验其总体是否近似服从正态分布是非常困难的。另一种有效的检验途径是绘制样本数据的箱图或点图，根据这些图形的对称性以及是否出现异常值来进行判断[5]。

根据样本数据获得 θ 的点估计，同样采用枢轴法求取 θ 的置信区间。基于正态分布及其特性构造基于 t 分布的小样本均值置信系数为（$1 - \alpha$），100% 置信区间的置信下限值（LCL）及置信上限值（UCL）表达式分别为：

$$LCL = \bar{y} - t_{\alpha/2}\left(\frac{s}{\sqrt{n}}\right) \tag{3.3}$$

$$UCL = \bar{y} + t_{\alpha/2}\left(\frac{s}{\sqrt{n}}\right) \tag{3.4}$$

式（3.3）和式（3.4）中的 $t_{\alpha/2}$ 根据自由度为 $n-1$ 的 t 分布临界值表获得。

考虑到接头整体静力学性能，有必要对接头能量吸收能力进行分析。由于自冲铆接头载荷-位移曲线不是规则的几何图形，尤其是在复合连接技术接头中，很难精准地通过数学公式对其进行拟合并积分，因此基于能量吸收的原始定义，本文提出一种基于绘图软件的计算接头能量吸收的方法，即通过求取载荷-位移曲线所围成面积进而获得接头的能量吸收数值。其计算过程是将试验获得的接头载荷-位移曲线图片导入绘图软件中（本节采用 AutoCAD 软件），并实现其横坐标 1:1 比例显示。通过软件功能获得接头载荷-位移曲线与横坐标系所围成区域的面积，根据以下关系式获得接头的能量吸收值：

$$y = W_{unit} S_{coordinate}^{-1} x \tag{3.5}$$

式中，$S_{coordinate}$ 为缩放后整个坐标系所围成区域的面积；W_{unit} 为坐标系中横、纵坐标单位刻度所围成面积的能量值；x 为曲线与横坐标系所围成区域的面积。

3.2 板材几何尺寸对接头静力学性能的影响

3.2.1 板材几何尺寸对接头失效模式的影响

3.2.1.1 板材预成形角

各组预成形角接头静态失效模式如图 3.8 所示。由图 3.8 可知，所有接头静态失效模式均为下板脱离铆钉和上板，即为接头内锁结构失效。但是不同预成形角条件下，又存在一些差异，即接头中上板铆孔处材料呈现出不同程度的撕裂、沿铆钉头弯曲变形和铆钉头部下陷现象；下板沿铆钉尾部圆底材料脱落，下板铆孔处两侧出现膨胀和刮划现象；随着预成形角增加，下板弯曲更加剧烈。这些失效部位与第 2 章中所描述的危险部位一致。从最终失效模式来看，尽管各组接头的预成形角不同，但是最终失效时基板的变形程度，尤其是上板变形程度十分相似。

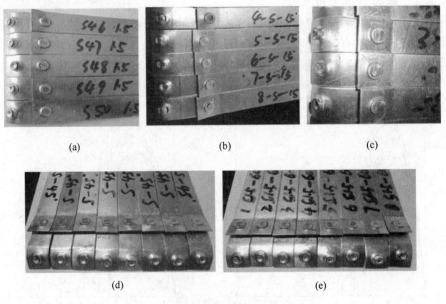

图 3.8 静态失效模式
（a）0°接头；（b）15°接头；（c）30°接头；（d）45°接头；（e）60°接头

图 3.8 表明预成形角对自冲铆接头宏观静态失效模式几乎无影响，仅影响基板变形、撕裂和铆钉头部下陷的程度。

3.2.1.2　板材厚度和宽度

2mm-2mm 板材组合的 4-Narrow 和 4-Wide 接头的静态失效模式分别如图 3.9（a）和图 3.9（b）所示。与图 3.9 中 0°接头（3-Narrow）失效模式对比，可以发现它们的失效模式相同，均为下板脱离铆钉和上板。上板沿铆钉头发生弯曲，上板铆孔周围颈部板材被撕裂；下板铆孔处两侧边缘材料发生膨胀，且下板靠近铆孔处的上表面出现明显的划痕。对于 3-Narrow 和 4-Narrow 接头，下板材自由端部呈现为凸形；对于 4-Wide 接头，该处仍大致为平面状。这些变形特征表明窄板接头中下板上表面的刮划程度更为严重[6]。

(a)　　　　　　　　　　　　　　(b)

图 3.9　静态失效模式

可见，对于依照铆接原则铆接质量合格的 SPR 接头，基板厚度和宽度对接头宏观静态失效模式几乎没有影响，仅影响下板自由端部变形和靠近铆孔处上表面刮划的程度。

3.2.2　板材几何尺寸对接头静强度的影响

3.2.2.1　板材预成形角度

各组预成形角接头载荷-位移曲线如图 3.10 所示，发现这些测试数据较为稳定，为分析这些数据的普遍性和有效性，采用统计学方法进行分析。使用 Matlab 中绘制点图命令和拟合优度测试命令检验数据，根据数据分布情况和测试命令结果，有理由相信它们的最大

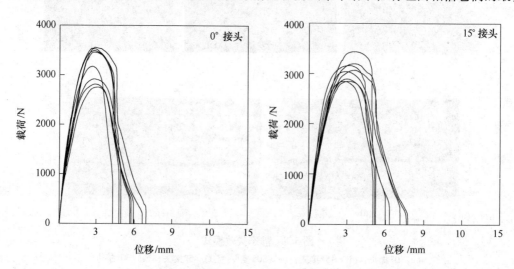

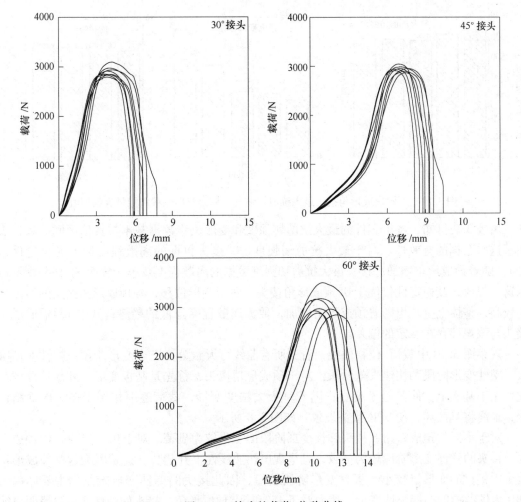

图 3.10 接头的载荷-位移曲线

抗剪切强度和变形位移数据均来自正态分布并达到 3σ 水平，考虑到各试件组中试件数量较少，选择 t 分布，基于枢轴区间估计法计算数据均值95%置信系数下的置信区间，以检验数据的有效性。最大抗剪切强度和变形位移的统计参量列于表 3.2 中。各试件的最大抗剪切强度、变形位移和能量吸收均值如图 3.11 所示[7~10]。

表 3.2　最大抗剪切强度和变形位移的统计参量

接头预成形角/(°)	均　值	变差系数	置信区间	有效试件数
0	3214.8N	0.106	2929.6~3500.0N	8
15	3062.2N	0.067	2891.8~3232.6N	8
30	2907.2N	0.033	2826.3~2988.1N	8
45	2944.2N	0.019	2898.2~2990.3N	8
60	3047.7N	0.071	2866.3~3229.1N	8
0	5.65mm	0.162	4.89~6.41mm	8
15	6.28mm	0.178	5.35~7.21mm	8
30	6.55mm	0.103	5.99~7.11mm	8
45	9.15mm	0.078	8.55~9.75mm	8
60	12.74mm	0.073	11.96~13.52mm	8

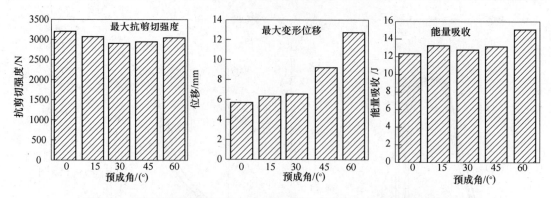

图 3.11　不同预成形角接头最大抗剪切强度、最大变形位移和能量吸收均值

由表 3.2 可知，各组试件的最大抗剪切强度和变形位移数据基本与置信区间一致，表明了这些数据的有效性。对于最大抗剪切强度，0°接头数据的离散程度最大（稳定性最差）。随着预成形角增加，接头最大抗剪切强度数据的离散程度减小。然而 60°接头则不遵从这一规律，其稳定性仅优于 0°预成形角接头。对于变形位移，各预成形角接头的稳定性均较高，整体上呈现出随着预成形角增加，数据离散程度降低的趋势；其中 15°预成形角接头与该规律存在一定的偏差。

观察图 3.10 中载荷-位移曲线，看到所有曲线可大致分为三个变形阶段：弹性变形阶段、塑性变形阶段和快速失效阶段。对于预成形角接头，首先是基板变形，外部拉伸载荷先作用于基板上，使其趋于变直；随着基板大幅度变形，载荷逐渐作用于接头内锁结构上，最终将其破坏，使 SPR 接头失效，如图 3.8 所示[11]。

对于不同的预成形角，接头弹性变形阶段的变化较为显著。对于 0°、15°和 30°预成形角，接头的弹性变形阶段较为一致，且呈现出快速线性上升趋势。这是因为这些预成形角接头中板材的变形量较小，板材变形阶段较短，因此接头的弹性变形阶段仍主要体现为 SPR 内锁结构的初期弹性变形。然而对于 45°和 60°预成形角，接头的弹性变形阶段明显缩短且其上升速度明显降低，该阶段为弯曲板材的拉直过程，主要体现为基板的弹性变形，因此这些预成形角接头很快进入了屈服阶段。

对于不同的预成形角，接头的屈服阶段也呈现出明显差异，且这些差异规律与接头在弹性变形阶段相似。当预成形角为 0°、15°和 30°时，接头以较快速度经历弹性变形阶段，以较大的载荷进入塑性变形阶段；同时，随着变形位移继续增加，载荷继续上升直至达到最大值。然而当预成形角为 45°和 60°时，由于基板刚度较小，接头以较小的载荷进入到塑性变形阶段，同时这些预成形角接头中基板的变形程度很大，需要更多时间对板材进行拉伸，因此可显著延长塑性变形阶段，最终延长了变形位移。这些变形特征有利于接头能量吸收能力的提高，使其更好地发挥缓冲吸振能力。同时，载荷不断增加至最大抗剪切强度[12]。

对于不同的预成形角，接头在失效后期表现出一致性。由于接头失效过程为铆钉的翘曲和拔拉过程，当接头达到最大抗剪切强度后，载荷不会突然下降，而是缓慢降低。随后由于变形位移的增加，铆钉与下板分离，接头快速失效。无论是 0°接头还是其他预成形角接头，均服从这样的失效特征，因此当接头达到最大抗剪切强度后，在快速失效阶段中表现出高度的一致性。

由表 3.2 和图 3.11 可以看出，0°接头的抗剪切强度最高，随着预成形角的增加，接头的抗剪切强度降低，30°接头的抗剪切强度达到最低。随着预成形角继续增大，接头的强度开始出现上升趋势。然而随着预成形角的增加，接头的最大位移变形能力逐渐增强，最终 60°接头的位移变形和能量吸收能力最强，即该接头的缓冲吸振能力最佳。0°接头的最大抗剪切强度比 60°接头提高了 5.48%，0°接头的变形位移比 60°接头的减少了55.65%，最终 0°接头所吸收的能量仅比 60°接头的减少了 18.80%。可见 0°接头的整体静力学性能最佳，该角度在实际生产中可发挥更好的连接作用。同时，可根据应用需要合理选择预成形角。

3.2.2.2 板材厚度和宽度

图 3.12 为 4-Narrow 和 4-Wide 接头的载荷-位移曲线。根据数据统计分析，发现它们的最大抗剪切强度和变形位移数据均达到 3σ 水平，采用 t 分布计算置信区间（95% 的置信度）。最大抗剪切强度和变形位移的统计参量列于表 3.3 中。

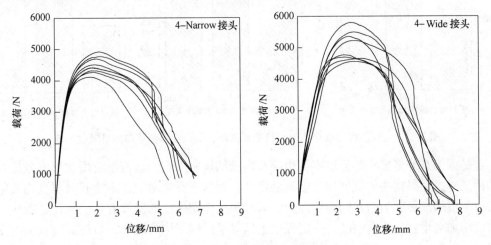

图 3.12　接头的载荷-位移曲线

表 3.3　最大抗剪切强度和变形位移的统计参量

接头类型	均　值	变差系数	置信区间	有效试件数
4-Narrow	4503.9N	0.061	4274.4~4733.4N	8
4-Wide	5071.7N	0.091	4686.7~5456.7N	8
4-Narrow	6.31mm	0.084	5.87~6.75mm	8
4-Wide	7.25mm	0.081	6.76~7.74mm	8

由表 3.3 可知，各组试件的测试数据与置信区间基本一致，表明了这些数据的有效性。表 3.2 和表 3.3 表明，4-Narrow 接头最大抗剪切强度的离散程度最小（稳定性最佳），4-Wide 接头次之，3-Narrow 接头最差，可见基板厚度和宽度均会影响接头强度数据的稳定性。三组接头中，4-Narrow 和 4-Wide 接头数据的离散程度很小且相当，可见基板厚度的增加可有效降低位移数据的离散程度。

观察图 3.10 和图 3.12 中的载荷-位移曲线，仍然可大致将它们分为三个变形阶段，且这些曲线变化特征相似：（1）测试初期，抗剪切强度快速线性增加；（2）进入屈服阶段后，载荷缓慢增加，而变形位移大幅度延长；（3）最终，载荷逐渐下降。

　　分析基板厚度和宽度对接头静强度的影响，各试件组的最大抗剪切强度、最大变形位移和能量吸收均值如图 3.13 所示。由图可知，随着基板厚度和宽度的增加，接头的最大抗剪切强度、变形位移和能量吸收能力逐渐提高。随着基板厚度增加，接头的最大抗剪切强度、变形位移和能量吸收能力分别提高了 40.10%、11.68% 和 74.98%；随着基板宽度增加，接头的最大抗剪切强度、变形位移和能量吸收能力分别提高了 12.61%、14.90% 和 11.70%。可见，基板厚度的增加可有效提高接头的抗剪切强度和能量吸收能力，而基板宽度的增加可有效提高接头的变形位移。考虑到接头整体静力学性能，基板厚度的影响更为突出。

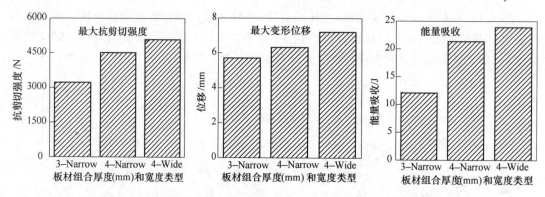

图 3.13　不同厚度组合接头最大抗剪切强度，最大变形位移和能量吸收均值

　　这是因为自冲铆接头静强度主要由接头内锁结构所决定，基板厚度增加可有效提高内锁结构尺寸，使得接头的抗剪切强度显著增加；而基板宽度增加，不能有效提高内锁结构尺寸，但可增加接触表面之间的摩擦力，对接头抗剪切强度的发挥有利。测试过程中，基板宽度增加会增强接头的刚度，一定程度上延迟了内锁结构的破坏，最终提高接头的变形位移。

　　根据以上分析可知，实际应用中在满足接头连接要求前提下，应尽可能增加板材厚度，考虑接头性能的最优化，合理选择和设计基板宽度。

3.3　自冲铆接头静力学失效机理分析

3.3.1　接头互锁结构滑移

　　由于自冲铆接是冷压嵌铆连接方法，承载时连接界面处的滑移是导致接头内锁结构失效的主要原因。通过搭建自冲铆接头微动滑移显微测量平台，设计双半剖自冲铆接头试样，进行拉伸-剪切试验和数值模拟，通过双半剖模型定性地描述自冲铆接头的微动滑移特性，该模型作为接头机械内锁区域微动滑移错动量的检测模型是有效的[13,14]。

　　本节采用尺寸规格为 140mm×50mm×1.5mm 的 Al5052 板材，搭接部分长度为 50mm，通过 MTF 自冲铆接试验机进行连接；为使铆接过程中板材流动更加充分，选择带凸台的下模具；选择长度为 5mm、钉腿直径为 5.3mm 的半空心铆钉。采用接头子午截面观测法观察接头中钉头高度、内锁长度和残余底厚，最终确定试件的连接压边压强、刺穿压强、整形压强分别为 5MPa、15MPa、8MPa，通过铆接过程实时质量监控系统获得其最大铆接力为 37kN。之后在线切割机上以 51~205 步/秒的切割速率对试件进行剖分，连接试件和双半剖试件几何尺寸如图 3.14 所示。

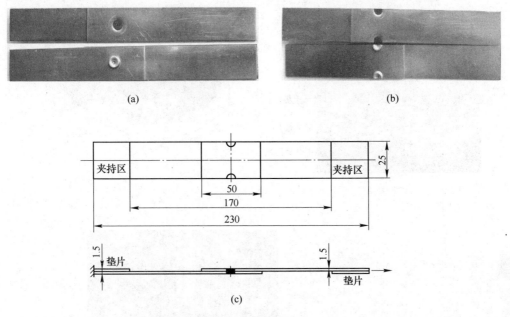

图 3.14　自冲铆试件
（a）完整试件；（b）双半剖试件；（c）双半剖自冲铆接头试样几何尺寸

3.3.1.1　利用图像灰度匹配算法计算机械内锁区界面滑移量

图像灰度匹配是基于数字图像相关分析（digital image correlation，缩写 DIC）的一种计算机视觉技术，可用于材料表面形变位移的分析[15]，其基本原理是依据某种相似性度量准则，逐像素地将大小一定的参考图像窗口灰度矩阵与实时目标图像窗口灰度阵列进行分析比较，评判两幅图像的相似度。分析过程采用的相似性度量准则有相关函数、协方差函数、差平方和等，实际应用中常用相关系数来表征两幅图像的相关性，如下式所示：

$$R(u,v) = \frac{\sum\limits_{i=1}^{m} \sum\limits_{j=1}^{n} \left[f(x_i,y_j) - \overline{f} \right] \cdot \left[g(x_i + u, y_j + v) - \overline{g} \right]}{\sum\limits_{i=1}^{m} \sum\limits_{j=1}^{n} \left[f(x_i,y_j) - \overline{f} \right]^2 \cdot \sum\limits_{i=1}^{m} \sum\limits_{j=1}^{n} \left[g(x_i + u, y_j + v) - \overline{g} \right]^2} \tag{3.6}$$

式中，f 和 g 分别为参考图像和目标图像，图像像素大小为 $m \times n$；$\overline{f}$ 和 $\overline{g}$ 为参考图像和目标图像灰度均值。分析过程中，假定小变形情况下待分析区域不发生变形，通过改变 u 和 v 值实现整个图像区域的搜索，得到各点相关系数。相关系数越大，两幅图像的匹配程度越高，当参考图像与目标搜索的子图像完全相同时，相关系数为 1。图像灰度匹配方法具有较高配准成功率。

本节提出并介绍了利用图像灰度匹配法分析自冲铆接头机械内锁区界面滑移量，其算法主要包括以下几个步骤：

（1）确定自冲铆接头连接界面附近待检测区，获取形变前该区域的整体图像 S_0。由于自冲铆的强度在很大程度上取决于铆钉脚张开度[16]，因此，将待检测区划定在铆钉脚刺入下板处，如图 3.15（a）所示。

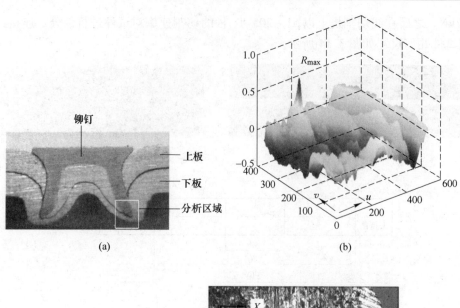

(a)　　　　　　　　　　　　　　　(b)

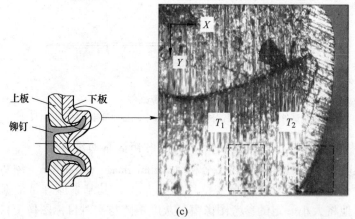

(c)

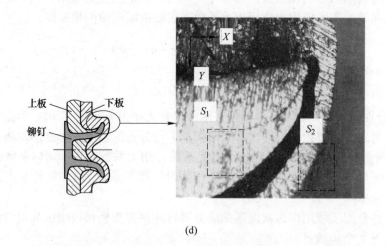

(d)

图 3.15　模板选取及图像匹配

（a）SPR 截面及图像分析区；（b）最大相关系数的搜索；（c）模板图的选取；

（d）模板图与目标图的匹配

（2）在图像 S_0 对应的机械内锁区铆钉脚与下板连接界面两边各选取模板图像区域 T_1 和 T_2，如图 3.15（c）所示。

（3）在形变后自冲铆接头图像 S 中取出与模板大小相同的目标图像 $S^*(u, v)$，并分别与模板图像 T_1 和 T_2 比较，计算出目标图像 $S^*(u, v)$ 与模板图像 T_1 和 T_2 的图像相关系数 $R_1(u, v)$ 和 $R_2(u, v)$。

（4）在图像 S 整个搜索区内分别计算目标图像 $S^*(u, v)$ 与模板图像 T_1 和 T_2 的图像相关系数。

（5）在图像 S 整个搜索区内分别找出计算得到的目标图像与模板图像的最大相关系数 $R_{max1}(u, v)$ 和 $R_{max2}(u, v)$（如图 3.15（b）所示），并据此确定形变后对应的目标子图 S_1 和 S_2，如图 3.15（d）所示。

（6）计算目标子图 S_1 与 S_2 之间的水平像素值和竖直像素值，并与形变前图像 S_0 对应的两模板图像区域 T_1 和 T_2 的像素空间距离比较，计算机械内锁区铆钉脚与下板处滑移像素值，最后将像素值转换为空间距离。

3.3.1.2 静力学性能试验测试

在 MTS 力学实验机上对自冲铆接双半剖试件进行拉伸-剪切试验。为了测量双半剖自冲铆接试件拉伸过程中半剖界面处的滑移错动量需搭建显微测量平台，整个拉伸剪切滑移测量实验平台如图 3.16 所示，由力学试验机、两个可调显微镜、PC 机、可调移动支架和相应的图像采集分析系统组成。

试验中试件两端使用垫片，避免在试验过程中产生扭矩，并确保加载方向与试件轴向平行。用两个显微镜对准双半剖接头的两个半剖铆钉进行实时图像采集，选择组件拉伸模块，位移控制速度为 5mm/min 以便拉伸过程中图像采集。

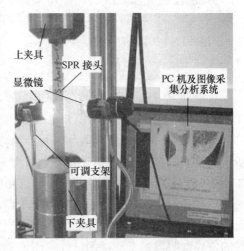

图 3.16 试验系统

3.3.1.3 静力学性能有限元模拟分析

自冲铆接头机械内锁界面之间的接触既是影响其连接质量的关键，也是影响其力学性能的重要因素。对完整试件和双半剖试件进行静力学分析，可有效地获取接头的破坏位置及失效形式，便于分析接头静力学性能和进行拉伸剪切滑移检测。因此，分析其静强度，可准确地获取其应力集中位置，为后续进行微动滑移检测和疲劳裂纹扩展分析提供有用信息。

在 ANSYS 有限元分析软件中建立双半剖自冲铆接头结构模型并进行网格划分，因试件结构的对称性，故可建立双半剖模型一半结构进行静力学分析。由于接头是铆接过程中铆钉和上、下板材料塑性大变形和回弹实现机械自锁的结果，在接头拉伸-剪切试验过程中材料塑性变形能量来自于外加载荷，且能量的传递和消耗是靠各界面之间的接触和摩擦来实现的，在进行有限元静力分析时，必须考虑三者之间各自分离表面互切时接触摩擦的影响。因此，在划分单元后必须对各接触表面进行接触对设置。而两个分离体互切时的接触状态是非线性的；材料在发生塑性变形时应变可能超出其弹性极限，需考虑材料的非线性；为了获取接头变形特性采用的大位移求解方式属于几何非线性。所以，整个求解过程属于非线性的。为了获得准确的计算精度和较好的收敛性，必须考虑三者之间的摩擦系数、接触刚度和穿透容差。因此，接头面-面接触单元采用增广 Lagrange 法强制接触协调。在有限元模型的左端面施加固定位移全约束，右端面施加 X 方向恒定位移，经过多次试验模拟分析得到接触刚度值 FKN 和穿透容差值 $FTOLN$ 分别为 0.1 和 0.1，界面摩擦系数 μ 为 0.4 时的模拟结果较好，能够得到较好的计算精度和收敛性，计算得到自冲铆接双半剖结构的 von Mises 应力云图如图 3.17 所示。

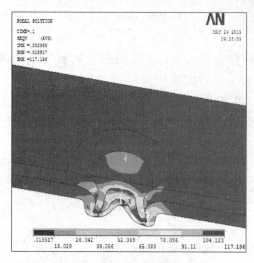

图 3.17　双半剖自冲铆接头 von Mises
应力云图

从图 3.17 可看出，接头在拉伸过程中铆钉右端挤压上板，使得铆钉腿部右端向下压缩下板，左端有被拔起趋势，以至于铆钉与下板形成自锁位置处应力较大，铆钉脚右端挤压下板自锁处应力也较大。因此，这些位置是滑移错动发生的所在部位。

3.3.1.4　试验结果与有限元模拟结果对比分析

由拉伸-剪切试验得到双半剖自冲铆接头和完整自冲铆接头的载荷-位移曲线如图 3.18 所示。双半剖接头拉伸-剪切过程的有限元模拟载荷-位移曲线和试验所得载荷-位移曲线如图 3.18（b）所示。有限元模拟结果和试验结果可看出无论双半剖试件还是完整试件接头在承载开始初期都经历了线弹性变形阶段。双半剖试件接头在拉伸-剪切试验中的曲线出现两个波动，且完整试件的静载强度约为 3600N，明显优于双半剖试件的 1604N，失效时的位移也明显大于双半剖试件。图 3.19 为双半剖自冲铆接头拉伸-剪切失效时的试验结

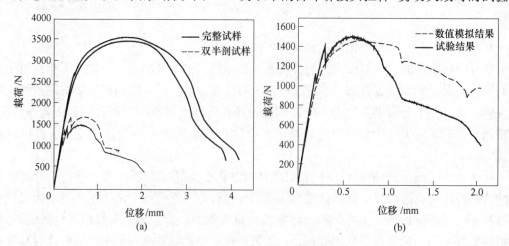

图 3.18　试验获得的载荷-位移曲线和双半剖试验数值模拟结果与试验结果

果和有限元模拟结果对比。由图 3.18（b）和图 3.19 所得结果可知，有限元模拟结果和试验结果是比较吻合的，双半剖自冲铆接头最大载荷误差在 8% 范围内是可接受的。在拉伸-剪切试验初期，两板受力并不共线，随着铆钉受载脱离下板，二力逐渐共线，下板承受铆钉脚的纯挤压变形导致接头最终失效；且试验过程中铆钉发生扭转，内在原因是双半剖自冲铆接头强度低于完整接头强度[17]。

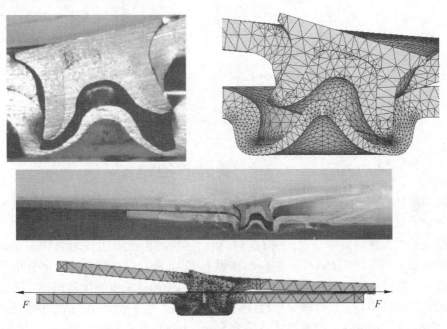

图 3.19　双半剖自冲铆接头失效形式

3.3.1.5　内锁区域滑移错动量分析

自冲铆接是靠铆接过程中母材与铆钉的塑性变形和回弹形成机械互锁来实现的。铆接接头形成后，其质量是靠铆钉与板材之间的接触界面摩擦及成形接头中的各项参数值所保证的。因此测量内锁区域接触界面处之间的滑移具有重要意义。

由拉伸-剪切试验获得的铆钉脚接触区域的滑移形式如图 3.20 所示。自冲铆接头拉伸试验过程中，当试件处在弹性形变范围以内，接头机械内锁区域连接界面保持完整，接触区域间不会出现明显的滑移错动；随着外加载荷的增大，双铆钉自冲铆接头中一个半剖铆钉机械内锁连接首先失效，对应于图 3.20 中载荷-位移曲线中第一个载荷突变点，其值约为 1180N；当外加载荷接近第二个载荷突变点时，铆钉脚与底板连接界面出现明显的滑移；当外加载荷达到最大时，接头机械内锁完全被破坏，随后进入塑性变形区，下板材料受到铆钉的挤压产生明显划痕致使铆钉脱离下板失效。通过借助计算机图像处理技术可方便测量接触区域在 X 和 Y 两坐标方向上的这种滑移错动量。

利用 Matlab 实现图像灰度匹配算法计算分析程序，分析自冲铆接头受载过程中铆钉脚局部形变图像序列，计算机械内锁区界面滑移量，其分析计算结果如图 3.21 所示，图中双纵坐标分别代表计算得到的 X 方向和 Y 方向的滑移量以及试件拉伸载荷历程，图中同时示例拉伸过程中多个离散时间点对应的整体与局部形变图像。分析可得：自冲铆接头拉伸过程中，当试件处在弹性形变范围以内，自冲铆接头机械内锁区连接界面保持完整，构件

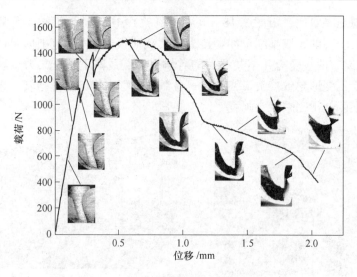

图 3.20　自冲铆钉脚接触区域滑移形式

间不会出现明显的滑移错动；载荷力继续增大，双铆钉自冲铆接头中单个铆接机械内锁连接首先失效，对应于图 3.21 中载荷-时间曲线中第一个载荷突变点，其值约为 1381N；当载荷力接近第二个载荷突变点时，铆钉脚与底板连接界面出现明显的滑移，分析计算得到，初始 X 方向滑移量为 6μm，Y 方向滑移量为 12μm，此时，铆钉尚未完全从下板中脱离。当载荷力超过第二个载荷值突变点时，双铆钉自冲铆接头机械内锁连接完全失效。之后随着载荷力继续增大，试件进入塑性变形区，滑移量也逐渐增大，试件达到强度极限，其值约为 1699N，对应的 X 方向滑移量为 145μm，Y 方向滑移量约为 55μm。

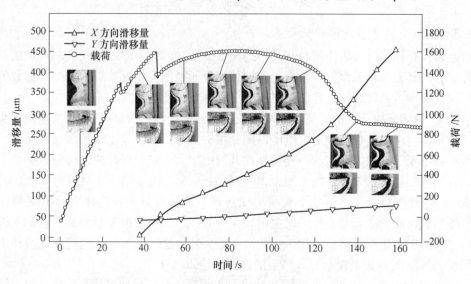

图 3.21　自冲铆接头铆钉脚连接界面处的滑移量

　　从图 3.20 和图 3.21 采集到的图像序列中可看到，自冲铆接头拉伸-剪切过程中机械内锁接触区域产生了微动滑移，这种微动滑移的存在破坏了铆钉与母材之间的机械互锁，是导致自冲铆接头机械连接失效的主要原因。通过分析机械内锁区的滑移特点还可以得出：自冲铆接头拉伸-剪切过程中，自冲铆接头强度指标——内锁长度不断降低，与铆钉脚接触的下板连接界面处产生的滑移量不断增大，这也是导致铆钉从板料中剥离失效的主要因素之一。

3.3.2 接头断口 SEM 分析

根据上述分析，由宏观失效模式可以看出，预成形角、基板厚度和宽度对接头的静态失效模式几乎无影响，仅对基板变形程度有所影响。由上述章节分析结果可知，4-Wide 接头呈现出最佳静力学性能，考虑到后续需要对不同铆钉数量的接头进行分析，以 4-Wide 接头作为静力学断口 SEM 分析的对象，以便对上述章节内容进行微观角度的补充分析并为后续章节的内容提供基础。4-Wide 接头静力学断口 SEM 分析结果如图 3.22 和图 3.23 所示。

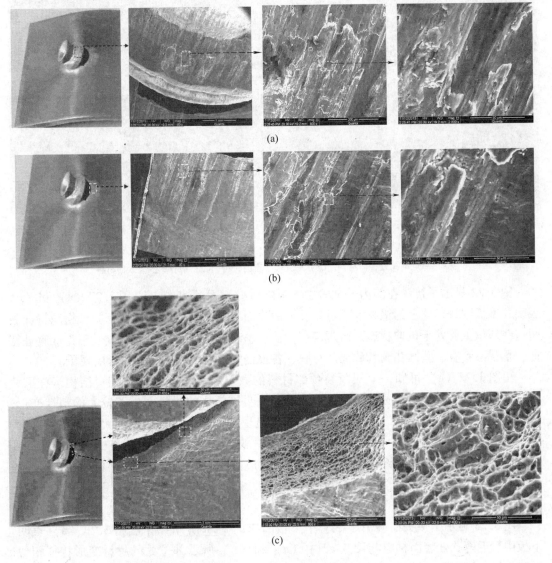

图 3.22 上板断口 SEM 分析

（a）铆钉体上的铝材；（b）靠近铆孔处表面材料；（c）断裂颈部材料

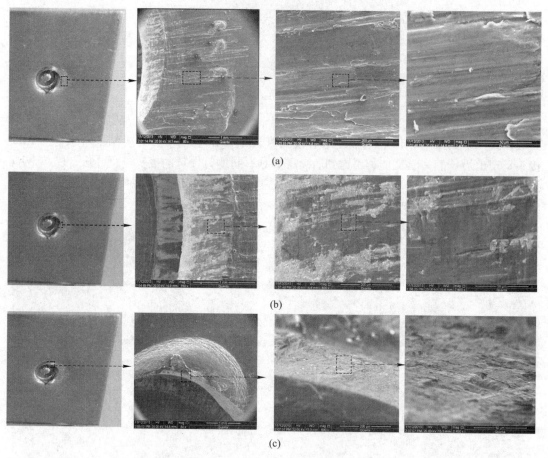

图 3.23　下板断口 SEM 分析
(a) 靠近铆孔处表面材料；(b) 铆孔边缘表面材料；(c) 铆孔膨胀处表面材料

　　图 3.22 显示了接头在静力学试验中上板断口的 SEM 分析结果。图 3.22 (a) 和 (b) 表明，上板中铆钉体上的铝材和靠近铆孔处的表面材料的失效特征相似，微观组织特征表明这些部位主要处于拉伸状态，微观组织大体上呈现出纤维状，局部地方呈现为准解理特征，且观察到有一些微孔洞和碎屑的存在，各损伤痕迹之间存在明显的分层现象。

　　由图 3.22 (c) 可知，上板断裂颈部材料的微观组织形态主要为韧窝结构，且尺寸 (深度) 较大，表现为明显的延性断裂特征，说明该部位的材料发生了较大的塑性变形，这会最终影响接头的变形位移。接头中心部位呈现出少量的等轴韧窝和大量的拉长韧窝；接头侧边部位的韧窝结构几乎均为拉长状。由材料宏观断裂结构和断口中韧窝结构的变化，可以判断上板的断裂路径由接头中心向两侧边扩展。大量韧窝的存在说明接头在静力学试验中表现出良好的韧性，这应归因于在接头铆接过程中连接工艺对基板的冷作硬化效果。

　　图 3.23 显示了接头在静力学试验中下板断口的 SEM 分析结果。图 3.23 (a) 表明，下板中靠近铆孔处表面材料与图 3.22 中 (a) 和 (b) 所示部位处的材料变形特征相似，微观组织也呈现出纤维状，表明该部位大体上处于拉伸状态。但是观察到该部位的微孔洞和碎屑明显减少，各损伤痕迹之间的分层现象得到很大程度的缓解，且每个损伤痕迹的区

域尺寸明显变大，这说明该部位也受到压缩作用。此外，由宏观图可以看出这个区域从接头的左侧不断向右侧推进，在扩展末端形成大量堆积物。

由图 3.23（b）可知，下板中铆孔边缘表面材料的变形特征比图 3.23（a）所示部位发生的变化更加明显，各损伤痕迹之间的分层现象已经几乎消失，且各损伤痕迹的区域尺寸呈现为细条状，其分布密度相当高。与损伤痕迹相比，它们之间由微孔洞而形成的裂纹尺寸宽而深。该区域表面覆有大量氧化物及碎屑，且这些物质以面状分布，而图 3.23（a）所示部位的这些物质主要以颗粒状分布，可见该部位主要承受压缩，且比图 3.23（a）所示部位更早的发生失效。

由图 3.23（c）可知，下板中铆孔膨胀处表面材料变形特征与图 3.23（a）和图 3.23（b）处的均不同，该部位的损伤痕迹已经基本消失。可以观察到该部位的微观组织呈现为许多高低不同的凹坑，整个表面平整度较差，组织结构十分致密，表明该处承受压缩的程度比图 3.23（b）所示部位更为严重。可见该部位在失效过程中承受压缩，且其程度最为严重。

根据以上对接头中基板静力学断口的 SEM 分析可知，因上板发生弯曲变形，其失效部位主要承受拉伸。因自冲铆接过程中冷作硬化效果使材料性能提高，在外部载荷作用下，对于未发生断裂的材料部位，出现大量损伤痕迹；对于发生断裂的材料部位，观察到断裂路径由接头中心向两侧边扩展，呈现出大量韧窝特征，表现出明显的延性断裂特征，最终影响接头的变形位移。

下板中靠近铆孔处的表面材料主要承受拉伸，而铆孔边缘表面材料主要承受压缩。由靠近铆孔周围表面材料的微观组织特征可以看出，该部位为接头最终失效部位，其变化过程为不断产生颗粒物质及其堆积物向外部扩展的过程，该持续状态也会最终影响接头的变形位移。由铆孔膨胀处表面主要承受压缩作用的材料微观组织特征可以看出，该部位为接头最早失效部位，其变化过程为阻碍铆钉管腿翘曲并延迟其被拔拉的过程，该过程的持续状态不仅影响接头的变形位移，还对接头的抗剪切强度产生直接的影响。

3.4 铆钉数量及其分布结构对接头静力学性能的影响

实际应用中，通常采用多点连接，为优化接头连接结构和充分发挥每颗铆钉的承载能力，本节研究铆钉数量及其分布结构对接头静力学性能的影响。

3.4.1 铆钉数量及其分布结构对接头失效模式的影响

不同铆钉数量及其分布结构接头的静态失效模式如图 3.24 所示。可以看出，失效形式均为下板脱离铆钉和上板，但又不尽相同。对于铆钉数量不同的接头，可以发现两颗铆钉接头中上板颈部材料均发生严重撕裂，而三颗铆钉接头中上板颈部材料几乎没有观察到该现象。

对于两颗铆钉接头，上板中两颗铆钉所在位置处颈部材料均发生撕裂，但是 SDT 接头中两处材料的撕裂程度十分相似；而 SDL 接头中两处材料的撕裂程度则明显不同，其中靠近上板自由端部的颈部材料被撕裂的程度较高。观察下板中的变形特征，可以发现 SDT 接头中靠近两铆孔处表面材料的刮划程度和铆孔膨胀处表面材料的变形程度比 SDL 接头的更为严重，且 SDT 接头中两铆孔所在位置处的变形损伤程度几乎相同，同时下板自由端部几

图 3.24　静态失效模式

乎未发生变形；而 SDL 接头中两铆孔所在位置处的变形损伤程度明显不一致，靠近下板自由端部的铆孔处的变形损伤程度更为严重，同时下板自由端部变形为凸状[18]。

对于三颗铆钉接头，上板中三颗铆钉所在位置处颈部材料均未发生撕裂，但发生了较大变形。在 SMI 接头中发生较大变形的颈部材料位于两颗铆钉所在位置，且它们的变形程度十分相似，而在 SMO 接头中则位于一颗铆钉所在位置。观察下板中的变形特征，可以发现 SMI 接头中靠近铆孔处表面材料的刮划程度较大的部位，以及铆孔膨胀处表面材料的变形程度较大的部位均为两铆孔所在位置，且它们的变形损伤程度几乎相同；而 SMO 接头这些变形程度较大的部位为一颗铆钉所在位置。

可见，铆钉数量及其分布结构对接头的整体静态失效模式无显著影响。但是铆钉数量会影响接头中上板颈部材料的撕裂情况，铆钉分布结构会影响接头中上、下板发生较大变形的所在位置。

3.4.2　铆钉数量及其分布结构对接头静强度的影响

图 3.25 为不同铆钉数量及其分布结构接头的载荷-位移曲线。通过对数据进行统计分析，发现它们的最大抗剪切强度和变形位移数据均达到 3σ 水平，采用 t 分布计算置信区间（95% 置信度），最大抗剪切强度和变形位移的统计参量列于表 3.4 中。

表 3.4　最大抗剪切强度和变形位移的统计参量

接头类型	均　值	变差系数	置信区间	有效试件数
SDL	9240.0N	0.063	8751.2～9728.8N	8
SDT	9800.4N	0.036	9504.5～10096.3N	8
SMI	13511.0N	0.011	13389.7～13632.3N	8
SMO	12934.0N	0.008	12846.4～13021.6N	8
SDL	9.77mm	0.190	8.22～11.32mm	8
SDT	8.84mm	0.055	8.43～9.25mm	8
SMI	5.98mm	0.034	5.81～6.15mm	8
SMO	5.20mm	0.032	5.06～5.34mm	8

由表3.4可知，各组试件的测试数据与置信区间基本一致，表明了这些数据的有效性。其中三颗铆钉接头最大抗剪切强度和变形位移的稳定性优于两颗铆钉接头。对于三颗铆钉接头，无论是最大抗剪切强度还是变形位移，SMO接头均显示了良好的稳定性。对于两颗铆钉接头，无论是最大抗剪切强度还是变形位移，SDT接头均显示了良好的稳定性。可见，铆钉数量及其分布结构对最大抗剪切强度和变形位移数据的离散程度均有直接影响。

观察图3.25中载荷-位移曲线，可以明显观察到它们之间的差异。弹性变形阶段中，三颗铆钉接头的刚度明显高于两颗铆钉接头，且其载荷以较快速度上升，但是该阶段的变形位移明显较小。当三颗铆钉接头以较大的载荷进入屈服阶段并达到最大值时，可以观察到曲线上存在明显的载荷保持阶段。然而两颗铆钉接头在较大的变形位移处达到载荷最大值时，曲线中几乎没有观察到明显的载荷保持阶段。随后，三颗铆钉接头快速失效，此时接头的变形位移仅得到小幅度延长。然而，两颗铆钉接头载荷逐渐降低，该失效特征显著延长了接头的变形位移。

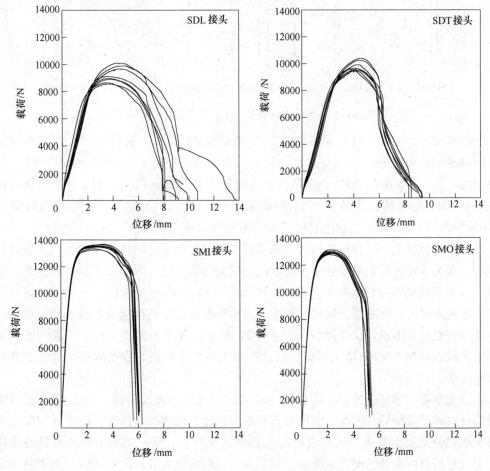

图3.25 接头的载荷-位移曲线

对于三颗铆钉接头，两种接头的弹性刚度较为接近，但是由载荷-位移曲线观察到SMI接头的载荷保持阶段比SMO接头的长。在载荷下降初期，SMO接头的下降速度明显大于 SMI 接头。对于两颗铆钉接头，两种接头的弹性刚度相差不大，但是 SDT 接头的载荷线性增加阶段明显比 SDL 接头的更长。当达到载荷最大值时，观察到 SDL 接头的载荷峰值呈现出较大的分散性。在随后的失效过程中，SDL 接头的曲线及最终的变形位移同样也呈现出较大的分散性。

分析铆钉数量及其分布结构对接头静强度的影响，各组试件的最大抗剪切强度、变形位移和能量吸收均值如图 3.26 所示。由图可知，随着铆钉数量增加，接头的最大抗剪切强度逐渐增加，变形位移降低，而能量吸收值则呈现出较大差异。同时观察到，对于铆钉数量相同的接头，接头的最大抗剪切强度、变形位移和能量吸收值也呈现出差异性，这表明铆钉分布结构对接头的静强度具有显著影响。

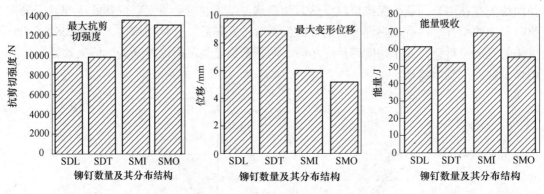

图 3.26　不同铆钉接头的最大抗剪切强度、最大变形位移和能量吸收均值

为使研究更加完善，以 4-Wide 接头（宽板单颗铆钉接头）为参考。与 4-Wide 接头相比，两颗铆钉接头的 SDL 和 SDT 接头的最大抗剪切强度提高了 88.19% 和 99.59%，变形位移增加了 38.98% 和 25.75%，能量吸收值增加了 154.82% 和 115.63%。三颗铆钉接头的 SMI 和 SMO 接头的最大抗剪切强度提高了 175.15% 和 163.34%，变形位移降低了 17.56% 和 35.19%，能量吸收值增加了 187.91% 和 130.42%。

不同铆钉数量及不同分布结构接头的静强度的差异性是由测试过程中不同失效特征所导致的。因为自冲铆接头的静强度主要取决于接头内锁长度，因此接头具有相似的静态失效模式（下板脱离铆钉和上板），如图 3.24 所示。由 4-Wide 接头静力学断口分析可知接头的失效为典型的延性断裂。铆接过程中，多颗铆钉接头中基板宽度足够不会引起板材收缩，各连接点的成形机理及变形特征与 4-Wide 接头的几乎相同，失效模式表明多颗铆钉接头的失效机理与 4-Wide 接头相似；而这些接头静强度提高的程度取决于铆钉的数量及其分布结构。

认真观察静力学试验过程，可以发现不同的宏观力学失效机制。由于 SDL 和 SDT 接头颈部材料被严重撕裂，因此，它们具有良好的延性。观察失效接头，注意到 SDT 接头沿铆钉头所在位置发生弯曲，其弯曲程度比其他接头严重。SDL 接头中的两颗铆钉依次失效，上板靠近自由端部的铆钉先失效，然后另外一颗铆钉失效。两颗铆钉依次失效降低了接头的抗剪切强度，但提高了失效变形能力，正是该失效特征，使 SDL 接头的峰值载荷呈现出了较大的分散性。试验过程中，SDT 接头中两颗铆钉几乎同时失效且具有相同的变形特征，即两颗铆钉共同承受载荷，因此提高了接头抗剪切强度。与 SDL 接头相比，当 SDT

接头失效时，下板会很快脱离铆钉，因此接头的延性降低。基于这些宏观力学失效机理，可以理解为何 SDT 接头在抗剪切强度和变形位移方面具有良好的稳定性。

对于三颗铆钉接头，随着变形位移不断增加，基板弯曲程度逐渐增强。位于上板自由端部的铆钉承受弯曲并发生倾斜，导致内锁结构过早失效。对于 SMI 接头，因上板自由端部的一颗铆钉先被拉出来，因此 SMI 接头的最大抗剪切强度由另外位于上板内侧的两颗铆钉提供并维持。相反的，SMO 接头的最大抗剪切强度由位于上板自由端部的两颗铆钉提供，而由位于上板内侧的另外一颗铆钉所维持。因此 SMI 接头的静强度优于 SMO 接头，而 SMO 接头具有良好的稳定性。由于三颗铆钉接头中未出现颈部材料的撕裂情况，基于以上失效特征的分析和延性断裂特征，可知 SMI 和 SMO 接头的延性较差。

根据以上分析，可以理解为何多铆钉接头的最大抗剪切强度得到大幅度提高，不同铆钉数量的接头在延性方面具有差异性。同时应该注意到 4-Wide、SDL 和 SMI 接头的上板具有相似的变形特征，而 SDT 和 SMO 接头的上板具有相似的变形特征。

可见，铆钉数量及其分布结构对接头的静强度及其稳定性有显著影响。在多铆钉接头设计时需要考虑并选择合理的分布结构，以便充分发挥每颗铆钉的连接作用，最终达到最佳连接效果[19]。

3.5 自冲铆接头静力学性能的有限元分析

在载荷固定不变的情况下进行结构响应的分析称为静力分析，即结构的应变和应力、位移等是由稳定的外载荷所引起的。在静力分析的过程中，可假设载荷随时间变化很慢或不随时间而变化。静力分析所施加的载荷包括：外部载荷、稳态惯性力、位移载荷和温度载荷等。

3.5.1 有限元模型的参数选择及建立

本节所研究的自冲铆试件连接如图 3.27 所示。铆接试件包括上板、下板和铆钉，上下板的规格均为 110mm × 20mm × 2mm，搭接规格为 20mm × 20mm。板材和铆钉的材料参数见表 2.2。

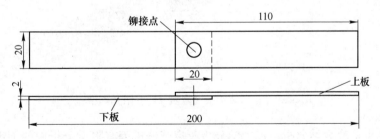

图 3.27　自冲铆接头连接结构

Solid 185 单元是常用的实体六面体单元，可以退化为四面体和棱柱体，主要用于构造三维固体结构。该单元具有应力刚化、蠕变、超弹性、大变形和大应变的能力，还可以采用几乎不可压缩弹性材料和完全不可压缩超弹性材料，如图 3.28（a）所示。因此在有限元软件 ANSYS 中选择 3D 8 节点 Solid 185 单元。单元通过 8 个节点来定义，在每一个节点上有三个沿着 X、Y 和 Z 方向平移的自由度。自冲铆接头采用自底向上的建模方式，单位采用国际单位制。首先建立自冲铆接头的关键点、线、平面，形成铆接的平面图形，然后由平面图形旋转生成自冲铆接头实体有限元模型，对圆形实体进行切割并与相应长方体实体进行体相加形成最终模型，如图 3.28（b）所示[20~22]。

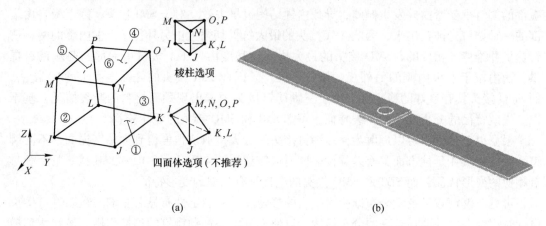

(a)　　　　　　　　　　　　　　　　　　　　(b)

图 3.28　Solid185 单元的几何形状和自冲铆接头有限元模型[23]

3.5.2　有限元模型网格划分

自冲铆接试件的有限元网格划分如图 3.29 所示。在选择单元类型和分配材料属性后进行网格划分。网格划分是有限元模型建立的一个关键环节，对模型的计算精度和规模都有直接的影响。所以网格划分时，应对网格划分的数量、疏密程度及质量进行综合考虑[24]。

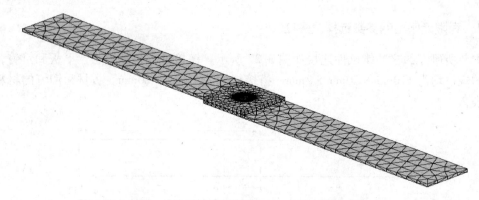

图 3.29　自冲铆接头网格划分后有限元模型[22]

自冲铆接头是静力学分析、动力学分析及疲劳分析等有限元分析中的关键部位，且铆钉与上下板接触互锁部分材料的塑性变形较大。为准确地分析模拟结果，互锁部分、搭接部分及周围网格划分地较细；同时为减少计算时间，其他位置网格划分的相对稀疏。

3.5.3　自冲铆接头静力学结果及分析

本节介绍单搭 Al5052 自冲铆接头的静力学分析，主要研究自冲铆接头在承受拉伸载荷时最大应力出现的位置，其承受载荷类型为外部载荷，采用悬臂梁结构进行加载，自由端面施加水平方向的压强 P，如图 3.30 所示。静力学分析的结果文件（.rst）可为疲劳分析提供必要的应力应变信息，如图 3.31 所示。

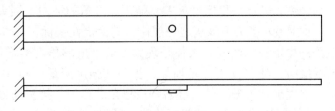

图 3.30　静力学分析的加载方式

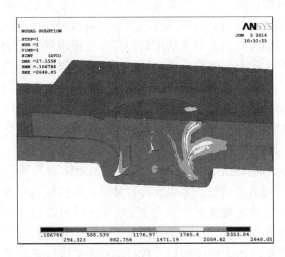

图 3.31　自冲铆接头 von Mises 应力云图

由图 3.31 可知，在拉伸载荷作用下，接头中应力集中部位分别为左侧铆钉管腿与下板接触部位、右侧铆钉头部与上板接触部位以及右侧上下板接触部位。由图 3.31 可以推测出，在外部载荷作用下，左侧上板会发生弯曲并逐渐与下板分离，同时铆钉会逐渐倾斜，这些变化特征最终会导致接头内锁结构失效。

3.6　小结

（1）当拉伸载荷作用于上板时，接头中应力集中部位分别为铆钉管腿与下板接触部位左侧、铆钉头部与上板接触部位右侧以及上下板接触部位右侧。可以推测，在外部载荷作用下，上板左侧会发生弯曲并逐渐与下板分离，同时铆钉会逐渐倾斜，这些变化特征最终会导致接头内锁结构失效。

（2）基于接头静力学性能参数指标，不同结构的自冲铆接头静力学试验结果表明，基板预成形角、厚度、宽度、铆钉数量及其分布结构对接头的宏观失效模式无显著影响，所有测试接头的宏观静态失效模式均为下板脱离铆钉和上板，即接头内锁结构失效；该结果再次证明了有限元方法对自冲铆接头成形机理分析的正确性和有效性。不同的连接结构仅对接头中上、下板的变形特征及其程度有所影响。预成形角对这些失效特征的严重程度有所影响，随着预成形角的增加，下板弯曲更加显著。随着板材厚度的增加，下板自由端部变形为凸状，并且下板表面的刮划程度更为严重，即基板厚度影响下板自由端部变形和表面刮划的程度。铆钉数量会影响接头中上板颈部材料的撕裂情况，而铆钉分布结构会影响接头中上、下板发生较大变形的位置。

对于最大抗剪切强度，0°接头稳定性最差，随预成形角的增加，接头最大抗剪切强度的稳定性逐渐增强。但是60°接头不服从这一规律，其稳定性仅优于0°接头。对于变形位移，各预成形角接头的稳定性均较高，大体呈现为随着预成形角度的增加而提高的趋势。0°接头的抗剪切强度最高，随着预成形角增加，抗剪切强度降低，30°接头最低，随着预成形角的继续增加，强度出现上升趋势。随着预成形角的增加，接头的最大位移变形能力逐渐增加。最终60°接头的位移变形和能量吸收能力最强；0°接头的整体静力学性能最佳。

基板厚度的增加可促进接头最大抗剪切强度和变形位移稳定性的提高，可有效提高接头的抗剪切强度和能量吸收能力；基板宽度的增加可有效提高接头的变形位移。

铆钉数量及其分布结构对接头最大抗剪切强度和变形位移的稳定性有所影响。随着铆钉数量的增加，接头最大抗剪切强度逐渐增加，变形位移降低，而能量吸收能力呈现出较大差异。强度增加、位移降低和能量吸收能力的差异性程度取决于铆钉分布结构。

实际应用中，在满足接头连接质量前提下，尽可能对较厚基板组合采用多点0°预成形角形式进行连接。同时基于接头不同的应用场合进行铆钉分布形式选择，根据承载能力或缓冲减振的需求选择铆钉分布形式。

（3）通过力学试验和有限元数值模拟方法研究 Al5052 自冲铆接头机械内锁区域接触界面处的微动滑移特性和演变过程，可以发现自冲铆接头机械内锁区域接触界面之间存在微动滑移现象，是导致自冲铆接失效的主要原因。拉伸-剪切状态下，有限元非线性分析的大变形结果与试验结果吻合较好，接头的最大应力集中在铆钉脚与下板接触位置以及铆钉与下板自锁处，各接触界面之间的摩擦系数影响接头强度。通过搭建显微测量系统可实现双半剖试件拉伸过程中机械内锁区图像序列的采集，可定性地描述自冲铆接头的微动滑移特性，这种接头形式可作为自冲铆接头机械内锁区域滑移错动量的检测模型。

静力学断口 SEM 分析表明上板中断裂路径由中心向两侧扩展；下板中膨胀部位为失效的最初部位。上板变形特征，对接头的变形位移有直接影响。下板变形特征及其过程不仅会影响接头的变形位移，还对接头的抗剪切强度有所影响。

参 考 文 献

[1] 邢保英. 自冲铆连接机理及力学性能研究 [D]. 昆明：昆明理工大学，2014.

[2] William N. 统计学：科学与工程应用 [M]. 杨文强，罗强，译. 北京：清华大学出版社，2007.

[3] He X C, Ichikawa M. Theoretical consideration of asymptotic distributions of extremes for the case of log-normal distribution [J]. Transactions of the Japanese Society of Mechanical Engineers, 1993, 59 (563): 1789~1793.

[4] He X C, Ichikawa M. A study on asymptotic distributions of extremes resulting from a log-normal distribution in relation to structural reliability [C]. Proceedings of Asian Pacific Conference on Fracture and Strength, Tsuchiura, Japan, 1993: 587~589.

[5] William M, Terry S. 统计学 [M]. 梁冯珍，等译. 5版. 北京：机械工业出版社，2009.

[6] 邓成江，何晓聪，邢保英，等. 基于试验的自冲铆接头失效机理分析 [J]. 热加工工艺，2013，42

(17)：220～223.

[7] He X C. Coefficient of variation and its application to strength prediction of self-piercing riveted joints [J]. Scientific Research and Essays, 2011, 6 (34)：6850～6855.

[8] 何晓聪. 机械振动手册：机械振动的可靠性设计 [M]. 2 版. 北京：机械工业出版社, 2002.

[9] He X C, Oyadiji S O. Application of coefficient of variation in reliability-based mechanical design and manufacture [J]. Journal of Materials Processing Technology, 2001, 119 (1)：374～378.

[10] He X C, Li F C. Coefficient of variation and its application to reliability-based mechanical design [C]. Proceedings of CJISME' 96, Wuxi, China, 1996：79～84.

[11] 邓成江, 何晓聪, 杨慧艳, 等. 预成角对单搭自冲铆接头强度及能量吸收的影响 [J]. 热加工工艺, 2013, 42 (15)：16～19.

[12] He X C, Xing B Y, Ding Y F, et al. Strength and energy absorption of self-piercing riveted joints [J]. Advanced Materials Research, 2013, 616～618：1783～1786.

[13] Zeng K, He X C, Deng C J, et al. Analysis of the mechanical interlock sliding in self-Pierce riveting joints [J]. Advanced Materials Research, 2013, 744：227～231.

[14] 刘忠, 曾凯, 何晓聪, 等. 铝合金板材压印接头机械内锁滑移的检测分析 [J]. 昆明理工大学学报（自然科学版）, 2014 (3)：16～19.

[15] Corr D, Accardi M, Graham-Brady L. Digital image correlation analysis of interfacial debonding properties and fracture behavior in concrete [J]. Engineering. Fracture Mechanics, 2007, 74 (1～2)：109～121.

[16] 何晓聪, 何家宁, 柯建宏, 等. 自冲铆接头的质量评价及强度可靠性预测 [J]. 湖南大学学报（自然科学版）, 2010, 37 (12)：1～4.

[17] 邓成江. 自冲铆接头界面滑移特性及疲劳可靠性分析 [D]. 昆明：昆明理工大学, 2013.

[18] 邢保英, 何晓聪, 唐勇, 等. 铆钉分布形式对自冲铆接头力学性能的影响 [J]. 工程力学, 2013, 30 (12)：280～285.

[19] Xing B Y, He X C, Zeng K, et al. Mechanical properties of self-piercing riveted joints in aluminum alloy 5052 [J]. International Journal of Advanced Manufacturing Technology, 2014, 75 (1～4)：351～361.

[20] 张玉涛. 单搭自冲铆接头的动力学分析与疲劳研究 [D]. 昆明：昆明理工大学, 2011.

[21] 严柯科. 自冲铆接头动力学数值模拟与疲劳分析 [D]. 昆明：昆明理工大学, 2011.

[22] 严柯科, 何晓聪, 张玉涛, 等. 单搭自冲铆接过程的数值模拟及质量评价 [J]. 中国制造业信息化：学术版. 2011 (10)：76～78.

[23] ANSYS. ANSYS Help V12. 1 [R]. ANSYS, 2009.

[24] He X C, Gu F S, Ball A. Recent development in finite element analysis of self-piercing riveted joints [J]. International Journal of Advanced Manufacturing Technology, 2012, 58：643～649.

自冲铆接头动态性能及其失效机理

在实际应用中，机械结构通常承受非稳定载荷（疲劳载荷），而疲劳失效载荷往往远低于静态断裂分析所估算的强度指标，且失效前宏观上无明显变化，疲劳极限状态下发生突然失效，造成严重后果。可见，针对疲劳断裂的研究，寻找增强接头抗疲劳能力的途径和预防疲劳断裂的措施，对连接技术研究和实际生产应用都具有重要意义。

根据对现有资料的分析，发现有关自冲铆接头疲劳性能的研究较少，尤其是对其失效机理的分析更少。基于对接头静力学性能的分析结果，为促进自冲铆接技术在实际生产中的应用，本章以不同基板宽度、铆钉数量及其分布结构的接头为对象，选择三角形载荷波进行加载，研究自冲铆接头的疲劳性能。通过对典型疲劳断口进行分析，研究其失效机理[1]。

4.1 自冲铆接头疲劳试验

疲劳试验所用接头均为单搭-剪切类型，测试接头分别为第 3 章中的 4- Narrow、4- Wide、SDL、SDT、SMI 和 SMO 接头，连接后的试件如图 3.6 所示。

4.1.1 试验设备及试验参数

采用 MTS Landmark100 进行疲劳试验，如图 3.2（a）所示。参考国内外有关自冲铆接头的疲劳研究及点焊接头的试验标准，通过载荷控制选用三角波形进行拉-拉加载，最小载荷与最大载荷之比 R 为 0.1，加载频率为 10Hz，当试件断裂或循环次数达到 200 万次时停止测试；每个载荷幅值下至少测试 3 个试件。每种接头选择三个加载水平，基于接头的最大抗剪切强度，选择该强度的 30%~90% 作为最大疲劳载荷，确定疲劳加载参数[2,3]。

测试过程中，所有试件均采用垫片，对于 4- Narrow 试件组，垫片宽度为 20mm，其他试件组垫片宽度为 40mm；厚度均为 2mm；长度均为 30mm。

4.1.2 试验结果及断口 SEM 分析设备

通过试验获得各组接头在中等寿命区域的疲劳性能，包括疲劳相对滑移量、疲劳寿命及失效模式。基于这些结果分析基板宽度、铆钉数量及其分布结构对接头疲劳性能的影响。

选择典型疲劳断口进行 SEM 分析，并通过 EDX 对断口表面的黑色物质进行元素分析，所用设备如图 3.7 所示。

4.1.3 疲劳试验数据分析理论

由于疲劳试验成本较高以及时间的限制，不易获得满足统计要求的大样本容量疲劳试验数据，通常该数据为典型的小样本容量数据。加之试验数据分散性大，需要对数据进行合理的分析并验证其有效性，在此基础上获得可信的分析结果。目前常用于描述疲劳寿命数据的统计函数类型有正态分布、对数正态分布、指数分布、Γ型分布和 Weibull 分布等。选择合适的分布形式是分析试验数据的首要问题，其将直接关乎分析结果的真实性和可靠性[4]。

正态分布是统计学分析中最常用到的一种概率分布，在讨论静力学试验数据时已对其进行了相关的说明和分析。正态分布的广泛应用很大程度上是因为中心极限定理的缘故，但是疲劳试验数据样本容量很小，且常包含离群值，可见采用该分布分析疲劳试验数据是不合适的。

在针对小样本容量疲劳试验数据的分析中，目前常采用对数正态分布。它可以较好地解决离群值的问题，且可以参考现有有关正态分布的一些研究成果进行分析，其计算过程较为简单。但需注意的是，对数正态密度函数仅仅有一个位于右侧的长尾部，因此当数据样本中包含有右侧的离群值时，采用该分布分析疲劳试验数据也是不合适的。

针对疲劳寿命数据分析的分布类型有：指数分布函数及其推广函数，包括Γ型分布函数和 Weibull 分布函数。指数分布函数可用于元件使用寿命的建模，尤其是针对一个整体的疲劳寿命数据进行分析时，指数分布函数将是一个不错的选择；但是它主要针对事件等待的时间进行建模。Γ型分布函数的主要用途是推广指数分布函数在等待时间建模上的应用，因此对疲劳试验数据分析的帮助不大。Weibull 分布因其通用性获得了非常广泛的应用，以上分析中提到的正态分布和指数分布都可认为是它的特例。Weibull 分布可较好地应用于零件的疲劳寿命和强度等建模。根据以上分析，对各统计分布函数应用范围进行总结，并举例说明，见表 4.1。

表 4.1 常用统计分布的应用范围及其实例

分布类型	应用范围	应用实例
正态分布	各种机械、电气、化学等特征	试件的抗拉强度、电阻抗、风速等
对数正态分布	寿命现象；事件集中发生在范围尾部的不对称情况，并且观测值差异较大	不同用户所消耗的电量；灯泡使用寿命等
指数分布	系统、部件等的使用寿命；对于元件，仅适用于失效只是由于偶然因素所导致并与使用时间无关的条件下	灯泡、热水器、飞机用泵、汽车变速器等的失效寿命等
Weibull 分布	与对数正态分布相同，并且也适用于产品寿命的早期、偶然和耗损失效阶段，失效率随所测特性的增加而可能降低、上升或者维持不变的条件	机械和电子元件的寿命、磨损寿命等

根据 Miner-Palmgren 疲劳累积损伤理论，认为结构在疲劳加载条件下，随着疲劳载荷的施加，结构就开始逐渐发生失效；整个疲劳失效过程为耗损破坏的阶段。根据对各种分布函数特征及其应用范围的分析，本章选择二参数 Weibull 分布对疲劳试验数据进行分析。Weibull 分布是 1939 年 Waloddi Weibull 在分析材料强度和链条强度时，按照最弱链的假设推演出的分布。由于其对各种类型的试验数据拟合能力强，可用来描述多种类型的寿命试验数据，因此在应用概率统计和可靠性分析中得到较为广泛的应用。为获得准确的 Weibull 分布参数，传统参数估计通常采用图形法、矩估法、极大似然估计法以及贝叶斯

估计法等[5]。

（1）矩估法。X 为随机变量，设 x_1，x_2，…，x_n 表示参数为 θ_1，θ_2，…，θ_k 的概率分布 X 的 n 个随机样本。矩估计 $\hat{\theta}_1$，$\hat{\theta}_2$，…，$\hat{\theta}_k$ 的求解可以通过使样本矩等价于对应的总体矩：

$$\mu'_k = E(X^k) = \frac{1}{n}\sum x_i^k \tag{4.1}$$

通过式（4.1）样本矩进行估计总体相应矩的方法称为矩估法。该方法所计算的估计量具有无偏估计和最小方差估计两个性质。

（2）极大似然估计法。x_1，x_2，…，x_n 为 X 的 n 个离散随机样本，假如概率分布 $f(x)$ 是某一个 θ 的函数，那么这 n 个独立值的概率为：

$$f(x_1,x_2,\cdots,x_n) = f(x_1)f(x_2)\cdots f(x_n) \tag{4.2}$$

（3）极大似然估计法。将 n 个离散随机样本的联合概率定义为样本的似然函数 L。使 L 获得其最大的值为 θ 的估计值，即 θ_1，θ_2，…，θ_k 的极大似然估计为使 L 获得最大的 θ_1，θ_2，…，θ_k 的值[6]。

（4）贝叶斯估计法。与经典估计方法不同，该估计法认为 θ 是具有某一个已知的先验概率分布 $h(\theta)$ 的随机变量。根据样本值，对 $h(\theta)$ 进行不断修正，继而获得后验概率分布 $\pi(\theta\mid x_1,x_2,\cdots,x_n)$，$\theta$ 的贝叶斯估计为 $\pi(\theta\mid x_1,x_2,\cdots,x_n)$ 的均值。

图形法通常用概率纸进行估计，降低了参数估计精度，计算误差较大；而矩估计与极大似然估计涉及超越方程，而该方程一般无解析形式解，需要借助数值解析法；贝叶斯估计需要对积分进行计算，该过程十分困难。基于以上分析，本章采用一种新的估算方法，通过变差系数（CV）对 Weibull 分布参数进行计算[7,8]。

二参数 Weibull 分布密度函数为：

$$f(x) = \frac{\alpha}{\beta}\left(\frac{x}{\beta}\right)^{\alpha-1}\exp\left[-\left(\frac{x}{\beta}\right)^{\alpha}\right] \tag{4.3}$$

式（4.3）中 α 和 β 分别为 Weibull 分布的形状参数和尺度参数。这些参数之间的关系为：

$$\mu = \beta\,\Gamma\left(1+\frac{1}{\alpha}\right) \tag{4.4}$$

$$\sigma^2 = \beta^2\left\{\Gamma\left(1+\frac{2}{\alpha}\right) - \left[\Gamma\left(1+\frac{1}{\alpha}\right)\right]^2\right\} \tag{4.5}$$

$$CV = \left\{\frac{\Gamma\left(1+\frac{2}{\alpha}\right)}{\left[\Gamma\left(1+\frac{1}{\alpha}\right)\right]^2} - 1\right\}^{\frac{1}{2}} \tag{4.6}$$

式（4.4）中 Γ 为伽玛函数。由于疲劳试验试件数较少，传统统计方法计算繁琐，且在确定 Weibull 参数时存在一定困难，因此对以上公式进行简化近似后对疲劳寿命进行分析[9,10]，获得 α 和 β 近似值：

$$\alpha \approx \frac{1.2}{CV} \tag{4.7}$$

$$\beta = \frac{\mu}{\Gamma\left(1 + \frac{1}{\alpha}\right)} \tag{4.8}$$

由于将失效概率为 63.2% 的值定义为 Weibull 尺度参数，如果计算所得的尺度参数大于寿命均值，认为数据服从二参数 Weibull 分布，证明该数据为有效疲劳寿命数据。

本章疲劳试验数据主要集中于中等寿命区域，该区域内的 S-N 曲线在双对数或半对数坐标系中基本上为一条直线[11]。由于试验对象为连接件结构，为更好地说明自冲铆接头的疲劳性能，采用最小二乘法（LSM）对试验数据（最大疲劳载荷和疲劳寿命）进行分析处理并获得其最佳的拟合直线，即最大疲劳载荷-疲劳寿命（F-N）曲线。这是因为在确定简单线性回归模型的未知参数时，最小二乘直线具有比其他任何直线模型更小的离差平方和（SSE）。

为确定最小二乘直线，假设数据样本容量为 n 对，这些数据点可根据相应的 x 值及 y 值进行识别。因变量 y 关于 x 的直线模型为：

$$y = \beta_0 + \beta_1 x + \varepsilon \tag{4.9}$$

均值直线为 $E(y) = \beta_0 + \beta_1 x$，所期望获得的拟合直线为 $\hat{y} = \hat{\beta}_0 + \hat{\beta}_1 x$。因此，$\hat{y}$ 为 y 的均值 $E(y)$ 的一个估计，也是 y 未来值的一个预测值；$\hat{\beta}_0$ 和 $\hat{\beta}_1$ 为 β_0 和 β_1 的估计值。

对于某一个数据点 (x_i, y_i)，y 的观测值是 y_i。对于所有数据点，y 值与它们预测值的 SSE 为：

$$SSE = \sum_{i=1}^{n} \left[y_i - (\hat{\beta}_0 + \hat{\beta}_1 x_i) \right]^2 \tag{4.10}$$

使 SSE 最小的量 $\hat{\beta}_0$ 和 $\hat{\beta}_1$，称为总体参数 β_0 和 β_1 的最小二乘估计值，预测方差 $\hat{y} = \hat{\beta}_0 + \hat{\beta}_1 x$ 称为最小二乘直线。$\hat{\beta}_0$ 和 $\hat{\beta}_1$ 可通过令两个偏导数 $\partial SSE / \partial \hat{\beta}_0$ 和 $\partial SSE / \partial \hat{\beta}_1$ 为 0，并求解所得的最小二乘方程的线性联立方程组。最终获得最小二乘方程[6]：

$$\hat{\beta}_1 = \frac{\sum_{i=1}^{n} x_i y_i - \dfrac{\left(\sum_{i=1}^{n} x_i\right)\left(\sum_{i=1}^{n} y_i\right)}{n}}{\sum_{i=1}^{n} x_i^2 - \dfrac{\left(\sum_{i=1}^{n} x_i\right)^2}{n}} \tag{4.11}$$

$$\hat{\beta}_0 = \frac{\sum_{i=1}^{n} y_i}{n} - \frac{\hat{\beta}_1 \sum_{i=1}^{n} x_i}{n} \tag{4.12}$$

最终绘制出双对数坐标下最大疲劳载荷-疲劳寿命（F-N）曲线，并获得各组接头在中等寿命区域的 F-N 曲线方程。

4.2 板材宽度对接头疲劳性能的影响

4.2.1 板材宽度对接头疲劳失效模式的影响

不同基板宽度接头的疲劳失效模式如图 4.1 所示，表明接头疲劳失效模式均为靠近铆

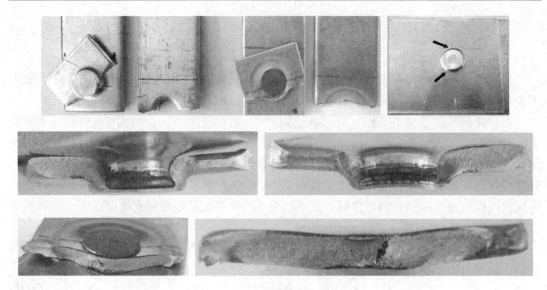

图 4.1　疲劳失效模式

钉头部或铆接管腿处的基板（上板或下板）断裂。两个接触体的接触部位由于小幅度和振荡性相对运动的存在，导致了该部位微动磨损的出现，断口表面观察到由微动磨损所产生的黑色物质。由于微动疲劳磨损导致疲劳裂纹过早成核并加速了其扩展速度，这会导致接头在远低于疲劳极限条件下发生失效。黑色物质表明微动磨损位于上下板接触界面、铆钉头和上板接触界面以及铆钉管腿和下板接触界面处[12]。

对于 Narrow 接头，当疲劳载荷较小（疲劳载荷水平为 40%）时，接头失效模式均为靠近铆钉管腿处下板沿"纽扣"断裂，随着疲劳载荷的增加，出现靠近铆钉头处上板断裂失效模式；当疲劳载荷水平为 50% 时，上板断裂失效模式的数量占总失效模式的 1/3，其余为下板断裂失效；当疲劳载荷水平为 70% 时，上板断裂失效模式的数量占总失效模式的 1/3，下板断裂失效模式所占比例也是 1/3，其余为两种失效模式的混合失效。对于 Wide 接头，接头失效模式均为靠近铆钉管腿处下板沿"纽扣"断裂。

上板断裂的原因是由于在接头铆接过程中上板被刺穿，该过程中会导致一些微小裂纹的产生，在足够大的驱动力（由较大疲劳载荷所产生的较大弯矩）作用下先于下板中的裂纹进行扩展。因为下板"纽扣"周围的残余应力、应变远高于上板铆孔周围的，因此下板沿"纽扣"断裂为主要疲劳失效模式。在铆接过程中，当铆钉开始扩张时，可观察到靠近铆钉管腿处的下板材料处于拉伸状态。在接头成形最后阶段，由于该区域受到模具和铆钉管腿周围压缩材料的反作用力，形成压缩应力状态。这种拉伸-压缩状态会导致接头材料产生复杂的受力状态，易导致这些部位产生裂纹。此外，由于循环次级弯曲作用，铆钉管腿与下板材接触的部位相当于振荡源，致使铆钉发生倾斜，最终导致在这些部位的接触点处发生微动磨损[13]。

4.2.2　板材宽度对接头疲劳强度的影响

采用二参数 Weibull 分布对试验数据有效性进行分析，每个载荷水平下疲劳寿命和相对滑移量的统计参数见表4.2，表中 i 表示疲劳加载水平。所有疲劳寿命数据计算获得的尺度参数均大于各自的疲劳寿命，证明了数据的有效性和可靠性。

表4.2 疲劳寿命和相对滑移量的统计参数

接头种类	i	寿命标准差	寿命均值	寿命形状参数	寿命尺度参数	滑移量均值/mm
Narrow 接头	1	1.49×10^5	7.97×10^5	6.41	8.56×10^5	0.16
	2	5.15×10^4	3.33×10^5	7.76	3.54×10^5	0.19
	3	1.71×10^4	6.14×10^4	4.32	6.74×10^4	0.24
Wide 接头	1	5.15×10^5	1.70×10^6	3.97	1.88×10^6	0.16
	2	3.29×10^4	2.35×10^5	8.57	2.48×10^5	0.22
	3	5.81×10^3	8.72×10^4	18.01	8.98×10^4	0.26

表4.2说明测试过程中相对滑移量很小，其最大值为0.26mm。可以看出，基板宽度对滑移量几乎没有影响，其值主要由疲劳载荷决定，随着载荷的降低，滑移量降低。通过对测试过程的观察，发现测试过程中滑移量具有良好的稳定性，接头断裂时其值快速增加；这与裂纹萌生和扩展具有很好的关联性。在裂纹萌生或者进入扩展第Ⅱ阶段之前，滑移量保持在一个稳定的数值。一旦裂纹萌生或者进入扩展第Ⅱ阶段，滑移量快速增加直到接头断裂。这些与裂纹萌生、扩展有关的信息可通过相对滑移量获得，最终可有效避免突然发生疲劳失效。

不同基板宽度接头双对数坐标下的疲劳寿命试验数据见表4.3，F 为加载的最大疲劳载荷，N 为接头最终失效时的疲劳寿命。由表4.3可大致看出，随着疲劳载荷的逐渐降低，疲劳寿命稳定性降低。

表4.3 双对数坐标下的疲劳试验数据

接头种类	i	$\lg F_i$	$\lg N_{ij}$			$\lg \overline{N}$	标准差
Narrow 接头	1	0.255	5.818	5.892	5.980	5.897	0.0811
	2	0.344	5.574	5.542	5.440	5.519	0.0699
	3	0.490	4.749	4.905	4.677	4.777	0.1166
Wide 接头	1	0.468	6.301	6.044	6.301	6.216	0.1481
	2	0.593	5.379	5.301	5.4233	5.368	0.0621
	3	0.644	4.906	4.957	4.9568	4.940	0.0295

根据试验数据获得双对数坐标下接头最小二乘直线，并对数据进行拟合，获得由测试数据及其拟合直线所组成的最大疲劳载荷-疲劳寿命（F-N）曲线，如图4.2所示。Narrow 接头和 Wide 接头的 F-N 曲线方程分别为 $N_N = 10^{7.139} F^{-4.799}$ 和 $N_W = 10^{9.578} F^{-7.158}$。

表4.3和图4.2表明基板宽度对接头疲劳寿命有显著影响。不同基板宽度接头的 F-N 曲线的斜率变化较为明显，说明在接头整个疲劳寿命中，裂纹扩展阶段占据了较长的过程。Narrow 接头和 Wide 接头 F-N 曲线斜率的绝对值分别为0.21和0.14，可见 Narrow 接头 F-N 曲线斜率稍高于 Wide 接头。随着疲劳载荷的降低，几乎所有的测试接头疲劳寿命

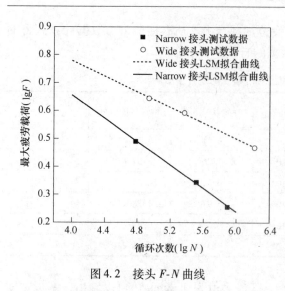

图 4.2 接头 F-N 曲线

稳定性降低。

对于不同基板宽度接头，Wide 接头的疲劳寿命显著高于 Narrow 接头，Wide 接头的疲劳强度为 Narrow 接头的 1.19 ~ 2.05 倍。这是由于应力集中和循环次级弯曲是疲劳裂纹萌生和失效的主要原因，Wide 接头具有更多的边缘距离来传递接头在铆接过程中所产生的残余应力、应变，最终缓解了应力集中。此外，Wide 接头具有更多的面积，增加了接头刚度从而降低了疲劳加载过程中的次级弯曲程度。当裂纹萌生时，由于基板宽度的增加，使得 Wide 接头中的裂纹扩展路径更长。

4.3 铆钉数量及其分布结构对接头疲劳性能的影响

4.3.1 铆钉数量及其分布结构对接头失效模式的影响

不同铆钉数量及其分布结构接头的疲劳失效模式如图 4.3 所示。宏观失效模式均为基板（靠近铆钉头部处上板或靠近铆钉管腿处下板沿接头"纽扣"）断裂。表 4.4 总结了每个疲劳载荷水平下接头的失效模式及其数量。为保证分析的完整性和有效性，将 Wide 接

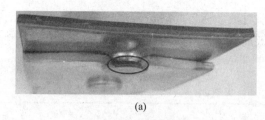

(a)

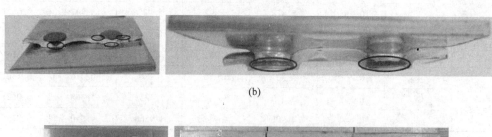

(b)

(c)   (d)

图 4.3 疲劳失效模式

（a）SDL 接头；（b）SDT 接头；（c）SMI 接头；（d）SMO 接头

头的信息也考虑进来。图 4.3 中（圆圈所标示处）断口表面也观察到类似于图 4.1 中存在的黑色物质，它们同样是由微动磨损所产生的[14]。通过这些微动磨损标示可对裂纹萌生部位、扩展部位和最终的失效断裂部位进行定位。同样的，对于不同铆钉数量及其分布结构接头，黑色物质碎屑表明微动损伤也主要位于基板接触表面、铆钉头与上板接触表面和铆钉管腿与下板接触表面。此外，裂纹扩展路径和方向可由图 4.3 中观察到（箭头所标示处）。更多有关疲劳断口和微动磨损的内容将在后续断口 SEM 分析中进行讨论。

表 4.4 失效模式及其数量

接头种类	最大载荷/kN	失效模式
Wide 接头	4.41	下板断裂
	3.92	
	2.94	1 个下板断裂，2 个无明显裂纹（200000 次）
SDL 接头	5.49	2 个下板断裂，1 个上板断裂
	3.95	下板断裂
	2.95	
SDT 接头	5.83	上板断裂
	3.95	
	2.96	
SMI 接头	8.11	下板断裂
	5.40	
	4.05	
SMO 接头	7.75	
	5.17	
	3.88	

由表 4.4 可知，除了最大疲劳载荷作用下的 SDL 接头和 SDT 接头以外的其他测试接头，失效模式均为靠近铆钉管腿处下板沿接头"纽扣"断裂。由于下板接头"纽扣"周围的残余应力、应变高于上板铆孔周围材料中的，因此下板沿"纽扣"断裂为主要的疲劳失效模式。

对于 SDL 接头和 SDT 接头，当施加最高疲劳载荷水平时，这两种接头出现靠近铆钉头处上板断裂模式，其中 SDT 接头均为该模式失效，原因是 SDT 接头中铆钉的支点作用，由于铆钉承载特征的显著性，导致搭接区域上板自由端部发生严重弯曲。此外，还有铆钉头和上板之间相互作用的影响。

4.3.2 铆钉数量及其分布结构对接头疲劳强度的影响

采用二参数 Weibull 分布对试验数据有效性进行分析，疲劳寿命和相对滑移量的统计参数见表 4.5。所有疲劳寿命数据计算获得的尺度参数均大于各自的疲劳寿命，证明了数据的有效性和可靠性。由表 4.5 可以看出，疲劳测试过程中，相对滑移量仍然较小，其最大值为 0.31mm。表明不同铆钉数量接头的结构对滑移量几乎没有影响，其值同样主要由疲劳载荷水平所决定。随着疲劳载荷的降低，各组接头的滑移值均下降。与不同基板宽度接头的变形特征相似，测试过程中，不同铆钉数量及其分布结构接头的滑移量也显示出良好的稳定性，接头断裂时其值快速增加。根据这些失效特征，同样可获得与裂纹萌生、扩展及其失效有关的信息。

表 4.5　疲劳寿命和相对滑移量的统计参数

接头类型	i	寿命标准差	寿命均值	寿命形状参数	寿命尺度参数	滑移量均值/mm
SDL 接头	1	3.21×10^5	9.84×10^5	3.68	1.09×10^6	0.16
	2	2.62×10^5	5.31×10^5	2.44	5.99×10^5	0.22
	3	4.89×10^3	1.17×10^5	28.71	1.19×10^5	0.29
SDT 接头	1	2.45×10^5	1.84×10^6	8.98	1.94×10^6	0.17
	2	1.92×10^5	5.54×10^5	3.47	6.16×10^5	0.22
	3	3.23×10^3	5.64×10^4	20.93	5.79×10^4	0.28
SMI 接头	1	2.06×10^5	8.71×10^5	5.08	9.48×10^5	0.17
	2	1.10×10^4	2.36×10^5	25.83	2.41×10^5	0.21
	3	5.52×10^3	3.71×10^4	8.06	3.94×10^4	0.31
SMO 接头	1	3.26×10^5	1.72×10^6	6.34	1.85×10^6	0.16
	2	2.15×10^4	2.57×10^5	14.33	2.67×10^5	0.21
	3	1.78×10^3	5.04×10^4	34.04	5.12×10^4	0.30

　　不同铆钉数量及其分布结构接头双对数坐标下的疲劳寿命试验数据见表 4.6。由表 4.6 可看出，随着疲劳载荷逐渐降低，疲劳寿命的稳定性降低。

表 4.6　双对数坐标下的疲劳试验数据

接头类型	i	$\lg F_i$	$\lg N_{ij}$			$\lg \overline{N}$	标准差
SDL 接头	1	0.470	5.898	5.907	6.132	5.979	0.133
	2	0.597	5.550	5.610	5.539	5.566	0.038
	3	0.740	5.069	5.086	5.049	5.068	0.018
SDT 接头	1	0.470	6.191	6.291	6.301	6.261	0.061
	2	0.597	5.617	5.678	5.628	5.641	0.033
	3	0.766	4.777	4.728	4.747	4.751	0.025
SMI 接头	1	0.608	6.021	5.964	5.810	5.931	0.109
	2	0.732	5.380	5.389	5.350	5.373	0.020
	3	0.909	4.637	4.545	4.517	4.566	0.063
SMO 接头	1	0.589	6.135	6.257	6.301	6.231	0.086
	2	0.714	5.415	5.443	5.370	5.409	0.037
	3	0.890	4.702	4.687	4.718	4.702	0.015

　　双对数坐标下接头的测试数据及其最小二乘拟合直线如图 4.4 所示。SDL 接头、SDT 接头、SMI 接头和 SMO 接头的 F-N 曲线方程分别为 $N_{SDL} = 10^{7.572} F^{-3.397}$、$N_{SDT} = 10^{8.673} F^{-5.112}$、$N_{SMI} = 10^{8.687} F^{-4.531}$ 和 $N_{SMO} = 10^{9.105} F^{-5.005}$。

　　表 4.5 和图 4.4 说明铆钉数量及其分布结构对接头疲劳寿命有显著影响，并且对接头 F-N 曲线斜率的影响也较为显著。由于循环次级弯曲是疲劳失效的一个主要原因，随着铆钉数量的增加，有效降低了疲劳加载过程中的次级弯曲幅值，提高了接头疲劳寿命。对于所有接头，疲劳寿命的稳定性随着疲劳载荷的降低而降低。对于两颗铆钉接头，它们的 F-

N曲线斜率差异较大，SDL接头和SDT接头F-N曲线斜率的绝对值分别为0.30和0.20，可见SDL接头的F-N曲线斜率较大；对于三颗铆钉接头，它们的F-N曲线斜率差异变得很小，SMI接头和SMO接头的F-N曲线斜率的绝对值分别为0.22和0.20，可见SMI接头F-N曲线斜率稍高一些。即随着铆钉数量的增加，铆钉分布结构对F-N曲线斜率的影响程度减弱。

由图4.4中可以观察到SDL接头的疲劳强度稍强于SDT接头，更准确地说是SDL在稍低的寿命区域内具有良好的疲劳强度。它们在$\lg F = 0.631$kN时，具有相同

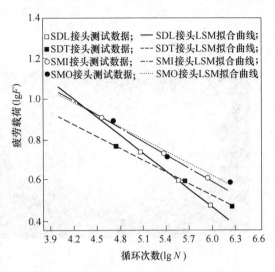

图4.4 接头F-N曲线

的疲劳寿命；当$\lg F < 0.631$kN时，SDT接头显示出良好的疲劳特性。

与SMI接头相比，SMO接头整体上显示出良好的疲劳强度。当$\lg F > 0.897$kN时，SMI接头的疲劳强度稍高于SMO接头；当$\lg F < 0.897$kN时，SMO接头的疲劳强度要高于SMI接头。

需要指出并注意的是，当疲劳载荷较高时，SDL接头具有可与三颗铆钉比拟的疲劳性能，说明了铆钉分布结构对接头疲劳性能的重要性。可以看出，随着铆钉数量的增加，接头疲劳强度的差异性下降，即铆钉分布结构对强度的影响程度下降。

4.4 自冲铆接头疲劳失效机理分析

4.4.1 板材断口分析

第2章中有关自冲铆接过程中对材料流动和金相实验的研究表明，自冲铆接头中基板材料的塑性变形区域主要位于铆钉与基板接触部位，特别是铆钉头与上板和铆钉管腿与下板的接触部位。铆接过程中，由于材料的流动细化了基板材料的晶粒尺寸，这表明在裂纹扩展过程中，裂纹需要穿越更多的晶界，这阻碍了疲劳裂纹的扩展，因此最终可提高材料的疲劳性能。宏观结构上，增加铆钉数量，可提高接头强度，因为多铆钉共同承载，降低了损伤效应，共同承载的程度取决于铆钉数量及其分布结构。当铆钉数量相同时，不同铆钉分布结构的SPR接头会产生不同的承载次序。

由于SMO接头具有良好的疲劳性能，以它为例，通过对接头进行机械加工获得一颗铆钉所在位置处的微动损伤表面，并将它与接头的疲劳断裂表面（两颗铆钉所在位置处）进行比较。结果表明，疲劳断裂表面处铆钉体上的微动磨损区域面积更大，磨损程度更加剧烈。可以证明首要和次要承载顺序的存在，并且疲劳断裂表面为首要承载顺序的位置。

考虑到不同的疲劳失效模式，本章分别取上板断裂（SDL）和下板断裂（SMO）的接头进行SEM分析，结果如图4.5和图4.6所示。

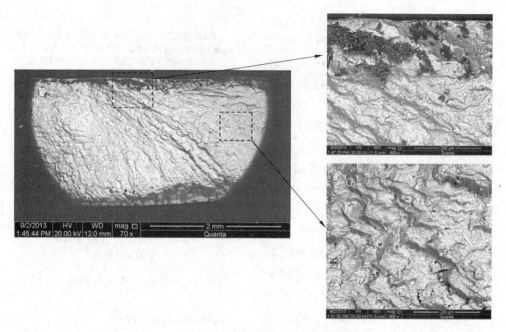

图4.5　SDL 接头中上板疲劳断口 SEM 分析

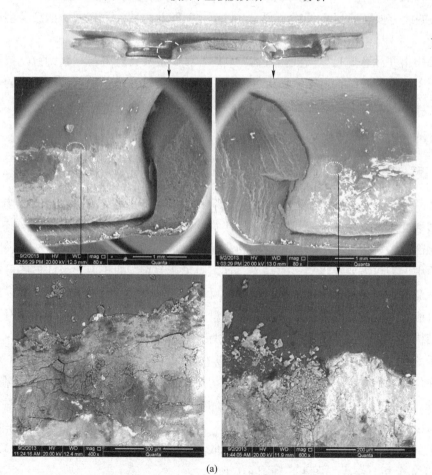

(a)

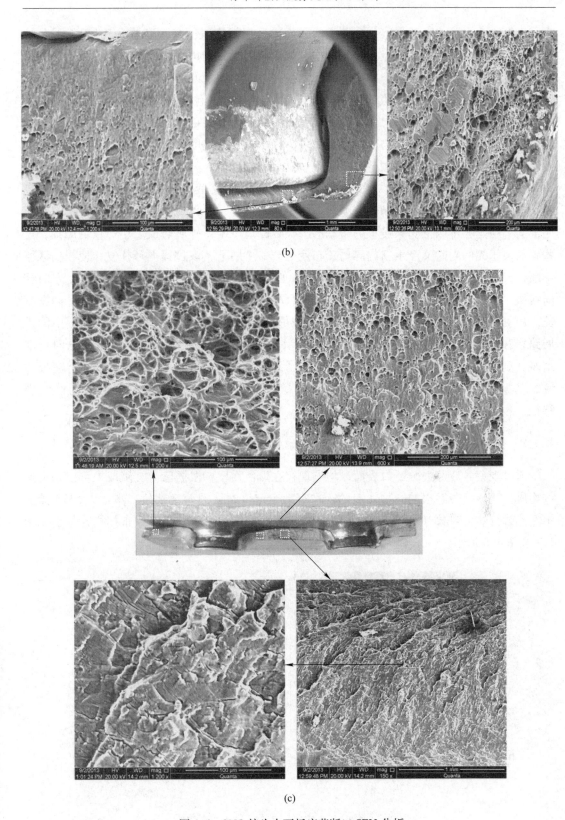

图 4.6 SMO 接头中下板疲劳断口 SEM 分析

由图 4.5 中可清晰地观察到疲劳弧线和微动磨损损伤表面（黑色物质碎屑）。黑色物质表明裂纹萌生于铆钉头与上板接触部位，如图 4.5 中右上角观察结果所示。根据疲劳弧线可以推测裂纹扩展的方向，即疲劳弧线的法线方向是该处的扩展方向，基板中体现为沿宽度方向。在视野中观察到大量的解理台阶和疲劳条带，且在解理平面上观察到次级裂纹，如图 4.5 中右下角观察结果所示，可见裂纹扩展阶段在断口表面上占据了大量的区域。疲劳裂纹萌生于铆钉头与上板接触部位，之后沿基板宽度方向扩展，最终基板快速失效，基板断口发生明显的缩颈现象，呈现出延性断裂特征。

由图 4.6（a）主要疲劳失效模式中，可以看到断口处两颗铆钉管腿表面均存在黑色物质，表明疲劳裂纹萌生于铆钉管腿与下板接触部位。同时，观察到损伤区域自铆钉管腿底部向上蔓延，可以推测该过程为微动磨损导致碎屑产生，碎屑造成了更严重的磨损，这些碎屑被压缩的同时又产生新的碎屑，在疲劳载荷作用下，该过程循环往复，使损伤区域不断扩大。以左侧接头为对象，进行分析，如图 4.6（b）所示，可见裂纹扩展方向朝向接头中下板自由边缘处。由于该部位材料厚度有限，下板快速断裂，出现大量韧窝特征。由韧窝的变形几何形状特征可以推断该部位的材料为拉伸断裂。裂纹在基板中的扩展路径和最终的断裂部位如图 4.6（c）所示。裂纹扩展阶段中，沿下板厚度方向可清晰观察到疲劳弧线、准解理、疲劳条带、撕裂棱和次级裂纹。随着裂纹扩展至基板边缘，基板发生快速断裂，同样产生缩颈现象，产生大量韧窝结构，呈现出延性断裂特征。

4.4.2　微动磨损分析

通过观察各疲劳失效断口表面，均发现存在黑色物质，根据已有文献成果可以知道这些物质为微动疲劳磨损的产物，它的存在有助于定位裂纹的萌生部位。本章以 SMO 接头中左侧铆钉体为对象（见图 4.6（a）），进行点元素分析和面域元素分布扫描，分别如图 4.7 和图 4.8 所示。

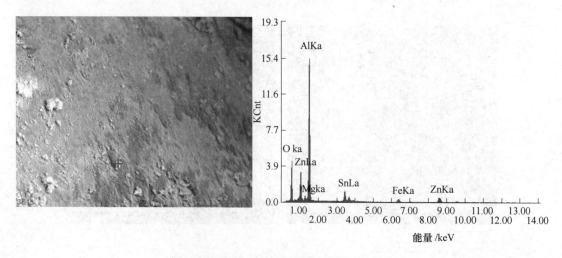

图 4.7　SMO 接头中铆钉表面氧化物元素分析

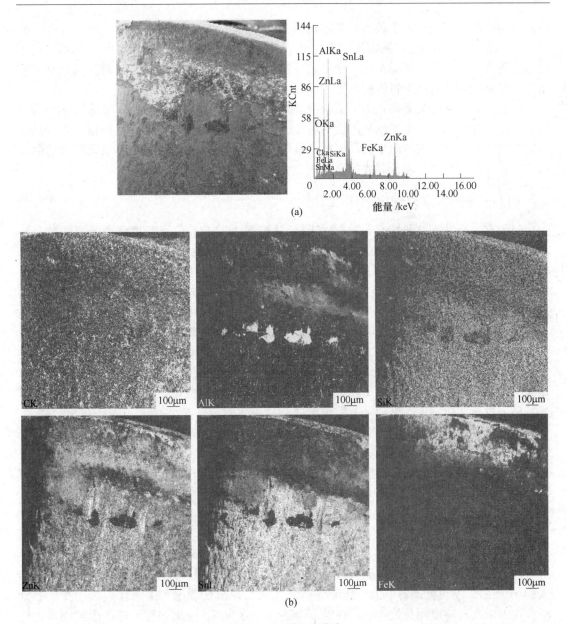

图 4.8 面域元素分布

图 4.7 中能谱分布表明，Al 为该颗粒主要元素成分，即铆钉表面黑色物质为 Al 的氧化物。由于铆钉表面镀有 Zn 元素，因此 Zn 元素含量也较高。铆钉本身为钢材，其硬度及强度远远高于 Al5052 板材，因此在微动磨损过程中，主要是 Al5052 板材表面被破坏，不断形成磨屑。为了更加准确地分析铆钉与板材的磨损情况，在微动磨损区域中选择铆钉管腿处一定区域进行面域元素分布扫描，如图 4.8 所示。

图 4.8（a）表明，图中面域内 Al 仍然是主要的元素成分。图 4.8（b）显示其主要分布于铆钉表面上所产生的颗粒状物质中。其分布较为集中且位于铆钉管腿边缘偏上的位置，这也说明该接触部位的微动磨损生长方向朝着铆钉头部的方向。尽管它的分布面积不大，但 Al 含量相当高。可见，其所在位置处发生了较为剧烈的微动磨损，可以推测下板

中对应的材料表面也出现了较为严重的损伤和破坏。由于铆钉为钢质制品，因此含有 C 元素。Si、Sn 和 Zn 元素是在铆钉加工中，由于工艺因素而人为添加的。对于 Fe 元素，由于铆钉管腿下方被磨损，表面覆镀元素发生一定程度的脱离，因此铆钉自身的材料元素显露出来，且其主要分布在铆钉管腿下方边缘处。

可见，对于疲劳失效模式为下板断裂的接头，其疲劳裂纹萌生于铆钉管腿与下板材料接触部位，这些部位发生了剧烈的微动磨损，随着疲劳寿命的不断增加，磨损损伤表面自铆钉管腿底部向铆钉头方向生长。因此，减缓这些部位的摩擦作用，可有效延迟疲劳裂纹的萌生和减缓裂纹的扩展，最终提高接头疲劳寿命。

4.5　自冲铆接头疲劳性能有限元分析

目前有关自冲铆接头疲劳性能的有限元分析很少。本章采用典型疲劳分析软件 AN-SYS/FE-SAFE 对自冲铆接头的疲劳性能进行模拟分析。该软件是 ANSYS 美国总公司同英格兰的安全技术公司合作开发的疲劳分析模块。在产品设计阶段使用 ANSYS/FE-SAFE，可在物理样机制造之前进行疲劳分析、优化设计和产品寿命的预测，真正实现全寿命周期设计，可极大地降低制造物理样机和进行耐久性试验所带来的巨额开发费用。

ANSYS/FE-SAFE 是一款可进行高级信号处理和疲劳耐久性分析的软件，在多轴疲劳分析领域具有无可比拟的优点，该软件功能齐全，拥有先进的算法，被公认为是当前精度最高的疲劳分析软件。载荷谱定义方法多种多样、工程上常用的材料一应俱全、疲劳算法领先、输出疲劳结果的完整以及疲劳信号处理功能先进，这些也是它的优点。在疲劳结果的基础上进行优化设计，以满足工程要求。

ANSYS/FE-SAFE 在综合多种影响因素（如平均应力、应力集中、表面加工性质、缺口敏感性、焊接成形、表面光洁度等）的情况下，计算弹性或是弹塑性载荷历程。采用累积损伤理论和雨流计数法对结构进行疲劳设计以及可靠性设计。它是一种用于有限元模型疲劳分析的软件，可以为许多 FEA 软件和后处理器提供数据接口[15]。

4.5.1　疲劳分析步骤

FE-SAFE 的前后处理都要在 ANSYS 软件中进行。整个疲劳分析过程为：在 ANSYS 中进行静力学、动力学分析，得到有限元分析的应力应变结果（.rst 文件），将分析结果导入到 FE-SAFE 模块处理器中进行疲劳分析；按照累计损伤理论和雨流计数法，在疲劳分析模块中定义材料属性及载荷谱，并采用合适的疲劳准则，考虑多种可能的影响因素，根据应力、应变结果进行疲劳分析[16~18]。

ANSYS/FE-SAFE 疲劳分析基本分析过程为：

（1）在 ANSYS 中进行静力学分析，得到应力、应变分析结果。

（2）把有限元分析的应力、应变结果导入 FE-SAFE 中进行疲劳分析。对自冲铆接头定义正弦波的载荷信号，频率采用 10Hz；加载的正弦波的形式如图 4.9 所示。定义材料属性及 S-N 曲线，FE-SAFE 参数设置，并进行求解，如图 4.10 所示。

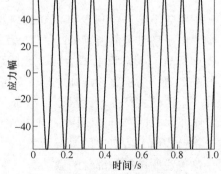

图 4.9　正弦载荷

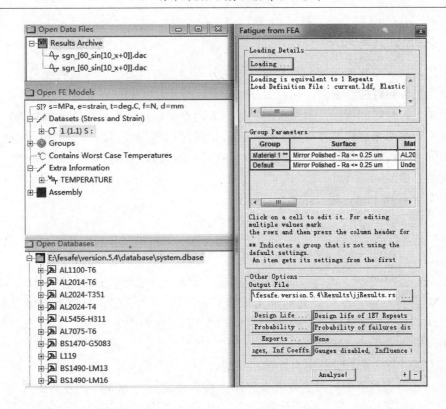

图 4.10　FE-SAFE 参数设置

（3）将分析结果导入 ANSYS 中进行后处理，观察并记录安全系数、疲劳寿命云图。

　　在实际的工程应用中，设计阶段使用 ANSYS/FE-SAFE 有限元软件，可以在产品制造之前进行疲劳分析和优化设计，真实的对产品的寿命进行预测。设计阶段的耐久性分析可以显著缩短产品的开发周期，提高产品的可靠性，极大地降低了制造物理样机和进行耐久试验所带来的巨额研发费用。其分析过程如图 4.11 所示。

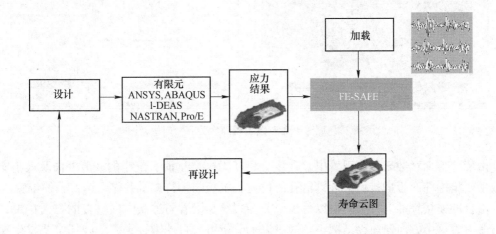

图 4.11　ANSYS/FE-SAFE 疲劳分析过程

4.5.2　疲劳分析结果及分析

本章采用第 3 章自冲铆接头静力学有限元分析获得的静力学结果进行疲劳分析，获得自冲铆接头的疲劳性能结果。

对于单一载荷时间历程，节点上的主应力方向不变，只进行单一的疲劳分析。这里的剪应变或正应变都采用雨流计数法，每个循环的疲劳损伤都计算出来。采用 Miner 准则计算节点上的疲劳寿命，如果指定设计寿命，软件就迭代计算出将达到设计寿命的应力因子，即安全系数。

许用安全系数 $[n]$，可以采用下式计算：

$$[n] = n_s n_1 \tag{4.13}$$

式中　n_s——强度安全系数；

　　　n_1——应力安全系数。

当 $n_1 = 1.1 \sim 1.2$ 时，载荷及应力都很准确，能够保证工作应力不超过设计应力；$n_1 = 1.5 \sim 2$ 时，载荷及应力不精确和有冲击载荷；$n_s = 1.1 \sim 1.2$ 时，材质的性能比较均匀，且各种设计系数都能准确确定；$n_s = 1.2 \sim 1.5$ 时，材质的性能不均匀，且各种设计系数也较难准确确定，或是具有腐蚀性。

根据上述计算方法，计算出自冲铆接头的许用安全系数 $[n] = 1.32$。

FE-SAFE 计算过程中，设置加载应力幅（疲劳强度）为 60MPa；应力比 $R = -1$，即 $\sigma_a = \sigma_{max}$（σ_a 为应力幅，σ_{max} 为最大应力），Al5052 自冲铆接头的疲劳寿命对数云图和疲劳寿命向量云图如图 4.12 所示。

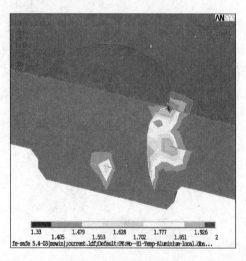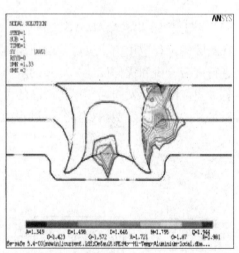

图 4.12　疲劳寿命对数云图和疲劳寿命向量云图

由疲劳寿命对数云图可以看出，在疲劳强度为 60MPa 时，最小的疲劳寿命及最小安全系数主要集中在两板搭接处靠近铆钉孔的位置，上板与铆钉接触并靠近铆钉孔的位置。

由自冲铆接头的向量云图可以得出，疲劳裂纹是沿着与加载方向垂直的方向扩展，疲劳寿命沿着这个方向向内逐渐减小。通过以上分析可知自冲铆接头疲劳破坏主要发生在两板搭接处并靠近铆钉孔的位置，以及上板与铆钉接触并靠近铆钉孔的位置。在重点考虑这些位置的前提下，通过改善铆钉尺寸、材料属性和下模尺寸等，并优化铆接过程的参数设置，可以更加有效地对自冲铆接头进行优化设计，来提高接头的疲劳寿命和安全系数。

根据实际中铆接试件铆接头的疲劳裂纹扩展镜像图可以发现疲劳裂纹首先出现在 3 个位置，如图 4.13 所示。从图 4.13 中可以发现利用 ANSYS/FE-SAFE 对自冲铆接头疲劳性能的分析与疲劳试验结果一致，即表明有限元疲劳分析软件可有效地进行接头疲劳性能的分析[19,20]。

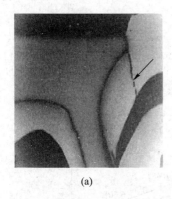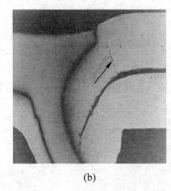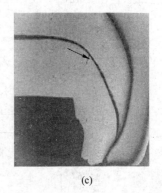

　　(a)　　　　　　　　　　(b)　　　　　　　　　　(c)

图 4.13　自冲铆接头裂纹部位

自冲铆接头疲劳失效扩展源的产生是由于铆接过程中材料发生较大的塑性变形。当铆钉刺入板料时，板料内部的硬度、强度和原子结合不均匀，造成板料在接触铆钉孔周围的面产生毛刺和微裂纹。当对上、下板料施加相反的载荷时，孔周围板料容易发生疲劳破坏。这是因为孔周围是应力集中的主要位置，同时铆接过程造成板料表面粗糙并伴有微裂纹，裂纹的扩展比其他位置更容易。

在进行疲劳模拟分析时，需要设置许多参数，我们选择几项典型的参数进行分析，研究它们对模拟获得的接头寿命的影响。

4.5.2.1　疲劳寿命对表面粗糙度的敏感性

为了研究表面粗糙度对接头疲劳寿命的影响，选取不同的表面粗糙度进行分析，其取值见表 4.7，其中表面粗糙度 $R_a = f_x$，$x = 1$，2，…，8。分析表面粗糙度对单搭自冲铆接头疲劳寿命及最小安全系数的影响，其关系曲线如图 4.14 ~ 图 4.16 所示。

表 4.7　表面粗糙度取值

表面粗糙度 R_a 符号	取 值 范 围
f_1	mirror polished, $R_a < 0.2$
f_2	$0.25 < R_a < 0.6$
f_3	$0.6 < R_a < 1.6$
f_4	$1.6 < R_a < 4$
f_5	$4 < R_a < 16$
f_6	$16 < R_a < 40$
f_7	precision forging, $40 < R_a < 75$
f_8	$R_a > 75$

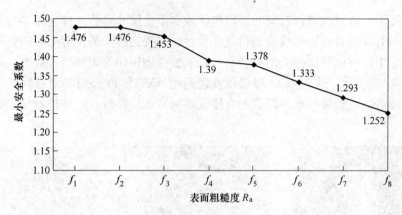

图 4.14　表面粗糙度最小安全系数关系曲线

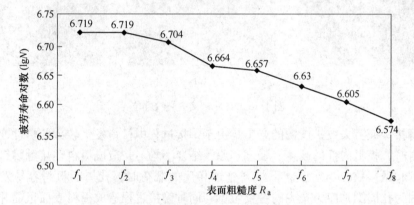

图 4.15　表面粗糙度疲劳寿命对数关系曲线

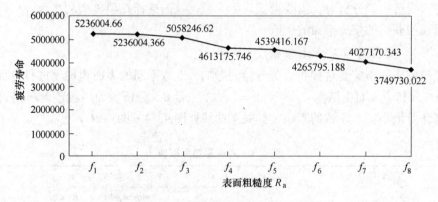

图 4.16　表面粗糙度-疲劳寿命关系曲线

　　表面粗糙度是指在切削过程中由刀具在工件表面上留下的刀痕而产生的，对零件的性能会产生重要影响。从图中可以看出，在 $f_1 \sim f_2$，$f_4 \sim f_5$ 范围内，表面粗糙度 R_a 对疲劳寿命与疲劳安全系数的影响很小，在其他表面粗糙度范围内，疲劳寿命与疲劳安全系数的影响较大，但总体趋势是随着表面粗糙度 R_a 的增大，疲劳寿命对数和疲劳最小安全系数均减小，而且疲劳寿命对数（$\lg N$）与 R_a 关系曲线和疲劳最小安全系数与 R_a 关系曲线相似。

4.5.2.2　疲劳寿命对载荷幅值的敏感性

本节主要研究不同的应力幅对单搭自冲铆接的疲劳寿命及最小安全系数的影响，其关系曲线如图 4.17～图 4.19 所示。

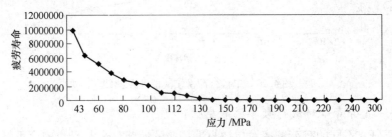

图 4.17　疲劳寿命-应力幅关系曲线

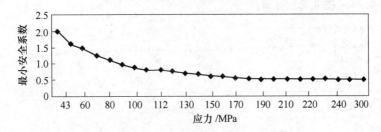

图 4.18　最小安全系数-应力幅关系曲线

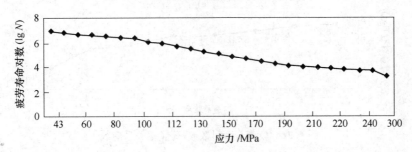

图 4.19　疲劳寿命对数-应力幅关系曲线

应力大小对疲劳性能有着重要影响，从图中可以看出，随着应力幅值的增加，疲劳寿命和最小安全系数呈减小趋势，其中应力幅值在 25～115MPa 范围时，对疲劳寿命和最小安全系数影响较大，当应力幅值大于 115MPa 时，对疲劳寿命和最小安全系数影响较小。

从图 4.18 中可以看出应力值为 43MPa 时，循环次数为 10^7，此时最小安全系数为 0.5，各应力值对应的循环次数见表 4.8。根据应力幅值对疲劳寿命的影响，可模拟出单搭自冲铆接的 S-N 曲线，如图 4.20 所示。

表 4.8　不同应力下的循环次数

应力值/MPa	循环次数
43	10^7
112	10^6
150	10^5
214	10^4
242	5×10^3
300	2×10^3

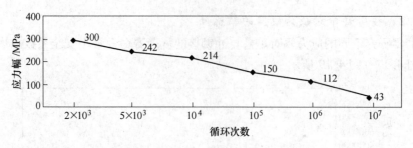

图 4.20　单搭自冲铆接模拟 *S-N* 曲线

4.5.2.3　疲劳寿命对载荷频率的敏感性

本节主要研究不同的载荷频率对单搭自冲铆接的疲劳寿命及最小安全系数的影响，其关系曲线如图 4.21～图 4.23 所示。

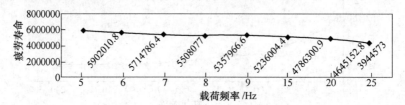

图 4.21　疲劳寿命-载荷频率关系曲线

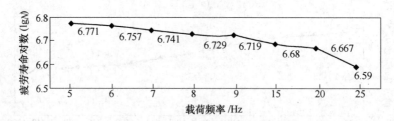

图 4.22　疲劳寿命对数-载荷频率关系曲线

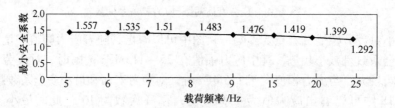

图 4.23　最小安全系数-载荷频率关系曲线

从图中可以看出，随着载荷频率的增大，单搭自冲铆接的疲劳寿命及最小安全系数减小，载荷频率在 20～25Hz 范围内，对疲劳寿命及最小安全系数影响较大，而对疲劳寿命及最小安全系数影响较小。

4.6　自冲铆接头模态分析

工程实际中分析的问题根据载荷的性质可以分为动力学分析和静力学分析。在动力学分析中结构的反应是随时间变化的，而在静力学分析中则不会变化。动力学分析包括模态分析、瞬态动力分析、谱分析、谐波分析和显式动力分析，模态分析是动力学分析的基础。

模态分析在结构性能评估、结构动态设计、故障诊断、状态监控等方面有着很重要的应用。对于一般结构，要求各阶模态固有频率远离工作频率，或工作频率不落在某阶模态的功率带宽内；对结构振动贡献较大的振型，应使其不影响结构正常工作，这是模态分析最直接的应用。传统的考虑动态因素的结构设计中，是以经验和反复实测为主要手段，这大大减缓了设计速度。有限元法（FEM）和试验模态分析（EMA）为结构动态设计提供了最有效的方法。

只要系统（结构）有质量及弹性，就能在无外力激励下发生自由振动。模态分析主要用于确定系统的固有频率及振型，是动力学分析中不可缺少的环节。机械或结构的任何动态响应都可以通过模态的组合得到；因此对模态形状、模态频率和模态阻尼比的分析就构成了对机械或结构完整的动态描述。在阻尼不是很大时，机械、结构或任何系统受到激励时会出现两种情况：当激励频率等于固有频率时，它的响应就会由于共振产生一个尖峰；当激励频率经过机械或结构的固有频率时，响应的相位会发生180°的改变，激励与共振响应的相位差是90°[21]。

4.6.1 实验模态分析

4.6.1.1 实验模态分析设备

在本文的研究中，讨论实验测量技术，来预测单搭悬臂自冲铆接头的自由振动特性；在试验测量梁的动态响应中采用 LMS（Leuven Measurement System）CADA-X 动态测试软件和 LMS-DIFA Scadas Ⅱ48 信道数据采集硬件；测量和比较了不同数目铆钉的自冲铆梁的频率响应函数（FRFs）。

本节选择 Wide 接头试件和 SDT 接头试件进行试验模态分析，为了容易描述不同的单搭悬臂自冲铆梁，采用以下的命名术语：

（1）S-SPR 梁。一颗铆钉的单搭悬臂自冲铆梁，即 Wide 接头试件。

（2）D-T-SPR 梁。横向排列的两颗铆钉的单搭悬臂自冲铆梁，即 SDT 接头试件。

试件加载方式和节点布置如图 4.24 所示。

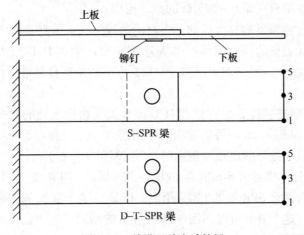

图 4.24　单搭悬臂自冲铆梁

　　用来测试单搭悬臂自冲铆梁的自由振动的实验设备如图 4.25 所示。采用 LMS CADA-X 软件来连接 LMS-DIFA Scadas Ⅱ 48 信道数据采集硬件对试验进行动态测试。软件具有高速 12-bit 或者 16-bit 模数转换（ADC）、48 信道的可编程双过滤器和 4 信道的信号发生器并通过一个 4 倍的数模准换（QDAC）[22]。单搭悬臂自冲铆梁的一端被夹持在一个重物上。为了充分激励梁，激振器伴随着脉冲锤（内部安置有力传感器），脉冲锤的放置位置在距离夹持端部 20% 的梁长度处，并且接近自由边缘处。

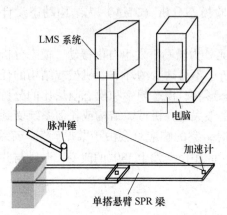

图 4.25　实验设备

　　在选择的点位布置加速度传感器来测量这些点位的梁的频率响应。力传感器和加速度的输出被连接到 LMS 系统上，它以电压形式放大和传输力和加速度信号。这些电压信号通过数据采集系统被采集并且数码化，这些测试数据通过数据采集系统被转移到电脑上并通过 LMS CADA-X 模态分析软件进行处理。

4.6.1.2　实验模态分析结果

　　通过 CADA-X 实验模态分析软件和 LMS-DIFA Scadas Ⅱ 数据采集硬件测量了单搭悬臂 S-SPR 梁和 D-T-SPR 梁的 FRFs 数据，测量的频率范围为 0 ~ 3200Hz。光谱线的数量设置为 1024，对应着分辨率为 3.125Hz，这是为了获得 FRFs 振动准确的指示。因为前几阶振动模型更加重要，本节只讨论 0 ~ 500Hz 的频率范围。

　　对于单搭悬臂自冲铆梁的自由振动，在自由边缘上选择一些典型的点作为相应点，因为它们可以更好地代表梁的动态特性。单搭悬臂 S-SPR 梁和 D-L-SPR 梁上自由边缘处的点的位置如图 4.24 所示。图 4.24 中点 1、3 和 5 为单搭悬臂自冲铆梁自由边缘处的两个角落点和中心点。

　　图 4.26 显示了单搭悬臂 S-SPR 梁和 D-L-SPR 梁自由边缘处的两个角落点和中心点的实验 FRFs 叠加图。从图 4.26 中可以看出两个角落点（点 1 和点 5）可以更好地代表梁的动态响应，而中心点 3 处不能清晰地识别模态 3（370Hz 左右）。

　　图 4.27 为点 1 处单搭悬臂 S-SPR 梁和 D-L-SPR 梁的 FRFRs 的比较结果。从图 4.27 中可以清晰看到，尽管两个 SPR 梁的 FRFs 相似，但是 D-T-SPR 梁的固有频率要稍微低于 S-SPR 梁的固有频率。这个差异可以归因于铆钉数量的增加，这可能会增加 SPR 梁的刚度，从而导致固有频率降低。

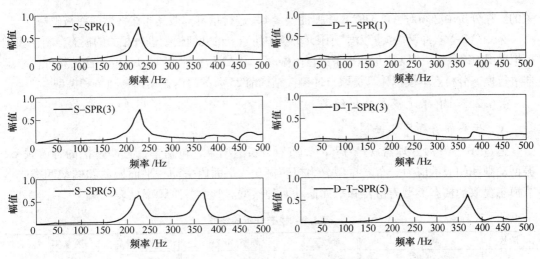

图 4.26　S-SPR 梁和 D-T-SPR 梁的 FRFs

在制造业中轻量化是一个趋势，在工程结构和部件中自冲铆接头的应用有大幅度增加，希望由 SPR 构成的机械结构具有高的吸振能力。本节的目的是提供一个针对 SPR 接头的自由振动特性研究的实验测试技术。在悬臂自冲铆梁的动态响应实验测量中采用动态测试软件和数据采集硬件，测量和比较了不同数量铆钉的自冲铆梁的频率响应函数[23]。

4.6.2　有限元模态分析

4.6.2.1　有限元模态分析过程
有限元模态分析的过程如图 4.28 所示。

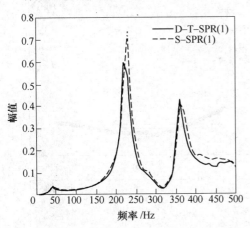

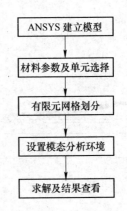

图 4.27　S-SPR 梁和 D-T-SPR 梁的 FRFRs 比较　　　　　图 4.28　有限元模态分析过程

利用 ANSYS 在模态分析的过程中需要注意两个问题：

（1）模态分析是线性分析，即只有线性行为在模态分析的过程中是有效的。如果在分析中定义了非线性单元，ANSYS 在计算过程中会忽略非线性因素并且把非线性单元作为线性单元来处理。如果在分析中定义了接触单元，则在分析过程中刚度矩阵会处于初始状态并保持不变。

（2）模态分析过程中，材料的性质可以是非线性的也可以是线性的、恒定的或与温度相关的。在分析中必须对密度 DENS 和弹性模量 EX 进行指定，但其非线性性质将被忽略[24]。

采用第 3 章自冲铆接头静力学有限元分析中所建立的几何模型进行相关的模态分析。模型模拟采用理论条件，即无阻尼状态下的自由振动。用 ANSYS 的 Block Lanczos 法的特征值求解器进行模态分析。本模拟计算提取自冲铆接结构前 25 阶的自由振动固有频率和振型[25,26]。

4.6.2.2　有限元模态分析结果

A　接头固有频率和振型

通过 ANSYS 后处理器（/POST1），查看分析的结果，包括单搭自冲铆接的各阶频率、振型动画和相应的应力分布。振型分为扭转振动、平面内摆动、平面振动和蠕动四类，本节模态提取的模态类型为扭转和平面振动两种振型。其中各阶频率见表 4.9。

表 4.9　模态分析的结果

阶数	频率/Hz	阶数	频率/Hz	阶数	频率/Hz
1	39.956	10	3445.5	19	8320.7
2	125.22	11	3904.0	20	9033.5
3	241.40	12	4240.0	21	9116.7
4	711.14	13	5080.6	22	10501
5	730.78	14	5437.9	23	11377
6	880.83	15	6076.9	24	12607
7	1367.6	16	6518.5	25	13289
8	2249.9	17	7221.7		
9	2280.0	18	7457.2		

模态分析的 25 阶中提取前 8 阶横向振动振型，如图 4.29 所示。

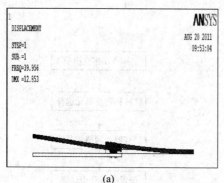
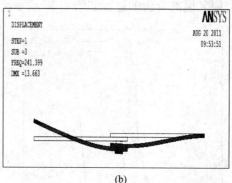

(a)　　　　　　　　　　　　　　　　(b)

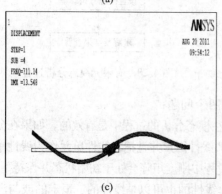
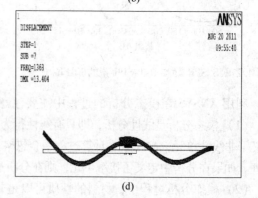

(c)　　　　　　　　　　　　　　　　(d)

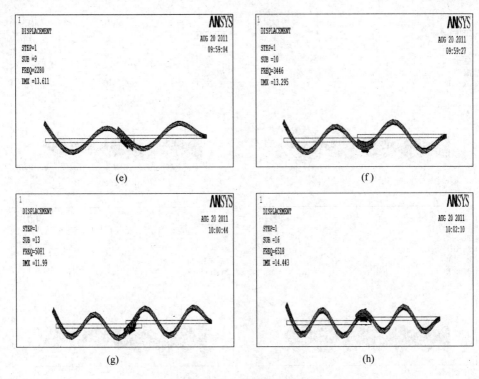

图 4.29　前 8 阶横向振动振型

（a）一阶（39.956Hz）；（b）二阶（241.40Hz）；（c）三阶（711.14Hz）；（d）四阶（1367.6Hz）；

（e）五阶（2280.0Hz）；（f）六阶（3445.5Hz）；（g）七阶（5080.6Hz）；（h）八阶（6518.5Hz）

从模态分析的 25 阶中提取前 8 阶扭转振型，如图 4.30 所示。

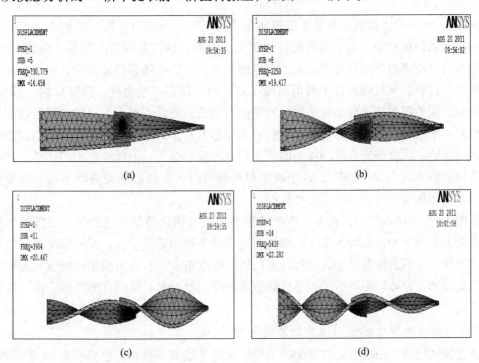

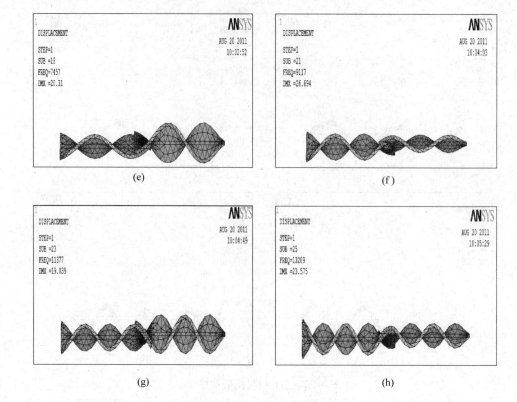

图 4.30　前 8 阶扭转振型

（a）一阶（730.78Hz）；（b）二阶（2249.9Hz）；（c）三阶（3904.0Hz）；（d）四阶（5437.9Hz）；
（e）五阶（7457.2Hz）；（f）六阶（9116.7Hz）；（g）七阶（11377Hz）；（h）八阶（13289Hz）

　　从图 4.29 中可以得到：在前 8 阶横向振动振型中，奇偶阶数振型区别在于铆钉位置不同。在奇数阶振型中，变形前后铆钉位置几乎相同，铆钉振幅基本为零，由此可得知，奇数振型所处频率对单搭自冲铆接头动态性能影响很小；在偶数阶振型中，振型关于铆钉呈现左右对称状，而且铆钉处于峰值与峰谷处，两个位置交替出现，铆钉振幅达到最大，由此可知，偶数振型所处频率对单搭自冲铆接头动态性能影响很大。比较奇偶阶数的模态结果可知，单搭自冲铆接头部位在不同频率下变形差别很大，对单搭自冲铆接的动态性能有较大的影响。因此研究自冲铆接头的模态具有重要的意义。由计算得出的单搭自冲铆接的一阶固有频率值为 39.956Hz，这个频率对于疲劳分析时所加的载荷频率也有着重要影响，为下一步的疲劳分析提供了参考依据。

　　从图 4.30 中可以得到，在前 8 阶扭转振型中，奇偶阶数振型区别是：扭转幅度在铆钉左右两方不同，在奇数阶振型中，铆钉右侧，即靠近约束端一方，扭转幅度比铆钉左方大，差别较大；偶数阶振型中，铆钉左方的扭转幅度略大于右方振型扭转幅度，但差别较小。由此可知，奇数阶振型所处频率比偶数阶振型所处频率对单搭自冲铆接头动态性能的影响更大[27~31]。

B　泊松比和弹性模量对固有频率的影响

　　研究弹性模量、泊松比对自冲铆接结构模态分析结果的影响。根据表 4.10 中的参数，每一个弹性模量值对应一个泊松比做一次模态分析，并提取每次分析结果固有频率以及前8阶横向振动的振型。

表 4.10　模态分析参数

弹性模量 E_s/GPa	0.001、0.01、0.1、0.2、0.5、1
泊松比 ν_s	0.3、0.35、0.4、0.45

　　一阶到八阶的自冲铆接结构固有频率与弹性模量、泊松比的关系如图 4.31 所示，图中以横坐标为泊松比，纵坐标为自冲铆接头的固有频率。从图中可以看出，泊松比从 0.3 变化到 0.45，自冲铆接头的固有频率只有轻微的增加，且其增加并不明显。相比五阶到八阶，一阶至四阶增加的趋势更不明显。分析对比可以得出泊松比对自冲铆接头的固有频率只有轻微的影响，甚至可以忽略；而弹性模量对自冲铆接头的固有频率有比较明显的影响，随着弹性模量的增加，自冲铆接头的固有频率明显增加[32]。

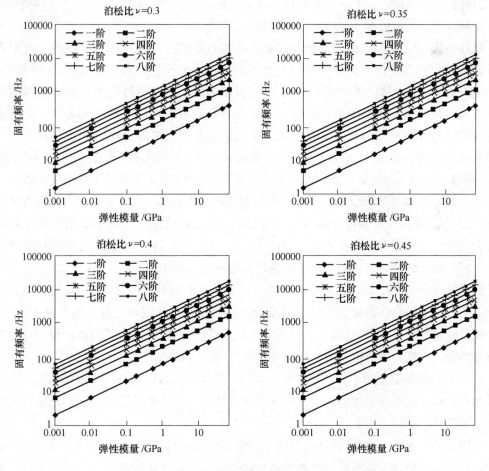

图 4.31　固有频率与弹性模量、泊松比的关系

4.7　小结

　　通过对自冲铆接头动态性能及其失效机理的研究，可得如下结论：

（1）自冲铆接头疲劳试验结果表明，接头疲劳失效模式均为基板（靠近铆钉头部处上板或靠近铆钉管腿处下板沿接头"纽扣"）断裂，其中下板断裂为主要失效模式；断口表面均存在黑色物质。当疲劳载荷较大时，基板宽度、铆钉数量及其分布结构均会影响失效模式。

测试过程中接头相对滑移量很小，其主要由疲劳载荷所决定。随着载荷的降低，滑移值降低。测试过程中它具有良好的稳定性，接头断裂时其值快速增加。可通过观察该值的变化避免疲劳失效突然的发生。

基板宽度、铆钉数量及其分布结构对接头疲劳寿命和 F-N 曲线的斜率具有显著影响。随着基板宽度、铆钉数量的增加，接头疲劳寿命逐渐增强。疲劳寿命数据的稳定性随着疲劳载荷的降低而降低。随着铆钉数量的增加，铆钉分布结构对 F-N 曲线斜率的影响程度减弱。对于两颗铆钉接头，SDL 接头在稍低的寿命区域内具有良好的疲劳强度；而 SDT 接头则在稍高的寿命区域内呈现出良好的疲劳强度。对于三颗铆钉接头，疲劳强度差异性下降，即铆钉分布结构对强度的影响程度降低。总体而言，SMO 接头显示出了良好的疲劳强度。实际应用中，可根据疲劳载荷水平选择铆钉分布形式。

单独一颗铆钉所在位置和疲劳断口表面处的微动磨损表面对比结果证明了首要和次要承载顺序的存在，且疲劳断裂表面为首要承载顺序的位置。疲劳断口 SEM 分析表明，对于上板断裂接头，裂纹萌生于铆钉头与上板接触部位。推测裂纹的扩展方向为沿基板宽度方向。最终基板快速失效，断口发生明显缩颈现象。对于下板断裂接头，裂纹萌生于铆钉管腿与下板材接触部位，微动疲劳损伤区域自铆钉管腿底部向上蔓延和扩大。裂纹朝向接头下板自由边缘处进行扩展，最终板材断裂，呈现出拉伸断裂特征。同样的，裂纹在基板中的扩展路径沿宽度方向，当扩展至到基板边缘时，基板快速发生断裂失效。

（2）铆钉表面黑色物质点元素分析和面域元素分布扫描结果表明，铆钉表面黑色物质中 Al 元素含量最高，其分布面积不大且位于铆钉管腿边缘偏上，这也说明该接触部位的微动磨损生长方向朝着铆钉头部的方向。可见，其所在位置处发生了较为剧烈的微动磨损，下板中对应的材料表面也出现了较为严重的损伤和破坏。

（3）在不同参数下进行疲劳分析可以得到，随着表面粗糙度（R_a）、应力幅值和载荷频率的增大，单搭自冲铆接的疲劳寿命及最小安全系数呈现减小趋势，而且随着 R_a 的增大，疲劳寿命对数与 R_a 关系曲线和疲劳最小安全系数与 R_a 关系曲线相似；根据应力幅值对疲劳寿命的影响，可模拟获得单搭自冲铆接头的 S-N 曲线。

（4）通过实验测量技术来预测单搭悬臂自冲铆梁的自由振动特性，测量和比较了不同数量的自冲铆梁的频率响应函数。为今后对单搭悬臂梁自冲铆梁进行非破坏性损伤检测的振动研究提供了基础。

有限元分析表明，前 8 阶横向振动振型中，奇数振型所处频率对单搭自冲铆接头动态性能影响很小；偶数振型所处频率对单搭自冲铆接头动态性能影响很大。前 8 阶扭转振型中，奇数阶振型所处频率比偶数阶振型所处频率对单搭自冲铆接头动态性能的影响大。自冲铆接头的固有频率随着弹性模量的增加而增加，随着密度的增加而减小，但是减小幅度逐步降低；泊松比对自冲铆接头的固有频率影响甚微。

参 考 文 献

［1］邢保英．自冲铆连接机理及力学性能研究［D］．昆明：昆明理工大学，2014．

［2］何晓聪．非稳定载荷条件下疲劳强度的一种实用可靠性设计方法［J］．昆明工学院学报，1991（1）：55～60.

［3］何晓聪．疲劳裂纹扩展寿命的可靠性实验研究方法［J］．物理测试，1989，2（37）：25～27.

［4］吕箴．基于历史数据的小样本结构疲劳可靠性分析方法［D］．南京：南京航空航天大学，2007.

［5］金良琼．两参数Weibull分布的参数估计［D］．昆明：云南大学，2010.

［6］William M，Terry S．统计学［M］．梁冯珍，等译．5版．北京：机械工业出版社，2009.

［7］He X C，Oyadiji S O．Application of coefficient of variation in reliability-based mechanical design and manufacture［J］．Journal of Materials Processing Technology，2001，119（1～3）：374～378.

［8］He X C．An approximate method via coefficient of variation for strength prediction of self-piercing riveted joints［J］．Applied Mechanics and Materials，2010，26～28：334～339.

［9］何晓聪．变差系数及其在概率分布特性分析中的应用［J］．昆明理工大学学报，1996，21（1）：69～74.

［10］He X C．Coefficient of variation and its application to strength prediction of self-piercing riveted joints［J］．Scientific Research and Essays，2011，6（34）：6850～6855.

［11］高镇同，傅惠民，梁美训．S-N曲线拟合法［J］．北京航空学院学报，1987（1）：115～119.

［12］许竞楠，何晓聪．铝合金板材自冲铆接头的疲劳性能分析［J］．新技术新工艺，2013（4）：114～116.

［13］许竞楠．自冲铆连接的疲劳性能分析［D］．昆明：昆明理工大学，2012.

［14］周仲荣，Leo Vincent．微动磨损［M］．北京：科学出版社，2002.

［15］He X C．Finite element analysis of fatigue behavior of laser welded joints［J］．Lecture Notes in Information Technology，2012，22：19～24.

［16］张玉涛．单搭自冲铆接头的动力学分析与疲劳研究［D］．昆明：昆明理工大学，2011.

［17］严柯科．自冲铆接头动力学数值模拟与疲劳分析［D］．昆明：昆明理工大学，2011.

［18］张玉涛，何晓聪，严柯科，等．基于ANSYS/FE-SAFE的单搭自冲铆接头的疲劳分析［J］．新技术新工艺，2011（9）：84～87.

［19］He X C，Gu F S，Ball A．Fatigue behaviour of fastening joints of sheet materials and finite element analysis［J］．Advances in Mechanical Engineering 2013，Article ID 658219.

［20］He X C．Finite element analysis of laser welding：A state of art review［J］．Materials and Manufacturing Processes，2012，27（12）：1354～1365.

［21］Singiresu S R．机械振动［M］．李欣业，张明路编译．4版．北京：清华大学出版社，2009.

［22］He X C，Zhen D，Xing B Y，et al．Free vibration measurements of single-lap cantilevered SPR beams［J］．Applied Mechanics and Materials，2013，321～324：33～36.

［23］He X C，Zhen D，Xing B Y，et al．Forced vibration behavior of self-piercing riveting joints［J］．Applied Mechanics and Materials，2014，440：153～157.

［24］曹树谦，张文德，萧龙翔．振动结构模态分析［M］．天津：天津大学出版社，2001.

［25］He X C．Sheet material property effects upon dynamic behavior in self-pierce riveted joints［J］．Materials Science Forum，2011，675～677：999～1002.

［26］He X C，Dong B，Zhu X Z．Free vibration characteristics of hybrid SPR beams［C］．AIP Conference Proceedings，2009，1233（1）：678～683.

［27］He X C．Dynamic behavior of single lap-jointed cantilevered beams［J］．Key Engineering Materials，2009，

413 ~ 414：733 ~ 740.

［28］He X C，Pearson I，Young K. Three dimensional finite element analysis of transverse free vibration of self-pierce riveting beam ［C］. Key Engineering Materials，2007，344：647 ~ 654.

［29］He X C，Pearson I，Young K. Free vibration characteristics of SPR joints ［C］. Proceedings of 8th Biennial ASME Conference on Engineering Systems Design and Analysis，ESDA 2006：159 ~ 167.

［30］董标，何晓聪，张文斌. 单搭自冲铆接头谐响应分析 ［J］. 新技术新工艺，2010（11）：51 ~ 54.

［31］He X C. Influence of sheet material characteristics on the torsional free vibration of single lap-jointed cantilevered SPR joints ［C］. Proceedings of 2009 International Conference on Measuring Technology and Mechatronics Automation，2009：800 ~ 803.

［32］高山凤. 单搭自冲铆接头机械性能研究 ［D］. 昆明：昆明理工大学，2010.

自冲铆接技术的适用性

　　铝合金等轻金属因其密度低、比强度高，在提供优异减重效果的同时仍能显著提高车身零部件刚性，成为汽车轻量化的首选材料[1,2]。在实际应用中，由于新一代轻型汽车倾向于采用异质材料组合和多层板料复合搭接制造，为更详尽地介绍多层异质材料复合搭接自冲铆接性能，以塑料板、Al5052 和 SPCC 为研究对象，从试验角度入手，更为深入地研究自冲铆接头的连接特性，进一步揭示异质材料多层板材间自冲铆接的方法和接头性能，有利于促进自冲铆接技术在混合车身上的应用。

　　在机械工程结构设计中，异质材料之间的组合是常见的接头连接形式。近年来，许多学者对异质材料组合如铝合金、高强度钢板、甚至三明治材料的自冲铆接过程和接头性能做了大量研究，但在自冲铆可连接的材料范围内，对钛合金、铜合金及其它们与异质材料之间的有效连接还没有相关文献介绍，本章通过试验方法研究它们之间的可连接性及其力学性能特征。

5.1　连接形式和基板材质连接研究

5.1.1　试件连接设备及其制备

　　为促进自冲铆接技术在更多行业中的应用，以及验证有关自冲铆接头成形机理的分析，本章引入 2mm 厚的典型铝材——Y2 纯铝（简称 Y2）。第 3 章中材料测试结果（表3.1）表明，Y2 的刚度比 Al5052 大，且不易发生变形；Y2 屈服强度与抗拉强度十分接近，这意味着 Y2 的塑性较差；并且 Y2 的应变率远低于 Al5052，说明相同条件下 Y2 的材料流动性和成形性稍差，因此压印和自冲铆接过程中需要选择合适的连接参数。Y2 的屈服强度和抗拉强度明显小于 Al5052，这意味着在 Y2 的压印和自冲铆接过程中需要的连接压强要小于 Al5052。

　　自冲铆接设备为 MTF 型设备，如图 3.4 所示。根据基板总厚度，选择长度为 6mm、铆钉头直径为 7.7mm 的半空心铆钉；平底下模具，如图 3.5 所示。

　　采用 110mm × 20mm × 2mm 和 20mm × 20mm × 2mm 的 Y2 和 110mm × 20mm × 2mm Al5052 板材制备试件。试件分为 8 组，Y2 自冲铆接头试样分别为单搭剪切和 T 形，Al5052 试样均为单搭剪切方式，搭接长度均为 20mm。连接后试件及其几何尺寸如图 5.1 和图 5.2 所示。

　　参考第 3 章中有关自冲铆接的工艺参数，通过试铆，调整工艺参数，最终确定铆接压强：对于单搭剪切和 T 形 Y2 试件，预紧和铆接压强分别为 8MPa 和 16MPa；对于 Al5052 试件则参考第 3 章中 Narrow 试件。采用自行设计的定位卡尺，确定连接点位置，进行连接。通过设备中的监控软件对铆接过程进行在线质量监控，及时剔除异常试件，以 Y2 纯铝自冲铆接试件为例，其在线监控铆接载荷-行程曲线如图 5.3 所示，可以看到所有铆接

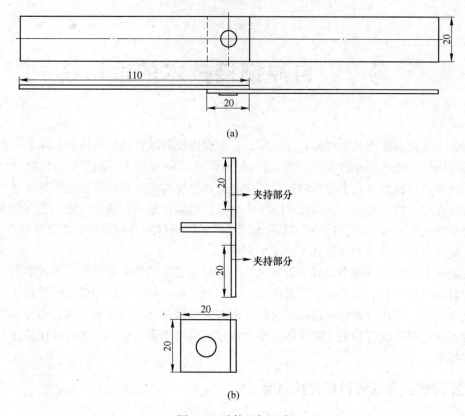

图 5.1　试件几何尺寸

（a）单搭自冲铆接试件；（b）T 形自冲铆接试件

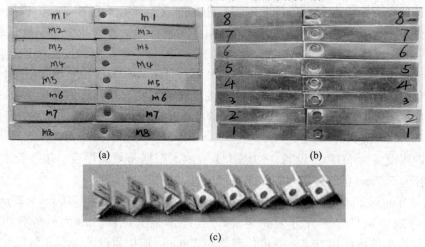

图 5.2　连接后的试件

（a）自冲铆试件-Y2 纯铝（SPR-Y2）；（b）SPR-Al5052；（c）T 形 SPR-Y2

曲线较为一致，说明该组无异常试件出现。自冲铆接试件如图 5.2（c）所示[3~5]。

5.1.2　静力学测试设备及测试参数

试验采用日本岛津 AG-IS 型力学实验机，如图 3.2（b）所示，其最大承载能力为

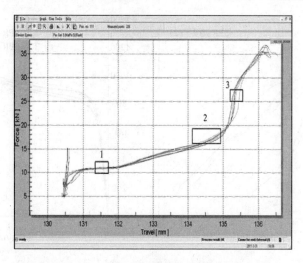

图 5.3　Y2 纯铝自冲铆接试件载荷-行程曲线

10kN。单搭剪切试件两端夹持长度均为 30mm，装夹中需要引入垫片。T 形试件无需使用垫片，试件两端夹持长度均为 20mm。设置试验速度，T 形自冲铆试件的拉伸速度为 5mm/min，其余试件拉伸速度为 10mm/min。每组试件测试 7 个（其中 Al5052 自冲铆接头测试 8 个）。

5.1.3　静力学性能的影响

自冲铆接头的静态失效模式和载荷-位移曲线分别如图 5.4 和图 5.5 所示。单搭剪切自冲铆接头（Y2 和 Al5052）静态失效模式均为下板脱离铆钉和上板，为接头内锁结构失效。对于相同材料和厚度组合的自冲铆接头，静态失效模式常为下板脱离铆钉和上板，测试获得的就是这个模式。自冲铆接头中，由于上板发生断裂，使应力集中在一定程度上得以释放；铆钉在下板中形成互锁并与基板贴合紧密，它们之间的摩擦力为接头提供抗剪切强度。在外力作用下，板材发生翘曲和相对移动，铆钉逐渐被拉出，其失效过程如图 5.6（a）所示。

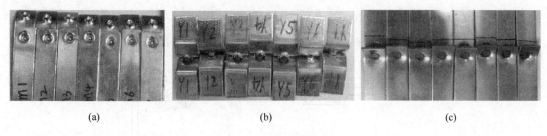

| (a) | (b) | (c) |

图 5.4　静态失效模式
（a）SPR-Y2；（b）T 形 SPR-Y2；（c）SPR-Al5052

T 形自冲铆接头（Y2）存在两种静态失效模式，分别为上板沿铆钉头被拉出脱离铆钉和下板，以及下板沿铆钉管腿被拉出脱离铆钉和上板。载荷-位移曲线中，实线所示失效模式为上板被拉出的接头，虚线所示失效模式为下板被拉出的接头。明显可以看到当上板被拉出时，接头具有更大的抗剪切强度和变形位移能力。这是因为当上板被拉出时，接头

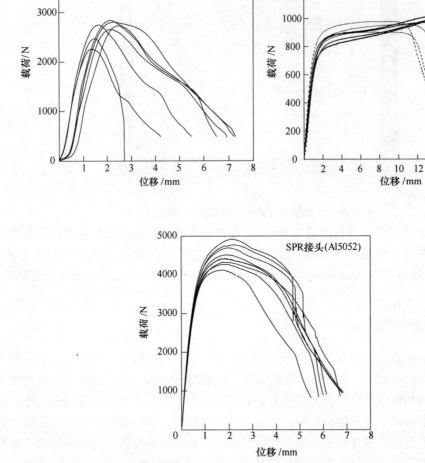

图 5.5　接头的载荷-位移曲线

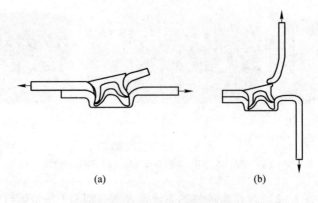

图 5.6　自冲铆接头的静态失效过程

中内锁结构足够强大，接头的抗剪切强度和变形位移主要取决于上板的材料特性。Y2 属于典型的延性材料，在接头失效前材料会经历一个较长的失效阶段，其失效过程如图 5.6

（b）所示，由于接头中内锁结构足够强大，最终铆孔周围的上板材料被撕裂。因此提高了接头的抗剪切强度和变形位移能力。对于失效模式为下板被拉出的接头，即为接头内锁结构失效。

各组试件的最大抗剪切强度测试数据服从正态分布，最大抗剪切强度及失效位移如图5.7所示。采用 t 分布，计算数据均值95%置信系数下的置信区间。各组试件的最大抗剪切强度和最大变形量的统计参量列于表5.1中。

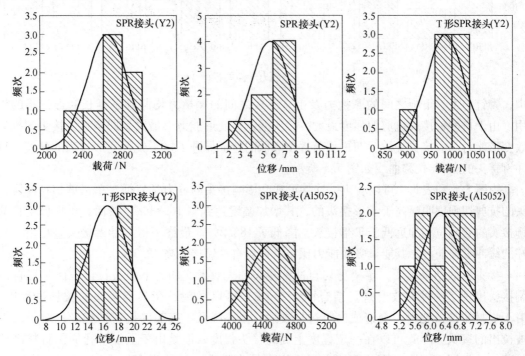

图5.7　最大抗剪切强度和失效位移

表5.1　最大抗剪切强度和变形位移的统计参量

连接接头	均　值	变差系数	置信区间	有效试件数
SPR（Y2）	2646.4N	0.08	2452.99 ~ 2839.81N	7
	5.76mm	0.30	4.16 ~ 7.36mm	7
T-SPR（Y2）	982.7N	0.04	942.7 ~ 1022.7N	7
	16.6mm	0.17	14.0 ~ 19.2mm	7
SPR（Al5052）	4503.9N	0.061	4274.4 ~ 4733.4N	8
	6.31mm	0.084	5.87 ~ 6.75mm	8

通过表5.1测试检验结果和对图5.7的观察，发现各组试件的最大抗剪切强度值分布较为集中，通过计算发现所有数据均达到 3σ 检验水平，认为这些数据的波动性较小，可以代表它们的静力学性能特征。为了更全面地衡量各种连接技术的静力学性能，结合测试过程中接头的载荷和位移，分析接头的能量吸收性能。各组试件的最大载荷、变形位移和能量吸收均值如图5.8所示。

自冲铆接头失效过程，实质为铆钉从下板中被拔拉的过程（如图5.6所示），该过程

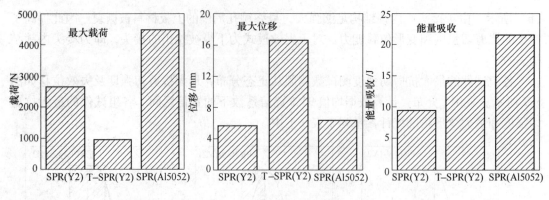

图 5.8　静力学性能指标

中，铆钉与上、下板之间的摩擦力及上、下板之间的摩擦力均起到了延长变形位移的作用。由于自冲铆接头抗剪切强度最大，接头的抵抗变形能力也最大，即增强了接头的抗失效变形能力。在接头失效后期，载荷逐渐降低的特征促进了接头失效变形过程的延长，自冲铆接头的载荷-位移曲线如图 5.5 所示。

由图 5.5 和表 5.1 可以看出，连接形式会影响接头的静力学特征。单搭剪切自冲铆接头的抗剪切强度明显高于 T 形接头的，其增加幅度达到了 169.3%。然而，单搭剪切自冲铆接头的变形位移却远低于 T 形接头，降低了 188.2%。最终 T 形自冲铆接头呈现出了良好的缓冲吸振能力，其能量吸收能力比单搭剪切自冲铆接头高 52.3%。

接头失效结果表明，单搭剪切自冲铆接头的失效形式均为下板被拉出；而 T 形自冲铆接头出现了两种失效形式。结合图 5.6（b）可以发现，在 T 形接头的拉伸过程中，由于板材拉伸及变形，会造成铆钉过早失效，最终降低了接头的抗剪切强度；对于上板被拉出的接头，尽管可以在一定程度上提高接头强度，但是由于上板铆孔周围材料已被剪断，并且厚度有限，因此不能大幅度提高接头强度。正是 T 形接头的这个失效特点，接头失效前基板会发生较大程度的弯曲和变形，因此大幅度提高了接头的变形位移。尽管 T 形自冲铆接头强度低于单搭剪切自冲铆接头，但是最终 T 形接头显示了优良的缓冲吸振能力。

仔细观察不同基板材质接头的失效模式，发现不同基板材料的自冲铆接头的失效模式中存在一些细小差异。观察到 Al5052 自冲铆接头中上板弯曲变形程度比 Y2 自冲铆接头更严重，铆钉头部发生明显凹陷，并且下板中的纽扣凹腔边缘出现严重膨胀和破裂。这说明了 Al5052 自冲铆接头中的内锁结构质量更好。

由图看出，Al5052 自冲铆接头的抗剪切强度和变形位移均高于 Y2 自冲铆接头。接头失效模式为下板脱离铆钉和上板，接头中互锁结构为接头的承载部位。在接头失效过程中，由于 Al5052 较高的屈服强度和抗拉强度，铆钉扩张后的管腿被拔拉出时需要克服更大的阻力来使下板变形，从而破坏接头的互锁结构，这有效提高了接头抗剪切强度。同时由于 Al5052 较好的应变率，在自冲铆接头连接过程中，基板材料流动更加充分，增强了接头中的互锁结构，加之较高的屈服强度和抗拉强度，使铆钉与基板贴合更加紧密，提高了接头中接触界面之间的摩擦力，从而延长了接头的变形位移；这些特征均促进了 Al5052 自冲铆接头的能量吸收能力。

5.2 多层板材连接研究

5.2.1 试件连接设备及多层异质材料组合连接可行性研究

考虑到自冲铆接过程为冷成形过程，涉及材料较大的塑性变形，铆接试验目的在于以厚度为 1.78mm 的塑料、2mm 的 Al5052 及 1.3mm 的 SPCC 为研究对象，研究多层异质板材组合自冲铆接的可行性。根据试验目的，采用 MTF 型自冲铆设备（见图 3.4）；选用长度为 8mm、直径为 5.3mm 的铆钉；选择不同下模具进行组合进行铆接试验。

在自冲铆接过程质量监控系统中，每一次铆接过程都会生成一条如图 5.3 所示的力-位移曲线，其代表了整个自冲铆接过程中变形的各个阶段，可用于评估自冲铆接头质量。由于自冲铆接涉及板材和铆钉的内部塑性大变形，仅从接头外表很难全面判定接头质量。在缺乏相应检测设备的情况下，目前国际上常采用如图 1.13 所示的接头截面模型中的质量评价标准，即钉头高度、残余底厚、内锁长度和钉脚张开度。该方法简单、直观，且容易操作，根据铆接过程质量监控曲线可方便调节影响自冲铆接头质量的工艺参数。

根据自冲铆接过程实时监控曲线，调整铆接参数后获得三种材料组合接头的子午截面中钉头高度、残余底厚、内锁长度和钉脚张开度，如图 5.9 所示。其中，图 5.9（a）为上、下板为铝合金，中间层为塑料的组合接头截面；图 5.9（b）是上、下板为铝合金，中间板为 SPCC 的接头截面；图 5.9（c）是三层铝合金板的自冲铆接头截面。由三种接头截面结果可知，自冲铆接铝合金、塑料和钢等异质材料的接头中的检验指标是满足评价要求的，即表明自冲铆接头在连接多层异质材料组合是有效可行的。

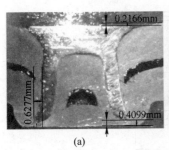 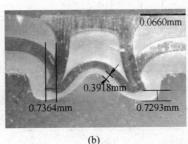 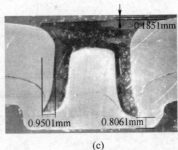

图 5.9 异质材料组合自冲铆接头截面模型

5.2.2 多层板材组合试件的制备及静力学测试

考虑到多层板材组合连接可行性效果和轻量化设计的需要，本节选择三层 Al5052 板材组合进行试件的制备，研究多层板材组合中连接形式和板材放置方式对接头静力学性能的影响，从而促进自冲铆接技术在多层板材组合连接中的应用。试样连接形式如图 5.10 所示，几何尺寸如图 5.11 所示。

采用 MTF 型自冲铆接设备（见图 3.4）；选用长度为 8mm、直径为 5.3mm 的铆钉；平底下模具；连接压强为 5MPa、19.5MPa 和 9.5MPa；行程为 126.38mm。

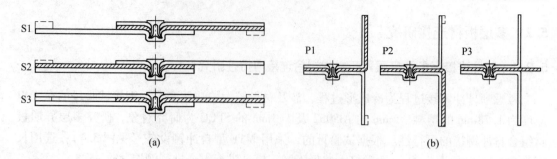

图 5.10　拉伸-剪切试样和剥离试样
（a）拉伸-剪切试样；（b）剥离试样

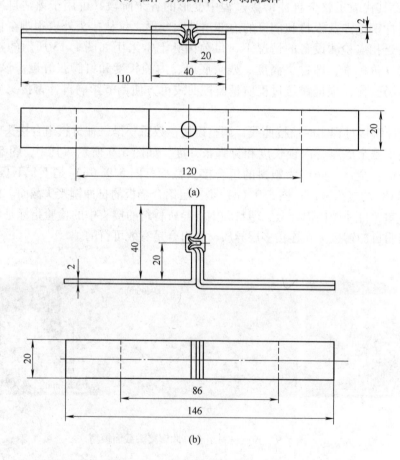

图 5.11　试样几何尺寸

在 MTS 试验机上进行静力学测试，如图 3.2（a）所示。试件均采用垫片，长度为 30mm，确保加载路径与试件轴线一致，降低试验过程中产生的扭矩；试验速度为 5mm/min；每组至少测试 3 个。

5.2.3　静力学测试结果及其分析

图 5.12 为测试试样的最大静强度均值，从图中可以看出，三层铝合金板材组合自冲铆接头的拉伸-剪切强度大于其剥离强度。拉伸-剪切结果中，S3 的拉伸-剪切强度最高，

其值为 7134.68N；S2 次之，为 5094.49N；S1 最低，为 4358.26N。在剥离结果中，P1 剥离强度最低，为 614.94N；而 P2 最高，为 1334.87N；P3 次之，为 855.29N。

图 5.13 为拉伸-剪切和剥离试验的载荷-位移曲线图，拉伸-剪切中各组试验数据较为集中，都先经历线性变形阶段，再发生屈服和塑性大变形直至接头破坏，只有 S3 试样组拉伸位移较大，这与静载荷失效形式有关。剥离试验中 P3 组试样出现一个试样的失效位移与其余试样相差较大，这与铆接时的连接质量有关。其余组试样试验数据较为集中。

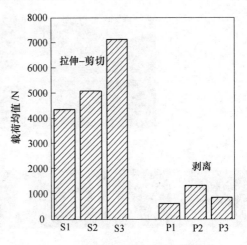

图 5.12 拉伸-剪切和剥离载荷均值

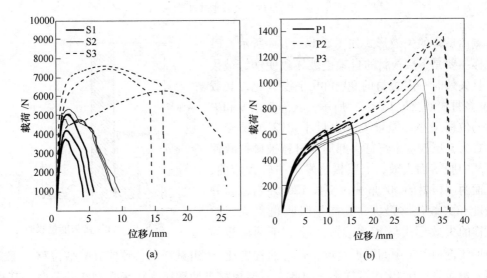

图 5.13 载荷-位移曲线

通过对拉伸-剪切试样和剥离试样的静载荷破坏试验，结果表明 Al5052 三层板组合的自冲铆接头中板材放置位置，不仅影响自冲铆接头的拉伸-剪切强度和剥离强度，而且还影响接头失效时的位移，在实际应用中应充分考虑板材的连接和板材放置位置。

拉伸-剪切试验后试样失效形式如图 5.14（a）所示，由图 5.13 所示的载荷-位移曲线，取与载荷均值最为相近的曲线代表这种接头的载荷-位移曲线，计算接头失效时吸收的能量，结果如图 5.15 所示。S1 组试样为下板自锁失效致使铆钉被拔出，下板有明显的刮痕，但铆钉并没脱离上面两层板，且上面两板翘曲程度较小，下板几乎没有弯曲，其承载能力和能量吸收最小。S2 组试样的失效形式为上板靠近铆钉头部材料被撕裂致使铆钉脱出，且铆钉也从下层板中拔出，下层板几乎没发生弯曲。S3 组试样由于铆钉未受剪切力作用，仅承受正压力，接头并没有发生破坏，而是试样夹持端受挤压产生滑动而失效，致使失效时的位移最大，如图 5.13（b）所示。因此，三层板材自冲铆接头在承受拉伸-剪切载荷时，其板材搭接形式可优先考虑 S3 组试样形式。

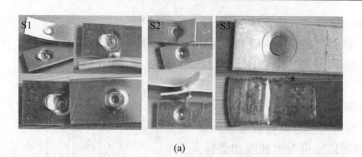

(a)

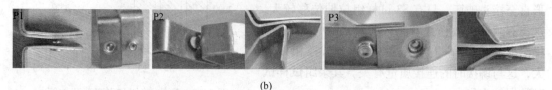

(b)

图 5.14　失效形式

剥离试样的失效形式如图 5.14（b）所示，P1 组试样主要是下层板材的自锁被破坏致使铆钉被拔出，且失效时三层板材的 90°角几乎没变化，其载荷-位移曲线如图 5.13（a）所示，其静载强度和失效时的位移最小，能量吸收也最小。P2 组试样失效形式为上层板靠近铆钉头部周围材料被撕裂致使铆钉从中脱落而失效，上层板材发生了较大弯曲，而下面两层板材的 90°角被拉直成 120°左右，其静载强度和失效位移最大，其能量吸收也最大。P3 组试样的失效形式与 P1 组类似，上、下两层板的

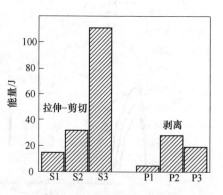

图 5.15　SPR 接头能量吸收

弯曲形状近似关于中间层板对称，且弯曲程度比 P1 组试样大，致使其失效位移、承载能力和能量吸收也比 P1 组试样强。因此，三层板材自冲铆接头在承受剥离载荷时，其板材搭接形式可优先考虑 P2 组试样形式。

5.3　TA1 与异质板材连接研究

5.3.1　试件的制备及静力学测试

采用 MTF 型自冲铆接设备（见图 3.4）进行连接，接头组合形式有 TA1-TA1、H62-TA1、TA1-H62、TA1-Al5052（Al5052 厚度为 1.5mm）、Al5052-TA1 和 SPCC-TA1（SPCC 厚度为 1mm）。板材规格长和宽分别为 110mm 和 20mm，搭接区域长 20mm；采用直径为 7.7mm 的冲头和平底下模具。连接前采用丁烷焰对搭接区域的 TA1 板材进行加热（除 TA1-Al5052 和 Al5052-TA1 组合中的 TA1 板材），试样均为拉伸-剪切形式。通过载荷-位移曲线实现质量在线监控，基于自冲铆接头质量检测标准对连接后的接头进行子午面观察，确定最佳连接放置顺序组合并对其进行后续力学性能测试，分别为 TA1-TA1、H62-TA1、TA1-Al5052 和 SPCC-TA1 四组接头，其截面如图 5.16 所示。

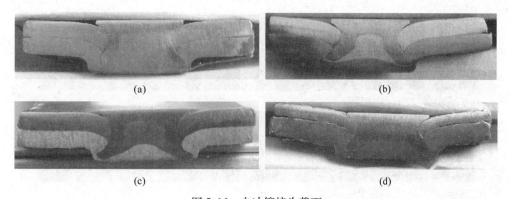

图 5.16　自冲铆接头截面

（a）TA1-TA1；（b）H62-TA1；（c）TA1-Al5052；（d）SPCC-TA1

在 MTS 试验机上进行静力学测试，如图 3.2（a）所示。测试中所用垫片长度为 30mm，确保加载路径与试件轴线一致，降低试验过程中产生的扭矩；试验速度为 5mm/ min；每组至少测试 7 个。试件装夹形式如图 5.17 所示。

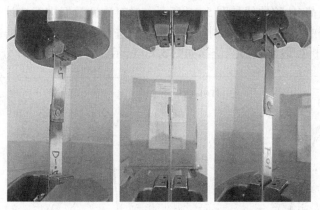

图 5.17　自冲铆试件装夹形式

5.3.2　静力学测试结果分析

5.3.2.1　静态失效形式分析

图 5.18 为四组接头的静态失效模式。由图 5.18 可以看出，对于 TA1-TA1 接头和 H62- TA1 接头，接头失效模式为铆钉从基板脱离，并且铆钉体断裂，其中 TA1-TA1 接头中铆钉主要是与下板分离，而 H62-TA1 接头中铆钉与下板分离的同时还伴随出现铆钉头从上板中被拉出。这是由于在连接前 TA1 板被加热，在连接时板材上的温度尚未完全退去，残余温度会影响铆钉的力学性能，同时 TA1 和 H62 板材力学性能较高，因此在接头内锁结构破坏的同时，也使得铆钉被破坏。由于 H62 板材未进行加热处理，其韧性要优于 TA1 板材，加之 H62 板材在铆接过程中被剪断，使得 H62-TA1 接头中出现铆钉头从上板中被拉出的现象。

对于 TA1-Al5052 接头，接头失效模式均为下板沿铆钉管腿断裂。对于连接成形的接头中 Al5052 板材的力学性能明显低于 TA1 板材的，该失效模式表明 TA1-Al5052 接头能够提供很好的内锁强度。

对于 SPCC-TA1 接头，接头失效模式均为铆钉头从上板中被拉出，同时上板颈部材料

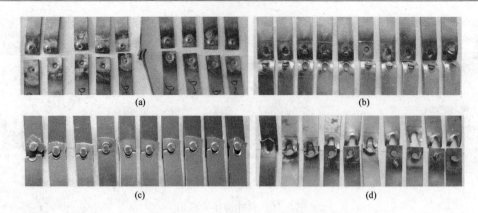

图 5.18 自冲铆接头静态失效模式

被撕裂。这是因为无论是基于板材的力学性能还是板材的厚度尺寸，SPCC 板材成为接头中的薄弱部位，同样该失效模式也说明了 SPCC-TA1 接头也能够提供很好的内锁强度。

5.3.2.2 静强度分析

四组接头的载荷-位移曲线如图 5.19 所示。过对测试数据进行统计分析，发现压印接头的变形位移数据中存在异常值，剔除该值后重新进行分析，其余数据达到 3σ 水平并可采用 t 分布进行分析。最大载荷及位移如图 5.20 所示，各数据的统计分析参量见表 5.2。

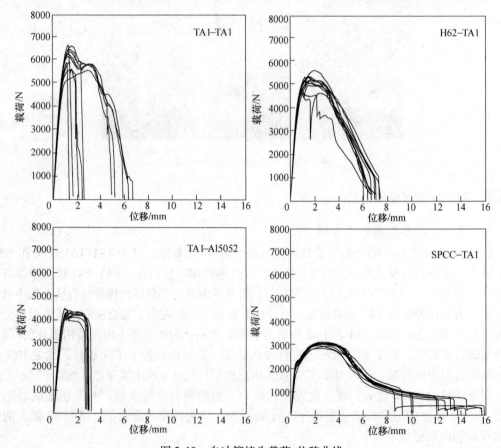

图 5.19 自冲铆接头载荷-位移曲线

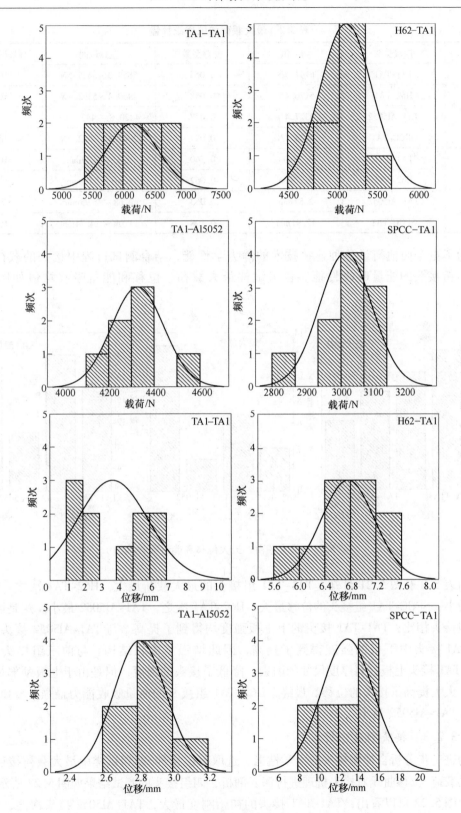

图 5.20 最大载荷和位移

表5.2　最大载荷和位移统计量

项　目	连接接头	均　值	变差系数	置信区间	有效试件数
最大载荷	TA1-TA1	6141.7N	0.065	5858.0～6425.5N	10
	H62-TA1	5176.4N	0.058	4960.4～5392.4N	10
	TA1-Al5052	4327.4N	0.027	4220.8～4433.9N	7
	SPCC-TA1	3024.7N	0.027	2967.4～3082.0N	10
位移	TA1-TA1	3.78mm	0.560	2.27～5.29mm	10
	H62-TA1	6.76mm	0.062	6.46～7.06mm	10
	TA1-Al5052	2.81mm	0.053	2.68～2.95mm	7
	SPCC-TA1	12.91mm	0.198	11.09～14.74mm	10

为了更全面地衡量各种连接技术的静力学性能，结合测试过程中接头的载荷和位移，分析接头的能量吸收性能。各组试件最大载荷、位移和能量吸收均值如图5.21所示。

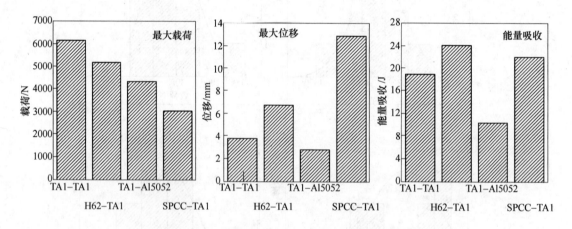

图5.21　最大载荷、最大位移和能量吸收均值

由表5.2和图5.21可知，TA1-TA1组接头的最大载荷最大，H62-TA1次之，SPCC-TA1最小；SPCC-TA1组接头的位移最大，H62-TA1次之，TA1-Al5052最小。这是因为与其他组接头相比，TA1-TA1接头的上下板强度均得到了提高。与TA1-Al5052接头相比，H62-TA1接头中下板的强度得到了提高，因此增强了内锁结构。与前三组接头相比，SPCC-TA1接头上板材料厚度尺寸的因素，降低了接头的强度，但是由于上板颈部材料被撕裂，大大提高了接头的位移。最终，H62-TA1组接头的能量吸收能力最强，SPCC-TA1次之，TA1-Al5052最小。

5.3.2.3　接头刚度分析

为进一步分析自冲铆接头的力学性能，选取每组拉伸-剪切试样中最大载荷接近均值载荷的载荷-位移曲线对接头机理进行深入剖析，四组接头的测试结果如图5.22所示。

由图5.22可以看出，TA1-TA1接头的初始刚度最大，TA1-Al5052接头次之，SPCC-TA1最小。因此TA1-TA1接头的静强度最大，SPCC-TA1接头的静强度最小。在测试初

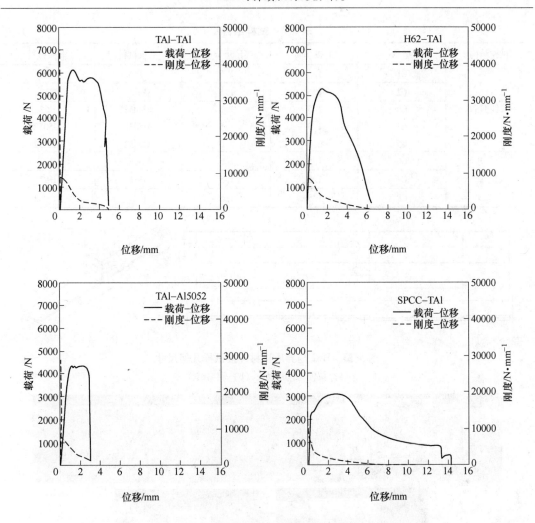

图 5.22 自冲铆接头刚度-位移曲线

期，可以看到接头的载荷呈线性上升；随着载荷的增加，接头的刚度均以较快的线性速率下降。当接头达到最大载荷并保持一段时间后，各接头刚度的下降速率较前一个阶段有所减慢，但是与接头最大刚度相比，此时接头刚度值已经很接近最小刚度值，即表明接头的刚度已经很小。当接头强度开始下降时，接头刚度几乎接近于 0，即表明接头刚度几乎消失。

5.4 H62 与异质板材连接研究

5.4.1 试件的制备及静力学测试

采用 MTF 型自冲铆设备（见图 3.4）；两板组合厚度为 4.0mm 时采用 6mm 长度铆钉；两板组合厚度为 3.0mm 时采用 5mm 长度铆钉，钉腿直径皆为 5.3mm；平底下模具。试样结构也为两种形式，即拉伸-剪切试样和剥离试样，试样组合见表 5.3，几何尺寸如图 5.23 所示[6]。

图 5.24 为异质材料自冲铆接头截面质量检测指标的测量值，根据现有质量评价标准，这些材料组合接头的连接质量符合检验要求。

表 5.3　试样组合

试样结构	组号	上板/mm	下板/mm	上板材料	下板材料
拉伸剪切	C1	1.5	1.5	H62	Al5052
	C2	1.5	1.5	H62	H62
	C3	1.5	1.5	Al5052	H62
	C4	1.5	1.5	Al5052	Al5052
	C5	2.0	2.0	Al5052	Al5052
剥 离	C6	1.5	1.5	Al5052	H62
	C7	1.5	1.5	H62	H62
	C8	1.5	1.5	H62	Al5052

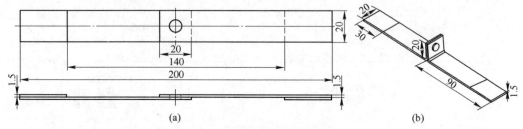

图 5.23　H62 与异质板材连接试样几何尺寸

(a) 拉伸-剪切试样；(b) 剥离试样

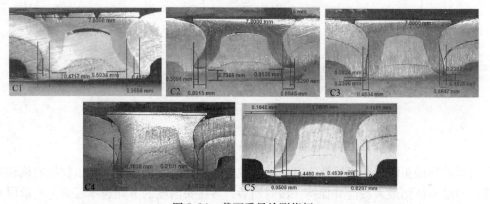

图 5.24　截面质量检测指标

在 MTS 试验机上进行静力学测试，如图 3.2（a）所示。测试中所用垫片长度为 30mm，确保加载路径与试件轴线一致，降低试验过程中产生的扭矩；试验速度为 5mm/min；每组至少测试 6 个。

5.4.2　静力学测试结果分析

5.4.2.1　静强度及失效形式分析

不同板材组合自冲铆接头的典型载荷-位移曲线如图 5.25 所示，其代表了各种接头的强度特性。图 5.25 表明，各组试样最大载荷与失效位移数据是比较稳定的，说明试验结果具有可靠性和可重复性，各组试验最大载荷直方图如图 5.26 所示，最大位移直方图如图 5.27 所示。试样组最大载荷及失效位移统计量见表 5.4～表 5.6。其中，$Ci\text{-}F$ 为最大拉伸剪切载荷，$Ci\text{-}D$ 为失效位移，$i = 1，2，\cdots，8$。

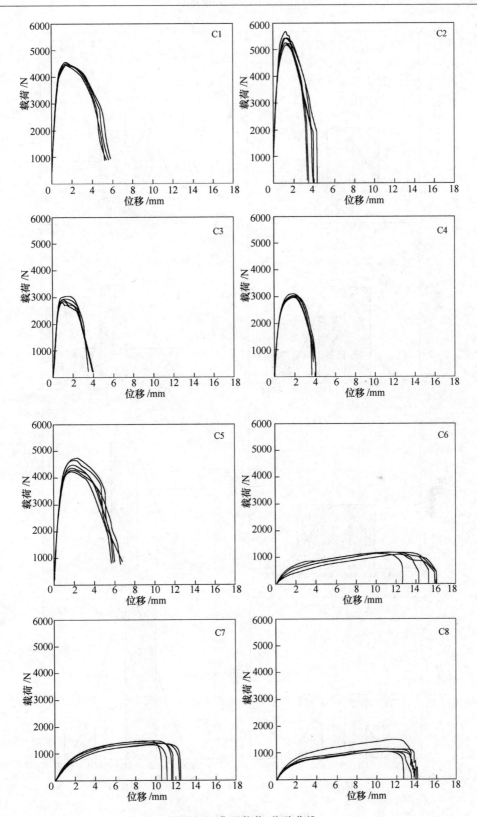

图 5.25 典型载荷-位移曲线

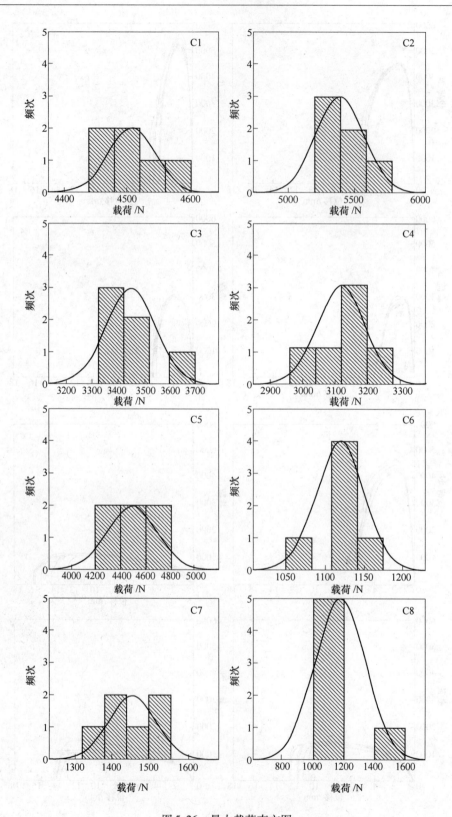

图 5.26　最大载荷直方图

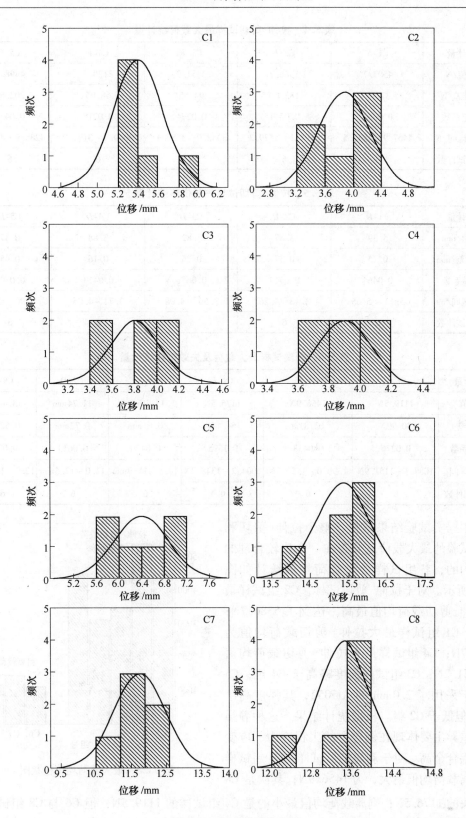

图 5.27　最大位移直方图

表 5.4　拉伸-剪切试样最大载荷统计量

统计量	C1-F	C2-F	C3-F	C4-F	C5-F
均值/N	4507.7	5386.7	3451.2	3120.5	4498.3
标准差/N	37.98	183.60	94.55	68.05	202.52
变差系数	0.0084	0.0341	0.0274	0.0218	0.0450
置信区间/N	4467.9~4547.5	5194.1~5579.3	3352.0~3550.4	3049.1~3191.9	4285.9~4710.7
有效试件数	6	6	6	6	6

表 5.5　拉伸-剪切试样失效位移统计量

统计量	C1-D	C2-D	C3-D	C4-D	C5-D
均值/mm	5.39	3.87	3.82	3.88	6.37
标准差/mm	0.25	0.37	0.25	0.16	0.45
变差系数	0.0464	0.0949	0.0651	0.0413	0.0707
置信区间/mm	5.13~5.65	3.48~4.26	3.56~4.08	3.71~4.05	5.90~6.84
有效试件数	6	6	6	6	6

表 5.6　剥离试样最大载荷及失效位移统计量

统计量	C6-F	C7-F	C8-F	C6-D	C7-D	C8-D
均值	1119.5N	1456.9N	1176.5N	15.19mm	11.74mm	13.46mm
标准差	30.90N	63.81N	164.14N	0.64mm	0.72mm	0.52mm
变差系数	0.0276	0.0438	0.1395	0.0420	0.0613	0.0385
置信区间	1087.1~1151.9N	1390.0~1523.8N	1004.3~1348.7N	14.5~15.9mm	11.0~12.5mm	12.9~14.0mm
有效试件数	6	6	6	6	6	6

　　根据实试验结果数据，整个拉伸-剪切和剥离试验的最大载荷是分布在一个比较合理的范围内的，各组试样最大载荷均值统计如图 5.28 所示。对于拉伸-剪切试样，C2 组试样最大拉伸-剪切载荷均值最高，达到了 5386.7N；其次，C1 组试样最大拉伸-剪切载荷均值为 4507.7N；C4 组试样最大拉伸-剪切载荷均值为 3451.2N；C3 组试样强度略高于 C4 组；C5 组由于采用了 2.0mm 的 Al5052，其强度高于 C4 组但低于 C2 组。根据统计结果，这种静强度的差异主要体现在铜合金的工程应力、应变都比铝合金高。对于剥离 T 形试样，C7 组试样的剥离载荷均值最大，为 1456.9N；其次是 C8

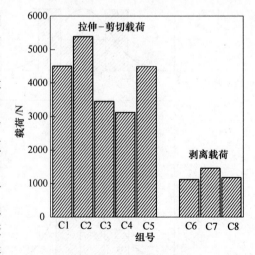

图 5.28　最大载荷均值柱状图

组接头的 1176.5N；剥离载荷均值最小的是 C4 组试样的 1119.5N，但 C6 与 C8 组试样强度差距较小[7,8]。

　　自冲铆接头拉伸-剪切和剥离试验的研究对汽车车身轻量化的发展有着重大的意义，为车身的疲劳寿命估计提供了试验依据。对不同铝-铜合金自冲铆接头的拉伸-剪切和剥离试验结果表明：由于铜合金的工程应力、应变都比铝合金高，两板为铜合金搭接时，自冲铆接头拉伸-剪切与剥离载荷最大；两板为铝合金时，随板材厚度的增加接头拉伸-剪切强度增强；对于铝合金和铜合金复合搭接自冲铆接头，当上板为铜合金下板为铝合金时，其抗拉能力与抗剥离能力最强，在铝-铜合金复合连接时应该采用这种接头组合形式[9]。

5.4.2.2　接头刚度分析

　　为进一步分析自冲铆接头的力学性能，选取每组拉伸-剪切试样中最大载荷接近均值载荷的载荷-位移曲线对接头机理进行深入剖析，并定义接头刚度为载荷与拉伸变形位移之比，所得结果如图 5.29 所示。根据刚度特性曲线和载荷-位移曲线，在测试开始初期，各组接头的刚度呈现出波浪状变化，这可能是接头将要发生变形的机械调整所致，此时的载荷和刚度不能代表接头的特性。当测试进入稳定阶段后，接头的载荷呈线性上升，随着载荷的增加，接头的刚度均以较快的线性速率下降。当接头达到最大载荷并保持一段时间后，刚度下降速率明显降低。随后在接头的载荷开始缓慢下降时，刚度缓慢降低又趋于线性直至接头破坏。这种刚度特性与接头的失效机制有关，但对接头的强度无显著影响。

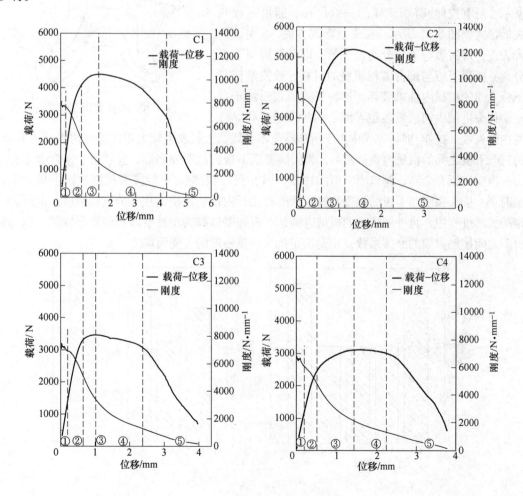

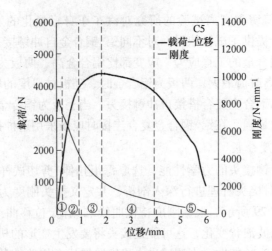

图 5.29　载荷-位移曲线和刚度-位移曲线

5.4.2.3　失效机理分析

A　拉伸-剪切失效

拉伸-剪切试验后接头的最终变形特点如图 5.30 所示，所有拉伸-剪切试样的失效位移、能量吸收和失效形式如图 5.31 所示。在失效形式方面，5 组试样皆表现为铆钉脚与下板分离而失效，即铆钉脚与下板分离并撕裂下板与铆钉脚相接触的材料，致使铆钉与下板之间的机械内锁被破坏，这种失效形式归结于自冲铆接头机械内锁区域接触界面之间的微动滑移导致

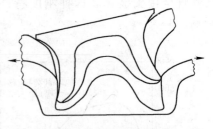

图 5.30　拉伸剪切变形特点

的内锁失效。拉伸-剪切过程中由于所加载荷不共线，上板发生较大弯曲迫使两板受力共线，铆钉与下板之间的机械内锁被破坏，铆钉脚挤压下板出现明显划痕，并且由于铜合金工程应力、应变比铝合金高，铆钉喇叭口随拉伸-剪切过程而收缩，下板撕裂程度也比下板为铝合金时小。接头强度与下板的强度和撕裂程度有关，内锁长度决定接头的抗拉强度。此外，在铆接成形过程中，自冲铆接头的机械内锁是下板和铆钉脚的塑性变形和回弹形成的，板与铆钉脚之间接触界面的摩擦系数 μ 也是决定接头内锁强度的主要因素之一。

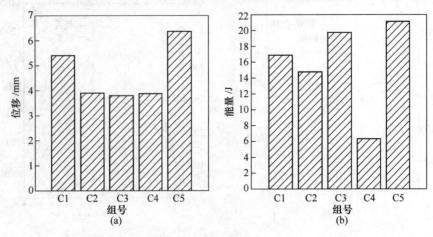

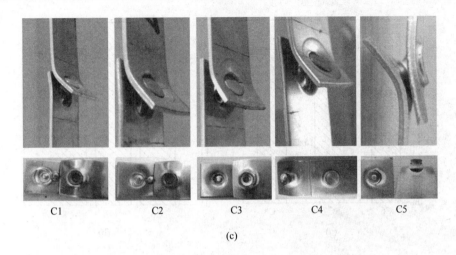

C1　　　　C2　　　　C3　　　　C4　　　　C5

(c)

图 5.31　拉伸-剪切失效时的失效位移、能量吸收及失效形式
(a) 失效位移；(b) 能量吸收；(c) 失效形式

在失效位移方面，C1 组接头试样由于采用异质材料搭接，下板塑性较好，强度较低，内锁破坏时下板的撕裂程度严重，与之相对应的失效位移也较大。C5 组试样由于板材较厚，铆钉较长，其失效位移最大。对比 C1、C2、C3 和 C4 组试样失效位移发现：C1 和 C2 上板为 H62 时，下板的强度和塑性决定失效位移，失效时被铆钉刺穿的上板材料在铆钉管内随拉伸过程而脱离，这与铆接过程中上板未填满铆钉管相吻合；C3 和 C4 上板均为 Al5052，下板对失效位移无显著影响；C1 和 C4 下板为 Al5052 时，H62 上板性能对接头失效位移影响较大；C2 和 C3 下板均为 H62 时，失效位移较为接近。C4 和 C5 组试样上、下板皆为 Al5052，板材厚度直接影响接头强度、失效位移及抗冲击性能。

在能量吸收方面，自冲铆接头失效时的能量完全来自于所施加的外载荷，这种能量吸收直接影响接头的抗冲击缓冲吸振能力。对比图 5.28 和图 5.31（c）可看出，自冲铆接头的抗冲击性能与接头强度并不成比例，这种抗冲击性能与自冲铆接工艺参数有关。

B　剥离失效

铝-铜合金搭接自冲铆接头剥离试样失效位移、能量吸收和失效形式如图 5.32 所示。由于剥离过程受弯矩的影响，C6 组试样皆为上板靠近铆钉头部周围材料被撕裂致使铆钉脱出而失效，而下板强度较高，下板与铆钉之间的自锁并没有被破坏，因此失效时的位移也最大。其余两组试样皆为自锁破坏失效，下板为铝合金时接头塑性较好，撕裂程度和弯曲程度最大，对应的失效位移也较大。对比三种接头失效形式发现，下板强度高于上板强度时，自冲铆接头的剥离失效形式为上板靠近铆钉头部周围材料被撕裂致使铆钉脱出而失效，反之则为自锁失效。下板为铝合金时接头塑性较好，撕裂程度和弯曲程度最大，对应的失效位移也较大。在能量吸收方面，上、下板搭接顺序对能量吸收没有显著影响。

因此，通过对异质材料自冲铆接头的失效机理分析表明：铝-铜合金自冲铆接头的主要失效形式为铆钉脚与下板之间的内锁失效，导致铆钉与下板分离，机械内锁区域接触界面之间的微动滑移是导致内锁失效的主要原因；材料的工程应力、工程应变、板材搭接方式、板材厚度以及接头与接触界面之间的摩擦系数 μ 等工艺参数是影响自冲铆接头失效形

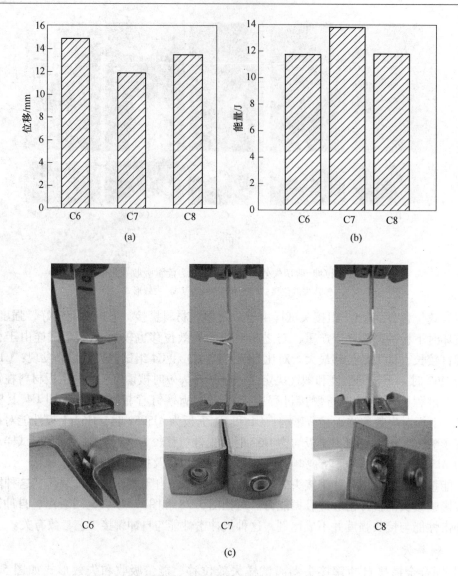

图 5.32　剥离失效的失效位移、能量吸收及失效形式
（a）失效位移；（b）能量吸收；（c）失效形式

式、失效位移、抗冲击性能的主要因素，在实际应用中，必须综合考虑三者对接头性能的整体影响。

5.4.3　疲劳测试及结果

采用 MTS Landmark100 进行疲劳试验，如图 3.2（a）所示。基于静力学测试结果选择试样组进行疲劳测试，试样组同样分为拉伸‑剪切疲劳和剥离疲劳两种加载方式，试样组合见表 5.7。为确保试验的准确性，选用 5 级应力水平的疲劳试验，通过载荷控制选用三角波形进行拉‑拉加载，最小载荷与最大载荷之比 R 为 0.1，拉伸‑剪切试样加载频率为 20Hz，剥离试样加载频率为 10Hz，当试件断裂或循环次数达到 200 万次时停止测试；试样两端添加垫片，试样夹持如图 5.33 所示。

表5.7　疲劳试样组合

试样类型	试样编号	上板材料	下板材料	上板厚度/mm	下板厚度/mm
拉伸剪切	T-F-1	Al5052	Al5052	1.5	1.5
	T-F-2	Al5052	Al5052	2.0	2.0
	T-F-3	H62	H62	1.5	1.5
	T-F-4	Al5052	H62	1.5	1.5
剥离	P-F-1	H62	H62	1.5	1.5
	P-F-2	H62	Al5052	1.5	1.5

图5.33　试样夹持方式

5.4.3.1　疲劳强度及失效形式分析

记录不同载荷幅下自冲铆接头疲劳试验的疲劳寿命和自冲铆接头试件最终断裂形式，试验数据结果见表5.8。

表5.8　疲劳试验统计

试样编号	最大载荷 F_{max}/N	平均载荷 F_m/N	载荷幅值 F_a/N	疲劳寿命 N_f	疲劳寿命均值	断裂形式
T-F-1	2200	1210	990	38041	38861	上板断裂
	2200	1210	990	38041		上板断裂
	1872	1029.6	842.4	63841	72046	上板断裂
	1872	1029.6	842.4	71456		上板断裂
	1872	1029.6	842.4	80841		上板断裂
	1560	858	702	149142	221718	上板断裂
	1560	858	702	180429		上板断裂
	1560	858	702	335583		上板断裂
	1248	686.4	561.6	341721	249754	上板断裂
	1248	686.4	561.6	422941		上板断裂
	1248	686.4	561.6	384601		上板断裂
	936	514.8	421.2	2103480	2059560	未断裂
	936	514.8	421.2	2015640		未断裂

试样编号	最大载荷 F_{max}/N	平均载荷 F_m/N	载荷幅值 F_a/N	疲劳寿命 N_f	疲劳寿命均值	断裂形式
T-F-2	3150	1732.5	1417.5	65625	67059	下板断裂
	3150	1732.5	1417.5	68493		下板断裂
	2700	1485	1215	107419	108340	下板断裂
	2700	1485	1215	127534		上板断裂
	2700	1485	1215	90066		下板断裂
	2250	1237.5	1012.5	168740	175140	下板断裂
	2250	1237.5	1012.5	213180		下板断裂
	2250	1237.5	1012.5	143500		下板断裂
	1800	991	810	767100	660025	下板断裂
	1800	991	810	602720		下板断裂
	1800	991	810	610256		下板断裂
	1350	742.5	607.5	2346250	1416393	未断裂
	1350	742.5	607.5	1786610		未断裂
	1350	742.5	607.5	1164040		未断裂
T-F-3	3232	1777.6	1454.4	170726	163524	下板断裂
	3232	1777.6	1454.4	156321		下板断裂
	2693	1481.2	1211.85	340101	358741	下板断裂
	2693	1481.2	1211.85	376841		下板断裂
	2150	1182.5	967.5	501981	559391	下板断裂
	2150	1182.5	967.5	616801		下板断裂
	1885	1036.75	848.25	1119040	1103020	下板断裂
	1885	1036.75	848.25	1087000		下板断裂
	1616	888.8	727.2	2045030	2170385	未断裂
	1616	888.8	727.2	2295740		下板断裂
T-F-4	2760	1518	1242	37441	51448	上板断裂
	2760	1518	1242	60601		上板断裂
	2760	1518	1242	56301		上板断裂
	2420	1331	1089	67021	66401	上板断裂
	2420	1331	1089	65781		上板断裂
	2070	1138.5	931.5	174781	252001	上板断裂
	2070	1138.5	931.5	163321		上板断裂
	2070	1138.5	931.5	417901		上板断裂
	1730	951.5	778.5	659781	660154	上板断裂
	1730	951.5	778.5	360901		上板断裂
	1730	951.5	778.5	959781		上板断裂
	1380	759	589.5	2011112	2298524	未断裂
	1380	759	589.5	2585936		未断裂

续表 5.8

试样编号	最大载荷 F_{max}/N	平均载荷 F_m/N	载荷幅值 F_a/N	疲劳寿命 N_f	疲劳寿命均值	断裂形式
P-F-1	1310	720.5	589.5	5875	5687	铆钉脱离上板
	1310	720.5	589.5	5499		内锁失效
	1170	643.5	526.5	7439	7042	内锁失效
	1170	643.5	526.5	6644		铆钉脱离上板
	1020	561	459	20597	17828	铆钉脱离上板
	1020	561	459	11933		铆钉脱离上板
	1020	561	459	20955		铆钉脱离上板
	874	480.7	393.3	14081	23723	上板断裂
	874	480.7	393.3	28375		上板断裂
	874	480.7	393.3	28713		上板断裂
	728	400.4	327.6	38395	35520	上板断裂
	728	400.4	327.6	32644		上板断裂
P-F-2	710	390.5	319.5	4747	4630	内锁失效
	710	390.5	319.5	4513		内锁失效
	588	323.4	264.6	5291	9183	下板断裂
	588	323.4	264.6	11298		下板断裂
	588	323.4	264.6	10959		下板断裂
	470	258.5	211.5	10472	17829	下板断裂
	470	258.5	211.5	22409		下板断裂
	470	258.5	211.5	20606		下板断裂
	412	226.6	185.4	33445	34562	下板断裂
	412	226.6	185.4	33445		下板断裂
	350	192.5	157.5	84040	100607	下板断裂
	350	192.5	157.5	84040		下板断裂

在不同的载荷幅值下，对 4 种试样接头进行拉伸-剪切疲劳试验所得的载荷 ΔF 与疲劳寿命 N_f 的关系曲线如图 5.34 所示。其中，图 5.34（a）为两种不同厚度的 Al5052 自冲铆接头的 S-N 曲线，根据 S-N 曲线，T-F-2 的疲劳性能优于 T-F-1，相同的疲劳载荷下 T-F-2 能达到更高的疲劳寿命。因此，板材厚度和铆钉长度是影响自冲铆接头疲劳强度和疲劳寿命的关键因素。图 5.34（b）是上、下板均为 1.5mm 的同种材料自冲铆接头的疲劳性能对比，由于 T-F-3 采用 H62 铜合金，其工程应力、应变比 Al5052 高，其疲劳强度和疲劳寿命都优于 T-F-1 组接头。图 5.34（c）是下板材料相同而上板材料不同的两种接头疲劳性能对比，由于铜合金的引入，增加了接头的抗疲劳性能和疲劳寿命，随疲劳寿命增加，两条曲线可能出现交叉点。图 5.34（d）为上板材料相同而下板材料不同接头的疲劳性能对比，铜合金下板的接头疲劳性能明显优于铝合金下板的接头，且两条 S-N 曲线几乎呈平行规律。因此，下板对自冲铆接头疲劳强度和寿命的影响几乎呈线性关系。图 5.34（e）所示三种试样接头的 S-N 曲线的变化趋势表明：相同厚度试样接头的疲劳性能也不尽相同，

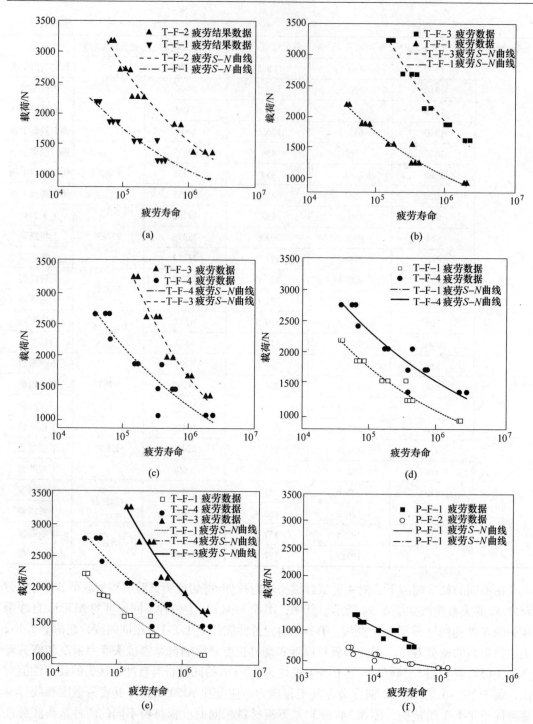

图 5.34　疲劳 S-N 曲线

在低周疲劳循环载荷下，三种接头疲劳寿命都达到了 2×10^6 次以上，相同载荷下 T-F-3 组试样疲劳寿命最长，T-F-4 次之，T-F-1 疲劳寿命最短，且对比三条曲线变化趋势发现，上板对接头疲劳性能的影响大于下板的影响。图 5.34（f）为剥离状态下自冲铆接头的疲劳 S-N 曲线，根据 S-N 曲线可知，由于剥离试样产生的弯矩的影响，自冲铆接头剥离疲劳强度和疲劳寿命都比较低，由于 H62 材料工程应力和应变都优于 Al5052，上、下板均为 H62 搭接时接头的疲劳性能优于上板为 H62、下板为 Al5052 搭接时的疲劳性能。

疲劳失效后，以 T-F-3 和 T-F-4 试样为例沿铆钉子午截面剖分，观察接头接触界面之间的磨损情况，如图 5.35 所示。在接头搭接区域的 A 和 B 位置处有明显的微动划痕。在铆接孔周围上、下板接触区域 C 处也有明显的微动斑，在铆钉腿周围一圈及 A、B 和 C 区域存在第三体的黑色氧化物杂质。因此，自冲铆接头的接触界面处在承受变载荷情况下存在微动滑移现象，这种微动滑移的产生，导致了微动磨损的产生。这种微动磨损可加速裂纹的萌生、扩展，产生微动损伤，缩短接头疲劳寿命[10,11]。

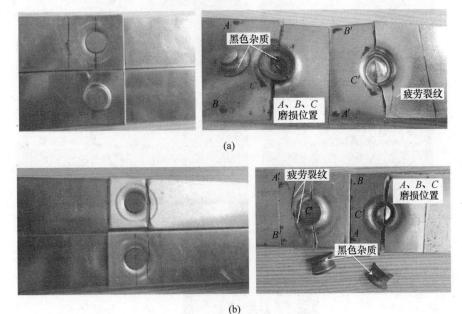

图 5.35　自冲铆接头微动磨损位置
（a）T-F-3 试样；（b）T-F-4 试样

这些疲劳试验结果常见的特征表明：自冲铆接头的疲劳性能受板材厚度，铆钉，材料工程应力、应变，上、下板材质，接头接触界面的接触摩擦系数 μ 的影响；且自冲铆接头的接触界面处存在微动滑移现象，这种微动滑移能够降低接头疲劳寿命；下板对自冲铆接头疲劳强度和寿命的影响几乎呈线性关系，上板对接头疲劳性能的影响大于下板的影响，最大疲劳载荷与静载峰值载荷的比值也不相同，随所加载荷水平降低，疲劳寿命有所分散。

研究表明，在静态性能测试中，一定程度上自冲铆接头的静强度低于电阻点焊接头，但其疲劳强度却优于电阻点焊。汽车产品的自冲铆接头可能在复杂的、非稳定载荷条件下工作，因此疲劳失效关系到汽车整体可靠性和使用寿命。自冲铆接头的疲劳裂纹最易在铆接孔位置萌生并扩展，根据表 5.8 的统计结果表明：自冲铆接头拉伸-剪切试验下有两种疲劳失效形式，即上板靠近铆接孔疲劳断裂（如图 5.36（a）所示），以及铆钉脚尖端与下板接触位置疲劳断裂（如图 5.36（b）所示）。一些研究表明，自冲铆接头的第三种疲劳失效形式为上板或下板直接疲劳断裂，如图 5.36（c）所示[12]。自冲铆接头剥离试验

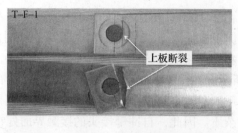

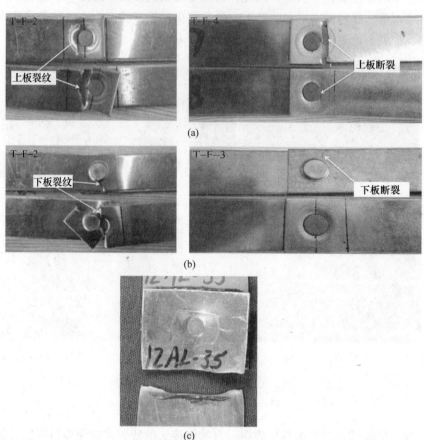

图 5.36　拉伸-剪切疲劳失效形式

(a) 上板断裂；(b) 下板断裂；(c) 上板或下板直接断裂

下的疲劳失效形式如图 5.37 所示，P-F-1 有三种失效形式，即上板靠近铆钉头部断裂、内锁失效及铆钉脱离上板；P-F-2 有两种失效形式，即内锁失效和下板疲劳断裂失效。

5.4.3.2　疲劳失效机理分析

大量实验表明：异质板材料连接时，自冲铆接头的拉伸-剪切疲劳失效形式表现为材质较软、硬度和强度较小的板材发生疲劳断裂而失效，这种失效形式的主要原因在于接头在承受交变载荷、冲击载荷、非稳定载荷时，较软材质的板材在接头处极易产生弯曲效应（如静载拉伸-剪切弯曲）。当板料轧制方向垂直于加载方向时，板材的轧制方向将直接影响疲劳裂纹的萌生位置及疲劳裂纹的扩展方式，由于上板在接头位置处比较容易发生弯折，疲劳裂纹也就容易在上板靠近铆钉头部位置萌生并扩展，如图 5.36 (a) 的 T-F-1 组

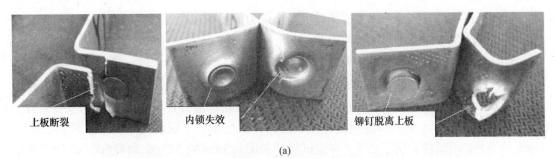

(a)

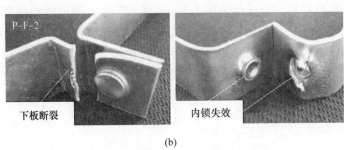

(b)

图 5.37 剥离疲劳失效形式
(a) P-F-1；(b) P-F-2

试样接头所示。同种材料的自冲铆接头的拉伸-剪切疲劳失效形式以下板疲劳断裂为主，主要原因在于受铆接过程中残余应力或应力集中的影响。根据对自冲铆接头中残余应力的检测发现，下板材料在铆钉和凹模的共同作用下，与铆钉腿尖端接触的上板材料存在较大的压缩残余应力，且从图 5.38 所示的自冲铆接过程等效应力云图可看出，在下板与铆钉脚尖端接触区域处残余应力最为严重，且在拉伸-剪切疲劳载荷下，残余应力得以释放从而导致下板疲劳失效，如图 5.36（b）所示。对于图 5.36（c）所示的失效形式主要发生于自冲铆-粘接复合接头中或因材料本身的制造缺陷所致[13]。

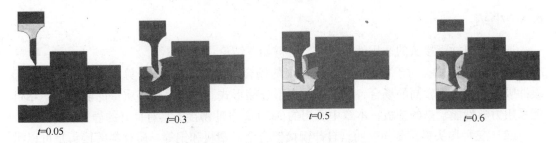

图 5.38 自冲铆接过程有限元模拟

在剥离疲劳性能测试中，自冲铆接头剥离疲劳强度和寿命都比较低，由于 H62 工程应力和应变都优于 Al5052，上、下板均为 H62 搭接时，接头的疲劳性能优于上板为 H62 下板为 Al5052 连接时的疲劳性能。对于同种或异质材料搭接的自冲铆接头，较高载荷下疲劳循环周次较低，下板与铆钉脚之间的机械内锁被破坏，随后铆钉脚脱离下板而失效，这种失效形式类似于剥离静载失效形式。较低载荷下疲劳循环周次较高，同种材料搭接时，与拉伸-剪切疲劳类似，上板靠近铆钉头部极易产生弯曲变形，并随之产生疲劳裂纹而失效；异质材料搭接时，由于铆接成形过程残余应力的影响，以及材质较软、硬度和强度较小的材料易产生弯曲变形致使疲劳失效。

5.4.3.3　刚度对自冲铆接头疲劳性能影响

为了进一步分析自冲铆接头的疲劳性能，四种试样接头的刚度-位移曲线结果如图5.39所示。四种接头刚度-位移曲线变化趋势是比较相近的，其中T-F-3组试样接头由于上、下板均为2.0mm的H62，刚度特性最高；其次是上、下板均为2.0mm、铆钉长度为6mm的T-F-2组试样；第三是T-F-4组试样，采用1.5mm的Al5052和1.5mm的H62异质材料组合。相反，T-F-1上、下板均采用1.5mm的Al5052，刚度特性最弱。但在位移为2.5mm时T-F-2试样接头的刚度高于T-F-3组试样，这可能是受失效机理不同的影响。四种试样接头的疲劳S-N特性曲线如图5.40所示，对比图5.39与图5.40可知，随自冲铆接头刚度特性的增加，疲劳性能逐渐增强，刚度下降速率明显降低。随后在接头的载荷开始缓慢下降时，刚度缓慢降低又趋于线性直至接头破坏。

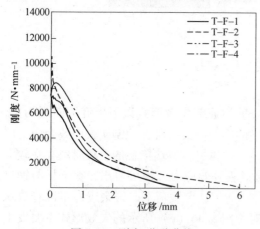

图5.39　刚度-位移曲线

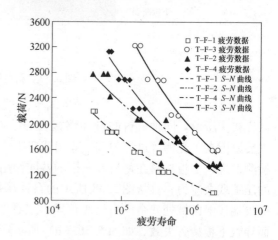

图5.40　自冲铆接头 S-N 曲线

5.5　小结

通过对自冲铆接头的适用性的研究，可得如下结论：

（1）在应用中，对于承载能力要求较高的场合，尽量采用单搭-剪切连接形式；对于缓冲吸振能力要求较高的场合，尽量采用 T 形连接形式。在满足连接质量的前提下，尽可能采用力学性能较高的基板，本章中所用的 Al5052 自冲铆接头具有良好的静力学特性。

（2）三种接头铆接截面表明，自冲铆接铝合金、塑料和钢等异质材料的接头是可以满足连接要求的，自冲铆接头用于连接异质材料的三层板组合是有效可行的。对于三层Al5052 组合接头，不同的连接形式和板材放置位置会影响接头的拉伸-剪切强度和剥离强度，以及它们的失效形式和能量吸收能力。应用中，接头在承受拉伸-剪切载荷时，板材放置位置可优先考虑 S3 组试样形式，承受剥离载荷时，其搭接形式可优先考虑 P2 组试样形式。

（3）自冲铆接工艺可用于异质材料之间的有效连接。TA1-TA1 和 H62-TA1 接头失效模式为铆钉从基板脱离，并且铆钉体断裂，其中 TA1-TA1 接头中铆钉主要是与下板分离，而 H62-TA1 接头中铆钉与下板分离的同时还伴随出现铆钉头从上板中被拉出。TA1-Al5052 接头失效模式均为下板沿铆钉管腿断裂。SPCC-TA1 接头失效模式均为铆钉头从上板中被拉出，同时上板颈部材料被撕裂。

TA1-TA1 组接头的最大载荷最大，H62-TA1 次之，SPCC-TA1 最小；SPCC-TA1 组接头的位移最大，H62-TA1 次之，TA1-Al5052 最小；TA1-TA1 接头的初始刚度最大，TA1-Al5052 次之，SPCC-TA1 最小。

（4）自冲铆接头抗拉伸-剪切强度高于抗剥离强度；Cu-Cu 连接的接头强度最高，Cu-Al 连接接头次之，Al-Cu 接头最小，2.0mm 铝合金接头强度高于 1.5mm 接头，在铝合金与铜合金复合连接时应该采用 Cu-Al 连接形式。接头刚度特性曲线随载荷变化而变化，对接头强度无显著影响，但影响接头的失效机制。铝-铜合金自冲铆接头的主要失效形式为铆钉脚与下板之间的内锁失效导致铆钉与下板分离，机械内锁区域接触界面之间的微动滑移是导致内锁失效的主要原因；材料的工程应力、工程应变、板材搭接方式、板材厚度以及接头与接触界面之间的摩擦系数 μ 等工艺参数是影响自冲铆接头失效形式、失效位移、抗冲击性能的主要因素。

随自冲铆接头刚度特性的增加，疲劳性能逐渐增强。自冲铆接头在拉伸-剪切试验下有两种疲劳失效形式，即上板靠近铆接孔疲劳断裂和铆钉脚尖端与下板接触位置疲劳断裂，其中以下板靠近铆钉脚尖端位置疲劳断裂为主；在剥离试验下，疲劳寿命较长时疲劳失效主要为下板与铆钉脚端部接触处疲劳断裂，疲劳寿命较短时疲劳失效以铆钉从上板脱离为主，接头处机械内锁疲劳失效仅占疲劳失效中的较小比例。自冲铆接头失效为一个复杂的过程，必须考虑板材硬度、强度、轧制方向，工艺参数，接触界面微动滑移，工况条件，接头弯曲效应，铆接过程残余应力等综合因素对接头失效机理的影响。

参 考 文 献

[1] 邓成江，何晓聪，邢保英，等．铝与铜异质板材自冲铆搭接接头的力学性能 [J]．吉林大学学报（工学版），2015，45（2）：473～480．

[2] He X C, Xing B Y. The ultimate tensile strength of coach peel self-piercing riveting joints [J]. Strength of Materials, 2013, 45 (3): 386～390.

[3] 邢保英，何晓聪，冯模盛，等．粘接剂对压印连接强度的影响及数理统计分析 [J]．材料导报，2012，6（2）：56～59．

[4] 邢保英，何晓聪，严柯科．粘接剂对自冲铆-粘接复合接头强度的影响及数理统计分析 [J]．材料导报，2012，26（4）：117～120，128．

[5] 刘福龙，何晓聪，邢保英，等．粘接剂对自冲铆接头强度影响 [J]．热加工工艺，2014（9）：29～32．

[6] Xing B Y, He X C, Wang Y Q, et al. Study of mechanical properties for copper alloy H62 sheets joined by self-piercing riveting and clinching [J]. Journal of Materials Processing Technology, 2014, 216: 28～36.

[7] 邓成江．自冲铆接头界面滑移特性及疲劳可靠性分析 [D]．昆明：昆明理工大学，2013．

[8] 邓成江，何晓聪，周森，等．铝-铜合金异质材料单搭自冲铆接头疲劳特性研究 [J]．热加工工艺，2013（17）：20～23．

[9] Deng C J, He X C, Xing B Y. A performance study of self-piercing riveting of aluminum and copper alloy sheets [J]. Advanced Materials Research, 2013, 734~737: 2460~2464.

[10] 周仲荣, Leo Vincent. 微动磨损 [M]. 北京: 科学出版社, 2002.

[11] 邢保英, 何晓聪, 王玉奇, 等. 多铆钉自冲铆接头力学性能机理分析 [J]. 吉林大学学报 (工学版), 2015, 45 (5): 1488~1494.

[12] 邢保英, 何晓聪, 王玉奇, 等. 铝合金自冲铆接头静力学性能及失效机理分析 [J]. 焊接学报, 2015, 36 (9): 47~50.

[13] 邢保英. 自冲铆连接机理及力学性能研究 [D]. 昆明: 昆明理工大学, 2014.

6 压印连接技术概述

6.1 压印连接原理

6.1.1 压印连接定义和工艺过程

压印连接是机械连接方法，在压印连接模具作用下，使被连接材料组合在压印连接过程中发生冷挤压变形，形成一个相互镶嵌的连接点[1]。压印连接点可以是圆形点（见图6.1），也可以是矩形点（见图6.2）。圆形点连接是金属板件在圆形点模具的作用下，发生内部形变，形成圆形的连接点，外形美观，内应力均布，主要适用于软质材料和薄板材料的连接。矩形点连接复合了切割和变形的工艺过程，主要适用于硬质材料和不锈钢板件的连接。

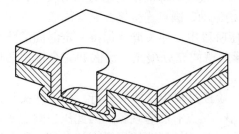

图 6.1 圆形连接点

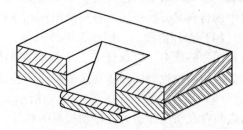

图 6.2 矩形连接点

压印连接在冲头和凹模作用下，通过一个简单的冲压过程将被连接的薄板材料冷挤压压入凹模，由于薄板件的塑性变形，在连接点处形成两板件之间的镶嵌量而实现连接。工艺过程是冲头下行接触上板材料，上、下板材料受到冲头压力开始发生局部塑性变形，当冲头继续下压，上、下板材料因受到的压力增大而开始变薄。凹模的环形凹槽对塑性变形中的下板材料圆角处无约束，在冲压力的作用下，下板材料快速塑性变形并向凹槽内四周流动，慢慢地填充凹模的环形凹槽，而上板料圆角处的材料向周边流动，最终在两板料之间开成一定厚度的镶嵌量。如图6.3所示，压印连接工艺过程可分为初期压入、初期成形、塑性成形、保压、反压等五个阶段[2]。

（1）初期压入阶段。如图6.3（a）所示，压印连接初期压入阶段先设定冲头的行程，把上、下板料需要铆接的地方尽量对准凹模和冲头的中心线，预紧边圈对上、下板料施加预紧力。冲头向下开始接触上、下板，在挤压作用下以弹性变形为主。

（2）初期成形阶段。如图6.3（b）所示，压印连接初期成形阶段包括初始压入的弹性阶段与初始拉伸成形阶段。初期成形阶段冲头开始接触上板料，至上、下板发生塑性变形并形成上部轮廓为止。在这个过程中，由于冲头向下施加力，上、下板受到冲头的压力和凹模的反作用力，板料发生大弹（塑）性变形，塑性材料无约束可以自由伸缩并开始填充凹模的空间。压印连接初期成形阶段与普通冲压相似，不同之处在于压印连接形成阶段

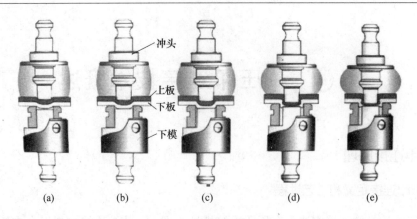

图 6.3　压印连接工艺过程

必须形成压入上板料的凹陷轮廓。

（3）塑性成形阶段。如图 6.3（c）所示，在塑性成形阶段，冲头继续下行，挤压上、下板料，直到冲头向下的行程到设定行程的最大值为止。由于在初期成形阶段形成了上部轮廓，阻止了材料向下流动，材料只能向环形凹槽处流动，随着凹模环形凹槽逐渐被材料充满，流向环形槽的阻力就会逐渐增大，而分模式凹模最底部凹槽的阻力相对较小，上板料中的材料又开始挤压下板料向凹模底部环形凹槽流动，圆点连接接头完全成形。

（4）保压阶段。如图 6.3（d）所示，在保压阶段中，冲头继续保持一定时间的防止板料回弹的压力，以保证上、下板料在凹模环形凹槽能充分填充、镶嵌和完全定型的目的。保压阶段控制的好坏直接影响压印连接的质量。

（5）反压阶段。如图 6.3（e）所示，在反压阶段过程中，冲头上行，由于冲头与板料之间存在挤压作用力会带动板料的移动，不希望连接点有凸起现象，因此压边圈需要将圆点再次反冲压一次。在该成形过程中被连接材料的表面镀层或漆层没有被破坏，所以压印连接之后仍然能保证材料原有的防锈性和防腐性。

通过对压印连接的工艺过程进行分析，压印连接是一种机械连接，它对材料原有的特性几乎没有损伤，反而在挤压作用下，晶粒细化，承载能力提高。板料之间的镶嵌量部分是由冲头和下模挤压而产生的，在冲头的压力作用下和下模的反作用下，材料塑性变形平滑过渡，从而既无棱边又无毛刺，因此压印连接接头存在应力集中的部位少，有较好的连接疲劳强度性能。压印连接工艺过程属于冷变形且无化学变化，材料原有的镀层和漆层将不会受到损伤。

6.1.2　压印连接的几种形式

压印连接技术是不需要预先钻孔，而通过冲头的挤压，在下模内使上板料嵌入下板料的一种机械连接工艺。压印连接技术的核心是连接模具，为确保金属材料的可靠性连接，连接点的直径、上模的直径、下模型腔深度等参数应合理组合。圆形点连接不同的接头形式是多样的，图 6.4 是压印连接接头的三种形式[3]。图 6.4（a）是分体式下模的压印连接，该连接的特点是模具的下模通常由 3 瓣或 4 瓣可动部分组成，连接时下模活动部分沿半径方向向外侧滑动，使金属材料充分流动形成塑性镶嵌，用同一套模具可以连接不同厚度的材料组合。其特点是模具的结构相对复杂，但连接点强度较高、适用性好、寿命长。图 6.4（b）是整体式下模的压印连接，这种连接的特点是模具为一整体，其结构简单、制作方便等，适合于大批量加工，但下模不容易脱落而且下模会积尘渣和液体。图6.4（c）是平点式压印连接，在某些特殊的部件，因为圆点的凸出的形状需要有足够多的空间，所以可采用平点式压印连接。平点式压印连接的过程有两个步骤：首先进行常规压印连接；再用平砧座，将凸出部分的材料压平。加工后不影响压印连接的剪切强度。

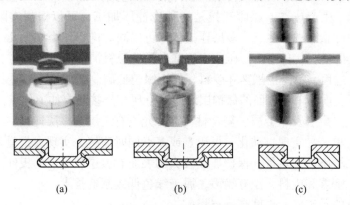

图6.4 压印连接的三种形式
（a）分体式下模；（b）整体式下模；（c）平点式下模

6.1.3 压印连接模具

如上所述，压印连接的圆形下模分为分体式下模和整体式下模，如图6.5所示。分体式下模由固定的下模座和活动的下模环组成，活动部分靠弹簧力支撑，安装在保护套内以防止脱落。在实际应用中，下模活动部分可以选择2瓣、3瓣或4瓣；而整体式下模为一个整体，没有活动部分。与整体式下模相比，分体式下模的尺寸更小，一个直径为6mm的分体式下模与直径约为8mm的整体式下模形成的连接点直径相符；分体式下模具有更好的适应性，用同一套模具可以连接不同厚度的材料；分体式下模的使用寿命长，下模不容易积尘渣和液体，故下模不会胀裂；分体式下模不用脱模器，减少了在自动化连接系统中，由下模脱模器造成的故障。所以在实际工作中大多数设备都采用分体式下模进行压印连接。

压印连接的矩形模具构造类似圆形分体式模具，如图6.6所示，在形成连接点的过程中，矩形模具的活动部分同样向外张开。

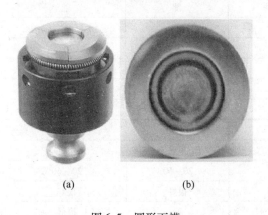

图6.5 圆形下模
（a）分体式下模；（b）整体式下模

图6.6 两种模具
（a）圆形模具；（b）矩形模具

6.2　压印连接技术特点

　　压印连接技术与传统连接方法相比有其独特的技术优势，而与点焊相比优点更为突出。压印连接技术的出现还改变了传统的板件加工工艺流程，使加工工艺更简单，提高了工作效率，降低了生产成本。压印连接是一种冷冲压加工，可以根据实际情况的具体要求，设计模具并可靠地进行多点、多层连接，即可以同时进行几个、十几个甚至几十个点的连接，实现大批量现代化生产。压印连接基本没有原料消耗而且不需进行预先或事后处理。整个冷冲压过程，不产生烟雾和废料，属于绿色低碳制造技术。其连接点没有热应力及应力集中，不会损坏工件表面的保护层。总之，压印连接具有如下优点：

　　（1）可以连接金属及非金属、复合材料等，允许有夹层或多层连接。

　　（2）工序简单，易实现自动化，可单点或多点同时连接，实现大批量现代化生产。

　　（3）连接区域不产生热量，保护连接接头的表面有镀层或漆层的板件。

　　（4）不产生烟雾和废料，没有噪声，属于绿色低碳制造技术。

　　（5）连接点的动态疲劳强度高于点焊。

　　（6）可以和其他工艺（如粘接结合）形成混合连接。

　　（7）连接点质量可以进行无损伤检测。

　　（8）连接前后无需对材料进行处理，不会对材料造成破坏。

　　（9）压印连接过程是一个低能耗加工过程，能耗仅为点焊的 10%~15%，费用可以节省 30%~60%。

　　与点焊相比较，压印连接的缺点有：静态强度没有点焊高，不能对高硬度或经过热处理硬化的钢材直接进行连接。与普通铆接比较，压印连接的缺点有：压印连接时不能连接塑性差的两块或多块非金属板料。压印连接工艺的连接成功率要比普通铆接低，因为压印连接的工艺条件要求较高。薄板连接技术性能的比较见表 6.1[4]。

表 6.1　薄板连接技术性能比较

项　目	点　焊	铆　接	自冲铆接	压印连接
连接性	熔化、需要连接材料	机械连接、预钻孔、需要铆钉	机械连接、需要铆钉和外力	机械连接、需要外力
连接不同材料	困难	能	能	能
连接镀层材料	通常不能	能	能	能
连接非金属	不能	能	能	能
外　观	一般	一般	良好	良好
连接材料厚度	4mm	大	钢6mm，铝11mm	0.3~8mm
静强度	高	高	较高	较低
疲劳强度	低	低	高	较高
与粘接结合	差	一般	很好	很好
每分钟连接数	20~40	少	20~60	20~60
工作环境	差	较差	很好	很好
连接费用	高	高	低	很低
能量消耗	多	少	少	少

6.3 压印接头的质量控制及失效形式

6.3.1 影响压印连接质量的因素

压印接头的强度主要包括静态强度、动态强度、抗冲击强度，主要由下列因素决定：连接点的大小，连接点的直径越大连接强度越高，比如在相同的连接参数条件下，直径8mm 的连接点比直径6mm 的连接点更牢固，因此只要连接位置允许，连接点应该选择更大的直径类型。

影响压印连接强度的因素有很多，归纳起来有以下几个方面，见表6.2[5]。

表6.2 影响压印连接质量的因素

项 目	影 响 因 素
连接设备	连接设备的结构和动力，静态变形特性，连接过程的控制
连接过程	空间定位，工作循环，周围环境的影响
材料组合	材质，材料厚度，表面状况，几何形状，连接位置的可进入性
连接模具	上模的结构，凹模的结构，脱模器，预夹紧结构，连接力，脱模力

压印接头的连接质量和成形的几何形状、尺寸直接相关，主要由两种不同板材之间的镶嵌量来决定，而镶嵌量的大小主要取决于压印连接过程中的工艺设计参数、模具参数以及材料性能，如图6.7 所示。可以通过目测连接点外观，测量连接点尺寸进行检测，而接头质量一般通过接头底部厚度 X 进行控制，如图6.8 所示，通过测量压印连接点的底厚值 X 可无损检测连接点强度。板材组合厚度一定时，接头底部厚度为定量，使用带表卡规测量接头底部厚度对压印接头进行质量控制和无损检测。

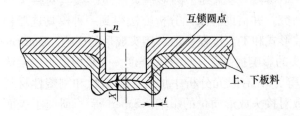

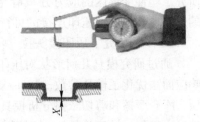

图6.7 压印接头的主要参数　　　　图6.8 压印连接点底部厚度测量
X—底部厚度；n—颈部厚度；t—镶嵌量

6.3.2 压印接头失效形式

目前对压印接头失效形式的研究主要针对静拉伸破坏和疲劳破坏。压印接头承受静态载荷时主要有两种破坏形式：剪切失效（见图6.9（a）），当压印接头承受载荷主要为剪切力时，接头颈部产生很大应力，超过材料强度时接头破坏；剥离失效（见图6.9（b）），当垂直于接头的载荷占主导时，塑性变形产生的互锁圆点从下板中脱离导致接头破坏。

压印接头承受交变循环载荷时失效位置一般在接头的盲孔边缘处（见图6.10），通常是经过裂纹萌生、裂纹扩展，最后失稳断裂。

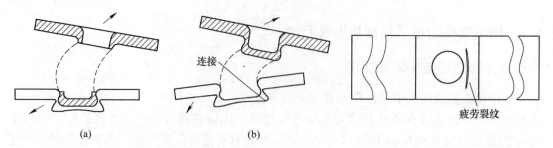

图 6.9　压印接头静载破坏失效形式　　　　图 6.10　压印接头疲劳破坏失效形式
(a) 剪切失效；(b) 剥离失效

6.4　国内外研究状况

6.4.1　国外研究状况

　　1897 年，压印连接技术最早在德国获得专利，Trumpy Gmb H 和 TOX Gmb H 两大公司同年开始生产压印连接设备，一年后，Attexor Equipments S.A. 在瑞士开始生产压印连接设备。但直到 20 世纪 80 年代，压印连接技术才开始作为一种板材连接方法应用于工业领域。1996 年由悉尼大学制定"冷成形钢结构"的澳大利亚/新西兰标准 AN/NZS4600 中首次阐述了关于压印连接件的测试[6]。压印连接技术在机械制造业也只是在近三十年中获得重视并快速发展。

　　这项技术诞生以来，发展和应用越来越广泛，国内外许多学者和专家对其进行了大量的理论研究，并产生了一系列研究成果。

　　De Paula、Mucha 等[3,7]研究了工艺参数对压印成形和接头静强度的影响，并从微观角度研究了塑性变形区的应力分布情况。Varis 等[8~10]研究了圆形模具和矩形模具对接头强度的影响、高强度钢压印连接的可行性研究，并借助有限元分析方法得到一种模具选择程序。Varis[11]还研究了压印接头拉-剪失效形式和工艺过程参数对接头成形的影响。Oudjene等[12,13]通过研究模具几何形状对压印接头的影响提高了压印接头强度，并采用最小二乘法和响应面法优化了模具参数。Jayasekara 等[14]在有限元分析中加入了弹塑性和刚塑性材料模型、库仑摩擦和剪切摩擦分析模具参数对接头成形质量的影响。Saberi 等[15]研究了表面条件（电镀锌、防腐涂层）对钢压印接头强度的影响，发现考虑材料各向异性的有限元模型能够更好地模拟接头拉-剪过程。Lee[16,17]研究了模具几何参数对铝合金与钢异种板材组合接头性能的影响，并根据模具几何参数建立了压印接头拉-剪的强度模型。Mucha[18,19]分析了压印接头内锁部位在拉伸和剥离作用下的受力状态及接头强度，并对比了点焊和压印接头强度。Carboni 等[20]研究了双压印点不同排列形式对疲劳性能的影响，指出纵向排列的压印点和横向排列的压印点静强度和疲劳强度差别均不明显，破坏位置出现在上、下板结合处应力集中较高的区域。Kim[21]对冷轧钢压印接头在不同载荷幅值下进行了疲劳试验，发现压印接头具有较好的疲劳性能，接头达到疲劳极限（250 万循环周次）时的载荷幅值为接头最大静强度的 50%。Mori[22]对比了铝合金点焊接头、自冲铆接头和压印接头的疲劳性能，发现压印连接和自冲铆接头的疲劳强度高于点焊接头。Balawender[23]研究了铜合金与低碳钢异种板材压印-粘接复合接头静强度，发现粘接剂固化前和固化后进行压印连接的复合接头中，前者具有较大的强度，并对两种接头的拉-剪过程进行了数值模拟。Roux 等[24]基于 Kriging 模型对压印接头的连接过程和接头强度进行了优化，使压印接头拉-剪强度和剥离强度分别提高了 13.5% 和 46.5%。He[25,26]从工艺过程、接头强度、振动特性等方面对压印连接技术进行了综述，并将变差系数法应用于压印接头强度研究。Lambiase[27,28]研究了分瓣模压印连接的工艺参数对接头成形的影响。

目前，国外生产压印连接设备的技术已经趋于成熟，并且能够实现实时在线监控，即时输出压印连接过程中的连接力-行程曲线。一些国外汽车生产线和家电行业已经采用了压印连接技术，比如汽车天窗、车门内板、仪表框架、行李箱盖、洗衣机前面板、座椅等非关键零部件。

6.4.2 国内研究状况

国内的压印连接技术研究起步较晚，与国外相比有很大差距，各方面的研究尚处于初级阶段。压印连接技术最初由少数学者从国外引进，随着越来越多的学者对这项技术产生兴趣，目前国内研究已得到了一些成果。

胡亚民、韩向东、匡锡红等[29~33]最早在国内公开发表了关于压印连接技术的文献，介绍了压印连接技术、设备的工作原理及其应用。国内早期关于压印连接技术的公开文献均为介绍这项技术原理的叙述性文章，真正对压印连接技术进行深入的研究开始于近几年。He 等[34,35]研究了单搭压印连接悬臂梁的动态性能，采用有限元方法研究了接头的固有频率、振型、频率响应函数等参数。冯模盛、郑俊超等[36~38]对整体式和分体式下模的压印连接过程进行了数值模拟和成形过程中的应力、应变分析，通过金相试验研究了接头的微观组织形态，并研究了铝合金、钢同种材料压印接头的疲劳性能和不同预成角度压印接头的静力学性能，从工艺参数、压印过程成形的数值模拟、动态过程模拟和振动特性方面研究了接头强度和疲劳强度等。杨小宁等[39,40]通过压印连接过程的数值模拟研究了成形接头上的应力、应变分布，结合试验研究了影响接头强度的下模具尺寸参数，并分析了多连接点不同排布形式的接头强度和失效形式。黄志超等[41,42]模拟了压印连接过程并研究了工艺参数对接头成形性的影响，采用有限元分析方法研究压印连接成形的力-位移曲线和成形截面形状，对压印接头、自冲铆接头、电阻点焊接头强度进行了对比研究。兰凤崇等[43~47]对压印连接钢铝异种板材的可行性进行了试验研究和仿真分析，并通过选择模具参数对压印接头进行了多目标优化，提出了基于神经网络的压印接头强度的预测方法，研究了板材组合顺序以及材料强度差别对成形的影响。

随着汽车技术的发展和人们环保意识的增强，压印连接技术逐渐得到重视和发展，随着研究的深入逐渐被应用于汽车制造业并渗透到家电等其他行业。汽车车顶骨架、前盖内板加强件、行李箱盖板、汽车保险杠、车门内板等零部件中均使用了压印连接技术。在国外，奥迪、奔驰、宝马、通用、大众等汽车公司已经在车身中广泛使用压印连接技术。国内的一些汽车品牌如一汽大众的速腾、上海大众的 POLO 等也已开始在车身中用到压印连接技术，其中 POLO 箱盖内板及加强筋均采用镀锌钢板，共有 79 个压印连接点。其他行业如座椅、洗衣机中也有一定数目的压印连接点。

参 考 文 献

［1］He X C, Zhang Y, Xing B Y, et al. Mechanical properties of extensible die clinched joints in titanium sheet materials ［J］. Materials and Design, 2015, 71: 26～35.

［2］Mori K, Bay N, Fratini L, et al. Joining by plastic deformation ［J］. CIRP Annals - Manufact Technol, 2013, 62 (2): 673-694.

［3］Mucha J. The analysis of lock forming mechanism in the clinching joint ［J］. Materials and Design, 2011, 32 (10): 4943～4954.

［4］黄志超. 板料连接技术进展 ［J］. 锻压技术, 2006, 31 (4): 119～122.

［5］张文斌. 单搭压印连接接头的机械性能研究 ［D］. 昆明: 昆明理工大学, 2011.

［6］杨慧艳. 压印接头强度计算方法及连接件结构研究 ［D］. 昆明: 昆明理工大学, 2014.

［7］De Paula A A, Aguilar M T P, Pertence A E M, et al. Finite element simulations of the clinch joining of metallic sheets ［J］. Journal of Materials Processing Technology, 2007, 182 (1～3): 352～357.

［8］Varis J P. The suitability for round clinching tools for high-strength structural steel ［J］. Thin-Walled Structures, 2002, 40 (3): 225～238.

［9］Varis J P. The suitability of clinching as a joining method for high-strength structural steel ［J］. Journal of Materials Processing Technology, 2003, 132 (1～3): 242～249.

［10］Varis J P, Lepisto J S. A simple testing-based procedure and simulation of the clinching process using finite elements analysis for establishing clinching parameters ［J］. Thin-Walled Structures, 2003, 52 (41): 691～709.

［11］Varis J P. Ensuring the integrity in clinching process ［J］. Journals of Materials Processing Technology, 2006, 174 (13): 277～285.

［12］Oudjene M, Ben-Ayed L. On the parametrical study of clinch joining of metallic sheets using the Taguchi Method ［J］. Engineering Structures, 2008, 30 (6): 1782～1788.

［13］Oudjene M, Ben-Ayed L, Delameziere A, et al. Shape optimization of clinching tools using the response surface methodology with moving least-square approximation ［J］. Journal of Materials Processing Technology, 2009, 209 (1): 289～296.

［14］Jayasekara V, Min K H, Noh Jn, et al. Rigid-plastic and elastic plastic finite element analysis on the clinching joint process of thin metal sheet ［J］. Metals and Materials International, 2010, 16 (2): 339～347.

［15］Saberi S, Enzinger N, Vallant R, et al. Influence of plastic anisotropy on the mechanical behavior of clinched joint of different coated thin steel sheets ［J］. Journal of Materials Processing Technology, 2008, 1 (1): 273～276.

［16］Lee C J, Kim J Y, Lee S K, et al. Design of mechanical clinching tools for joining of aluminum alloy sheets ［J］. Materials and Design, 2010, 31 (4): 1854～1861.

［17］Lee C J, Kim J Y, Lee S K, et al. Parametric study on mechanical clinching process for joining aluminum alloy and high-strength steel sheets ［J］. Journal of Materials Processing Technology, 2010, 24 (1): 123～126.

［18］Mucha J, Kascak L, Spisak E. Joining the car-body sheets using clinching process with various thickness and mechanical property arrangements ［J］. Archives of Civil and Mechanical Engineering, 2011, 11 (1): 135～148.

［19］Mucha J, Witkowski W. The clinching joints strength analysis in the aspects of changes in the forming technology and load conditions ［J］. Thin-Wall Struct, 2014, 82: 55～66.

［20］ Carboni M, Beretta S, Monno M. Fatigue behavior of tensile-shear loaded clinched joints ［J］. Engineering Fracture Mechanics, 2006, 73: 178 ~ 190.

［21］ Kim H K. Fatigue strength evaluation of the clinched lap joints of a cold rolled mild steel sheet ［J］. Journal of Materials Engineering and Performance, 2013, 22 (1): 1 ~ 6.

［22］ Mori K, Abe Y, Kato T. Mechanism of superiority of fatigue strength of aluminum alloy sheets joined by mechanical clinching and self-pierce riveting ［J］. Journal of Materials Processing Technology, 2012, 212 (9): 1900 ~ 1905.

［23］ Balawender T, Sadowski T, Golewski P. Numerical analysis and experiments of the clinch-bonded joint subjected to uniaxial tension ［J］. Computational Materials Science, 2012, 64: 270 ~ 272.

［24］ Roux E, Bouchard P O. Kriging metamodel global optimization of clinching joining processes accounting for ductile damage ［J］. Journal of Materials Processing Technology, 2013, 213: 1038 ~ 1047.

［25］ He X C. Recent development in finite element analysis of clinched joints ［J］. International Journal of Advanced Manufacturing Technology, 2010, 48 (5 ~ 8): 607 ~ 612.

［26］ He X C. Coefficient of variation and its application to strength prediction of clinched joints ［J］. Advanced Science Letters, 2011, 4 (4 ~ 5): 1757 ~ 1760.

［27］ Lambiase F. Influence of process parameters in mechanical clinching with extensible dies ［J］. International Journal of Advanced Manufacturing Technology, 2013, 66 (9 ~ 12): 2123 ~ 2131.

［28］ Lambiase F. Finite element analysis of material flow in mechanical clinching with extensible dies ［J］. Journal of Materials Engineering and Performance, 2013, 22 (6): 1629 ~ 1636.

［29］ 胡亚民, 李红, 李文艳. 一种先进的板材冲压连接技术 ［J］. 锻压机械, 2000 (5): 15 ~ 17.

［30］ 韩向东, 王存堂, 雷玉成, 等. 冲压圆点连接机理初探 ［J］. 模具工业, 2001, 247 (9): 13 ~ 15.

［31］ 匡锡红. 一种新型板件冲压连接技术及其应用 ［J］. 雷达与对抗, 2001 (3): 72 ~ 76.

［32］ 白创明, 邵兵, 张思成, 等. 压铆连接成形原理在模具设计中的应用 ［J］. 天津理工学院学报, 2004, 20 (1): 95 ~ 97.

［33］ 罗伟华. 先进板件连接技术在汽车制造中的应用 ［J］. 上海汽车, 2009 (4): 38 ~ 40.

［34］ He X C, Zhang W, Dong B, et al. Free vibration characteristics of clinched joints ［J］. Lecture Notes in Engineering and Computer Science, 2009, 1: 1724 ~ 1729.

［35］ He X C, Gao S F, Zhang W B. Torsional free vibration characteristics of hybrid clinched joints ［C］. Proceedings of ICMTMA 2010, 2010: 1027 ~ 1030.

［36］ 冯模盛, 何晓聪, 严柯科, 等. 压印连接工艺过程的数值模拟及试验研究 ［J］. 科学技术与工程, 2011, 11 (23): 5538 ~ 5541.

［37］ 冯模盛, 何晓聪, 邢保英. 压印连接接头的疲劳裂纹扩展分析及试验研究 ［J］. 材料导报, 2012, 26 (5): 140 ~ 143.

［38］ 郑俊超, 何晓聪, 唐勇, 等. 压印接头力学分析及预成角对接头强度的影响研究 ［J］. 材料导报, 2012, 26 (12): 19 ~ 22.

［39］ 杨小宁, 佟铮, 赵丽萍, 等. 金属板件压接数值模拟及模具设计 ［J］. 模具工业, 2006, 32 (10): 1 ~ 4.

［40］ 杨小宁, 佟铮, 杨明, 等. 铝板件冲连接技术的试验研究 ［J］. 内蒙古工业大学学报, 2006, 25 (2): 107 ~ 111.

［41］ 黄志超, 邱祖峰, 庞连红. 旋压无铆铆接和普通无铆铆接数值模拟对比分析研究 ［J］. 煤矿机械, 2011 (8): 49 ~ 51.

［42］ 黄志超, 刘晓坤, 夏令君. 自冲铆接、无铆钉连接与电阻点焊强度对比研究 ［J］. 中国机械工程, 2012 (20): 2487 ~ 2491.

［43］龙江启，兰凤崇，陈吉清．车身轻量化与钢铝一体化结构新技术的研究进展［J］．机械工程学报，2008，44（6）：27~35.

［44］龙江启，兰凤崇，陈吉清．基于神经网络无铆钉自冲铆接头力学性能预测［J］．计算机集成制造系统，2009，15（8）：1615~1620.

［45］龙江启，兰凤崇，陈吉清，等．钢铝一体化车身结构机械连接技术试验研究［J］．2009，16（1）：88~94.

［46］周云郊，兰凤崇，黄信宏，等．钢铝板材压力连接模具几何参数多目标优化［J］．材料科学与工艺，2011，19（6）：811~819.

［47］黄信宏，陈吉清，周云郊，等．不同强度钢铝板材压力连接匹配规律与优化［J］．计算机集成制造系统，2012，18（5）：957~964.

压印连接成形机理分析

本章通过有限元数值模拟软件模拟固定模与分瓣式模的压印连接接头成形过程，分析连接过程中金属材料的流动规律，并通过接头金相实验观察连接过程中金属的实际流动过程。

7.1 压印连接模型及金属流动规律

7.1.1 固定模接头成形过程模拟分析

7.1.1.1 建立几何模型

在 LS-DYNA 有限元软件建立压印连接接头的简化模型，因接头的几何形状是轴对称，只需 1/2 建模分析。在模拟过程中上、下板料厚度均为 1.5mm 的 Al5052 的材料，冲头的直径选用 $\phi5$，下模内腔深度选用 1.4mm。在压印连接过程中，板材发生弹塑性变形需定义为弹塑性材料，而冲头、下模、压边圈都无几何形状变形则定义为刚性材料，几何模型如图 7.1 所示。对有限元模型进行单元网格划分，为了得到更精确的模拟结果，将冲头的网格尺寸定为 0.1mm，细化上、下板料网格，上、下板的网格为 0.08mm，下模的网格尺寸为 0.1mm，全部采用四边形单元对模型进行自由网格划分，并考虑板料的大塑性变形和冲头与板料接触的位置需要进行细化，总节点数 7604 个，划分单元个数为 7118 个。数值模拟的网格划分的有限元模型如图 7.2 所示[1~3]。

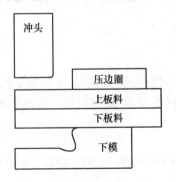

图 7.1 几何模型

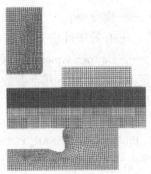

图 7.2 有限元模型

7.1.1.2 模拟过程参数的选择

A 单元的选择

冲头、上板料和下板料、压边圈及下模都可以看作轴对称图形，单元类型定义为 LS-DYNA Explicit 单元 2D Solid 162 （2D-axisymme tric model），属性选项设置为轴对称，默认采用 Lagrange 算法，以显式求解为主，兼有隐式求解功能。在 LS-DYNA971 中属于 PLANE162 单元，相关关键字为：

＊SECTION_ SHELL

1　14　1.0000　1.0　0.0　0.0　0　1　0.00　0.00　0.00　0.00　0.00

B　材料模型的选择

在 LS-DYNA 显式动力学分析过程，为了节省计算时间，对部件在整个模拟过程中相对其他部件来说硬度较高的部分，我们需要将有些部分定义为刚体，将这些刚体单独定义为一种材料模型。压印连接过程中，压边圈、下模及冲头的强度远高于被连接材料的强度，可定义为刚体，同时还可以节约 CPU 的计算时间。在模拟过程中，上、下板料均为厚度为 1.5mm 的 Al5052 型号铝板，而冲头、下模、压边圈则定义为刚性材料，其材料参数见表 7.1。

表 7.1　材料参数

材　料	密度/kg·m^{-3}	杨氏模量/GPa	泊松比	屈服强度/MPa	剪切模量/MPa
Al5052	2680	70	0.31	· 120	384
钢	7850	207	0.3		

材料模型采用随动塑性材料模型，该模型的特点是各向同性、随动硬化或各向同性和随动硬化的混合模型，且模型与应变率相关，还可以考虑失效。通过调整硬化参数 β 在 0（仅随动硬化）和 1（仅各向同性硬化）之间来确定各向同性或随动硬化。应变率可以借助 Cowper symonds 模型来选择，屈服应力可以用与应变率有关的因数来表示，如下式所示：

$$\sigma_y = \left[1 + \left(\frac{\dot{\varepsilon}}{c} \right)^{\frac{1}{p}} \right] (\sigma_0 + \beta E_p \varepsilon_p^{eff}) \tag{7.1}$$

式中　　σ_0 ——初始屈服应力；

　　　　E_p ——塑性硬化模量；

　　　　$\dot{\varepsilon}$ ——应变率；

　　　　ε_p^{eff} ——有效塑性应变；

　　　　c, p——Cowper symonds 应变率参数。

模型定义时需要以下几个参数：密度、泊松比、弹性模量、屈服强度和剪切模量，但不考虑温度对材料的影响。冲头、压边圈及下模的材料类型为 20 号材料，关键字为：

$

＊MAT_PIECEWISE_ LINEAR_ PLASTICITY

1　0.270E +09　0.700E +11　0.330000　0.120E +09　0.384E +09　0.00　5500.　4.800　0.000
0.000

＊MAT_PIECEWISE_ LINEAR_ PLASTICITY

2　0.270E +09　0.700E +11　0.330000　0.120E +09　0.384E +09　0.00　5500.　4.800　0.000
0.000

＊MAT_ RIGID

3　0.785E +09　0.207E +12　0.300000　0.0　0.0　0.0　1.00　7.00　7.00

＊MAT_ RIGID

4　0.785E +09　0.207E +12　0.300000　0.0　0.0　0.0　1.00　6.00　7.00

＊MAT_ RIGID

5   0.785E+09   0.207E+12   0.300000   0.0   0.0   0.0   1.00   6.00   7.00

从上面关键字列表中可以看出材料特性的基本参数和边界条件情况。

C　创建组件 PART

用 ANSYS/LS-DYNA 进行有限元分析必须形成 PART，在 ANSYS/LS-DYNA 中将具有相同单元属性（如材料类型、单元类型等）的单元组成一个集合成为 PART，每个 PART 有唯一识别的 PART ID。连接过程的有限元模型的 PART 列表如下：

```
*PART
Part       1 for Mat      1 and Elem Type        1
1      1      1       0       0       0      2
$
 *PART
Part       2 for Mat      2 and Elem Type        1
2      1      2       0       0       0      2
$
 *PART
Part       3 for Mat      3 and Elem Type        1
3      1      3       0       0       0      0
$
 *PART
Part       4 for Mat      4 and Elem Type        1
4      1      4       0       0       0
$
 *PART
Part       5 for Mat      5 and Elem Type        1
5      1      5       0       0       0
```

从上面 PART 列表中可以看出，PART1 选择材料编号 MAT1，单元类型 1，PART2 选择材料编号 MAT1，单元类型 2，其余以此类推。

D　定义接触

接触算法是程序用来处理接触面的方法。在 LS-DYNA 中有 3 种接触面，即单面接触、点面接触和面面接触处理算法。ANSYS/LS-DYNA 中接触的关键字为 *CONTACT，单面接触适用于一个物体外表面与自身接触或是与另一个物体的外表面接触。LS-DYNA 中最通用的接触类型是单面接触，程序将自动搜索模型中的所有外表面上，检查是否相互发生穿透。该模拟过程采用 2D 单面自动接触，即 ASS2D（Automatic 2-D single surface contact）接触类型，其关键字如下：

```
*CONTACT_2D_AUTOMATIC_SINGLE_SURFACE
0      0  1.000     500.1000     0.2000     0.000      6     0.000     0.1000E+08
```

在定义接触过程中，模拟过程中根据材料间的性质，各 PART 之间的静摩擦系数采用 0.1，动摩擦系数为 0.2，其他参数采用默认值。

E　施加边界条件及约束

模拟压印连接工艺过程中，由设备技术参数可知工作循环时间为 0.9s，简化了几何模型和模拟参数对它的影响，可以把连接过程看成是冲头只有 Y 方向位移，下模是完全约束的，压边圈只有 Y 方向的位移。首先是对压边圈施加 Y 负方向的预紧力使上、下板夹紧，再次对冲头施加向下的位移模拟整个压印连接工艺过程，在模拟过程中为了节省计算成本，开始时压边圈及铆钉已经接触到上板上表面，并施加了夹紧力。对冲头形成的 PART 分别施加 Y 负方向的位移（RBUY）4.3mm，对于压边圈施加沿 Y 负方向的压力（RBFY）1500～2000N，如图 7.3（a）和图 7.3（b）所示。

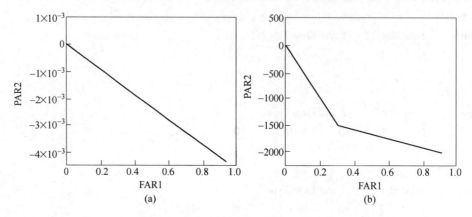

图 7.3　冲头和压边圈的位移-时间曲线

7.1.1.3　求解控制与求解

对压印连接工艺过程有限元模型进行相关参数设置后，进行求解控制并生成 K 文件，在文本文件中打开 K 文件进行局部参数的修改，对模型进行计算时间控制、输出文件控制、高级求解控制等，保存修改好的 K 文件并在 LSDYNA SOLVER 求解器进行求解。

A　计算时间控制

在求解过程中，首先要设置计算时间控制参数，也就是整个压印连接工艺过程的模拟时间。计算时间控制包括终止时间控制、时间步控制、子循环、时间步长的目测等选项，压印连接有限元模型采用国际单位制，使用压印连接设备由 ATTEXOR 公司生产的 RIV-CLINCH XX06 P50，施加模型的求解终止时间控制为 0.9s。LS-DYNA 程序中如果计算的时间步长太小会增加 CPU 的计算时间，为此可以利用质量缩放来控制最小时间步长，从而缩短 CPU 计算时间。求解过程中把所有材料的密度放大 105 倍，其他参数采用默认值，所得预算时间大约为 4min 来完成整个过程的计算，相关关键字为：

```
*CONTROL_TIMESTEP
  0.0000      0.9000      0    0.00      0.00
*CONTROL_TERMINATION
  0.900    0    0.00000    0.00000    0.000009
```

B　输出文件控制

在 ANSYS/LS-DYNA 程序中，既可以连接 ANSYS 后处理 POST1 和 POST26，也可以连接 LS-DYNA 后处理 LS-PREPOST。输出的类型 rst 和 his 文件可以供 ANSYS 后处理 POST1 和 POST26 使用，输出 d3plot 和 d3thdt 以供 LS-DYNA 后处理 LS-PREPOST 使用，或者两者都输出。输出频率控制一般采用控制输出步数来控制输出文件的频率，在设置框中设置结果输出文件 rst 的输出步数（默认 100），时间历程文件 his 的输出设备步数（默认 1000）及重启动文件的输出设备步数（默认为 1）。根据需要观察的模拟过程中的详细情况，设置输出 d3plot 和 d3thdt 文件的步数分别为 100 步和 1000 步。

C 高级求解控制

高级求解控制选项中有重启动控制、CPU 时间控制、能量控制、体积黏性系数控制、沙漏控制、自适应网格划分等。LS-DYNA 对采用单点（缩减）高斯积分的单元进行非线性动力分析，可以极大地节省计算机时间，也有助于大变形分析。但是单点积分可能引起零能模式，即沙漏模式。在模拟过程中设置沙漏控制系数 CONTROL_HOURGLASS 为 0.1（默认值）。体积黏性系数 BULK VISCOSITY 控制一般包括线性黏性系数（linear viscosity coefficient）和二次项黏性系数（quadratic viscosity coefficient），设置中输入相应的值（默认线性黏性吸收为 0.06，二次项黏性系数为 1.5）。

根据分析模型手动修改 K 文件，进行 r-自适应网格划分。将 * PART 中的参数 adopt 设置成 2 以激活 r 自适应网格划分，关键字格式如下：

* CONTROL_ADAPTIVE

0.01, 0.0001, 8, 1

根据模拟过程的需要，将网格重划分的时间间隔设置为 0.01s，自适应角度误差设置为 0.0001°，对于轴对称和平面应变实体单元的 2D r-自适应网格划分设置为 8，网格划分等级为 1 级。

将上面所有参数设置完成，并保存好已修改好的 K 文件后，将 K 文件提交给 LS-DY-NA 求解器进行求解，在求解过程中如果需要修改 K 文件或者临时中止计算，可以用"Ctrl + C"，中断求解并检查求解状态，然后在输出窗口中输入：

SW1：LS-DYNA 程序终止，并形成一个重启动文件。

SW2：LS-DYNA 程序的时间和循环次数显示，程序继续运行。

SW3：LS-DYNA 程序形成一个重启动文件后继续运行。

SW4：LS-DYNA 程序形成一个结果数据组继续运行。

7.1.1.4 结果分析

A 压印连接的成形过程

压印连接工艺过程的数值模拟如图 7.4 所示，根据压印连接设备的技术参数，设置求解时间为 0.9s，可以把整个工艺过程均分为 6 个时间段，分别对模拟过程的 6 个时间段进行分析。如图 7.4 所示，$t = 0.15s$ 时压边圈已对上板料施加预紧力，冲头已往下开始运动但并未与上板接触；$t = 0.3s$ 时为初期压入阶段，冲头继续下压，在冲压力的作用力下，上、下两板开始发生较小的弹塑性变形；$t = 0.45s$ 时为初期成形阶段，冲头下行到一定距离的时候，由于上板会挤压下板继续向下变形，在接头的对称中心处两板料之间会有较小的间隙，间隙的大小随着下压程度的增大而增大，最后又逐渐减小；$t = 0.6s$ 时为塑性成形阶段，下板料开始接触凹模底部，两板料之间的间隙变为零，下板料圆点处无约束并开始向四周流动；$t = 0.75s$ 时为保压阶段，冲头继续下行使得下板料不断地填充下模，而上板料也开始周向流动形成一定的镶嵌量；$t = 0.9s$ 时为反压阶段，在下模的反作用力、压边圈的预紧力及冲头的冲压力作用下，上、下板之间形成一个机

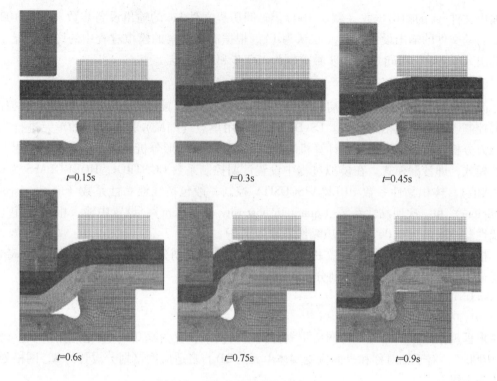

$t=0.15s$　　　　　　　　$t=0.3s$　　　　　　　　$t=0.45s$

$t=0.6s$　　　　　　　　$t=0.75s$　　　　　　　　$t=0.9s$

图 7.4　压印连接数值模拟成形过程

械互锁的结构。

由图 7.5、图 7.6 及表 7.2，可以明显看出接头的有限元模拟与连接实验结果很近似，但其中的镶嵌量误差比较大，可能是由于真实模具尺寸、材料参数和模拟过程中设置的参数所引起的，仍可以用数值模拟方法对不同模具组合、不同厚度的板料及不同材料组合进行模拟压印连接工艺过程。

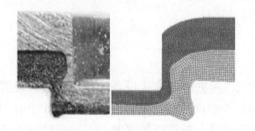

图 7.5　实验和模拟对比

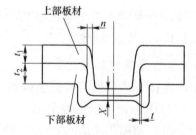

图 7.6　压印连接结构的主要参数
t_1，t_2—上下板厚度；X—底部厚度；
n—颈部厚度；t—镶嵌量

表 7.2　实验和数值模拟数据对比

项　目	t_1/mm	t_2/mm	n/mm	X/mm	t/mm
实　验	1.5	1.5	0.3	1	0.25
模　拟	1.5	1.5	0.4	1.1	0.15

B 压印连接接头的应力、应变分析

压印连接工艺过程数值模拟的应力、应变分布，如图 7.7 和图 7.8 所示。由应力、应变云图可知，最大应力、应变出现在 2551 单元附近，而且较大的应力、应变所产生的位置主要集中在两铝板接触面、冲头圆角处与上板接触的位置以及下板底部与下模相互接触的位置，主要是因为压印连接过程中，上、下板料被冲头冲压入下模时，上、下板料发生较大的塑性变形以至于充满整个下模内腔，形成一个相互镶嵌的内锁结构。

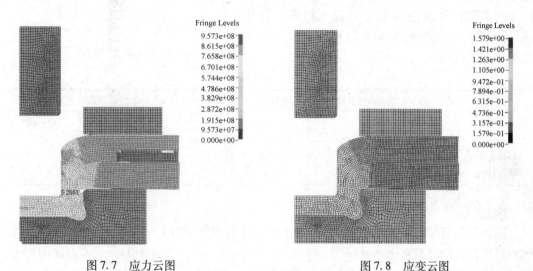

图 7.7 应力云图   图 7.8 应变云图

C 压印连接的载荷分析

压印连接工艺过程数值模拟中产生最大应力为 2551 单元，2551 单元的时间-载荷曲线如图 7.9 所示，由图可以看出冲头在接触上板料之前会有一段空载行程，曲线为直线；在冲头冲压上板的过程中，载荷平缓上升，之后又平缓下降，主要是由于上板开始变形；随后冲头继续下行，载荷急剧地上升，上、下板在下模内开始变形并在下模内腔周向流动，载荷波动较大；当冲头继续下行至保压阶段，在冲压力和下模的反作用力作用下，载荷不断增大，直到上、下板料塑性变形充满整个下模内腔，逐步形成有一定镶嵌的内锁结构。

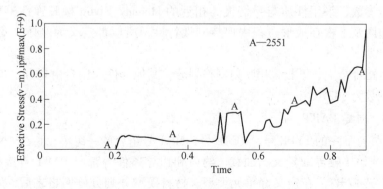

图 7.9 2551 单元的时间-载荷曲线

7.1.2　分体式下模接头成形过程模拟分析

7.1.2.1　有限元模型的建立

A　几何模型的建立

用 ANSYS/LS-DYNA 软件建立分体式下模压印连接模型，由于几何的对称性，简化为采用二维轴对称模型。几何模型如图 7.10 所示，模型尺寸与实际试件及设备的尺寸完全相同，采用mm 单位制。实验板料为 Al5052 铝合金，其材料参数见表 7.3。

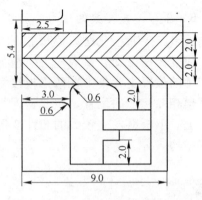

图 7.10　几何模型

表 7.3　材料参数

材　料	密度/kg·m⁻³	弹性模量/GPa	泊松比	屈服强度/MPa	剪切模量/MPa	抗拉强度/MPa
Al5052	2750	70	0.33	120	26654	175 ~ 305
SPCC	7850	200	0.3	250	76923	460
弹性材料	4982.382		0.499			
刚性材料	7850	200	0.3			

B　定义单元类型及相关参数

选择 LS-DYNA 中的平面单元 2D Solid162，并选用非常有利于分析大变形问题的 ALE体积算法，它同时具有 Lagrange 方法和 Euler 方法的优点，引进了 Lagrange 方法的特点，处理结构边界运动问题时能够有效地跟踪物质结构边界的运动；同时，它兼有 Euler 方法的优势，在划分内部网格时，内部网格单元相对于物质实体是独立存在的，但它与 Euler网格相比又有所区别，即在求解过程中网格可以根据设置的参数适当调整位置，使得网格不会产生严重的畸变。

C　定义分析所需材料模型及划分网格

根据试验材料的性能，选用分段线性塑性模型模拟 Al5052 铝合金，该模型可用于模拟各种塑性硬化金属材料，采用 Cowper symbols 模型考虑应变率对屈服应力的关系，见式(7.1)。

根据材料设定应变率参数 c 为 5500，p 为 4.8；失效时等效塑性应变为默认值。

根据弹簧参数，采用性质与弹簧极为相近的 Mooney-Rivlin 橡胶弹性模型模拟弹簧；而冲头、压边圈及下模在成形过程中保持刚性特性，所以都定义为刚体，其材料参数见表 7.3。

然后，对铝合金上、下板采用映射网格划分，其他部件采用自由划分，得到有限元模型，其总单元数为 5427 个，节点数为 5905 个。

7.1.2.2　创建 PART

PART 是具有唯一的 TYPE 号，REAL 号，MAT 号组合的一组单元。在 ANSYS/LS-DYNA 中许多命令如接触界面定义、加载、约束和边界条件等都与 PART 直接有关，因此，必须合理地定义 PART。在定义好单元类型、材料模型并划分好网格之后，生成的 PART表如图 7.11 所示，PART 序列从 1 至 7 分别代表了冲头、压边圈、凹模底座、凹模活动部分、弹簧、上板料、下板料。

7.1.2.3 定义接触、约束及施加载荷

压印连接过程属于大变形问题，故选用
LS-DYNA 中特定的 ASS2D 二维单面接触选
项，与 3D 单元所用接触相类似，单面接触中
程序将自动判定模型中哪些表面发生接触，是
否相互发生穿透。静摩擦系数和动摩擦系数均
取 0.1，其他参数采用默认值。

施加约束时，由于模型的对称性，限制
上、下板料的左端 X 方向移动；只允许上模和
压边圈有 Y 方向的移动，下模底座施加固定约
束，下模活动部分只允许 X 方向移动和绕 Z
轴的转动。

PARTS FOR ANSYS LS–DYNA
==================
USED: used in number of selected elements

PART	MAT	TYPE	REAL	USED
1	1	1	1	180
2	2	1	1	15
3	3	1	1	356
4	4	1	1	276
5	5	1	1	600
6	6	1	1	2000
7	7	1	1	2000

图 7.11　PART 表

在 LS-DYNA 中，所有载荷都必须与时间有关。定义好各个时间间隔及其对应载荷值
的数组参数后绘制的载荷曲线分别如图 7.12 和图 7.13 所示。其中施加于冲头上的时间-
位移曲线如图 7.12 所示；施加于压边圈上的时间-力曲线如图 7.13 所示。在定义载荷曲
线时，载荷值应该由零开始增加到一个常值，同时应控制好力的大小以确保载荷的施加没
有动力影响。

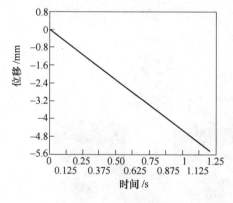

图 7.12　时间-位移曲线

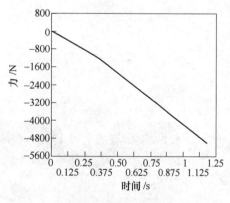

图 7.13　时间-力曲线

7.1.2.4 求解控制

LS-DYNA 应用单点（缩减）高斯积分的单元进行非线性动力分析，可以极大地节省
计算时间，也有利于大变形分析，但是单点积分可能引起沙漏模式。求解控制中设定沙漏
控制系数为 0.1，体积黏性系数中的二次项黏性系数为 1.5，线性黏性系数为 0.06。

板料在冲压过程中有些地方曲率变化大，网格存在严重的畸变或丢失情形，需要网格
在迭代过程中不断调节，将网格细化，为此采用网格自适应技术。激活板料 PART 的自适
应网格并使用关键字 *PART 中的参数 adpopt 来设置，手动修改 K 文件，网格重划分时间
间隔设为 0.01s，经过该时间间隔计算中断，根据重划分的要求评估网格，对该细化处进
行网格重划分，并把计算结果从以前的网格映射到新的网格上，然后继续进行计算。附近

两单元相互角度改变量为 0.0001°，网格划分等级为 1 级。相应关键字为：

　　* CONTROL_ADAPTIVE

　　0.01, 0.0001, 8, 1

　　根据 RIVCLINCH 1106 P50 压印连接设备参数，求解终止时间取为 1.2s。输出频率以及结果文件及时间历程文件等的输出步数均采用默认值。

　　进行质量缩放，在 K 文件中各模型材料的密度放大 106 倍，以减少 CPU 计算时间。之后，在 LS-DYNA SOLVER 求解器中进行求解。

7.1.3　模拟结果及分析

　　将整个压印过程时间 1.2s 分为三个阶段显示，如图 7.14 所示。

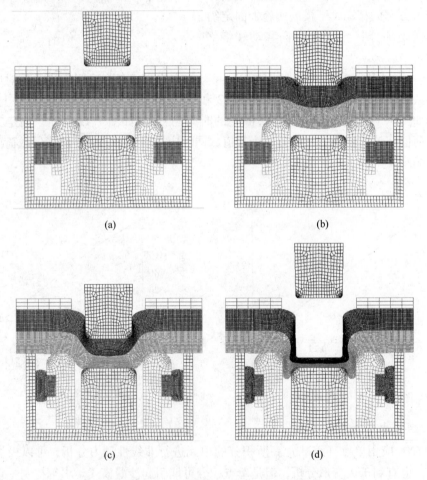

图 7.14　分体式下模有限元模拟结果

(a) $t=0$s；(b) $t=0.4$s；(c) $t=0.8$s；(d) $t=1.2$s

　　（1）第一阶段。上模下行至上板料表面并对表面施加压力，铝合金材料随上模下行，上、下板料发生塑性弯曲。在冲头的侧边与板料接触区域，网格纵横比不断增加，网格被拉长，这个过程类似于金属冲压成形中的拉伸成形。

　　（2）第二阶段。板件接触下模后，在上模的作用下材料在下模内开始变形，同时下模的活动部分逐渐向外张开，可以看到弹性材料明显发生压缩变形。随着冲头将两块板压得越来越薄，金属材料在下模的型腔内充分变形，开始流向冲头两侧及活动部分的空隙。

（3）第三阶段。金属在模具中的流动几乎停止，经过短时间的保压后，上模返程，下模的活动部分随弹簧力一起回到原始位置。最终使金属板件局部变形形成一个紧密的互锁的摩擦连接圆点。

采用50kN的力连接试件，沿对称中心切割并抛光后得到压印接头截面图（见图7.15（a））。图7.16为分体式下模压印连接和整体式下模压印连接有限元模拟结果对比图。在显微镜下测得实际工件的断面各质量参数，以及在软件中利用标定点之间的距离测出两种模拟结果中的各质量参数见表7.4。对比实验结果与两种不同下模模拟结果以及测得的各质量参数，不难看出用分体式下模进行压印连接模拟，其颈厚和镶嵌量更接近实验值，获得了比整体式下模压印连接更好的接头质量。同时也验证了模拟结果的正确性。

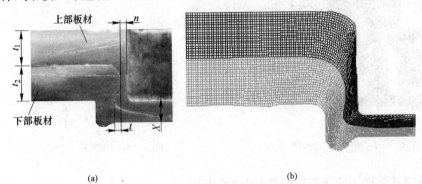

(a)　　　　　　　　　　(b)

图 7.15　实验和模拟结果对比

t_1，t_2—上下板厚度；n—颈部厚度；t—镶嵌量；X—底部厚度

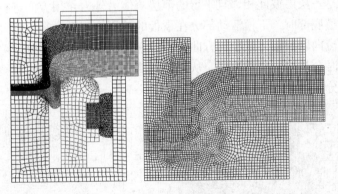

图 7.16　分体式下模与整体式下模压印连接模拟结果对比

表 7.4　质量参数结果

参数类别	t_1/mm	t_2/mm	n/mm	X/mm	t/mm
实验值	2	2	0.25	1.38	0.55
分体式下模模拟	2	2	0.3	1.4	0.48
整体式下模模拟	2	2	0.4	1.4	0.3

分体式下模压印连接的 von Mises 等效应力云图如图7.17所示，由云图可见，最大应力出现在1508单元，位于冲头与上板接触的倒角区域，其网格趋于运动方向明显拉长变

细。1508 单元的应力-时间曲线如图 7.18 所示，在 0.2s 后开始受到冲头轴向压力的作用，应力随时间不断增加，在 1.02s 左右时达到最大值，此时 1508 单元刚好位于冲头与上板接触的倒圆角处。冲头继续下移，板料不断地塑性流动，1508 单元从倒圆角处滑向孔壁，上模作用在 1508 单元上的力由原来的轴向力转变为径向力，所以可以从曲线图上看到在 1.04s 后应力突然减小，随后 1508 单元的应力在冲头壁和下模活动部分共同作用下再次增大，直到整个过程停止。

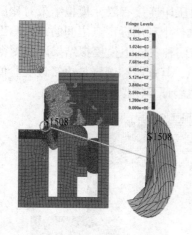

图 7.17　等效应力云图

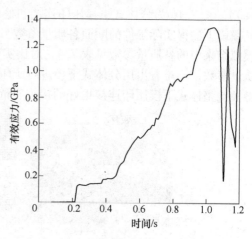

图 7.18　1508 单元应力-时间曲线

7.1.4　分体式下模压印连接成形过程流向分析

图 7.19 为分体式下模压印连接过程中分别在 0.6s 和 1.2s 时铝合金板料流向的局部放大图，将板看成是一层层彼此相邻且平行的薄层流体沿外力作用方向进行的相对滑移。在下板料接触到下模底部时，下模活动部分在下板的挤压作用下沿径向张开，随着金属板料被压薄，金属会流向摩擦阻力最小的方向，所以它向着下模活动部分空隙以及冲头两侧流动，在遇到阻力时会折回形成涡流区。从图中的箭头可以发现变形区域整个部分的金属流动很明显也很充分。

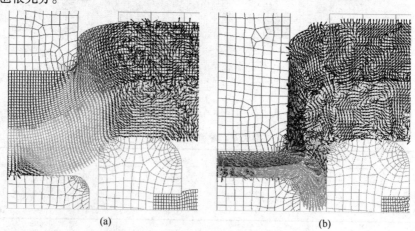

(a)　　　　　　　　　　　(b)

图 7.19　分体式下模压印连接过程中金属流向图

(a) $t = 0.6s$；(b) $t = 1.2s$

图 7.20 为分体式下模压印连接和整体式下模压印连接（整个冲压过程为 0.9s）分别在 0.6s 时铝合金板料流向的局部放大图，分体式下模压印连接时，在下板料接触到下模底部时，下模活动部分在下板的挤压作用下向侧面滑开，使金属能够流向空隙；整体式下模压印连接时，由于没有活动部分，在凹模上壁周围的金属流动与分体式相比不够充分，其要想获得与分体式下模压印连接相同的连接圆点就需要更大直径的凹模，才能使金属更充分地在型腔内变形。

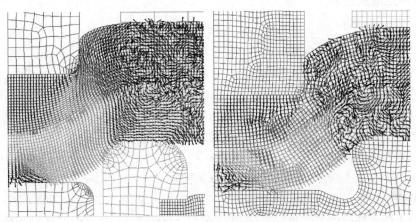

图 7.20　$t = 0.6s$ 时分体式下模与整体式下模压印过程流向对比

如图 7.21 所示，在 0.89s 时，受整体式下模模具型腔尺寸的限制，金属在整体式下模中的塑性流动已几乎停止，材料并未完全充满下模型腔，而是留有少许空隙；用分体式下模压印连接时，在 1.18s 时仍然有如箭头方向的塑性流动，使金属材料更加充分地流动形成更好的镶嵌。

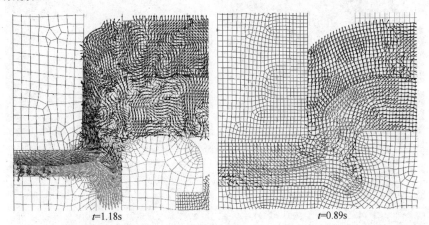

图 7.21　分体式下模与整体式下模压印过程终止时流向对比

7.2　金相试验及金属流动规律

7.2.1　金相试样的制备及金相实验过程

采用与 Al5052 自冲铆接头金相试件制备相同的方法，即机械磨光加电解抛光的方法制备金相试件。

　　制备好的金相试件同样采用与处理 Al5052 自冲铆接头一样的阳极化覆膜方法处理压印接头。

　　制得了金相试样之后，采用智能数字万能材料显微镜，在偏光下进行微观组织分析并拍照。

7.2.2　实验结果及分析

　　压印连接后如图 7.22 中所示位置的金相组织光学显微照片分别如图 7.23（a）~（d）所示。图 7.23（a）为 Al5052 铝合金未变形的显微组织，可以看出变形前呈现均匀的等轴晶粒组织。图 7.23（b）在离板料与冲头接触区域稍远处，晶粒还保持未变形的形状，越靠近接触区域，晶粒尺寸的纵横比增加越大，各晶粒沿金属变形的方向定向延伸和扭曲，当变形量很大时，晶界变得模糊不清，由原来的块

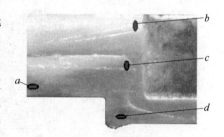

图 7.22　压印接头截面图

状晶粒逐渐变成扁平晶粒，最终被拉成条形纤维组织。从图 7.23（c）可以看出，板料在冲头的压力下随着凹模型腔的形状发生塑性流动，与图 7.19 中的模拟结果相近。图 7.23（d）圆角处内部晶粒结构被细化且有序排列，其原因就是铝合金属于高层错能材料，其塑性变形主要是由位错沿着滑移系滑移产生，处于平衡状态的原子在冲压力作用下，发生晶格畸变并错动，产生了不可恢复的永久变形。从整个冷挤压过程来看，在塑性变形时，其内部晶粒本身及晶粒之间平滑过渡，从而使得连接处不存在明显的应力集中。同时，晶粒

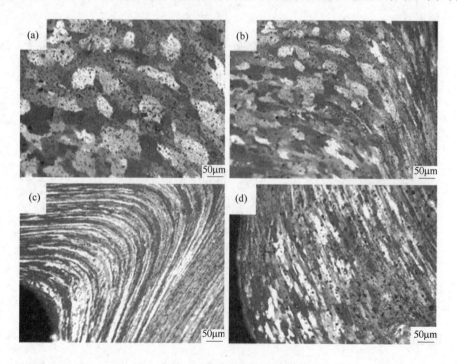

图 7.23　接头处的金相图

被拉长并细化，出现了加工硬化现象，使得这些部位材料的机械性能不仅没有降低，反而强度和硬度有所提高，进而保证了接头具有足够的抗拉强度和疲劳强度。而且，经试验证明 Al5052 铝合金表面晶粒细化后，抗蚀性能提高，其平均腐蚀速度与表面晶粒尺寸呈线性关系，说明压印连接后，其接头的抗腐蚀性能也比原材料有所提高[4~6]。

7.2.3 有限元模型与金相实验结果对比

通过显微组织形态特征分析得出，金相试验结果与数值模拟的流向相吻合。压印接头区域微观组织由原来的块状晶粒变成了纤维组织，晶粒被拉长细化，产生了加工硬化现象，与点焊所形成的铸态组织有明显不同，它几乎没有改变材料的本质特征，反而在加工后接头强度得到提高。在模具的设计中，可以将接头的金相分析与金属的流向相结合，从而得到可控的微观组织结构，进而得到所需的性能。

7.3 压印连接过程数值模拟实例

7.3.1 典型薄板材料连接模型

将压印连接技术作为一种有效的连接方法应用到实际中，需要提高这项技术的通用性。铜及其合金具有优良的导电、导热性，耐腐蚀性和良好的加工成形性能，广泛应用于化工、动力、电器、交通等领域。但铜为稀缺金属，属于战略资源，我国每年需要进口大量铜材。钢铁和铝合金则分别是用量最大的第一大金属材料和第二大金属材料。为了充分利用铜合金、铝合金以及钢各自所拥有的优异性能，很多场合需要使用铜、铝合金及铜合金、钢的复合接头，不但能减轻结构件的重量、节约材料、降低生产成本，还能满足强度和功能要求。本节将针对铜合金、铝合金、钢等常用典型薄板材料压印连接进行研究。

采用铜合金板材的厚度为 1.5mm，板材组合方式为 H62-H62。压印连接选用的模具为：冲头 SR5707，下模 SR60314。

同时，为了直观研究铜合金压印成形过程，对压印连接过程进行数值模拟。按照模具和板材的实际尺寸以及边界条件，建立二维有限元模型，如图 7.24 所示。选取单元为 2D Solid 162 单元，采用默认的 Lagrange 算法，该算法以显式算法为主，兼有隐式求解功能。在求解时，将冲头、压边圈、固定模和活动模定义为刚体，弹簧通过弹性体进行定义，板材采用随动塑性材料定义。通过 2D 单面自动接触定影接触面之间的接触，取静摩擦系数为 0.2，动摩擦系数为 0.15。边界条件按照实际边界设置，求解时采用质量缩放和自动网格划分[7,8]。

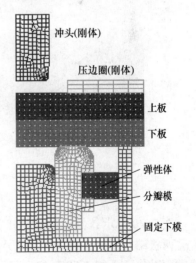

图 7.24 压印连接过程的有限元模型

冲头(刚体)

压边圈(刚体)

上板

下板

弹性体

分瓣模

固定下模

图 7.25（a）是试验获得的压印接头截面，接头具有一定的颈部厚度和镶嵌量，上、下板之间形成了有效的内锁。因此，从接头截面看，压印连接可以实现 H62-H62 铜合金同种材料的连接。图 7.25（b）为有限元模拟结果，与试验结果基本一致，压印连接过程可以通过有限元进行直观分析。

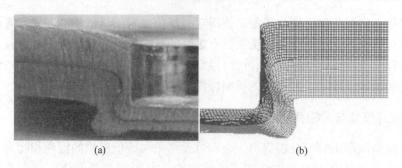

图 7.25　H62-H62 压印接头截面

(a) 试验结果；(b) 模拟结果

　　对铜合金与铝合金、铜合金与冷轧钢两种异种材料组合进行压印成形研究，三种板材厚度均为 1.5mm。由于为异种板材组合，考虑到板材叠放顺序可能会影响接头成形，共研究四种接头组合：H62-Al5052、Al5052-H62、H62-SPCC、SPCC-H62。

　　图 7.26 和图 7.27 分别是铜-铝压印接头和铜-钢压印接头截面。

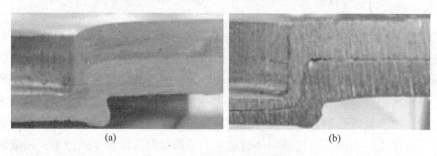

图 7.26　铜-铝压印接头截面

(a) H62-Al5052；(b) Al5052-H62

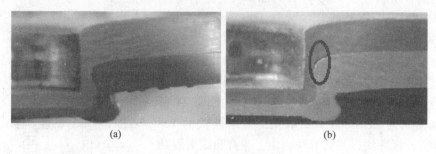

图 7.27　铜-钢压印接头截面

(a) H62-SPCC；(b) SPCC-H62

　　图 7.26 显示，(a) 图所示接头成形较好，上板成功嵌入到下板中，形成明显的镶嵌，并且两板结合紧密；而 (b) 图所示接头没有形成有效内锁，上板未嵌入到下板中。从接头截面看，H62 与 Al5052 组合压印连接时，铜板在上时接头成形性良好，应将铜板作为上板进行压印连接。

　　从图 7.27 可以看出，(a) 图所示接头成形较好，上板成功嵌入到下板中，形成明显的镶嵌，具有一定的颈部厚度和镶嵌量，并且两板结合紧密；(b) 图所示接头也形成了有效内锁，但与 (a) 图接头相比，上板嵌入到下板的程度较小，并且两板之间有少许缝隙。

因此，H62 与 SPCC 组合压印连接时，应将 H62 作为上板。

7.3.2 三层板模型

在实际生产应用中，有时不仅需要两层板材的组合结构，也需要三层板的组合。沃尔沃的 S80 采用了多层板材的连接。由于车身结构和功能的需要，车身上需要进行异种材料或者多层板材的连接。点焊不能一次实现多层板的连接，螺栓连接工艺过程复杂，而压印连接技术能有效地一次实现多层板的连接。本节针对连接三层相同厚度的异种材料板材组合的压印连接成形过程进行研究[9,10]。

首先建立三层板压印连接过程的二维模型，如图 7.28 所示，模型建立方法与边界条件设置与两层板压印连接过程相同。

试验材料选用厚度为 1.5mm 的 Al5052 和厚度为 1mm 的 SPCC。Al5052 和 SPCC 的材料参数见表 7.3。板材的组合类型及板材厚度情况见表 7.5。

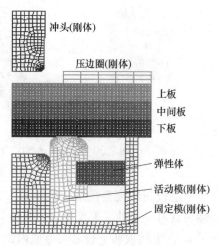

图 7.28　压印连接过程的有限元模型

表 7.5　压印连接接头类型及板材厚度

压印接头组合类型	上　板	中间板	下　板
铝-铝-钢	1.5mm Al5052	1.5mm Al5052	1.5mm Al5052

1.5mm Al5052-1.5mm Al5052-1.5mm Al5052 的连接过程模拟如图 7.29 所示。

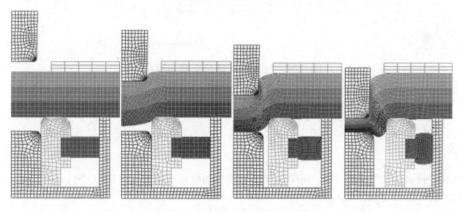

图 7.29　三层板压印连接过程模拟

被连接的三层板材随冲头下行，在冲头的作用下材料在下模内开始变形，同时，下模活动部分张开，金属材料在下模内充分变形，形成固定压印连接点，然后冲头回程，压印连接完成。所建立的有限元模型可以完整地描述三层板压印连接过程。

图 7.30 所示为 1.5mm Al5052-1.5mm Al5052-1.5mm Al5052 的数值模拟结果和试验结果，数值模拟得到了和试验结果类似的接头截面。数值模拟结果与试验结果相比，中间板和下板间的镶嵌量不明显，这可能与材料间的摩擦模型有关[11]，模型中不可能定义与实

际完全一致的摩擦系数。总体来看，通过所建模型，可以直观地描述压印连接过程中接头上的材料变形和流动以及接头成形机理。

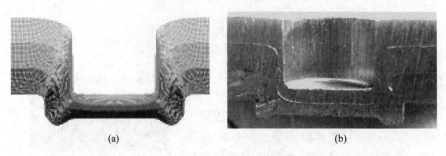

图 7.30　1.5mm Al5052-1.5mm Al5052-1.5mm Al5052 压印接头截面

（a）模拟结果；（b）试验结果

　　三层板压印接头截面形状如图 7.31 所示，内锁结构与两层板类似。连接完成后，压印接头具有一定的底部厚度 X，上板与中间板之间形成内锁，具有一定的颈部厚度 t_{N1} 和镶嵌量 t_{U1}；中间板和下板之间形成内锁，具有一定的颈部厚度 t_{N2} 和镶嵌量 t_{U2}。因此，三层板的压印接头质量取决于这五个截面参数。

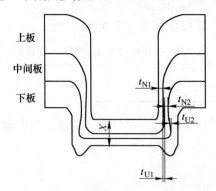

图 7.31　三层板压印接头截面形状

参 考 文 献

[1] 冯模盛，何晓聪，严柯科，等. 压印连接工艺过程的数值模拟及试验研究 [J]. 科学技术与工程，2011，11（23）：5538～5541.

[2] 冯模盛，何晓聪，邢保英. 压印连接接头的疲劳裂纹扩展分析及试验研究 [J]. 材料导报，2012，26（5）：140～143.

[3] 冯模盛. 压印接头疲劳性能研究 [D]. 昆明：昆明理工大学，2011.

[4] 郑俊超，何晓聪，邢保英，等. 分体式下模压印接头成形的有限元模拟及接头微观组织 [J]. 机械工程材料，2013（9）：79～83，99.

[5] Zheng J C, He X C, Xu J N, et al. Finite element analysis of energy saving jointing method base on energy materials：Clinching [J]. Advanced Materials Research，2012，577：9～12.

[6] 郑俊超. 压印接头力学性能研究及微观组织形态分析 [D]. 昆明：昆明理工大学，2012.

[7] Yang H Y, He X C, Wang Y Q. Analytical model for strength of clinched joint in aluminium alloy sheet [J]. Applied Mechanics and Materials, 2013: 578~581.

[8] He X C, Liu F L, Xing B Y, et al. Numerical and experimental investigations of extensible die clinching [J]. International Journal of Advanced Manufacturing Technology, 2014 (74): 1229~1236.

[9] 刘福龙, 何晓聪, 杨慧艳, 等. 三层板压印接头静拉伸力学性能研究 [J]. 热加工工艺, 2014, 43 (15): 35~38.

[10] 刘福龙, 何晓聪, 曾凯, 等. 三层板压印接头力学性能分析 [J]. 材料科学与工艺, 2015, 23 (3): 118~123.

[11] 郑俊超, 何晓聪, 许竞楠, 等. 不同材料压印接头的拉剪性能及疲劳性能 [J]. 机械工程材料, 2014, 38 (1): 52~55.

8 压印接头静强度研究

压印接头静力学分析可以确定接头在稳定载荷下的最大应力位置，以预测接头强度及其破坏方式，并为裂纹扩展提供节点的应力、应变信息[1]。前人的研究主要是对0°单搭压印接头的强度进行了研究，认为接头主要承受剪切力。但是，在工业生产中，对于生产诸如汽车天窗、引擎盖、行李箱盖等汽车零部件时，需要连接不同搭接角度的薄板，压印接头承受的力不是单一的剪切力，而是同时存在剪切力和剥离力[2]。在这种情况下，研究有预成角压印接头的强度，以及如何选择预成角使压印接头强度最好具有一定意义。

8.1 0°压印接头静载破坏试验

对压印连接的静态性能进行试验研究，研究0°单搭压印接头静载荷下的失效形式及其所能承受的最大静载荷。

8.1.1 实验准备

本实验所需设备有压印连接设备（见图8.1）和拉伸实验机（见图8.2）。

图8.1 压印连接设备

图8.2 AG-X100kN 力学实验机

RIVCLINCH 1106 P50 压印连接设备主要由动力单元、增压单元和连接单元组成。其动力由空气压缩机提供，设定其工作压力为 0.6MPa，相应的连接力为 50kN。选用模具型号为：上模 SR5010，下模 SR60314。

静态拉伸试验设备：日本 SHIMADZ（岛津）制作所生产的 AG-X100kN 力学实验机。

实验板料为 Al5052 铝合金（材料参数见表7.1），试样尺寸如图8.3所示，上、下板料均切（长×宽×高）为 110mm×20mm×2mm 的试样。

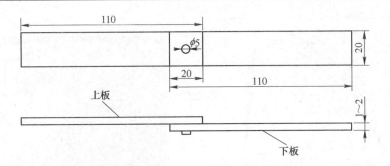

图 8.3 0°单搭压印连接试样尺寸（单位：mm）

8.1.2 试验过程

首先在压印连接设备上制备一组 8 个 0°单搭压印连接试样，如图 8.4 所示，然后将其置于拉伸实验机上进行拉伸实验，拉伸速率设为 10mm/min。考虑到单搭试样夹持后会产生作用力不在同一轴线上的情况，需在两夹持端各加 2mm 厚度的垫片以保证力的对中。拉伸-剪切过程如图 8.5 所示，拉伸过程中，由压印连接上板金属流动形成的颈状部位在逐渐增大的拉伸力的作用下，颈部与压印连接上板处被剪断[1]。

图 8.4 0°压印连接试件

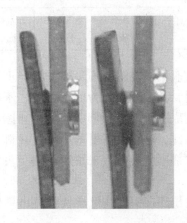

图 8.5 压印接头拉伸-剪切破坏过程

8.1.3 拉伸实验结果分析

图 8.6 是 0°压印接头静载破坏试验所得到的载荷-位移曲线，一组 8 个试件的曲线相对集中，证明实验数据可靠。从曲线可以看出，拉伸过程刚开始时有弹性变形的直线阶段，塑性变形的屈服阶段不明显，屈服之后有很长一段较平缓的阶段，然后再慢慢降低，直至断裂。

图 8.7 是 0°压印接头拉伸-剪切实验的失效形式，可看出 8 个试件全部为上板颈部被拉断，为剪切失效。由此可推断 0°压印接头在承受剪切力的时候，最大应力出现在上、下板结合的颈部区域。

静载破坏试验的统计结果见表 8.1。

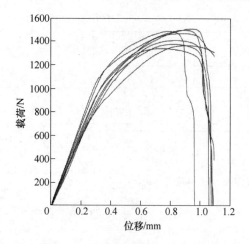

图 8.6　0°压印接头载荷-位移曲线

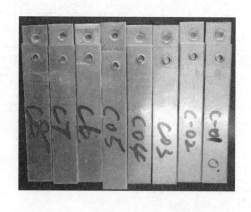

图 8.7　0°压印接头拉伸-剪切失效形式

表 8.1　0°压印接头静载破坏试验结果统计

编　号	C01	C02	C03	C04	C05	C06	C07	C08
最大载荷/N	1340.96	1410.21	1365.81	1377.58	1468.07	1507.81	1487.30	1496.40
最大位移/mm	1.09	1.09	1.20	1.10	1.15	1.08	0.97	1.07
失效形式	上板颈部断裂	上板颈部断裂	上板颈部断裂	上板颈部断裂	上板颈部断裂	上板颈部断裂	上板颈部断裂	上板颈部断裂

　　实验结果表明，压印接头主要承受剪切载荷时，其失效模式为剪切失效。压印接头的强度取决于上板颈部截面积，如图 8.8 所示。由此，可以根据模具参数及材料参数用测量颈部厚度的方法来预测压印接头的剪切强度。

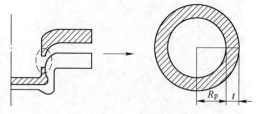

图 8.8　颈部截面示意图

　　由压印接头的几何形状推导出具体公式如下：

$$F = \sigma A = \pi \left[\left(R_p + t \right)^2 - R_p^2 \right] \sigma \tag{8.1}$$

式中　σ——上板材料抗拉强度；

　　　A——颈部截面积；

　　　R_p——冲头半径；

　　　t——颈部厚度。

　　可见，查出材料抗拉强度，测量出颈部厚度及模具尺寸，即可由公式计算出压印接头的剪切强度。

　　下面举例说明式（8.1）的实用性及正确性，在 RIVCLINCH 1106 P50 压印连接设备上制备试件，上模半径 $R_p = 2.5\text{mm}$，对制备好的试件沿中心线切开后测得接头颈部厚度 $t = 0.25\text{mm}$，由材料参数表 7.1，取材料的抗拉强度为 $\sigma = 305\text{MPa}$。由式（8.1）得接头可以承受的剪切力为 $F = 1256.98\text{N}$。

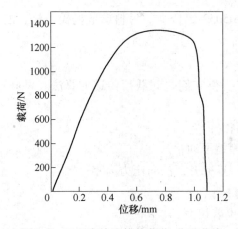

图 8.9 0°压印接头拉伸载荷-位移曲线

为验证理论推断的正确性，通过静载破坏试验测试连接点承受剪切应力的能力。采用上、下两端夹持试件，以 10mm/min 的加载速度进行拉伸。最后得到的试件载荷-位移曲线如图 8.9 所示，最大载荷为 1340.96N，相对误差 6%。误差在可以接受的范围内，说明可以用式（8.1）来预测接头的最大破坏力，对生产过程中模具的选择具有指导意义。

同时，由于该结构件不属于标准试件，所以在力学实验机上一般不能测出其应力-应变曲线。为了在进行力学性能分析时消除试样尺寸的影响，同样可根据颈部截面积公式 $A = \pi \left[(R_p + t)^2 - R_p^2 \right]$ 及静载破坏试验得出的位移-载荷曲线来换算得出压印接头拉伸过程中的应力-应变曲线。

8.1.4 裂纹扩展研究

在试件夹持并拉伸一段时间后停止试验，然后对压印接头端面试样进行机械抛光，在显微镜上观察裂纹并拍照。图 8.10 为压印接头颈部位置放大 50 倍的照片。可以观察到在压印接头上、下板接触的颈部区域出现大量细小裂纹，但还未汇集成具有一定长度的裂纹。整个压印连接过程一般不产生裂纹，但是给接头施加一定的载荷后，颈部应力增大，随着载荷的增加裂纹萌生，最后当裂纹扩展到一定的程度时，构件的有效承载面承受不了此时的载荷进而断裂。

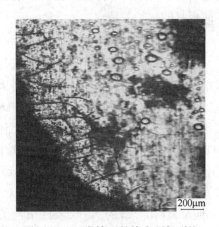

图 8.10 显微镜下的接头颈部裂纹

8.2 0°单搭压印连接静力学有限元分析

8.2.1 0°单搭压印连接有限元模型的建立

单搭压印连接试件的几何模型如图 8.3 所示，实验板料为 Al5052 铝合金（材料参数见表 7.1），上、下板料尺寸长×宽×高为 110mm×20mm×2mm，试件搭接部分长度为 20mm，冲头的直径为 5mm，控制底厚 ST 值为 1.4mm。

用 ANSYS/Workbench 进行有限元分析，首先在参数化建模模块 Design Modeler 中绘制单搭压印连接三维几何模型，然后将各组相邻的面进行 Virtual Topology 控制，把同性质的相邻的面进行相加，使这些面作为一个单独的面发挥作用。

8.2.1.1 材料属性设置

ANSYS/Workbench 有丰富的材料库，且对材料各种力学性能参数的描述详细全面，对零件材料属性进行设置时可以直接选择材料库的材料。由于本实验所用材料是材料库中没有的，需在材料库 Engineering Data 中自定义添加 Al5052 铝合金的材料参数杨氏模量、泊松比、屈服强度等。

8.2.1.2　接触的设置

结构分析中需要定义零件之间的相互关系，以提供它们之间载荷传递的算法。Workbench 中主要有五类接触类型：

（1）Bonded，即面间无滑动无间隙，类似粘接；

（2）No Separation，即面无间隙，但可允许无摩擦滑动；

（3）Frictionless，即部件之间摩擦系数为零，一旦分开，法向压力为零；

（4）Rough，即类似 Frictionless，无滑动的粗摩擦；

（5）Frictional，即部件之间会因摩擦系数而产生剪切力。

在 Mechanical Model 模块中设置接触，接触类型采用 No Separation，该接触类型类似粘接，只适用于面间的接触，面间无间隙，但在接触面间允许无摩擦滑动。根据接触面与目标面的选取规则，把凸面定义为 contact surface，凹面定义为 target surface。接触的算法选用 Pure Penalty（罚函数法）。其他设置采用默认选项，Workbench 会以默认的容差自动探测板料的接触关系[5]。

8.2.1.3　网格划分

Workbench 有强大的网格自动划分功能，可以根据实际模型的形状自动调整网格大小，也可统计检验网格划分的质量。在 Mechanical Model 模块中划分网格，选取 10 节点四面体单元 Solid187（见图 8.11），该单元根据近几年较合理的大变形理论，共同考虑大变形和非线性材料模式，克服了旧有的 Solid92 单元在双重非线性（几何及材料非线性）下收敛性很差的问题。采用 Contact Sizing 在两板的接触面上进行局部网格划分控制，在接触面上生成相同大小的单元，使

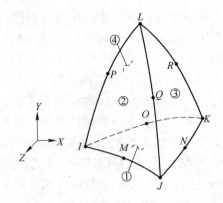

图 8.11　10 节点四面体单元 Solid187

得网格在接触区域里是一致的。并采用 Pinball 在以试件中心为圆心，15mm 为球半径的空间内，对接头及其附近区域进行网格细化。划分得到的 0°单搭压印接头的有限元模型，如图 8.12 所示，其总单元数 27550 个，节点数 46655 个。上述网格划分技术在压印接头的动态性能数值模拟中也是有用的[6~10]。

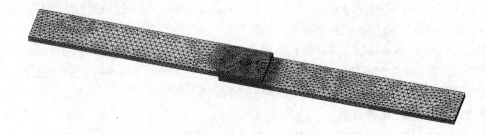

图 8.12　单搭压印接头有限元模型

8.2.2　0°压印连接件静力学分析

在 Static Structural 模块中进行静力学分析，仿照静载破坏试验过程对有限元模型在左端面施加固定位移约束，根据静载破坏试验结果，在右端面 X 方向施加最大破坏力 1500N，如图 8.13 所示。

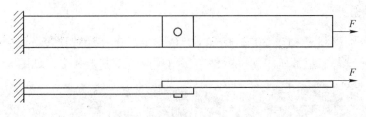

图 8.13　静力加载示意图

计算得到压印接头的 von Mises 应力云图，如图 8.14 所示，最大应力出现在板料受拉后上、下板接触挤压的颈部，同时这也是接头在承受拉压循环载荷时疲劳源产生的地方。根据试验施加的 1500N 的最大破坏力，有限元分析得到的最大应力结果为 316.84MPa，与材料的抗拉强度接近，与拉伸实验得出的结果相符，说明了用有限元方法对压印连接件进行静力学分析的正确性和可行性。

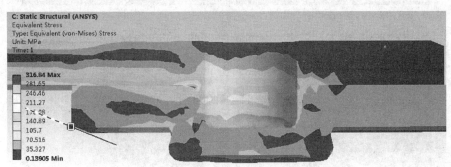

图 8.14　压印接头 von Mises 应力云图

8.2.3　拉伸过程模拟及裂纹扩展分析

根据静载破坏试验过程，用 ANSYS/LS-DYNA 软件对拉伸过程进行动态模拟，模拟时间为 2s，模拟过程如图 8.15 所示。结果发现，在剪切力的作用下，与应力云图上出现最大应力的位置相符，在上、下板颈部受挤压产生最大应力的区域首先萌生细微裂纹，随着

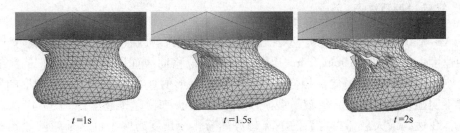

$t=1s$　　　　　　　$t=1.5s$　　　　　　　$t=2s$

图 8.15　压印接头拉伸过程模拟

时间不断增长和力行程不断增大，拉伸应力也随之增加，裂纹逐渐扩展，同时又出现更多细小裂纹，细小裂纹之间不断出现连接现象，汇集产生有一定长度的裂纹，导致接头表面应力分布的改变，最后将整个颈部撕裂。

8.3　带预成角的压印接头静载破坏试验分析

8.3.1　试件制备

将搭接面分别预制成 15°、30°、45°、60°角，参照 0°压印连接设置相同的设备参数之后，在压印连接设备上制备压印连接试件，每组预成角度制备 8 个，如图 8.16 所示。

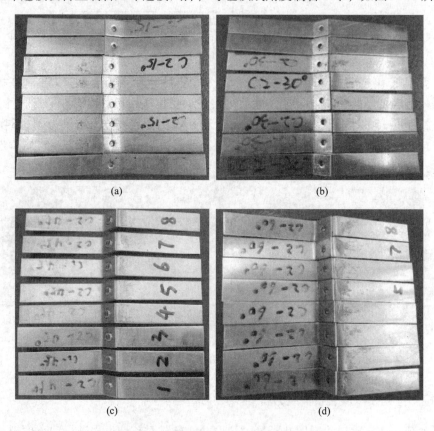

(a)　　　　　　　　　　　　　　(b)

(c)　　　　　　　　　　　　　　(d)

图 8.16　四种预成形角度的压印连接试件

（a）15°压印连接试件；（b）30°压印连接试件；（c）45°压印连接试件；（d）60°压印连接试件

8.3.2　实验过程及结果

在 AG-X 100kN 力学实验机上对压印连接试件进行静载破坏试验，加载速度与 0°接头拉伸速度一样，均为 10mm/min。得到的载荷-位移曲线如图 8.17 所示，从曲线可以看出，刚开始拉伸时和 0°接头拉伸类似，有弹性变形的直线阶段，且塑性变形的屈服阶段同样不明显，但屈服之后的较平缓阶段相对 0°接头来说越来越短，到了 60°时几乎就消失了，在达到最大破坏力之后的下降趋势随着预成角度的增大也越来越陡峭迅速，直至断裂[2]。

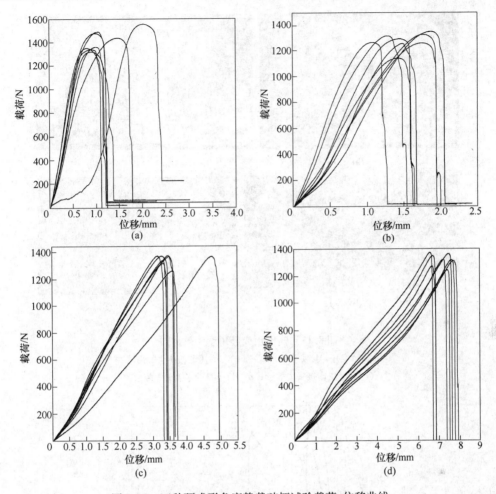

图 8.17 四种预成形角度静载破坏试验载荷-位移曲线

（a）15°压印连接试件载荷-位移曲线；（b）30°压印连接试件载荷-位移曲线；

（c）45°压印连接试件载荷-位移曲线；（d）60°压印连接试件载荷-位移曲线

实验结果发现，宏观上各个角度的拉伸破坏形式都是从上板颈部断裂（如图8.18所示），说明试件在破坏过程中主要还是剪切力破坏。取每组试件中与平均值最相近的一个试件的结果绘出各角度的位移-载荷曲线，如图8.19所示，预成角度越大的接头，拉伸的行程也越大。其原因是在有预成角的压印接头拉伸开始时，板料搭接有角度区域在拉力的作用下慢慢变形，最初的预成角度逐渐减小，斜率稍微平缓的阶段就是薄板由弯曲逐渐被拉直的过程，预成角度越大的薄板在角度减小的过程中弯曲变形越厉害，所需要的载荷行程越长。直到初始的预成角度慢慢减小到接近0°时，剪应力又成为压印接头的主要受力方式，之前平缓的斜率又变得陡峭，直到接头颈部被拉断。同时，从0°到60°，各预成角度压印接头能够承受的最大破坏力呈递减态势，在达到最大破坏力的过程中，各曲线的斜率也从大到小递减。其原因是在预成角逐渐变为0°的拉伸过程中，压印接头同时受到剪切力和剥离力的作用，相当于之前0°搭接接头所受的单一剪切力由于预成角度的关系分解成了两个力，而压印接头受剥离载荷时强度较低，所以导致了角度越大的预成角所受的剥离力越大，其最大破坏力低于较小预成角接头强度。

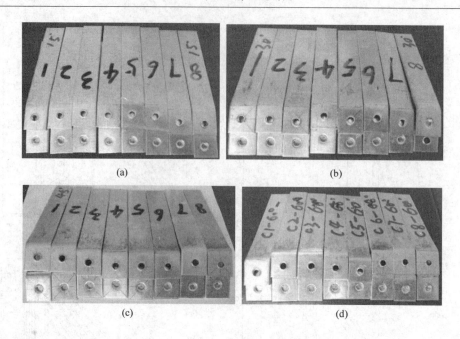

图 8.18　四种预成形角度失效形式
（a）15°压印接头失效形式；（b）30°压印接头失效形式；
（c）45°压印接头失效形式；（d）60°压印接头失效形式

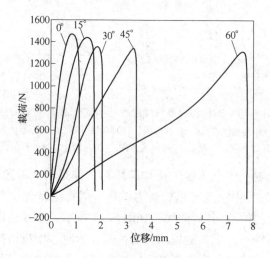

图 8.19　不同角度的位移-载荷曲线

　　同时，图 8.19 中明显可以看出，从 0°到 60°的各预成角度压印连接件的最大破坏载荷虽呈递减规律，但下降幅度不超过 200N。用 Matlab 积分得出曲线与 X 轴所包围的面积，计算结果见表 8.2。除 30°预成角压印试件外，总体上随预成角度的增大面积在不断增大，即随着预成角度的增加，在拉伸过程中拉伸力做的功增加，也说明试件吸收的能量随之增加，表明有预成角的构件具有较好的能量吸收能力，预成角度较大的压印接头对冲击载荷有更好的缓冲作用。而 30°预成角度的压印连接试件在抗冲击能力方面效果最差，所以在今后的应用中，尽量避免采用 30°角的搭接面进行压印连接。

表8.2 各预成角度压印连接试件吸收的能量

预成角度/(°)	0	15	30	45	60
能量/N·mm	1249.2	1831.8	1508.2	2423.2	4538.7

8.4 压印接头界面滑移分析

8.4.1 机械内锁区界面滑移分析

与SPR试件滑移检测分析过程相仿（详见3.3.1节），对压印接头的滑移性能进行分析[11,12]。示例中，连接板材选为Al5052铝合金，采用压印专用连接系统进行板材的接头连接。试件长度为200mm，宽度50mm，板厚1.5mm，搭接尺寸50mm，试件采用双压印点的连接，接头中心间距为25mm。同样采用了双半剖试样，即沿压印接头试件长方向且通过压印凹槽中心轴做纵向剖切。将待检测区选在压印接头机械内锁区压印点偏上的区域，上、下板两边各选取大小为60×120像素模板图像，利用图像相关分析，计算压印接头的机械内锁区滑移量。空间距离与像素比率为9.375μm/像素。图8.20中，双纵坐标分别代表计算得到的X和Y方向的滑移量以及试件拉伸载荷历程，图中同时显示拉伸过程中多个离散时间点对应的整体与局部形变图像。分析可得：压印接头拉伸过程，当试件处在弹性形变范围以内，机械内锁界面基本保持完整，上、下板间不会出现明显的滑移错动；载荷力继续增大，载荷值达到约1092N时，压印接头机械内锁区出现滑移错动，系统首次检测到的滑移像素值X方向为0像素，Y方向为5像素，将其转化为空间距离为$X=0\mu m$，$Y=47\mu m$；之后随着载荷力继续增大，试件进入塑性变形区，X和Y两个方向的滑移量也逐渐增大。试件达到强度极限时对应的载荷值约为1538N，X方向滑移量为169μm，Y方向滑移量约为572μm。当载荷超过极限强度后试件迅速失效破坏，上、下板沿结合面剪断后相互剥离。

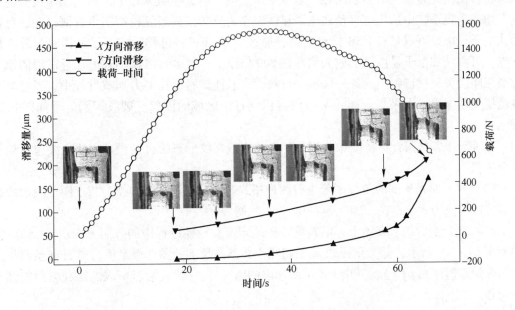

图8.20 压印接头受载情况下机械内锁区的滑移

8.4.2　构件失效过程裂纹的自动识别

压印接头力学加载过程中裂纹的出现通常需要人工肉眼直接判断，然而由于试件早期裂纹尺寸较小，肉眼很难进行判断，无法准确即时判断出压印接头裂纹的形成，也不能对整个裂纹扩展的形态特征进行记录，无法将压印试件受载过程中力-位移曲线与裂纹形态和变化过程对应。虽然材料力学性能试验过程中裂纹的检测可以选用试验通用的引伸计或应变片来获取裂纹扩展的相关信息，但是当试件受载过程中出现较大尺寸的裂纹，或者当循环载荷次数较大时，会造成引伸计、应变片的损害。经研究发现，压印接头受载情况下，裂纹出现前后图像局部灰度值会有突变，如图 8.21 所示。裂纹出现前图像整体灰度值变化不大，当裂纹出现时，图像裂纹区相比其他区域灰度值明显降低，因此可以利用压印接头裂纹出现前后图像裂纹区灰度值突变这一特征进行裂纹的自动识别。

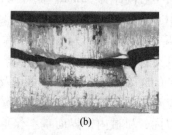

(a)　　　　　　　　　　　　　　　　(b)

图 8.21　压印接头裂纹出现前后灰度图对比
（a）裂纹出现前；（b）裂纹出现后

系统组成包括压印试件、材料力学性能试验装置、电子显微镜以及图像采集分析系统等。利用压印接头裂纹出现前后图像裂纹区灰度值突变这一特征进行裂纹的自动识别，其主要步骤包括：拍摄压印接头形变区域图像，针对所拍摄的图像，沿着垂直于压印接头拉伸时材料截面开裂方向取多条路径，通过平滑处理、边缘检测等算子来识别压印接头的裂纹。图像采集系统中选用可移动式电子显微镜作为压印接头裂纹检测图像观测设备，可移动式电子显微镜可以具有 USB 接口功能，通过 USB 接口将可移动式电子显微镜与计算机相连，可移动式电子显微镜的放大倍数在 200 倍以上；将多台可移动式电子显微镜的镜头对准压印接头裂纹待识别的各个区域；材料力学性能试验机拉伸力加载过程中，通过电子显微镜和数据采集卡采集压印接头裂纹待识别各个区域的图像。裂纹识别流程如图 8.22 所示。

在进行压印接头计算机图像分析处理系统中，裂纹形态的自动识别方法主要包括如下几个步骤：

（1）对实时采集到的单幅图像进行图像格式转换，将其图像转换为灰度图，图像数据类型可以转换为 8 位整型，即光强在 0～255 之间。

（2）在转换后的灰度图上，沿着垂直于压印接头拉伸过程中的开裂方向取 m 条路径，如图 8.23（a）所示，并分别提取 m 条路径中各条路径上的图像像素值，得到 m 条路径上的图像像素值序列 $f_i(x_j)$，其中 i 表示所选取的路径号，j 代表沿着所取的路径方向的像素序列号。

（3）对 m 条图像像素值序列 $f_i(x_j)$ 进行数字图像的平滑处理和阈值分割。

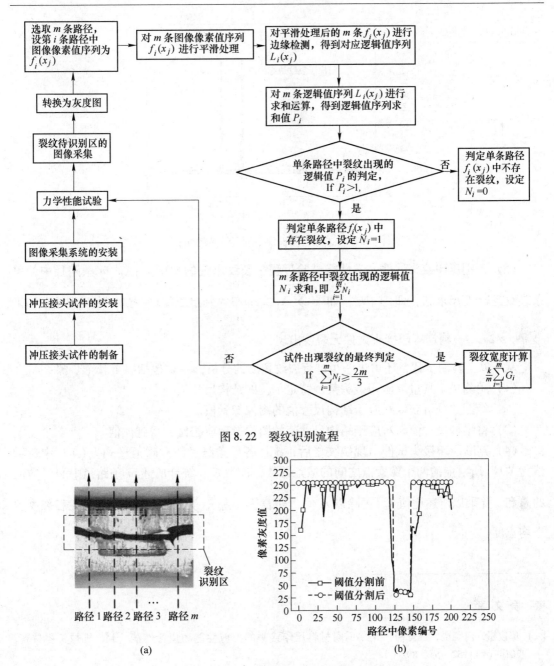

图 8.22 裂纹识别流程

图 8.23 路径选取及其像素值分布

（a）路径；（b）路径 $f_i(x_j)$ 阈值分割前后像素值分布

（4）采用数字图像边缘检测算子，对上述 m 条图像像素值序列 $f_i(x_j)$ 进行数字图像边缘检测，形成与 $f_i(x_j)$ 相对应的逻辑值序列 $L_i(x_j)$；对 m 条路径中各单条路径的逻辑值序列 $L_i(x_j)$ 中的数值大小进行求和运算，得到逻辑值序列求和值 P_i。当 $P_i=0$ 时，则设定 P_i 的单条裂纹逻辑值 $N_i=0$，代表不出现裂纹；当 $P_i=2$ 时，则设定 P_i 的单条裂纹逻辑值 $N_i=1$，代表出现裂纹。出现裂纹时 $P_i=2$ 代表通过边缘检测得到的裂纹条的两边，如图 8.24 所示。

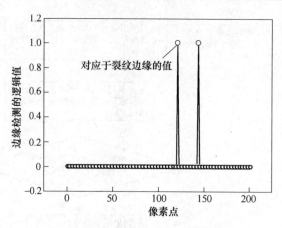

图 8.24　边缘检测识别出的裂纹条的两边

（5）判别压印接头试件力学性能试验过程中裂纹出现的规则为：对 m 条路径中的单条裂纹逻辑值 N_i 求和，即 $\sum_{i=1}^{m} N_i$ ；如果 $\sum_{i=1}^{m} N_i \geqslant 2m/3$ ，判定压印接头试件出现裂纹；如果 $\sum_{i=1}^{m} N_i < 2m/3$ ，判定压印接头试件无裂纹出现。

基于以上检测步骤，还可进一步进行裂纹宽度的分析，主要包括以下几个步骤：

（1）用测量工具量取压印接头某一特定部位的结构尺寸值。

（2）经图像分析获取对应于结构尺寸值的图像像素值。

（3）将结构尺寸值与对应于结构尺寸值的图像像素值相比，得到比值 k 。

（4）判断压印接头试件出现裂纹之后，统计各单条路径的逻辑值序列 $L_i(x_j)$ 中逻辑值为"1"所对应的两个像素点之间的像素总数，计为 G_i ，统计所述 m 条路径中的 G_i 数值的总和，并乘以所述比值 k ，再除以 m 值，即表达式为 $\dfrac{k}{m} \sum_{i=1}^{m} G_i$ ，其结果数值代表裂纹的平均宽度。

参 考 文 献

[1] 郑俊超，何晓聪，许竞楠，等 . 不同材料压印接头的拉剪性能和疲劳性能［J］. 机械工程材料，2014（1）：52~55, 89.

[2] 郑俊超，何晓聪，唐勇，等 . 压印接头力学分析及预成角对接头强度的影响研究［J］. 材料导报，2012, 26（12）：19~22.

[3] Zheng J C, He X C, Xu J N, et al. Finite element analysis of energy saving jointing method base on energy materials：Clinching［J］. Advanced Materials Research, 2012, 577：9~12.

[4] 郑俊超 . 压印接头力学性能研究及微观组织形态分析［D］. 昆明：昆明理工大学，2012.

[5] Yang H Y, He X C, Zeng K. Numerical simulation of clinching process in copper alloy sheets［J］. Advanced Materials Research, 2013, 753~755：439~442.

[6] He X C, Liu F L, Cun H Y, et al. Forced vibration measurements of clinched joints［J］. Applied Mechanics and Materials, 2014, 556~562：2962~2965.

［7］He X C, Zhen D, Yang H Y, et al. Experimental free vibration analysis of clinched beams ［J］. Applied Mechanics and Materials, 2014, 467: 338 ~ 342.

［8］高山凤, 何晓聪. 黏合剂的性质对单搭压印连接横向自由振动的影响 ［J］. 机械制造, 2010 (9): 32 ~ 34.

［9］张文斌, 何晓聪, 董标. 单搭压印连接接头的谐响应分析 ［J］. 机械制造, 2010 (11): 19 ~ 21.

［10］He X C, Gao S F, Zhang W B. Torsional free vibration characteristics of hybrid clinched joints ［C］// Proceedings of ICMTMA 2010, 2010: 1027 ~ 1030.

［11］Zeng K, He X C, Deng C J, et al. An image-based method for automatic crack detection for the mechanical test of clinch joints ［J］. Applied Mechanics and Materials, 2014, 457 ~ 458: 629 ~ 632.

［12］Zeng K, He X C, Deng C J, et al. Analysis of the mechanical interlock sliding in self-pierce riveting joints ［J］. Advanced Materials Research, 2013, 744: 227 ~ 231.

9 压印接头疲劳强度研究

众所周知，机械失效的一个重要原因即为疲劳破坏，引起疲劳失效的循环载荷的峰值往往远小于根据静态断裂分析估算出来的安全载荷。因此，在进行结构设计时，不能完全以静态安全载荷作为参照，还应同时考虑动态载荷。关于压印连接的疲劳方面的研究目前鲜有报道，其疲劳性能直接影响到应用于车身后的可靠性与安全性。因此，开展压印接头结构疲劳强度的研究有重要意义[1,2]。

9.1 试验设备

疲劳试验机（见图9.1）用于测定金属、合金材料及其构件的拉伸、压缩或拉压交变负荷的疲劳特性、疲劳寿命、预制裂纹及裂纹扩展试验。如图9.2所示是 MTS 疲劳试验机结构原理。输入信号Ⅰ通过控制器Ⅱ将控制信号送到伺服阀1，用来控制从高压液压源Ⅲ来的高压油，并推动作动器2变成机械运动作用到试样3上，同时载荷传感器4、应变传感器5和位移传感器6又把力、应变、位移转化为电信号，其中一路反馈到伺服控制器中与输入信号比较，将差值信号送到伺服阀调整作动器位置，不断反复该过程，使试样上承受的力（应变、位移）达到要求精度，而力、应变、位移的另一路信号通入读出器单元Ⅳ上，实现记录功能[3,4]。

图9.1　MTS Landmark 疲劳试验机

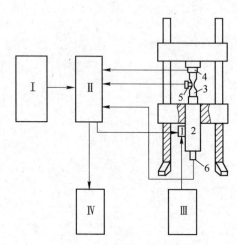

图9.2　疲劳试验机结构原理

9.2 压印接头疲劳寿命试验研究

9.2.1 SPCC 钢压印连接件的疲劳试验研究

9.2.1.1 试件的制备

在 RIVCLINCH 1106 P50 压印连接设备上制备试样，试样如图8.3所示。选用模具型号为：上模 SR5210，下模 SR60310，实验材料为 SPCC 钢（材料参数见表 7.1），上、下板料尺寸（长×宽×高）均为 110mm×20mm×1mm，试件搭接部分长度为 20mm。设定其工作压力均为 0.6MPa，相应的连接力为 50kN。试样制备过程中严格控制接头 ST 值为 0.65mm。

根据单点法小样本测疲劳寿命的原理，制备 12 个试样，先做静力拉伸试验测定材料的强度极限，根据强度极限进行载荷分级测接头的疲劳寿命。

9.2.1.2　静载破坏试验

从 12 个试样中取出 6 个用于确定其静态破坏载荷，以便设计疲劳试验的载荷分级。将其置于 MTS Landmark 疲劳实验机上 Test Works 软件中进行拉伸实验，拉伸速率设为 5mm/min。考虑到单搭试样夹持后会产生作用力不在同一轴线上的情况，需在两夹持端各加 2mm 厚度的垫片以保证力的对中。试验得到的载荷-位移曲线如图 9.3 所示，一组中有 6 个试件的曲线相对集中，实验数据可靠。从曲线可以看出，拉伸过程刚开始时有弹性变形的直线阶段，塑性变形的屈服阶段不明显，屈服之后没有像铝合金一样有一段较缓较平的阶段，而是直接达到最大载荷后迅速降低，直至断裂。图 9.4 是钢压印接头拉伸-剪切实验的失效形式，6 个试件上板颈部被拉断的同时接头的互锁部分从下板中剥离，压印接头失效模式兼有剪切失效和剥离失效。

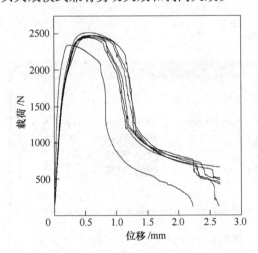

图 9.3　SPCC 压印接头载荷-位移曲线　　　图 9.4　SPCC 压印接头静载试验失效形式

各个试样的最大破坏力见表 9.1。计算得出 SPCC 钢压印接头静载破坏力平均值为 $F_s = 2476.56\text{N}$，标准差为 23.87N。说明该批试样用来做疲劳试验数据分散性较小，结果是可靠的。

表 9.1　SPCC 钢各试样静拉伸实验的最大破坏力

编　号	S01	S02	S03	S04	S05	S06
最大载荷/N	2518.223	2474.974	2460.371	2482.088	2475.759	2447.967

9.2.1.3　疲劳试验

当车辆在路面上行驶时，其产生的振动的输入激励一般由不平路面、发动机以及传动系统等共同激励组成，在汽车常用车速下，不平路面激励的频率值范围 0.33～28.3Hz，在车辆行驶平顺性振动分析时主要考虑 30Hz 以下的振动，本实验采用的压印连接件的振动频率为 20Hz。由于钢的应用范围比较广泛，目前车身用的主要材料仍然是钢板，而压印连接技术同样可以连接薄钢板并应用于车身次承载结构，所以首次采用 SPCC 钢制备的压印连接件进行疲劳试验。

目前对压印接头疲劳的研究数据相对较少，本试验中以国际焊接学会制定的钢结构设计规范的焊接接头疲劳寿命 500 万次为参照，设定 SPCC 钢压印连接件的循环基数为 500 万次。根据静载破坏试验结果的平均值，首先采用 70% 的最大破坏力在正弦波载荷下进行压印接头疲劳寿命试验，参照 Carboni 等人的疲劳实验过程设定载荷比为 $r = 0.5$。当试件的位移变化量相对于稳定循环周次时的位移，变化达到 350% 时，认为试件失效，记录试验断裂循环次数 N。

根据疲劳试验的相关标准制定压印连接件疲劳试验的试验步骤如下：

（1）开机预热 MTS Landmark 疲劳试验机，打开控制器及 793 控制软件。

（2）装夹试件，牢固加紧，使试件与试验机作动器保持对中（装夹图见图 9.5）。然后卸载，位移清零，设置保护（见图 9.6）。

（3）打开 Text Suite 高周疲劳试验模块，设置试样材料参数及几何尺寸。输入交变载荷值、频率值。设定终端失效模式后开始试验。

（4）试验终止后将试件取下，记录试验数据。

　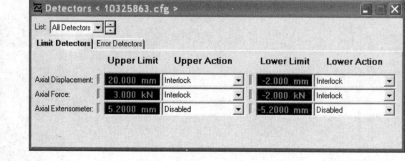

图 9.5　试件装夹　　　　　　　　　　　　　图 9.6　保护设置

初次实验结果发现，SPCC 钢压印接头的疲劳寿命在 70% 的最大破坏力下已经超过了钢结构设计规定的 500 万次的焊接接头疲劳寿命。因此，在接下来的其他试件的疲劳实验中，提高载荷水平，分别采用 75%、80%、85%、90%、95% 的最大破坏力进行压印接头疲劳寿命试验。

疲劳试验过程中，构件在受到轴向交变载荷作用达到一定的循环次数后，宏观裂纹出现在接头的盲孔边缘，垂直于载荷方向不断延伸，如图 9.7 所示。最后，断裂发生在板材的接头处，如图 9.8 所示，其断裂方式与拉伸时完全不同，即互锁部分剥离的同时，颈部被撕裂，形成不规则的毛边，而拉伸断裂的颈部是比较规则的剪断。

在 6 种不同载荷水平下，SPCC 钢压印接头的疲劳试验结果见表 9.2，根据描述 $F\text{-}N$ 曲线的指数经验方程，以每级最大载荷为纵坐标，以疲劳循环次数为横坐标，用最小二乘法拟合出载荷-寿命曲线，如图 9.9 所示。

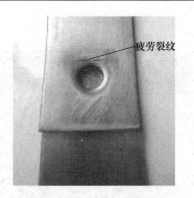

图9.7 疲劳裂纹位置

图9.8 疲劳断裂试件

表9.2 SPCC 钢连接件疲劳寿命结果（载荷比 $r = 0.5$）

试件编号	最大载荷 F_{max}	循环周次/次	破坏程度及位置
SF-01	$0.7F_s$	5093910	未拉断
SF-02	$0.75F_s$	5003180	未拉断
SF-03	$0.8F_s$	4911541	接头边缘破坏
SF-04	$0.85F_s$	3818221	接头边缘破坏
SF-05	$0.9F_s$	2404033	接头边缘破坏
SF-06	$0.95F_s$	1372381	接头边缘破坏

从载荷-寿命曲线发现，在给定的载荷比下，载荷水平越小，寿命越长。当 SPCC 钢压印连接件在 75% 的最大破坏载荷下的疲劳寿命已超过 500 万次，可以认为在低于 75% 的最大破坏载荷水平情况下试件将不会发生破坏，与规范设计中钢焊接接头的疲劳寿命相差不大。

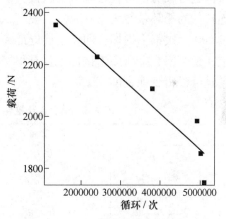

图9.9 SPCC 钢压印连接件疲劳试验 F-N 曲线

9.2.2 Al5052 铝合金压印连接件的疲劳试验研究

在 RIVCLINCH 1106 P50 压印连接设备上制备试样，如图 8.3 所示。制备铝合金压印连接件选用模具型号为：上模 SR5010，下模 SR60314，实验材料为 Al5052 铝合金（材料参数见表7.1），上、下板料尺寸长×宽×高均为 110mm×20mm×2mm，试件搭接部分长度为 20mm。设定其工作压力均为 0.6MPa，相应的连接力为 50kN。试样制备过程中严格控制铝合金压印接头的底厚 ST 值为 1.4mm[5]。制备 12 个试样，6 个用来做静力拉伸试验以测定材料的强度极限；另外 6 个用于测接头的疲劳寿命。

按照上述 SPCC 钢做静载破坏试验的步骤及参数得到铝合金压印接头静载破坏试验的载荷-位移曲线（见图9.10）和失效形式（见图9.11），一组 6 个试件的曲线相对集中，各个试样的最大破坏力见表9.3，计算得出铝合金压印接头静载破坏力平均值为 $F_a = 1446.599N$，标准差为 29.2N，分散性较小，证明实验数据可靠。

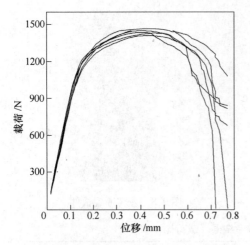

图 9.10　铝合金压印接头载荷-位移曲线　　　　图 9.11　铝合金压印接头静载试验失效形式

表 9.3　5052 铝合金各试样静拉伸实验的最大破坏力

编　号	A01	A02	A03	A04	A05	A06
最大载荷/N	1449.241	1486.499	1433.473	1427.887	1473.532	1408.960

　　同样，按照上述 SPCC 钢做疲劳试验的步骤，在 6 种不同载荷水平下，对铝合金压印连接件进行疲劳试验，铝合金焊接接头的疲劳强度为钢接头的 1/3～2/3，故设定铝合金压印连接件的循环基数为 200 万次。疲劳试验结果见表 9.4，6 个铝合金压印接头疲劳寿命超过 200 万次都不损坏，即使是接近最大静载破坏力时，其疲劳寿命仍能保证在 200 万次以上，说明铝合金压印连接件也具有很好的疲劳性能，其应用于车身次承载结构时，疲劳强度是可以得到保证的。

表 9.4　铝合金连接件疲劳寿命结果（载荷比 $r = 0.5$）

试件编号	最大载荷 F_{max}	循环周次/次	破坏程度
F-01	$0.7F_a$	2793660	未拉断
F-02	$0.75F_a$	2498772	未拉断
F-03	$0.8F_a$	2050385	未拉断
F-04	$0.85F_a$	2147360	未拉断
F-05	$0.9F_a$	3214828	未拉断
F-06	$0.95F_a$	2198219	未拉断

9.3　压印接头疲劳寿命仿真分析

9.3.1　建模及参数设置

　　疲劳分析是在线性静力分析之后，通过设计仿真自动执行的。根据前面所述静力学分析步骤，按图 8.3 的几何尺寸在 Workbench 中绘制压印连接试样的几何模型，对钢压印接头的疲劳寿命进行仿真分析，设置接触 "No-separation" 并划分网格。选择结构静力学分析 "Static Structural" 项，添加固定约束 "Fixed Support"，选择压印连接件底部端面将其约束；添加载荷项"Force"（均布面力），力值的大小为 $0.8F_s$，选择压印连接件顶部端面作为加载面，载荷方向为垂直于端面向外。

在所需求解的结果中添加 Mises 等效应力计算项及"Fatigue Tool"工具条，并进一步在"Fatigue Tool"中添加"Life"计算项。疲劳分析细节栏中设置载荷比为 0.5，如图 9.12 所示。考虑平均应力对疲劳寿命的影响，钢为低韧性材料，选择 Goodman 理论对平均应力进行修正。除了平均应力的影响外，还有其他一些影响 S-N 曲线的因素，这些其他影响因素可以集中体现在疲劳强度（降低）因子 K_f 中，其值取为 0.8。其他设置采用"Program controlled"，由程序自动控制。

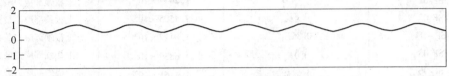

图 9.12　载荷比设置（$r=0.5$）

9.3.2　疲劳仿真结果分析

在完成相应的设置后点击"Solve"开始计算，计算完成后查看 Mises 等效应力及"Life"计算结果。图 9.13（a）是等效应力计算结果云图，图 9.13（b）是疲劳寿命计算结果等值线图。从结果发现，最大应力出现在板料受拉后上、下板接触挤压的颈部，同时这也是接头在承受循环载荷时疲劳源产生的地方。疲劳寿命最短的区域也是在接头颈部，与疲劳试验发生破坏的位置相吻合。

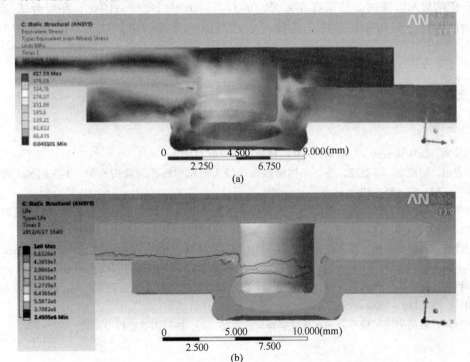

图 9.13　压印接头疲劳仿真结果

按照上述仿真分析的步骤，分别取 $0.7F_s$、$0.75F_s$、$0.8F_s$、$0.85F_s$、$0.9F_s$、$0.95F_s$ 的 6 种载荷水平进行压印接头疲劳寿命的仿真分析，统计结果见表 9.5，从统计结果中发现，每当载荷水平提高 10% 时，试件的疲劳寿命减小一个数量级。当载荷水平为最大静载破坏力的 75% 时，超过 10^7 次循环而未发生破坏，可认为达到了压印接头的疲劳极限。

表 9.5　试件疲劳仿真结果（载荷比 $r = 0.5$）

试件编号	最大载荷 F_{max}	疲劳寿命值	破坏发生位置
SF-01	$0.7F_s$	4.7294×10^7	上板颈部应力最大处
SF-02	$0.75F_s$	1.2047×10^7	上板颈部应力最大处
SF-03	$0.8F_s$	2.4505×10^6	上板颈部应力最大处
SF-04	$0.85F_s$	1.0127×10^6	上板颈部应力最大处
SF-05	$0.9F_s$	3.6839×10^5	上板颈部应力最大处
SF-06	$0.95F_s$	1.1161×10^5	上板颈部应力最大处

9.3.3　压印接头疲劳寿命仿真结果与试验结果比较分析

对比图 9.13（b）、图 9.7 及图 9.8 可以观察到，在 $0.8F_s$ 的载荷水平下，连接件疲劳仿真的疲劳破坏的形式和位置与试验结果基本吻合。但是，仿真分析获得的疲劳寿命值与疲劳试验结果之间的差异也需进一步比较。由表 9.2 和表 9.5 可知，在 $0.7F_s \sim 0.85F_s$ 载荷水平作用下，仿真分析得到的疲劳寿命结果与试验结果虽互有大小，但差异较小，但超过 $0.9F_s$ 载荷水平后，仿真分析得到的疲劳寿命结果与试验结果差异较大。从整体来看，仿真分析结果与疲劳试验结果存在差异，但其范围仍可以接受，因此，在疲劳试验之前，可以借助仿真分析初步研究压印连接件的承载能力及疲劳敏感区域，以指导疲劳试验设计[6]。

参 考 文 献

[1] 冯模盛. 压印接头疲劳性能研究 [D]. 昆明：昆明理工大学，2011.

[2] 郑俊超，何晓聪，许竞楠，等. 不同材料压印接头的拉剪性能和疲劳性能 [J]. 机械工程材料，2014（1）：52~55，89.

[3] 冯模盛，何晓聪，邢保英，等. 压印连接接头的疲劳裂纹扩展分析及实验研究 [J]. 材料导报，2012（10）：140~143.

[4] 何晓聪. 非稳定载荷条件下疲劳强度的一种实用可靠性设计方法 [J]. 昆明工学院学报，1991（1）：55~60.

[5] 冯模盛，何晓聪，严柯科，等. 压印连接工艺过程的数值模拟及实验研究 [J]. 科学技术与工程，2011，23（11）：5538~5541.

[6] 何晓聪. 疲劳裂纹扩展寿命的可靠性实验研究方法 [J]. 物理测试，1989（37）：25~27.

压印连接的适用性研究

压印技术不仅可以实现铝板与钢板的连接，也可以实现其他薄板材料的连接，例如铜板、钛板等；压印技术也可以实现多层板的连接，本章将介绍压印技术连接的三层板及铜板、钛板与铝板钢板之间异种板材的连接接头性能[1]。

10.1 三层板压印接头静强度研究

10.1.1 板材组合顺序对成形性的影响

采用相同的数值模拟方法对 1.5mm Al5052-1.0mm SPCC-1.0mm SPCC、1.0mm SPCC-1.5mm Al5052-1.0mm SPCC、1.0mm SPCC-1.0mm SPCC-1.5mm Al5052 等三种不同组合形式的板材分别建立有限元模型，进行压印连接成形的过程模拟，见表 10.1。根据数值模拟结果研究板材排列顺序对接头截面形状的影响[2]。

表 10.1 压印连接接头类型及板材尺寸

压印接头组合类型	上 板	中间板	下 板
铝-铝-钢	1.5mm Al5052	1.5mm Al5052	1.5mm Al5052
铝-钢-钢	1.5mm Al5052	1.0mm SPCC	1.0mm SPCC
钢-铝-钢	1.0mm SPCC	1.5mm Al5052	1.0mm SPCC
钢-钢-铝	1.0mm SPCC	1.0mm SPCC	1.5mm Al5052

如图 10.1 所示为 1.5mm Al5052-1.0mm SPCC-1.0mm SPCC 压印连接过程的模拟结果和试验结果。从模拟结果可以看出，上板和中间之间有一定的颈部厚度和镶嵌量，即上层铝板和中间钢板形成了内锁；中间钢板和下层板之间也形成了内锁；底部厚度 X 约为 1.0mm，满足压印接头底厚要求。将有限元模拟结果与图 10.1（b）中试验结果进行对比，有限元结果与试验结果相吻合。

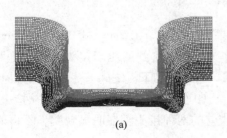

(a)　　　　　　　　　　　　　　　(b)

图 10.1 1.5mm Al5052-1.0mm SPCC-1.0mm SPCC 压印结果对比

（a）模拟结果；（b）试验结果

图 10.2 为 1.0mm SPCC-1.5mm Al5052-1.0mm SPCC 压印连接过程的模拟结果和试验

结果。从图 10.2 中可以看出，上层钢板和中间铝板有一定镶嵌量，但颈部厚度较小，且两板在颈部、底部有明显缝隙；中间铝板和下层钢板颈部厚度较大，但镶嵌量较小。试验结果和有限元模拟结果一致，但这种组合顺序的压印接头质量较差。

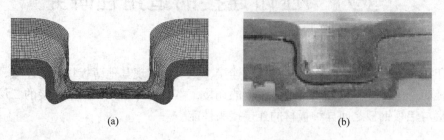

(a)　　　　　　　　　　　　　　(b)

图 10.2　1.0mm SPCC-1.5mm Al5052-1.0mm SPCC 压印结果对比

（a）模拟结果；（b）试验结果

图 10.3 为 1.0mm SPCC-1.0mm SPCC-1.5mm Al5052 压印连接过程的模拟结果和试验结果。有限元模拟结果显示，当铝板作为下板时，上层钢板和中间钢板、中间钢板和下层铝板都没有形成镶嵌，而且上层钢板较薄，因此接头中没有形成内锁，压印接头无效。接头底厚较人，材料变形不充分。对于试验结果，除了观察到和模拟结果相同的截面结构外，可以看到图 10.3（b）中的接头截面左侧上板颈部有裂纹，对应的上板和中间板明显分离，这可能是由于上层钢板在冲压过程中被过度拉伸而变得较薄，以致在对接头沿对称面剖开时断裂。这和模拟结果也是一致的，都是上层钢板在冲压过程中被过度拉伸变薄。因此，模拟结果和试验结果一致说明了铝板在最下层时，压印接头质量与其他两种排列方式相比，接头质量最差。

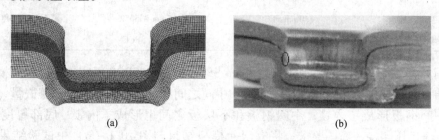

(a)　　　　　　　　　　　　　　(b)

图 10.3　1.0mm SPCC-1.0mm SPCC-1.5mm Al5052 压印结果对比

（a）模拟结果；（b）试验结果

对比三种有限元模拟结果和试验验证结果可知，对于 1.5mm Al5052、1.0mm SPCC、1.0mm SPCC 组合的三种压印接头，当铝板作为上板时得到的压印接头质量最好。此时，上板和中间板之间有一定的颈部厚度和镶嵌量，中间板和下板之间有一定的颈部厚度和镶嵌量，且接头连接紧密。当铝板作为下板时，压印连接接头质量最差。由于从接头截面可以明显区分三种压印接头的质量，并且质量较差的两种接头存在明显缺陷，不再通过拉-剪试验测量接头强度。

本章采用数值模拟和试验的方法，对三层不同厚度的异种板材进行了压印连接成形研究。根据压印成形的原理，考虑材料之间的接触形式而建立的三层板材压印连接的有限元模型，可以较好地模拟压印连接过程。

10.1.2　接头配置形式对静强度的影响

本节将对三块板材在相同排列顺序不同配置形式下的压印接头进行拉-剪试验和剥离试验。试件材料采用 1.5mm Al5052、2.0mm Al5052 铝合金板和 1.5mm SPCC 冷轧钢板。由于较厚的板作为上板时接头抗剪能力较大,从连接工艺的角度应将硬度较大的板作为上板,因此,为了获得最好的接头质量,本节中三层板的排列顺序都为 2.0mm Al5052-1.5mm SPCC-1.5mm Al5052,并通过压印连接试验进行验证。

10.1.2.1　接头配置形式设计

在实际的工程应用中,多层板的连接因承载形式不同,具有不同的配置形式。本节将分别研究在拉伸-剪切试验和剥离试验中,不同接头配置形式对接头强度和失效形式的影响。试件配置形式如图 10.4 所示。

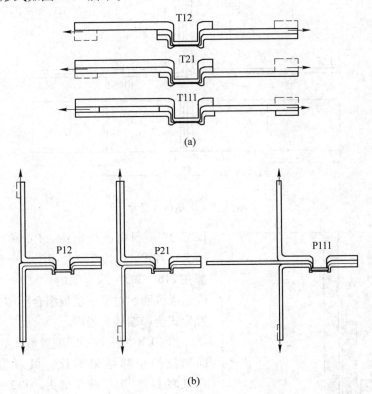

图 10.4　拉伸-剪切试件和剥离试件的配置形式
（a）拉-剪试件；（b）剥离试件

以 T12 为例,拉伸-剪切试验中试件尺寸如图 10.5 所示;以 P12 为例,剥离试件的尺寸如图 10.6 所示。

10.1.2.2　试验结果

图 10.7 所示为三个不同配置形式的试件组的拉-剪试验和剥离试验结果。可以看出,三层板材组合的压印接头,拉伸-剪切的最大载荷明显比剥离的最大载荷大。在拉-剪试验结果中,T111 的拉剪强度最高,为 4852.6N;T21 次之,为 3251.7N;T21 最低,为

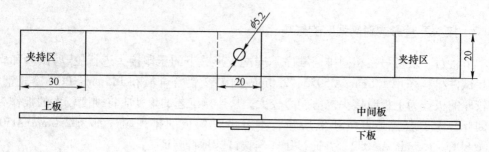

图 10.5　拉-剪试件尺寸

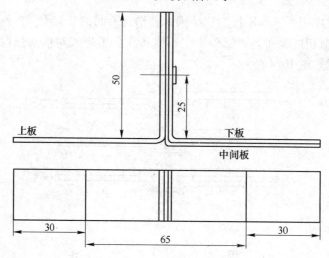

图 10.6　剥离试件尺寸

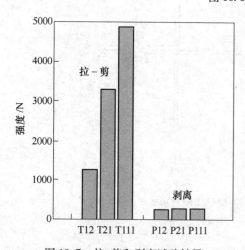

图 10.7　拉-剪和剥离试验结果

1227.1N。剥离试件组中，P12 剥离强度最低，而 P21 和 P111 剥离强度相当，三种接头的强度都在 215~293N 的范围内。拉伸-剪切和剥离试验结果说明，对于三层板组合压印接头，板材配置形式会影响接头强度。

图 10.8 为三种不同配置形式的拉伸-剪切载荷和拉伸位移结果对比。可以看出，试件组 T111 的拉伸-剪切载荷最大。T12 试件组的最大拉伸-剪切载荷最小，随着拉伸位移的增加，拉伸载荷增加的速度增大，达到一定的载荷后，试件突然断裂。对于 T21 和 T111，随着拉伸位移的增加，拉伸载荷增加的速度变小。试件 T21 达到最大载荷后缓慢下降，直到试件失效，没有出现 T12 的突然断裂。T111 的载荷位移曲线上有两个峰值，达到第一个最大载荷后，试件在较小的拉伸位移内载荷急剧下降，随后，载荷在一个范围内上升直到达到第二个峰值载荷，并保持一段较大的拉伸位移。由于载荷-位移曲线与坐标横轴围成的图形面积即为拉伸-剪切过程的能量吸收值，从图 10.8 可以看出，T111 的能量吸收值最大，T12 最小。

　　图10.9为三种不同配置形式的剥离载荷和拉伸位移结果对比。在剥离试验中，三种配置形式的试件在剥离的初期，位移随载荷增加而增加。其中，P12位移增加的速率略小，P21和P111的速率相当。三种曲线形状相同，P111的拉伸位移最大，P21次之，P12最小。对应于剥离过程中的能量吸收大小，P111相比于其他两种试件能量吸收值最大。结果表明，三层板压印接头不同的配置对试件接头强度影响不大，但对失效时的拉伸位移和能量吸收有很大影响。

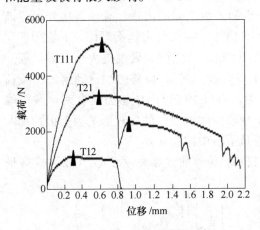

图10.8　拉-剪载荷和位移

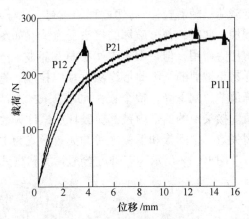

图10.9　拉-剪载荷和位移

10.1.2.3　接头失效形式

　　图10.10为拉伸-剪切试验的载荷-位移曲线和失效形式。T12试件均为上板颈部断裂导致试件失效，因此T12试件的强度取决于上板颈部厚度值和上板材料强度。T21试件的失效形式为上板和中间板一起从下板中拉出，中间板和下板之间的内锁失效。上板和中间板形成的接头在下板中形成明显的刮痕，如图10.10所示，表明T21的拉伸-剪切强度取决于在下板中的镶嵌量和下板材料强度。

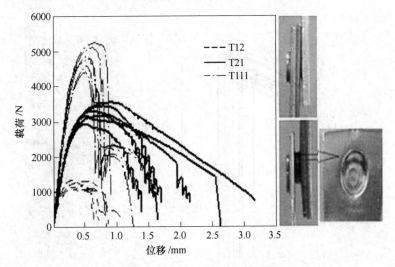

图10.10　拉伸-剪切试件的载荷-位移曲线和失效形式

　　T111试件的拉伸-剪切强度明显大于T12和T21，而且载荷-位移曲线出现两个峰值，失效形式也与 T12 和 T21 不同。图 10.11 所示为 T111 的拉伸-剪切破坏过程。拉伸-剪切过程中，垫片装夹如图 10.4 所示。在拉伸-剪切的初期，由于接头纵向不完全对称，上板两侧受力情况如图 10.11 所示，在这些力的合作用下，上板颈部受剪切力作用，随着载荷的增加，剪切力增大，上板最终在颈部最薄处被剪断。在载荷-位移曲线上表现为达到第一个载荷峰值，并急剧下降。接头中的上板和中间板之间的内锁失效，上板失效。此后的拉-剪过程中，中间板和下板分别作为拉伸的两端，接头依靠中间板和下板之间的内锁承受载荷。随着拉伸-剪切过程的进行，由于中间板和下板之间的内锁，载荷再次开始逐渐增加。此时，部分破坏的接头受力情况如图 10.11 所示，接头受力仍不对称，上板颈部受剪切力作用，但是由于中间板材为钢材，与 Al5052 相比，强度和硬度更大，不像上板一样易于被剪断，因此最终从下板中拉脱，造成接头失效。载荷-位移曲线达到第二个载荷峰值并急剧下降，整个接头彻底失效。结果表明，T111 的载荷-位移曲线有两个载荷峰值。接头中的两个内锁都被破坏后试件失效，上板和中间板之间的失效形式为上板颈部断裂失效；中间板和下板之间的失效形式为中间板从下板中拉脱失效。

图 10.12 所示为三种配置形式的剥离试件的载荷-位移曲线和失效形式。P12 的失效形

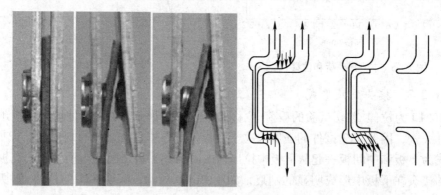

图 10.11　T111 的拉-剪破坏过程

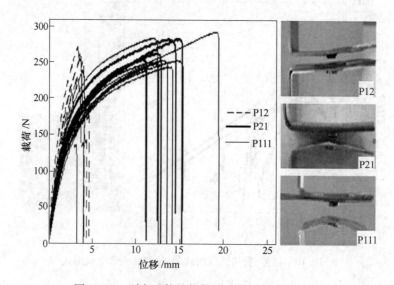

图 10.12　剥离试件的载荷-位移曲线和失效形式

式为上板颈部被剪断，接头失效。P21 与 P111 的失效形式相同，均为接头上的上板和中间板作为一个整体从下板中拉脱，使得试件失效。从图 10.9 和图 10.12 的载荷-位移曲线中可以看出，两者的载荷-位移曲线非常接近。P21 和 P111 具有相同的载荷-位移曲线和失效形式，说明两种配置形式的承载能力接近。

对于三层板不同配置形式的研究可以得出，在三层板的压印接头中，试件的配置形式对接头的拉-剪性能和剥离性能有较大影响。拉-剪强度高于剥离强度。本小节分别研究了三种拉-剪和剥离的试件，其中 T111 的接头强度和能量吸收值最大；T12 的接头强度和能量吸收值最小。T111 的载荷-位移曲线有两个峰值。

由于配置形式的不同，试件的失效形式有板材断裂失效、内锁拉脱失效和两者的混合失效等模式。在拉-剪试验中，T12 试件组中所有试件均为上板颈部断裂失效，接头强度取决于上板的颈部厚度和上板材料强度；T21 试件组中，上板和中间板作为一个整体从下板中拉脱，中间板和下板之间的内锁拉脱失效造成接头失效，接头强度取决于中间板在下板中的镶嵌量和下板材料强度。T111 的失效较为复杂，首先上板颈部断裂，造成上板和中间板之间的内锁失效；此后接头依靠中间板和下板之间的内锁承载，中间板为冷轧钢，强度比 Al5052 大，最终中间板从下板中拉脱，接头彻底失效。

剥离试验中三种接头强度相差不大，有两种失效形式。在剥离试验中，P12 试件组所有试件均为上板颈部断裂造成接头失效，接头强度取决于上板颈部厚度和上板材料强度。P21 和 P111 的失效形式相同，接头处上板和中间板作为一个整体从下板中拉脱，接头失效，这两种接头的强度与中间板在下板中的镶嵌量有关。

10.2 材料对接头强度的影响

本节分别研究铝合金、冷轧钢、铜合金压印接头，板材厚度分别为 2.0mm、1.0mm、1.5mm[3~5]。

试验材料为铝合金、冷轧钢和铜合金，铝合金牌号为 Al5052，钢为国产冷轧钢 SPCC，铜合金牌号为 H62，化学成分分别见表 10.2 ~ 表 10.4。

表 10.2　Al5052 化学成分（质量分数）　　　（%）

材　料	Si	Cu	Mg	Zn	Mn	Cr	Fe	Al
Al5052	0.25	0.10	2.32	0.10	0.10	0.18	0.40	默认

表 10.3　SPCC 化学成分（质量分数）　　　（%）

材　料	C	Mn	P	S	Al	Fe
SPCC	0.04	0.25	0.01	0.005	0.05	默认

表 10.4　H62 化学成分（质量分数）　　　（%）

材　料	Cu	Fe	Pb	Sb	P	Zn
H62	62.5	0.15	0.075	0.005	0.01	27.26

参考 GB/T 6397—1986，制作三种金属板材的拉伸试样，在 MTS Landmark 力学试验机上进行，拉伸试验过程中采用引伸计，引伸计量程为 -2 ~ 4mm。通过材料拉伸试验获得

材料的弹性模量、屈服强度、拉伸强度等参数。三种材料的力学性能参数见表10.5。由拉伸试验测得材料的真实应力-应变曲线如图10.13所示。

表10.5　力学性能参数

材　料	弹性模量/GPa	拉伸强度/MPa	屈服强度/MPa	伸长率/%
Al5052	69.5	231.2	208.9	17.2
SPCC	156.2	308.7	251.8	45.5
H62	110.8	412.2	358.4	39.5

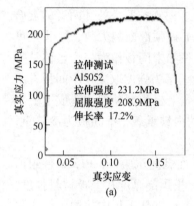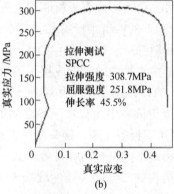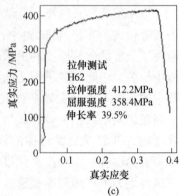

图10.13　真实应力-应变曲线
（a）Al5052；（b）SPCC；（c）H62

对于Al5052压印连接试件，圆形点试件组的平均最大拉-剪载荷为2487.8N，标准差为55.8N，拉伸过程的载荷-位移曲线如图10.14（a）所示；对于SPCC压印连接试件，圆形点试件组的平均最大拉-剪载荷为2447.6N，标准差为29.3N，拉伸过程的载荷-位移曲线如图10.14（b）所示；对于H62压印连接试件，圆形点试件组的平均最大拉-剪载荷为3713.7N，标准差为101.6N。失效形式有两种：4个为颈部断裂失效，2个为上下板拉脱失效。

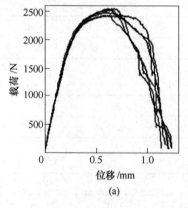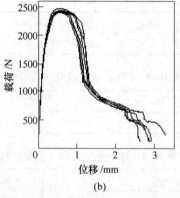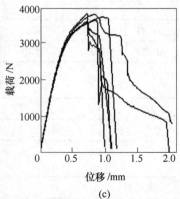

图10.14　接头载荷-位移曲线
（a）Al5052；（b）SPCC；（c）H62

对于Al5052，圆形压印点接头失效形式为颈部断裂失效，如图10.15（a）所示。在拉-剪载荷作用下，上板有被从下板中拉出的趋势，由于上、下板之间存在内锁，上板颈部受拉-剪载荷并产生剪切应力。随着拉伸过程的进行，拉-剪载荷不断增大，上板颈部应力不断增加，当应力达到材料的剪切极限，材料断裂导致试件失效。对于 SPCC，圆形压印点连接件的失效形式为上板颈部断裂，上板接头被部分剥出，如图 10.15（b）所示。对于 H62，圆形压印点连接件失效形式与 Al5052 类似，为颈部断裂，如图 10.15（c）所示。

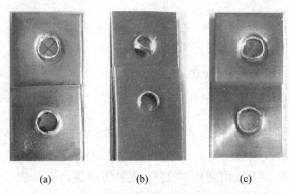

（a）　　　　　　　　（b）　　　　　　　　（c）

图 10.15　接头失效形式

（a）Al5052 压印点；（b）SPCC 压印点；（c）H62 压印点

10.3　板材组合顺序对接头强度的影响

本节研究铝合金、冷轧钢、铜合金异种材料组合接头，由于为异种板材组合，考虑到板材叠放顺序可能会影响接头成形，共研究四种接头组合：H62- Al5052、Al5052- H62、H62-SPCC、SPCC-H62[6~8]。

图 10.16 和图 10.17 分别是铜-铝压印接头和铜-钢压印接头截面。

（a）　　　　　　　　　　　　　（b）

图 10.16　铜-铝压印接头截面

（a）H62- Al5052；（b）Al5052- H62

图 10.16（a）所示接头截面成形较好，上板成功嵌入到下板中，形成明显的镶嵌，并且两板结合紧密；图 10.16（b）所示接头截面没有形成有效内锁，上板未嵌入到下板中。从接头截面看，H62 与 Al5052 组合压印连接时，铜板在上时接头成形性良好，应将铜板作为上板进行压印连接。

从图 10.17 可以看出，图 10.17（a）所示接头截面成形较好，上板成功嵌入到下板中，形成明显的镶嵌，具有一定的颈部厚度和镶嵌量，并且两板结合紧密；图 10.17（b）

(a)　　　　　　　　　　　　　　(b)

图 10.17　铜-钢压印接头截面
(a) H62-SPCC；(b) SPCC-H62

所示接头截面也形成了有效内锁，但与图 10.17（a）所示接头截面相比，上板嵌入到下板的程度较小，并且两板之间有少许缝隙。因此，H62 与 SPCC 组合压印连接时，应将 H62 作为上板。

图 10.18 和图 10.19 分别为 H62-Al5052 和 Al5052-H62 两试件组的载荷-位移曲线和失效形式。H62-Al5052 的接头强度均值为 2884.3N，标准差为 38.0N；失效形式为上层铜板从下层铝板中拉脱失效，下板出现明显的材料刮伤痕迹，这是由于 H62 的强度远大于 Al5052。Al5052-H62 的接头强度均值为 629.1N，标准差为 86.5N；失效形式为上、下板拉脱失效，下板接触部位无明显刮伤现象。

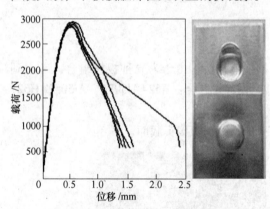

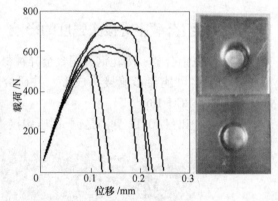

图 10.18　H62-Al5052 载荷-位移曲线和失效形式　　图 10.19　Al5052-H62 载荷-位移曲线和失效形式

H62-Al5052 接头强度是 Al5052-H62 的约 4.6 倍。而且，从载荷-位移曲线看，Al5052-H62 试件组的分散性较大，说明这种压印接头质量难以控制，成形具有随机性。

图 10.20 和图 10.21 分别为 H62-SPCC 和 SPCC-H62 两试件组的载荷-位移曲线和失效形式。H62-SPCC 的接头强度均值为 3868.4N，标准差为 114.6N；失效形式为上层铜板颈部断裂。SPCC-H62 的接头强度均值为 3274.9N，标准差为 162.2N；失效形式为上、下板拉脱失效。

对于铜、钢组合压印接头，H62 在上时接头具有较大的拉剪强度，比 SPCC 在上时提高了 18%。

由 5 组接头的拉-剪结果可知，H62-Al5052 接头强度高于 Al5052-H62，H62-SPCC 接头强度高于 SPCC-H62。因此，从组合板材叠放顺序看，采用压印技术连接异种板材组合时，为了获得更大的接头强度，应将强度较大的板材作为上板，而强度较小的板材作为下板。

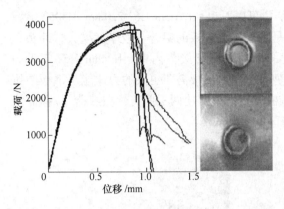

图 10.20   H62-SPCC 载荷-位移曲线和失效形式

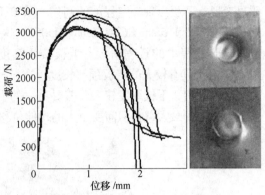

图 10.21   SPCC-H62 载荷-位移曲线和失效形式

10.4   提高 H62-Al5052 压印接头强度的方法

由 10.3 节可知，所研究的 5 种压印接头中，H62-H62、H62-Al5052、H62-SPCC 三种接头强度最高。其中铜、铝异种板组合在生产中应用最多，本节研究提高 H62-Al5052 压印接头强度的方法。

H62-Al5052（厚度均为 1.5mm）压印接头的失效形式为上板从下板中拉脱，并且下板铝合金在上板拉脱过程中出现明显被上板刮伤的痕迹。失效形式表明，当上板强度和上板颈部厚度足够时，接头的拉-剪载荷取决于下板。因此，可以通过增加下板厚度以增加接头中的镶嵌量，从而使接头具有较大的内锁，增加接头承载能力。也可以增加下板的材料强度，使上板不易从下板中拉脱，以获得具有更大拉-剪载荷的接头。因此，本节将对 1.5mm H62-2.0mm Al5052 压印接头和 1.5mm H62-1.5mm SPCC 压印接头进行验证。图 10.22 所示为两种改进接头和 1.5mm H62-1.5mm Al5052 接头与 H62-Al5052 接头的载荷和位移。

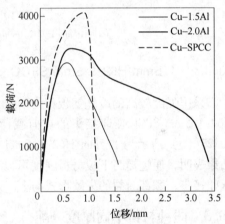

图 10.22   三种接头的拉-剪载荷和位移

10.4.1   1.5mm H62-2.0mm Al5052 接头验证试验

1.5mm H62-2.0mm Al5052 试验组的平均最大拉-剪载荷为 3075.6N。对比两种接头的载荷-位移曲线可以看出，将下板的厚度增加为 2mm，接头的拉-剪载荷略有增加，拉伸位移明显增加，拉-剪过程中能量吸收明显增加。因此，通过增加铜铝合金异种压印接头中下板铝合金的厚度，可以明显增加拉伸位移，使接头能量吸收能力大大增加，提高结构的抗振能力。

图 10.23（a）所示为 1.5mm H62-1.5mm Al5052 压印接头和 1.5mm H62-2.0mm Al5052 压印接头的失效形式，其中，左侧为 1.5mm H62-1.5mm Al5052，右侧为 1.5mm H62-2.0mm Al5052。A 显示两者具有相同的失效形式，均为上板从下板中拉脱，上板铜合金板没有出现

明显变形，下板出现一定程度的刮伤。从 B 和 C 可以看出，1.5mm H62-2.0mm Al5052 上板接头高度大于 1.5mm H62-1.5mm Al5052，这是由于作为下板的铝合金板厚度增大，冲头在连接成形过程中的行程增大。上板接头高度的增加有利于接头内锁。1.5mm H62-2.0mm Al5052 由于具有较大的上板颈部长度，在拉-剪过程中，上板需要更大的力才能从下板中拉脱。同时，由于下板厚度较大，需要更大的沿板方向的位移使两板脱开，在载荷-位移曲线上表现为达到最大载荷后需要更大的拉伸位移直到接头失效。

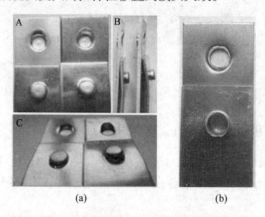

(a)　　　　　　　　　　(b)

图 10.23　接头失效形式
（a）1.5mm H62-2.0mm Al5052；（b）1.5mm H62-1.5mm SPCC

10.4.2　1.5mm H62-1.5mm SPCC 接头验证试验

采用强度较高的冷轧钢板作为下板，铜合金作为上板时，接头强度明显提高。1.5mm H62-1.5mm SPCC 压印接头的拉剪载荷为 4100N，提高了约 40%，如图 10.22 所示。图 10.23（b）所示为 1.5mm H62-1.5mm SPCC 接头的失效形式，接头中上板颈部被剪断。结果表明，通过提高下板材料强度可以明显提高接头的拉-剪载荷。对于铜板作为上板的压印接头，颈部断裂的失效形式与上、下板拉脱失效的接头相比，具有更大的强度。

10.5　同种材料不同厚度分配

实验所用材料为 Al5052，材料参数见表 7.1，机械性能见表 7.3，真实应力-应变曲线如图 10.13 所示，板材厚度为 1.5mm、2.0mm、2.5mm 不等。为研究不同的厚度组合方式对接头强度的影响，共对三种不同组合形式的压印接头进行分析，即 2.0mm-2.0mm、1.5mm-2.5mm、2.5 mm-1.5mm。

10.5.1　压印接头成形研究

采用有限元建模和压印连接试验方法分别研究三种接头的成形性[9,10]。模型尺寸与实际尺寸一致，模型建立及求解方法参照 5.1.1 节。

压印接头的形状参数包括接头中颈部厚度 t_N 和镶嵌量 t_U，因此接头上的颈部厚度和镶嵌量决定了接头质量。颈部厚度较小的接头容易发生颈部断裂造成接头失效；镶嵌量过小的接头容易造成上板从下板中剥离出而造成接头失效。

采用相同的数值模拟方法对上述三种接头进行压印过程模拟。并在 RIVCLINCH

1106 P50 压印连接设备上对三种接头进行压印连接。图 10.24 所示为 2.0mm-2.0mm 压印接头的数值模拟结果与试验结果的对比。将三种接头的数值模拟结果与试验结果相比较可以看出，数值模拟结果可以很好地模拟压印连接过程。三种接头都具有一定的颈部厚度和镶嵌量，说明三种板材组合均可以通过压印技术实现连接。三种压印接头中，2.5mm-1.5mm 接头具有最大的颈部厚度；而 1.5mm-2.5mm 接头颈部厚度值最小，但镶嵌量最大。

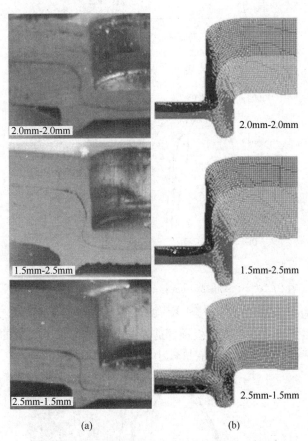

图 10.24　三种接头压印试验结果与数值模拟结果

（a）试验结果；（b）数值模拟结果

10.5.2　接头拉-剪试验

2.0mm-2.0mm 压印接头的载荷-位移曲线和失效形式如图 10.25 所示。所测的 6 个试件平均最大强度为 2487.8N，标准差为 55.8N。接头失效形式为上板颈部断裂造成接头失效，如图 10.25 所示。

1.5mm-2.5mm 压印接头的载荷-位移曲线和失效形式如图 10.26 所示。接头平均最大拉伸强度为 1175.0N，标准差为 31.8N。接头失效形式为上板颈部断裂，从断裂截面可以看出，接头颈部厚度较小，断裂后上板中颈部长度明显大于残留在下板中的颈部长度。这是由于上板较薄，在压印连接成形过程中，上板被过度拉伸。

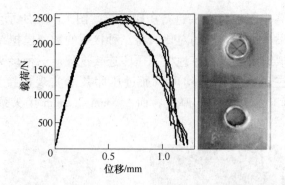

图 10.25　2.0mm-2.0mm 接头载荷-位移曲线和失效形式

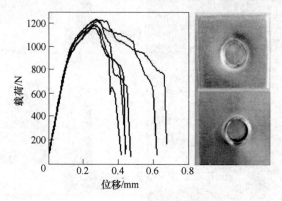

图 10.26　1.5mm-2.5mm 接头载荷-位移曲线和失效形式

　　图 10.27 所示为 2.5mm-1.5mm 接头拉-剪试验结果。接头平均最大强度为 3490.9N，标准差为 63.9N。接头失效形式为上板颈部剪断失效，残留在下板中的上板有被拉出的趋势，这是由于 2.5mm-1.5mm 接头镶嵌量较小（见图 10.24）。

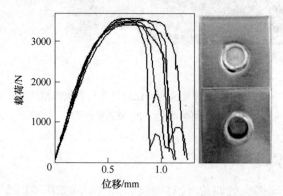

图 10.27　2.5mm-1.5mm 接头载荷-位移曲线和失效形式

　　图 10.28 所示为三种接头载荷-位移曲线的对比，从线性阶段可以看出，三种接头的刚度相当。2.5mm-2.5mm 接头强度最大，约为 3500N，对应的拉伸位移也最大。这是由于该种接头颈部厚度最大，发生颈部断裂失效所需载荷较大。在拉伸载荷的作用下，厚度较大的颈部材料达到强度极限所发生的弹塑性变形也较大。载荷-位移下降阶段，2.5mm-1.5mm 接头的曲线较为平滑，接头达到最大载荷后，曲线急速下滑，接头瞬间失效。2.0mm-2.0mm 接

头和 1.5mm-2.5mm 接头曲线下滑相对平缓。曲线达到最大载荷后的下降趋势取决于接头中镶嵌量的大小。

在 AutoCAD 中，计算 2.0mm-2.0mm、1.5mm-2.5mm、2.5mm-1.5mm 三种接头拉-剪过程中的能量吸收值，分别为 3.245J、2.005J、0.376J。其中，2.5mm-1.5mm 接头的能量吸收值最大，约为 1.5mm-2.5mm 接头的 8.6 倍。

拉-剪试验结果表明，三种压印接头的刚度相当，其中，2.5mm-1.5mm 压印接头的强度和拉-剪过程的能量吸收值最大，接头质量最优。因此，同种材料不同厚度的板材进行压印连接时，应该将厚度较大的板作为上板。

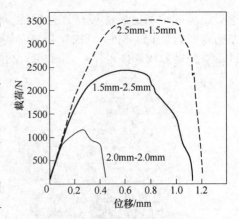

图 10.28 三种接头的载荷-位移曲线

本节所建立的有限元模型可以很好地模拟 2.0mm-2.0mm、1.5mm-2.5mm、2.5mm-1.5mm Al5052 组合板材的压印连接成形。总厚度相等的三种压印接头中，2.5mm-1.5mm 接头颈部厚度最大，1.5mm-2.5mm 颈部厚度最小、镶嵌量最大。拉-剪试验结果表明，三种接头刚度相当，2.5mm-1.5mm 接头的强度和拉-剪过程的能量吸收值最大，而 1.5mm-2.5mm 最小。三种接头的失效形式均为上板颈部断裂造成接头失效。同种材料不同厚度的板材进行压印连接时，为了获得较大的接头强度和较好的接头性能，将厚度较大的板材作为上板。

10.6 钛合金同种和异种板材压印接头力学性能

由于钛合金具有强度高、抗腐蚀性好、耐高温等一系列突出优点，被广泛应用在汽车工业、航空航天工业和国防工业中。钛-钛连接的传统连接方法主要是焊接（搅拌摩擦焊和激光-钎焊），但是这种方法很难实现钛合金和异种金属或非金属材料的连接，而压印技术可很好地解决这个问题，因此本节研究采用压印技术实现钛合金同种与异种金属的连接接头的力学性能[11]。

10.6.1 钛合金压印接头连接过程

本次试验材料有 1.5mm TA1 钛合金、1.5mm H62 铜合金、1.5mm Al5052 铝合金和 1.0mm SPCC 冷轧钢，TA1 钛合金材料属性见表 10.6，其他材料属性在前面小节已有介绍，在此不再重复。

表 10.6　TA1 材料属性

材　料	拉伸强度	屈服强度	弹性模量
TA1	402.5MPa	396.8MPa	98.5GPa

由于钛合金具有冷脆性，在室温下使用压印连接技术进行连接无法成形，因此在连接之前对连接部位进行预热。采用丁烷焰进行预热，预热温度为 700℃，温度采用 GM1350 红外测温仪进行测量，达到目标温度停止加热，预热结束。

预热之后仍选用 RIVCLINCH 1106 P50 压印连接设备进行连接，对于异种板材接头，通过反复试验确定最优板材连接顺序，最终确定异种金属板材的连接顺序为 TA1-H62，Al5052-TA1，TA1-SPCC，即钛铜异种板材连接钛板在上，钛铝异种板材连接铝板在上，钛钢异种板材连接钛板在上。制备好的试件如图 10.29 所示。

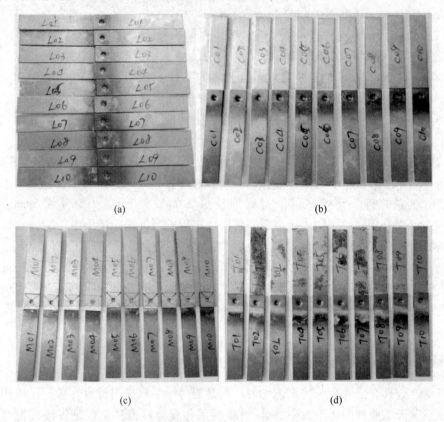

图 10.29　钛合金压印试件
(a) TA1-TA1；(b) TA1-H62；(c) Al5052-TA1；(d) TA1-SPCC

10.6.2　拉-剪试验及结果分析

制备好试件后在 MTS Landmark100 型电液伺服材料试验机上进行拉伸-剪切试验，与之前的试验一样，两端各夹持 30mm，并加上相应厚度的垫片，使两端夹持部分厚度相等，以减小拉伸过程中的弯矩，如图 10.30 所示。拉伸试验结束后对各组接头的失效模式、失效位移、接头强度和能量吸收能力分别进行分析。

10.6.2.1　失效模式分析

对各组接头依次进行试验，试验完成后各组接头的失效模式如图 10.31 所示，从图中可以看出：TA1-TA1、TA1-H62 和 Al5052-TA1 压印接头的失效模式均为颈部断裂失效，只有 TA1-SPCC 压印接头的失效模式为内锁拉脱失效。出现这种结果与被连

图 10.30　试件夹持

接板材的材料属性及接头成形性有关，具体来说是与接头成形后颈部厚度及内锁量决定

的。当颈部厚度及内锁量一定时，接头的失效模式与被连接板材的材料属性有关，详细内容参考有关压印接头失效模式的介绍。

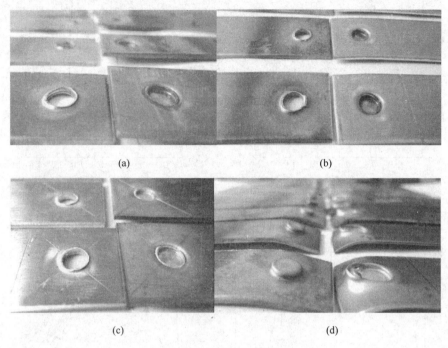

图 10.31 接头失效模式

(a) TA1-TA1；(b) TA1-H62；(c) Al5052-TA1；(d) TA1-SPCC

10.6.2.2 接头强度分析

各组接头试验过程的载荷-位移曲线如图 10.32 所示。从图中可以看出本次试验数据较为集中，试验结果可靠。求取各组试件最大载荷的均值，结果如图 10.33 所示，从图中可以看出，4 组接头中 TA1-H62 压印接头的强度最大，为 4909.01N；而最小的 Al5052-TA1 压印接头，其强度只有 1131.18N。结合压印接头的失效模式可知，最大强度组与最小强度组压印接头的失效模式均为颈部断裂失效，因此接头的强度主要取决于颈部厚度及上板材料的强度，Al5052-TA1 组接头的上板为 Al5052 铝合金，因此导致该组压印接头的强度最低。

10.6.2.3 失效位移分析

对各组接头的失效位移求取均值，结果如图 10.34 所示，从图中可以看出，TA1-TA1、TA1-H62 和 Al5052-TA1 压印接头的失效位移依次减小，最小的 Al5052-TA1 组失效位移只有 0.796mm；而 TA1-SPCC 压印接头的失效位移最大，为 4.718mm。结合失效模式可知，内锁拉脱失效模式的失效位移最长。

10.6.2.4 能量吸收能力分析

选取各组接头中载荷峰值与载荷均值最接近的一个试件的载荷-位移曲线与坐标轴所围面积作为各组接头的能量吸收能力，接头的能量吸收能力反映出接头的吸振能力，结果如图 10.35 所示。各组接头能量吸收值分别为：TA1-TA1 组为 3.352J，TA1-H62 组为 3.030J，Al5052-TA1 组为 0.703J，TA1-SPCC 组为 10.370J，即 TA1-SPCC 组压印接头的吸振能力最好，这也反映出在受到冲击时 TA1-SPCC 压印接头的安全性能最好。

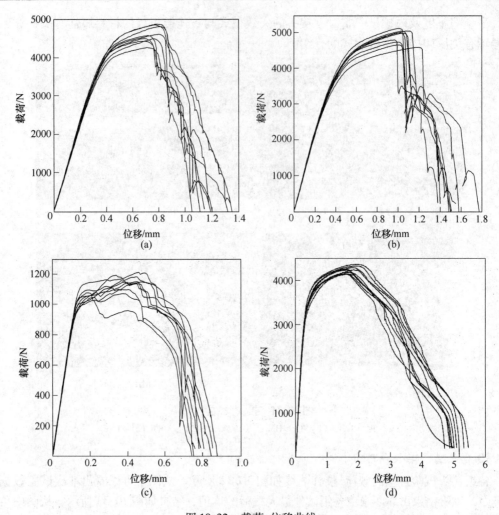

图 10.32   载荷-位移曲线
（a）TA1-TA1；（b）TA1-H62；（c）Al5052-TA1；（d）TA1-SPCC

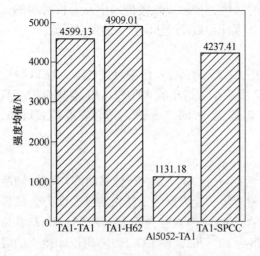

图 10.33   接头强度均值

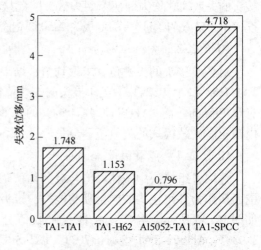

图 10.34   失效位移均值

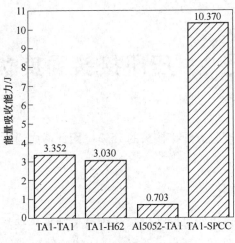

图 10. 35 接头能量吸收能力

参 考 文 献

[1] 刘福龙，何晓聪，曾凯，等. 三层板压印接头力学性能分析［J］. 材料科学与工艺，2015，23（3）：
118～123.

[2] 杨慧艳，何晓聪，周森，等. 多层金属板材压印连接成形研究［J］. 热加工工艺，2013，42（24）：
37～40.

[3] 杨慧艳，何晓聪，周森，等. 压印接头拉剪强度有限元模拟［J］. 机械工程材料，2013，37（9）：
74～78.

[4] 杨慧艳，何晓聪，丁燕芳，等. 冷轧钢压印接头拉伸-剪切和疲劳性能研究［J］. 机械设计，2013，
30（9）：78～81.

[5] 杨慧艳，何晓聪，邓成江，等. 基于试验和数值模拟的铝合金压印连接［J］. 热加工工艺，2013，
42（15）：93～96.

[6] 杨慧艳，何晓聪，丁燕芳，等. 铜合金同种和异种板材压印连接研究［J］. 热加工工艺，2013，43
（7）：34～40.

[7] 杨慧艳，何晓聪，周森，等. Al5052 压印接头与材料力学性能的对比研究［J］. 热加工工艺，2013，
42（19）：12～14.

[8] Liu F L，He X C，Zhao L. A performance study of clinched joints with different material［J］. Advanced Materials Research，2014，887～888：1265～1268.

[9] Yang H Y，He X C，Zeng K，et al. Numerical simulation of clinching process in copper alloy sheets［J］. Advanced Materials Research，2013，753～755：439～442.

[10] Yang H Y，He X C，Wang Y Q. Analytical model for strength of clinched joint in aluminum alloy sheet ［J］. Applied Mechanics and Materials，2013，401～403：578～581.

[11] 张越，何晓聪，王医锋，等. 基于试验和数值模拟的钛合金异种材料压印连接研究［J］. 热加工工艺，2015，44（15）：1～5.

压印接头强度优化

单点压印接头的静强度只有焊接接头的75%，因此考虑通过其他方法来提升压印接头的静强度。

11.1 多压印点接头研究

如果连接区域允许，可以通过增加压印点数目来增加连接结构强度[1,2]。分别研究相同的板材组合下，单点、双点、三点、五点的压印连接件拉-剪强度及失效形式。

11.1.1 压印点布置形式

相同的试件组合，增加搭接区域的压印点数，理论上可使接头强度增加。试件材料为Al5052，厚度为2.0mm的两层板材组合，板材尺寸参数为：长110mm，宽40mm，组合时搭接长度为40mm。研究将压印点增加到两点、三点、五点时的接头强度，由于四压印点结构与两点和五点类似，故不重复进行。4种接头中，压印点的排布遵循在搭接区域均匀、对称分布。四种压印连接件尺寸及压印点排布形式如图11.1所示。

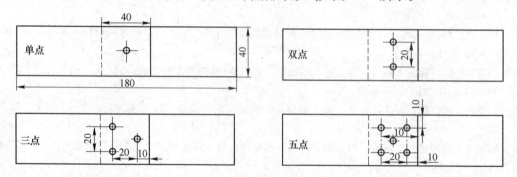

图 11.1　试件尺寸（单位：mm）

压印连接所选模具为：冲头 SR5210，下模 SR60314。压印连接试验前，对板材按照图11.1画线。4种接头每种制备6个以进行拉-剪试验，图11.2为制备好的压印连接件。

11.1.2 接头拉-剪试验

拉-剪试验时，试件装夹与试件宽度相同的垫片。图11.3～图11.6分别为单点、双点、三点、五点压印接头拉-剪试验的载荷-位移曲线和失效形式。接头失效形式均为上板颈部断裂失效，同一个试件上的压印点均发生颈部断裂失效。其中，三点、五点的载荷-位移曲线上出现明显的波动，这可能是由于多点在布置时，很难完全保证点与点的完全对中，与图11.1相比，存在位置误差而导致的。但曲线波动部分出现的位置明显低于接头最大载荷位置，均在拉-剪过程将要结束时，因此不影响接头强度测量结果。

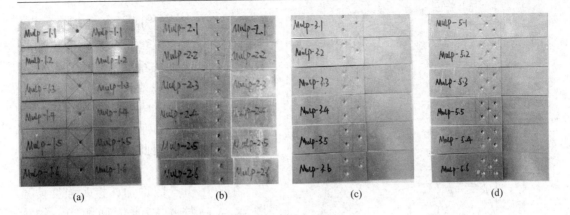

图 11.2　四种压印连接件

(a) 单点；(b) 双点；(c) 三点；(d) 五点

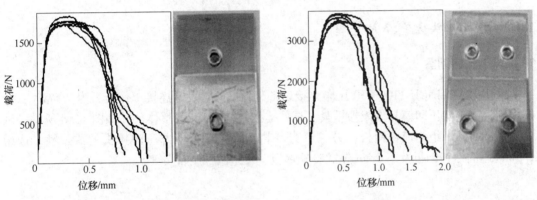

图 11.3　单点压印接头载荷-位移曲线和失效形式　　图 11.4　双点压印接头载荷-位移曲线和失效形式

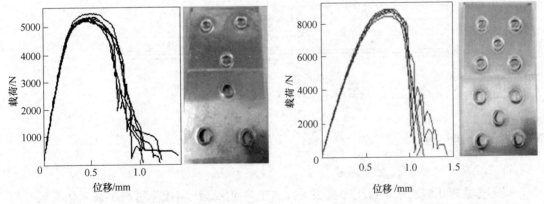

图 11.5　三点压印接头载荷-位移曲线和失效形式　　图 11.6　五点压印接头载荷-位移曲线和失效形式

　　图 11.7 为 4 种压印接头的载荷-位移曲线对比。试件组中，单点的平均接头强度为 1782.6N，标准差为 34.12N；双点强度为 3605.3N，标准差为 86.6N，是单点强度的 2.02 倍；三点强度为 5373.2N，标准差为 98.56N，是单点强度的 3.01 倍；五点强度为

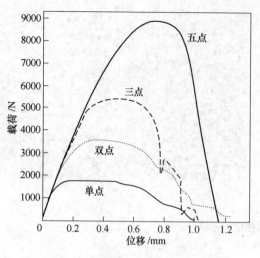

图 11.7　压印接头载荷-位移曲线

8767.7N，标准差为 16.56N，是单点强度的 4.92 倍。压印接头强度与压印点数成较好的线性关系，这是由于 4 种接头均为颈部断裂失效。以三压印点接头为例，在拉伸过程中，三个压印点任意时刻的受力状态几乎相同，三个压印点几乎同时断裂，因此接头强度基本是单点的 3 倍。

随着压印点数增加，接头强度明显增大。4 种接头拉伸位移相当，约为 1.0 ~ 1.2mm。连接件刚度相当，说明压印点数目的增加对连接件的刚度没有明显的影响。

11.2　压印接头火焰淬火处理

11.2.1　试件制备

采用 RIVCLINCH 1106 P50 压印连接设备制备试件，设定连接工作压力为 0.6MPa，根据材料性能选定压印模具为矩形模具。试件搭接长度 20mm，整体尺寸如图 11.8 所示。试件分为两组，一组为镀锌钢板，另一组为冷轧钢板。综合考虑压印接头的成形性，选用 1.5mm 厚的镀锌钢板及 1.0mm 厚的冷轧钢板。每组试件制备 24 个。

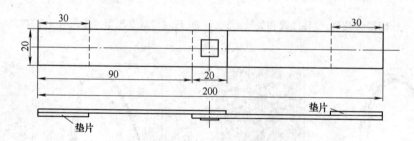

图 11.8　试件尺寸（单位：mm）

11.2.2　拉-剪试验

11.2.2.1　火焰淬火处理试验

局部热处理用氧乙炔焰对压印接头进行加热。为保证压印接头材料不被氧化，氧气与乙炔按 1.1:1.2 的比例调配。用氧乙炔焰将压印接头加热到 1000℃ 左右，用手持式工业测温仪测温，如图 11.9 所示[3~6]。加热到指定温度后迅速放入水中淬火。两组试件各加热 12 个，其余 12 个不加热。局部热处理完成之后将镀锌钢板未热处理与已热处理的试件分别命名为 A1 组与 B1 组，将冷轧钢板未热处理与已热处理的试件分别命名为 A2 组与 B2 组。

11.2.2.2 拉-剪试验

试件制备好并热处理完之后，共有四组（A1、B1、A2 和 B2）。将试件按组依次在 MTS Landmark100 型电液伺服试验机上对试件进行拉伸-剪切试验。试件两端各夹持 30mm，拉伸速率设为 5mm/min。为了防止拉伸过程产生扭矩，在试件夹持端根据试件厚度加上等厚的垫片，如图 11.8 及图 11.10 所示。

图 11.9　试件加热及测温

图 11.10　试件夹持

11.2.3　试验结果及分析

11.2.3.1　接头强度分析

拉-剪试验得到各个试件的载荷峰值，每组试件剔除差异较大的 4 个数据，剩余 8 个试验数据。经计算可得各组剩余的 8 个试验数据方差分别为：A1 组 27.765N；B1 组 139.848N；A2 组 145.320N；B2 组 63.338N。各组接头的抗拉强度平均值如图 11.11 所示。从图中可以看出各组接头的均值分别为：A1 组 3014.632N；B1 组 3518.706N；A2 组 2615.346N；B2 组 3663.355N。各组方差比上各组抗拉强度均值可得：A1 组为 0.92%；B1 组为 3.97%；A2 组为 5.55%；B2 组

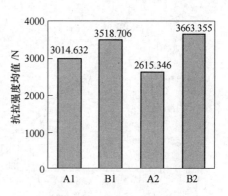

图 11.11　抗拉强度均值

为 1.73%。比值中最大的为 5.55%，小于 10%，由此说明各组剩余的 8 个试验数据可靠度较高。

比较 A1 组与 A2 组强度可知，在局部热处理前，镀锌钢板压印接头的抗拉强度比冷轧钢板压印接头的抗拉强度高 15.27%。比较 A1 组与 B1 组试验数据可知，局部热处理使镀锌钢板压印接头的抗拉强度提高了 16.72%；比较 A2 组与 B2 组试验数据可知，局部热处理使冷轧钢板压印接头的抗拉强度提高了 40.07%。综上可知，局部热处理对冷轧钢板压印接头的抗拉强度提升幅度比对镀锌钢板压印接头的抗拉强度提升幅度大。最终冷轧钢板压印接头的抗拉强度比镀锌钢板压印接头的抗拉强度高 4.11%。

11.2.3.2　接头拉伸位移分析

接头拉伸失效位移是接头性能另一个重要指标。MTS 拉伸试验机设定拉伸强度达到峰值后下降 95% 时判定为接头失效，按这个判定标准得到各个有效接头对应的拉伸位移，求

得各组试件拉伸位移均值如图 11.12 所示。从图
11.12 可以看出，在局部热处理前接头的拉伸位移
基本一样，镀锌钢板压印接头（A1）与冷轧钢板
压印接头（A2）的拉伸位移均值分别为 2.54mm 和
2.58mm。局部热处理对两种基板压印接头的拉伸
失效位移均有提高作用，其中镀锌钢板压印接头经
局部热处理（B1）拉伸位移达到 4.77mm，提高了
87.8%；冷轧钢板压印接头经局部热处理（B2）
拉伸失效位移达到 3.86mm，提高了 49.6%。

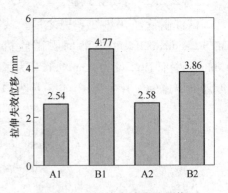

图 11.12　拉伸失效位移均值

11.2.3.3　接头能量吸收能力分析

通过试验可以得到载荷-位移曲线，如图 11.13 所示。求取载荷-位移曲线与坐标轴所
围成区域的面积即可得到压印接头的能量吸收能力，好的能量吸收能力显示出接头具有良
好的吸振能力。求取各组试件能量吸收量的均值，如图 11.14 所示。从图 11.14 可以看

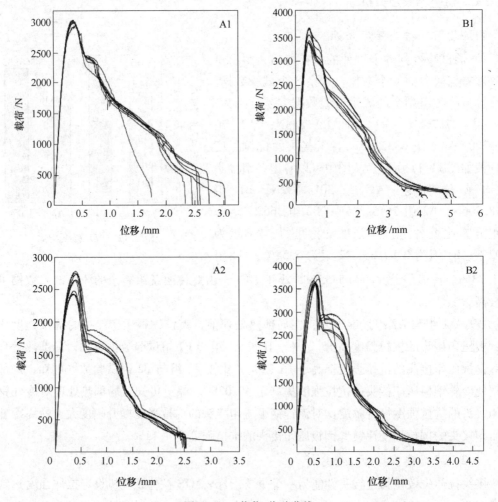

图 11.13　载荷-位移曲线

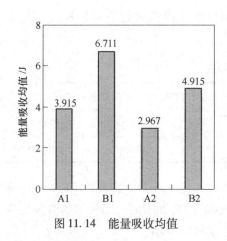

图 11.14　能量吸收均值

出，在局部热处理之前镀锌钢板压印接头（A1）的能量吸收能力优于冷轧钢板压印接头（A2）的能量吸收能力，前者比后者高 32.0%。在局部热处理之后，压印接头能量吸收能力大幅度提升；其中，镀锌钢板压印接头经局部热处理之后（B1）的能量吸收能力提升了 71.4%，冷轧钢板压印接头经局部热处理之后（B2）的能量吸收能力提升了 65.7%。局部热处理之后镀锌钢板压印接头（B1）的能量吸收能力依然比冷轧钢板压印接头（B2）高 36.5%。综上可知，镀锌钢板压印接头的能量吸收能力无论是在局部热处理前，还是在局部热处理之后都要优于冷轧钢板，且局部热处理对镀锌钢板压印接头的能量吸收能力提升作用更明显。

11.2.3.4　接头失效分析

本次试验 4 组接头的失效形式如图 11.15 所示，均为内锁拉脱失效。虽然拉脱形式一样，但是拉脱时内锁部分被撕裂的程度不一样，如图 11.15 椭圆区域所示。从图 11.15 可以看出，镀锌钢板与冷轧钢板的压印接头经局部热处理之后拉脱时，内锁部分被撕裂的程度变大；而且可以看出冷轧钢板压印接头局部热处理对内锁部分撕裂增大的程度比镀锌钢板要大。这种现象很好地反映出试验结果，即：局部热处理使基板强度得到提高，压印接头在拉脱过程中，内锁结构挤压下板时基板的变形困难，摩擦增大，最终使得接头强度得到提升；上板被撕裂的程度增大，导致失效位移加大；而强度提升以及失效位移加大使得接头的能量吸收能力得到提高。

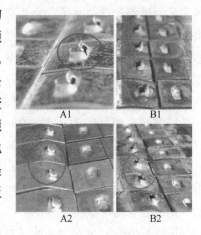

图 11.15　接头失效形式

11.2.4　疲劳试验

拉伸-剪切试验之后对火焰淬火后静强度提升幅度大的试件进行疲劳测试，以检测火焰淬火对压印接头疲劳性能的影响。拉伸-剪切试验结果显示，火焰淬火对 SPCC 冷轧钢板压印接头的提升作用明显。疲劳试验制备试件时采用圆形模具，同样将试件分为两组，一组进行火焰淬火处理，一组不进行火焰淬火处理，并对两组试件进行拉伸-剪切试验，获得确切静强度值以确保疲劳测试载荷设定准确。

11.2.4.1　载荷水平的确定

由于压印连接过程及热处理过程中诸多不可控因素可能导致压印接头的静强度发生波动，为方便疲劳试验载荷水平的分级，对本次压印连接的试件在热处理前与热处理后均进行静强度测试。两组各测试 10 个试件，测试过程中试件装夹及测试参数的设置与前述拉伸-剪切试验所介绍的一致。测试结果可疑数据采用拉依达准则进行检验，检验结果见表 11.1。

表 11.1　静强度试验结果

组号	均值/N	最大值/N	最小值/N	最大值偏差/N	最小值偏差/N	3σ 值
NT	2432.51	3052.78	2055.93	620.27	376.58	929.96
HT	4454.01	5497.75	3369.07	1043.74	1084.94	2027.85

从表 11.1 可知，本次测试的两组的 10 个测试结果均为有效值，因此表 11.1 中计算所得压印接头静强度均值为真实值。最终确定未经过火焰淬火处理的压印接头的静强度为 2432.51N，经过火焰淬火处理后的压印接头的静强度为 4454.01N。

11.2.4.2　疲劳试验参数

为获得两组接头的 S-N 曲线，通过静强度试验确定两组接头的静拉伸强度后按静强度确定疲劳试验的载荷水平，之后在 MTS Landmark 100 型电液伺服力学试验机中的 MPE 模块中测试各个载荷水平下的疲劳强度。测试接头结构疲劳性能及比较接头结构应选用常幅谱进行加载，因此疲劳试验通过载荷控制选用正弦波进行加载；为防止疲劳加载时薄板发生弯曲，加载的应力比选用 $R = 0.1$；而车辆行驶于路面时，导致车身振动产生的主要输入激励包括路面不平、发动机和传动系统等的共同作用，当汽车在常速下行驶时，路面不平激励的频率值范围为 0.33 ~ 28.3Hz，因此车辆平顺性行驶时的振动分析主要考虑 30Hz以下的振动，故本节研究过程中疲劳试验加载频率选用 $f = 20$Hz；当疲劳试件因疲劳破坏而断裂或者疲劳循环基数达到 2×10^6 次时停止试验[7~9]。疲劳试验过程中试件难免产生弯矩对疲劳试验结果产生影响，为尽可能减小弯矩对疲劳试验结果的影响，在试件装夹的时候采用与静态力学试验一样的方式：在装夹部分垫上长度为 30mm，与试件等宽（20mm）且等厚（1.0mm）的垫片。疲劳试验的载荷水平开始通过试探法，即在多个载荷水平下进行疲劳试验，最终确定合适的载荷水平后进行多次反复试验，记录各个载荷水平下各次试验的疲劳循环次数 N 及接头的失效模式。

11.2.5　疲劳试验结果及分析

疲劳试验结束后对压印接头的疲劳失效模式进行分析，并对压印接头疲劳试验结果进行统计分析，最后采用最小二乘法拟合出压印接头 S-N 曲线方程，用以估算压印接头的疲劳性能。

11.2.5.1　疲劳失效模式分析

压印接头疲劳失效模式在前面章节中已有相关介绍，本次试验三种失效模式均有出现，如图 11.16 所示。

图 11.16 (a) 为未经火焰淬火处理的压印接头的疲劳失效模式，从图中可以看出压印接头疲劳失效模式有内锁拉脱失效（A、B）、颈部断裂失效（C）和压印点边缘出现裂

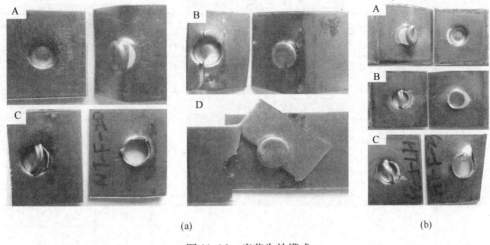

图 11.16　疲劳失效模式

(a) NT；(b) HT

纹导致压印接头断裂失效（D）。其中，图 11.16（a）中 A 为高应力水平疲劳试验时压印接头内锁拉脱方式，失效模式与静态力学试验的内锁拉脱失效模式类似；图 11.16（a）中 B 同样为内锁拉脱失效，但是压印接头的下板出现了裂纹，这种情况只出现在低应力水平下；图 11.16（a）中 C 为颈部断裂失效，也是与静态力学试验的内锁拉脱失效相似；图 11.16（a）中 D 为压印点边缘出现了裂纹导致压印接头失效，这种失效模式也只出现在低应力水平时的疲劳试验。

　　图 11.16（b）为经过火焰淬火处理的压印接头的两种失效模式，与未经过火焰淬火处理的压印接头的疲劳失效模式对比，经过火焰淬火处理的压印接头的疲劳失效模式只有内锁拉脱失效（A）和颈部断裂失效（B、C），没有基板断裂这种失效模式。其中，图 11.16（b）中 A 与 B 的失效模式与静态力学试验压印接头的失效模式类似，分别为内锁拉脱失效与颈部断裂失效；而 C 虽然同样为颈部断裂失效，但是压印接头的上板也出现了裂纹，这也只在低应力水平时的疲劳试验才可能出现。

　　通过以上分析可知，两组压印接头在高应力水平下的疲劳失效模式与其对应静态力学试验时出现的失效模式类似，但是在低应力水平下的疲劳失效模式易出现基板上产生裂纹的现象。

11.2.5.2　疲劳强度分析

　　按之前介绍的疲劳试验方法，未经火焰淬火处理组压印接头最终确定在 5 个载荷水平下进行疲劳试验，最大载荷分别为静强度的 90%、80%、75%、65% 和 60%；经过火焰淬火处理组压印接头最终确定在 6 个载荷水平下进行疲劳试验，最大载荷分别为静强度的 80%、70%、50%、37%、33% 和 30%。为方便起见，压印接头的失效模式约定记为：内锁拉脱失效记为 A，颈部断裂失效记为 B，压印点边缘出现裂纹导致接头断裂失效记为 C，达到循环基数 2×10^6 人为停止试验记为 D。压印接头疲劳循环次数取对数后的最终试验结果见表 11.2。

表 11.2　疲劳试验结果

组　号	载荷水平	F_{max}/kN	F_m/kN	F_a/kN	R	f/Hz	$\lg N_f$/次	失效模式
NT	90%	2.247	1.236	1.011	0.1	20	2.117	A
		2.247	1.236	1.011	0.1	20	1.544	A
		2.247	1.236	1.011	0.1	20	2.407	A
	80%	1.998	1.099	0.899	0.1	20	5.176	B
		1.998	1.099	0.899	0.1	20	5.069	B
		1.998	1.099	0.899	0.1	20	5.604	B
	75%	1.873	1.03	0.843	0.1	20	5.521	B
		1.873	1.03	0.843	0.1	20	5.582	B
		1.873	1.03	0.843	0.1	20	5.623	B
	65%	1.623	0.893	0.73	0.1	20	5.879	C
		1.623	0.893	0.73	0.1	20	5.735	B
		1.623	0.893	0.73	0.1	20	5.842	C
	60%	1.498	0.824	0.674	0.1	20	6.312	D
		1.498	0.824	0.674	0.1	20	6.310	D
		1.498	0.824	0.674	0.1	20	6.305	D
HT	80%	3.888	2.138	1.75	0.1	20	1.204	A
		3.888	2.138	1.75	0.1	20	1.591	A
	70%	3.024	1.663	1.361	0.1	20	4.494	B
		3.024	1.663	1.361	0.1	20	4.447	B
		3.024	1.663	1.361	0.1	20	4.451	B
	50%	2.16	1.188	0.972	0.1	20	4.969	B
		2.16	1.188	0.972	0.1	20	4.978	B
		2.16	1.188	0.972	0.1	20	4.944	B
	37%	1.584	0.871	0.713	0.1	20	5.262	B
		1.584	0.871	0.713	0.1	20	5.331	B
		1.584	0.871	0.713	0.1	20	5.391	B
	33%	1.426	0.784	0.642	0.1	20	5.831	B
		1.426	0.784	0.642	0.1	20	5.617	B
		1.426	0.784	0.642	0.1	20	5.278	B
	30%	1.296	0.713	0.583	0.1	20	6.305	D
		1.296	0.713	0.583	0.1	20	6.308	D
		1.296	0.713	0.583	0.1	20	6.325	D

　　从表 11.2 中可以看出，未经火焰淬火处理的压印接头在载荷水平为静强度 90% 时，试件几乎被瞬间拉断；当载荷水平为静强度 60% 时，压印接头的疲劳强度试验疲劳循环次数可达到疲劳循环基数 200 万次（$\lg(2 \times 10^6) = 6.301$）；与未经过火焰淬火处理的压印接头相比，经过火焰淬火处理的压印接头疲劳试验的载荷水平在静强度的 80% 时，压印接头

几乎被瞬间拉断，直到加载载荷水平为静强度的 30% 时疲劳循环基数才可以达到 200 万次。

为验证疲劳数据的有效性，采用威布尔分布进行检验。威布尔分布是根据最薄弱环节模型或串联模型得到，正适用于结构断裂强度模型的分析。二参数威布尔分布的密度函数见式（11.1），式中 α 与 β 分别为威布尔分布的形状参数与尺度参数。由于疲劳测试试件数量少（3个），采用传统计算方法确定威布尔参数时存在一定困难，甚至无法确定，因此通过引入变差系数近似求取威布尔分布的两个参数，求取的公式分别为式（11.2）及式（11.3），式中 μ 为均值，CV 为变差系数，$\Gamma(x)$ 为伽玛函数[10,11]。

$$f(x) = \frac{\alpha}{\beta} \left(\frac{x}{\beta} \right)^{\alpha-1} \exp\left[-\left(\frac{x}{\beta} \right)^{\alpha} \right] \tag{11.1}$$

$$\alpha = \frac{1.2}{CV} \tag{11.2}$$

$$\beta = \frac{\mu}{\Gamma\left(1 + \dfrac{1}{\alpha} \right)} \tag{11.3}$$

采用以上方法计算经过与未经过局部热处理压印接头在各个载荷水平下的 α 和对应的 β，结果见表 11.3。将失效概率为 63.2% 的值定义为威布尔尺度参数，计算所得的 β 均大于各自的寿命均值，由此可见，各疲劳寿命均服从二参数 Weibull 分布，从而验证了数据的可靠性。

表 11.3　疲劳寿命分析

	载荷水平	90%	80%	75%	65%	60%	
NT	均值（lg$N$）	2.023	5.283	5.575	5.819	6.309	
	寿命方差	0.439	0.283	0.051	0.075	0.004	
	变差系数	0.217	0.054	0.009	0.013	0.001	
	形状参数 α	5.527	22.293	130.35	93.37	1200	
	尺度参数 β	2.19	5.413	5.601	5.855	6.313	
HT	载荷水平	80%	70%	50%	37%	33%	30%
	寿命均值（lg$N$）	1.398	4.464	4.964	5.328	5.575	6.313
	寿命方差	0.274	0.026	0.018	0.065	0.279	0.011
	寿命变差系数	0.196	0.006	0.004	0.012	0.05	0.002
	形状参数 α	6.128	205.58	338.12	99	24	600
	尺度参数 β	1.504	4.477	4.972	5.359	5.704	6.318

11.2.5.3　F-N 方程

在工程上常采用反映结构疲劳强度特性的中值 F-N 曲线作为判定疲劳寿命的依据。对于压印接头，由于压印点的存在，压印接头截面积无法精确求出，导致压印接头截面上的应力无法求出，因此采用 F-N 曲线对压印接头中等寿命区的疲劳特性进行描述，其代表了可靠度为 50% 时接头疲劳寿命与加载载荷 F 之间的关系，能够真实地反映压印接头的疲劳寿命特性。

中等寿命区的 F-N 曲线可以采用两参数的幂函数公式表示：

$$F^m N = C \tag{11.4}$$

式中　F——疲劳加载载荷；

N——疲劳寿命；

C，m——待定系数。

对式（11.4）两边取对数可得：

$$\lg N = \lg C - m \lg F \tag{11.5}$$

令 $\lg N = Y$，$\lg C = A$，$-m = B$，$\lg F = X$，则式（11.5）可简化为：

$$Y = A + BX \tag{11.6}$$

大量试验研究表明，中等疲劳寿命区的疲劳寿命满足对数正态分布，根据 F-N 曲线在双对数坐标上为直线的假设，采用最小二乘法回归分析模型进行拟合，分析模型如下：

$$Y = A + BX + \varepsilon \tag{11.7}$$

式中，ε 为误差随机变量，其回归线性方程为：

$$\hat{Y} = \hat{A} + \hat{B}X \tag{11.8}$$

采用最小二乘法对 $\hat{A}$、$\hat{B}$ 进行估算，估算公式如下：

$$\hat{B} = \frac{\sum\limits_{i=1}^{n} X_i \overline{Y}_i - \dfrac{1}{n}\left(\sum\limits_{i=1}^{n} X_i\right)\left(\sum\limits_{i=1}^{n} \overline{Y}_i\right)}{\sum\limits_{i=1}^{n} (X_i)^2 - \dfrac{1}{n}\left(\sum\limits_{i=1}^{n} X_i\right)^2} \tag{11.9}$$

$$\hat{A} = \frac{1}{n}\sum_{i=1}^{n} \overline{Y}_i - \frac{\hat{B}}{n}\sum_{i=1}^{n} X_i \tag{11.10}$$

式中，X_i 为第 i 级加载载荷下对应的载荷幅值；$\overline{Y}_i$ 为 X_i 下对应的对数疲劳寿命均值。

根据表 11.3 的试验结果，且剔除未经过火焰淬火处理组载荷水平为 90% 及经过火焰淬火处理组载荷水平为 80% 的试验结果（这两个载荷水平下几乎为静力学失效，与疲劳无关），可以拟合出 F-N 曲线在双对数坐标下的回归方程：

$$Y_1 = 7.5283 - 7.4330 X_1 \tag{11.11}$$

$$Y_2 = 6.4280 - 4.2889 X_2 \tag{11.12}$$

式中，式（11.11）为未经过火焰淬火处理压印接头的 F-N 曲线在双对数坐标下的回归方程；式（11.12）为经过火焰淬火处理压印接头的 F-N 曲线在双对数坐标下的回归方程。

根据式（11.11）与式（11.12）可分别获得未经过与经过火焰淬火处理压印接头在中等寿命区的 F-N 曲线方程：

$$N_1 = 10^{7.5283} F_1^{-7.4330} \tag{11.13}$$

$$N_2 = 10^{6.4280} F_2^{-4.2889}$$ (11.14)

采用最小二乘法在双对数坐标下拟合疲劳试验数据的 F-N 曲线，如图 11.17 所示。

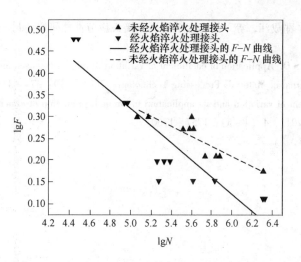

图 11.17 F-N 曲线

从图 11.17 可以看出，未经过火焰淬火处理与经过火焰淬火处理压印接头的 F-N 曲线有交点，联立回归方程（式（11.11）和式（11.12））可以得到交点坐标为 $X = 0.3500$，$Y = 4.9271$，即 $\lg F = 0.3500$，$\lg N = 4.9271$。反求对数函数可得 F-N 曲线交点上加载载荷 $F = 2.2387$kN，即在进行疲劳试验时，当加载载荷大于 2.2387kN 时，经过火焰淬火处理的压印接头疲劳性能要优于未经过火焰淬火处理的压印接头；当加载载荷小于 2.2387kN 时，经过火焰淬火处理的压印接头疲劳性能要劣于未经过火焰淬火处理的压印接头；当加载载荷等于 2.2387kN 时，两组压印接头的疲劳性能相当。

参 考 文 献

[1] 杨慧艳. 压印接头强度计算方法及连接件结构研究 [D]. 昆明：昆明理工大学，2014.

[2] He X C, Zhang Y, Cun H Y, et al. Vibration measurements of clinched joints [J]. Procedia CIRP, 2015, 26: 208～211.

[3] 王医锋，何晓聪，曾凯，等. 局部热处理对 SPCC 压印接头金力学性能的影响 [J]. 热加工工艺，2015, 44（14）：217～219.

[4] 刘福龙，何晓聪，曾凯，等. 局部热处理对不同模具压印接头静力性能影响分析 [J]. 材料导报，2014, 28（6）：91～94.

[5] 刘福龙，何晓聪，曾凯，等. 局部热处理对压印接头力学性能的影响分析 [J]. 热加工工艺，2014, 43（14）：212～216.

[6] 张越，何晓聪，卢毅，等. 钛合金压印接头热处理前后静态失效机理分析 [J]. 材料导报，2015, 29（8）：98～101.

[7] 郑俊超，何晓聪，许竞楠，等. 不同材料压印接头的拉剪性能及疲劳性能 [J]. 机械工程材料，

2014, 38 (1): 52 ~ 55.

[8] 杨慧艳, 何晓聪, 丁燕芳, 等. 冷轧钢压印接头拉伸-剪切和疲劳性能研究 [J]. 机械设计, 2013, 30 (9): 78 ~ 81.

[9] 杨慧艳, 何晓聪, 邓成江, 等. 铝合金单搭压印接头疲劳性能研究 [J]. 热加工工艺, 2013, 42 (17): 16 ~ 19.

[10] He X C, Oyadiji S O. Application of coefficient of variation in reliability-based mechanical design and manufacture [J]. Journal of Materials Processing Technology, 2001, 119: 374 ~ 378.

[11] He X C. Coefficient of variation and its application to strength prediction of clinched joints [J]. Advanced Science Letters, 2011, 4 (4 ~ 5): 1757 ~ 1760.

压印接头强度模型

压印接头强度是接头机械性能的重要指标，对接头强度进行有效预测可以减少大量重复冗杂的拉-剪试验，提高压印接头强度研究的理论性，提高生产效率。本章将分别建立压印接头强度求解的数值模型和理论模型。

12.1 压印接头静强度有限元模型

真实的物理系统包括几何形状和载荷工况两个方面，数值模拟通过数学近似的方法实现对真实物理系统的模拟，用有限数量的未知量逼近无限未知量的真实系统。对压印接头的拉-剪过程进行数值模拟，可以直观地观察和研究接头内部在拉-剪载荷作用下的变形和失效过程，检验接头强度，指导生产，节约成本[1]。本章将针对 Al5052 和 SPCC 同种材料的压印接头拉-剪过程的数值模拟进行研究。

近年来，由于有限元法的公式及理论得到不断改进和推广，理论范围从静力分析的发展到动力分析、稳定性分析和波动分析，从线弹性发展到塑性和非线性，而且有限元法也已能够解决连续体力学中的一些问题。另一方面，有限元法在计算机编程上也有了较大发展。由于有限元法的通用性，已成为解决许多工程领域问题的强有力且灵活通用的工具。ANSYS 是一个强大的、通用的有限元计算机分析程序，可用于静态或动态的结构，流体、电磁、热传导、爆炸、声学等分析，功能强大。本章将采用 ANSYS 实现压印接头拉-剪强度的数值模拟。

12.1.1 压印连接和拉-剪试验

所用 Al5052 板材厚度为 2.0mm，SPCC 为 1.0mm。板料组合方式为：2.0mm Al5052-2.0mm Al5052、1.0mm SPCC-1.0mm SPCC 两种。

前面章节中已介绍，圆形模具组合共有 15 种。试验证明，15 种模具组合均能有效连接 2.0mm Al5052-2.0mm Al5052 板材组合。本节中选用模具型号，冲头为 SR5010，下模为 SR60314。对 1.0mm SPCC-1.0mm SPCC 板材组合，冲头为 SR5210，下模为 SR60310。两组材料的组试件每组制备 6 个，压印连接过程中，通过控制底部厚度 ST 值以保证接头质量。

以 Al5052 为例，压印连接获得的接头截面如图 12.1 所示。截面显示，接头具有一定的颈部厚度和镶嵌量、对称性良好，上、下板间已形成有效内锁。试验组中接头的底部厚度见表 12.1。

图 12.1　Al5052 压印接头截面形状

表 12.1　接头底部厚度值

类　型	理论值	1	2	3	4	5	6
Al5052	1.4	1.37	1.36	1.39	1.38	1.35	1.36
SPCC	0.65	0.68	0.67	0.67	0.68	0.64	0.65

对以上制备的两组试件进行拉-剪试验，拉-剪试验获得 Al5052 试件组的平均最大强度为 1446.6N，标准差为 29.2N；SPCC 试件组的平均最大强度为 2447.6N，标准差为 49.3N。两组试件的失效形式均为上板颈部剪断失效，如图 12.2 所示，相应的载荷-位移曲线如图 12.3 所示。

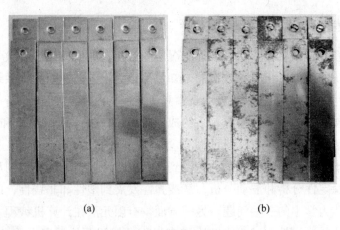

(a)　　　　　　　　　(b)

图 12.2　试件的失效形式

(a) Al5052 试件组；(b) SPCC 试件组

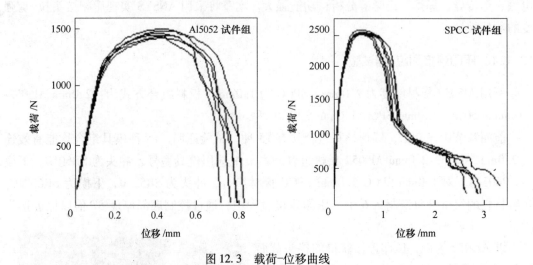

图 12.3　载荷-位移曲线

12.1.2　模型建立

在 ANSYS 中对压印接头拉-剪过程建立模型并进行数值模拟。为得到精确解，将铝合金和钢作为非线性材料考虑。接头的拉伸-剪切过程中，能量和载荷依靠接触和摩擦在材料间传递，因此有限元模型中充分考虑材料间的接触和摩擦。

由于接头沿中心面对称，故取 1/2 模型进行计算。按照图 12.1 的接头截面形状建立用于拉-剪过程模拟的几何模型。

12.1.2.1　采用 CAD 提取截面关键点坐标

在 AutoCAD 中，通过插入光栅图片的方式将接头截面照片（见图 12.1）插入，并保证 CAD 环境中的几何尺寸与接头实际尺寸一致，如图 12.4 所示，拾取接头截面关键点，用于 ANSYS 环境中接头模型的建立。图 12.4（b）中共选取 61 个点用于确定模型。

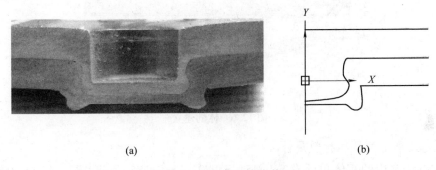

图 12.4　CAD 中的接头截面

（a）截面图片；（b）CAD 模型

12.1.2.2　ANSYS 中建立模型

A　点和线

在 ANSYS 中采用自底向上的方式创建模型。首先，通过坐标输入建立接头截面的 61 个关键点，如图 12.5（a）所示；并由点生成线，如图 12.5（b）所示；然后，由线生成面，如图 12.5（c）所示，图中两个面分别代表上板和下板。

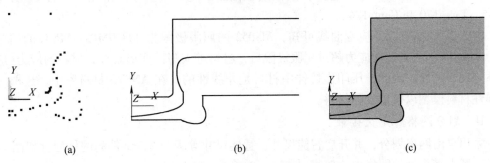

图 12.5　ANSYS 中点线面的建立

（a）点；（b）线；（c）面

B　体和布尔运算

将图 12.5（c）中的面进行旋转生成体，两个平面旋转后形成两个贴合的圆盘，如图 12.6 中 A 所示。要得到压印连接接头需要对模型做进一步的修改。因此，进行一系列布尔运算，对 A 进行体切割得到 B，B 体切割得到 C，C 即为与 Al5052 等尺寸的单搭压印连接件的三维模型。为简化计算，采用对称模型的 1/2（即 D）进行有限元分析。

SPCC 三维模型的建立过程与 Al5052 相同。

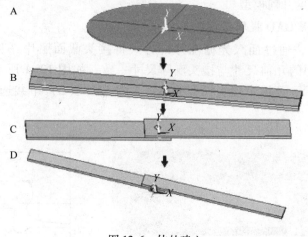

图 12.6 体的建立

C 定义单元类型和材料属性

ANSYS 中常用的实体单元有 Solid45，Solid92，Solid185，Solid187。将 Solid45 和 Solid185 归为第一类，同属六面体单元，适用于简单结构划分；Solid92 和 Solid187 归为第二类，同属带有中间节点的四面体单元，适于比较复杂的结构，当难以划分出六面体单元时采用四面体单元。压印连接件仅在接头处存在内锁，整体结构简单，因此单元类型选用 Solid185 单元。

结构件中，上板和下板之间通过两者之间的相互接触传递载荷，因此接头强度分析涉及接触问题。上板和下板之间的接触属于面面接触，接触面和目标面都是柔性的，选用接触单元 Targe170 和 Conta174 定义和模拟接触面。因此，模型中共定义了三种单元：Solid185、Targe170 和 Conta174。

由 5.2 节材料应力-应变曲线可知，Al5052 的屈服极限为 208.9MPa，SPCC 的屈服极限为 376.0MPa，当拉伸应力超过屈服极限后，材料进入塑性变形阶段，材料的应力-应变关系呈现非线性。因此，压印连接件中材料是非线性的，在 ANSYS 材料库中，选取多线性弹性材料模型以模拟实际材料。

D 划分网格和定义接触

采用自由网格划分，并开启智能尺寸，智能尺寸等级为 2，试件的网格划分如图 12.7 所示，图中接头处的网格划分较密。

试件受拉-剪作用时，上、下板之间通过接触传递力和变形。接头处，上板下部与下板上部构成面面接触。模型中相互接触的面如图 12.8 所示，上板中的三个面 A45、A42、A50 中，A45 和 A42 为凸面；下板的三个面 A63、A61、A33 中，A63 和 A61 为凹面。根据凹面或较大的面作为目标面，凸面或较小的面作为接触面，将下板中的三个面作为目标面，上板中的三个面分别作为相应的接触面。Al5052 接头中共有三个接触对，定义的接触面见表 12.2。

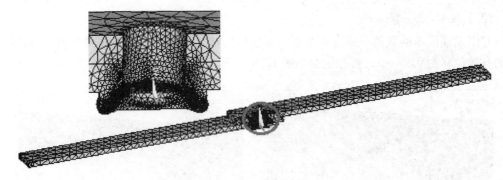

图 12.7 网格划分

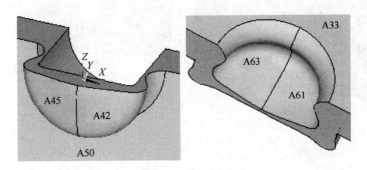

图 12.8 接触部位的面

表 12.2 目标面与接触面

目 标 面	接 触 面
A63	A45
A61	A42
A33	A50

接触通过接触向导进行定义，两者之间的接触类型选用 ANSYS 中的面-面间的柔体-柔体接触类型，接触算法采用惩罚函数法。设定铝-铝之间的摩擦因数为 0.15，钢-钢之间的摩擦因数为 0.2。指定接触刚度的惩罚系数为 0.1，接触刚度为非对称矩阵。通过接触向导分别生成上板和下板之间的三个接触对。

E 加载和求解

由于计算模型是压印连接件的 1/2，在对称面上施加对称约束。其他边界条件的设置与拉伸试验情况一致：试件左端试件固定约束，试件右端施加一个足够大的（15mm）、沿 X 轴正向的位移载荷。对分析选项进行如下设置：分析选项"Analysis Options"选取 Large Displacement Static；制定载荷步的末端时间为 300，载荷步数设为 300，最大、最小载荷步分别设为 300、100。

12.1.3 压印连接过程的数值模拟结果

采用所建立的模型和分析方法分别对 2.0mm Al5052-2.0mm Al5052 和 1.0mm SPCC-1.0mm SPCC 压印连接件进行拉-剪过程的数值模拟，并将计算结果与试验结果对比。

12.1.3.1　拉-剪过程

有限元模拟中的载荷以施加在接头一端面的位移（d）表示，铝-铝接头整个拉伸过程中的有效位移为0.98mm，模拟结果如图12.9所示。

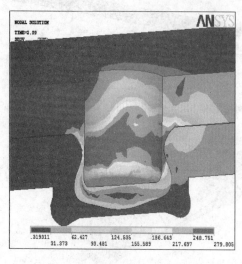
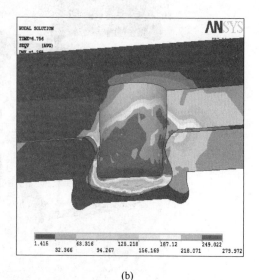

(a)　　　　　　　　　　　　　　　　　　(b)

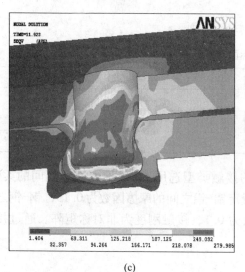
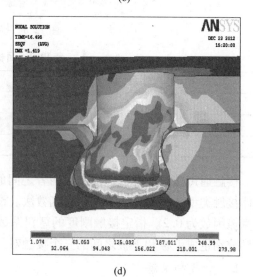

(c)　　　　　　　　　　　　　　　　　　(d)

图12.9　2.0mm Al5052-2.0mm Al5052 压印接头模拟结果
(a) $d=0.125$mm；(b) $d=0.4$mm；(c) $d=0.7$mm；(d) $d=0.98$mm

由图12.9可见，拉-剪过程的初期，即位移 $d=0.125$mm 时（相当于在接头上施加一个500N的静拉力），在接头颈部最薄的位置出现环向的最大应力分布，且在最右端应力集中现象最严重；$d=0.4$mm 时，接头出现变形，上、下板之间沿竖直方向产生缝隙，接头颈部发生少许倾斜；$d=0.7$mm 时，上、下板缝隙明显增大，接头倾斜严重，上板在颈部被拉长并变薄，同时上板颈部开始屈服；$d=0.98$mm 时，上、下板缝隙进一步增大，颈部倾斜现象也更严重，上板在颈部被进一步拉长，颈部径向尺寸明显减小，出现明显的屈服现象并发生严重的塑性变形。整个拉伸-剪切过程中，接头中的上板由于尺寸和形状特点，出现较大面积的高应力分布和应力集中。基于整个拉伸-剪切过程中接头变形和应力分布的分析，压印接头在拉伸-剪切作用下的失效形式为接头在颈部最薄处发生断裂，与拉-剪试验结果一致。钢-钢压印接头在拉伸-剪切的作用下和铝-铝压印接头具有相同的破坏过程。

12.1.3.2 拉-剪过程载荷-位移曲线

数值模拟得到的载荷-位移曲线和试验结果的对比如图 12.10 所示，两者变化趋势和大小基本一致。在拉-剪的初始阶段，载荷和位移均呈线性；进入屈服阶段时，两者载荷相当，但模拟值和试验值相比，屈服阶段持续时间更长，这可能跟摩擦系数的设定有关，摩擦模型不能完全一致地模拟压印接头实际受力时的情况。

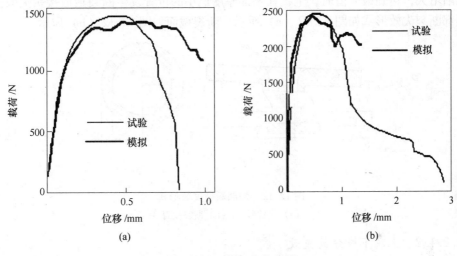

图 12.10 载荷-位移曲线

(a) Al5052 试件组；(b) SPCC 试件组

2.0mm Al5052-2.0mm Al5052 压印接头强度为 1446.6N，模拟值为 1431N，求解误差为 1.1%；SPCC 试件组的平均最大强度为 2447.6N，模拟值为 2439N，误差为 0.4%。

通过数值得到的两种压印连接接头的拉-剪过程的失效形式和接头强度与验证试验的结果基本一致。

12.2 压印接头静强度的理论模型

12.1 节建立了能够预测接头强度的有限元模型，使得接头在拉-剪过程中的应力、应变、变形等可以直观观察，有利于压印接头强度的研究和发展。压印连接作为点焊的替代技术，在连接强度上，静拉伸强度为点焊的 70%，要将压印连接技术应用于汽车车身中，需要增加压印接头强度[2]。增加压印接头强度要求接头强度可以解析求解；另一方面，压印连接模具是影响接头截面参数的主要因素，通过模具设计可以使接头强度得到提高。

12.2.1 压印接头失效形式

压印接头静强度是指在拉-剪载荷作用下，接头失效时的最大拉-剪载荷。在拉-剪载荷的作用下，一般有两种失效形式：颈部断裂失效和上、下板拉脱失效。接头截面的主要参数如图 12.11 所示，其中 X 为接头底部厚度，压印连接过程中通过控制底部厚度 X 来控制接头质量。t_N 为颈部厚度、t_U 为镶嵌量，颈部厚度和镶嵌量是接头截面的主要形状参数。接头强度主要取决于接头的颈部厚度和镶嵌量，颈部厚度过小，接头容易产生颈部断裂失效；镶嵌量过小，容易产生上、下板分离，导致接头失效[3,4]。

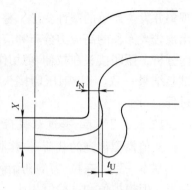

图 12.11　压印接头截面

12.2.1.1　颈部断裂失效

在拉-剪载荷的作用下，随着拉伸位移的增加，拉伸载荷逐渐增大，达到最大值时，上板在颈部厚度最小的位置发生断裂造成接头失效。压印接头颈部断裂失效形式如图 12.12（a）所示，断裂截面如图 12.12（b）所示。

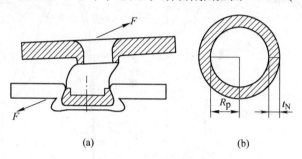

图 12.12　颈部断裂失效形式
（a）失效形式；（b）断裂截面

12.2.1.2　上、下板分离失效

上、下板分离失效是由于接头中镶嵌量 t_U 不足导致的，如图 12.13 所示。接头处上板从下板拉出的过程中，右端内锁部位的材料不断发生塑性变形，直至被拉出时，上板颈部的底端右半部分变得较为平滑。

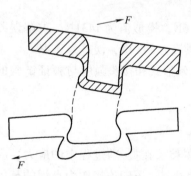

图 12.13　上、下板拉脱失效形式

上、下板拉脱失效过程中，上板材料发生塑性变形，塑性变形程度随着拉伸位移的增大而不断增大，最终上板经过较大的塑性变形后，内锁失效，导致上、下板分离。对于上、下板拉脱失效的压印接头，接头强度取决于塑性变形力。金属塑性变形力的计算本身就较为复杂，对于压印连接结构件有一定难度。本章将介绍对于上、下板拉脱失效的压印接头强度计算方法。

12.2.2　颈部断裂失效的接头强度解析方法

颈部断裂失效属于剪切失效，断裂面近似为平面，接头破坏强度即为上板颈部剪切强度，由剪切断裂面积 A 决定。因此，颈部断裂失效时的破坏力 F_N 可由如下公式得出：

$$F_N = \sigma_\tau A = \pi(2R_p t_N + t_N^2)\sigma_\tau \tag{12.1}$$

式中 σ_τ——上板材料的剪切强度;

R_p——冲头半径;

t_N——接头颈部厚度。

对于颈部断裂失效的压印接头,接头强度与上板剪切强度、冲头半径和颈部厚度成正比。由于冲头半径主要取决于板材组合厚度,因此,压印接头强度主要取决于颈部厚度。颈部厚度越大,则接头强度越高。

12.2.3 上、下板拉脱失效的接头强度解析方法

计算压印接头上、下板拉脱失效形式对应的接头强度,实际上就是计算压印接头在拉-剪过程中发生塑性变形所需的变形力。

12.2.3.1 变形力计算方法——主应力法

为方便计算,将压印接头形状进行简化,并画出单元应力状态,如图12.14所示。主应力法具有比较简单的计算变形力的公式,计算误差容易控制,本节采用主应力法计算接头拉脱失效所需要的力。主应力法的基本出发点是根据应力边界条件,联立求解塑性条件和力平衡方程。

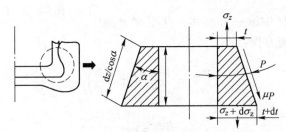

图 12.14 接头形状简化后的应力状态

凡是可以简化为平面问题或轴对称问题的塑性变形问题都可以很方便地应用主应力法求解、分析,通过求解接触面上的应力分布,进而求解变形力、变形功等。为了使所得的解析式比较简单,主应力法通常做以下假设:

(1)简化塑性条件。假设工件与工具的接触面(摩擦应力视为零)或最大剪应力 τ_f(摩擦应力取最大值 k)平面为主平面。

(2)简化力平衡微分方程。将变形过程近似为平面问题或轴对称问题,并假设正应力与某一坐标轴无关,这样,力平衡微分方程的隐式减少,而且可将偏微分方程变成常微分方程。

(3)简化接触表面摩擦规律。接触表面的摩擦是一个复杂的物理过程,其中压缩正应力与摩擦应力之间的关系也很复杂,目前还没有描述这种复杂关系的确切的表达式,多采用简化的近似关系。

(4)简化变形区几何形状。在实际情况中,塑性变形区的几何形状一般较为复杂,为简化计算公式,主应力法在推导变形力计算公式时,常根据选定的坐标系和变形特点,将变形区几何形状简化。

(5)其他假设。将变形区的工件看作均匀的、各向同性的,并且变形均匀。

12.2.3.2 管材拉拔拉伸力的计算

接头拉-剪过程中的塑性变形类似于管材拉拔过程中材料发生的塑性变形，简化后的塑性变形区域及应力单元（见图 12.14）类似于管材拉拔变形。因此，本节采用管材拉拔时的拉伸力计算曲线计算接头拉脱失效所需的破坏力。

A 管材拉拔受力状态

拉伸时的变形状态为两向压缩一向拉伸，其基本应力状态为两向压应力、一向拉应力，即轴向拉应力 σ_x、径向压应力 σ_r 及周向压应力 σ_φ，其在变形区内的分布情况如图 12.15 所示。拉伸时，模壁对坯料的压应力大小不超过 σ_s（流动应力），即 $\sigma_r \leqslant \sigma_s$。由于拉伸通常在冷状态下进行，润滑条件较好，$\mu \leqslant 0.1$，因此，处理摩擦拉伸力计算问题时，将接触表面全部作为摩擦系数区处理。在塑性条件中，略去切应力不计，采用近似塑性条件。

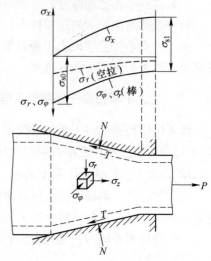

图 12.15 拉伸时的应力状态

B 拉伸力计算

从管材拉拔变形区中取一分离体，并根据分离体上的应力推导力平衡方程：

$$\frac{\sigma_{xa}}{\sigma_s} = \frac{1+B}{B}\left(1 - \frac{1}{\mu^B}\right) \tag{12.2}$$

$$\frac{\sigma_{xa}}{\sigma_s} = \ln\mu \tag{12.3}$$

$$\frac{\sigma_d}{\sigma_s} = 1 - \frac{1 - \dfrac{\sigma_{xa}}{\sigma_s}}{e^c} \tag{12.4}$$

式中 σ_d——模口处棒材断面上的轴向拉应力；

  σ_{xa}——变形区与定径区分界面上的拉应力；

  C——系数，$C = 4\mu l_a/D_a$；

  μ——摩擦系数；

  D_a——定径区直径；

  σ_s——被拉拔坯料的变形抗力。

为便于计算，将式（12.2）~式（12.4）制成综合计算曲线，如图 12.16 所示。管材拉拔力为：

$$P = \left(\frac{\sigma_d}{\sigma_s}\right)\sigma_s \frac{\pi}{4}(D_a - d^2) \tag{12.5}$$

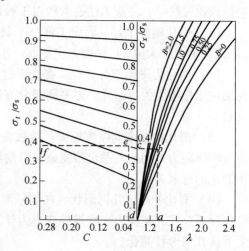

图 12.16 拉伸力计算曲线

12.2.3.3 上、下板拉脱失效的强度求解

根据管材拉拔、拉伸力的计算，接头拉脱失效的强度 F_P 由方程（12.6）得到：

$$F_P = \frac{\sigma_t}{\sigma_s} \times \sigma_b \times \pi R_p^2 \tag{12.6}$$

计算拉拔过程的拉伸延伸系数：

$$\lambda = \frac{2R_p + t_N + t_U}{2R_p - t_N - t_U}$$

根据摩擦系数 μ 和倾角 α 计算系数：

$$B = \frac{\mu}{\tan\alpha} = \frac{\mu X}{t_U}$$

根据参数 λ 和 B，从图 12.16 中查到 σ_{xb}/σ_s 值。具体方法是先在横坐标上找到 λ 位置，作垂线与 B 值曲线相交，从交点作水平线，与纵坐标的交点即为 σ_{xb}/σ_s 值。

计算系数：

$$C = \frac{2\mu X}{2R_p}$$

计算该拉拔过程加工硬化程度：

$$\varepsilon = \frac{t_U}{X}$$

计算流动应力 σ_s 值：

$$\sigma_s = 350\varepsilon^{0.13}$$

在图 12.16 左半部分横坐标上找到相应位置，过该点作垂线，与图中的 σ_{xb}/σ_s 值作为起点的曲线相交（若图中没有 σ_{xb}/σ_s 计算值的曲线，采用插入法确定交点），交点纵坐标即为 σ_t/σ_s 值。

图 12.16 中参数的查找过程可以用 a、b、c、d、e、f 等点描述。

确定这些参数之后，根据方程（12.6）可求得拉脱失效形式下压印接头的强度。由求解过程中的参数和式（12.6）可知，接头强度与摩擦系数 μ、底部厚度 X、颈部厚度 t_N、镶嵌量 t_U、流动应力 σ_s 有关。如果给定板材材料和总组合厚度，摩擦系数 μ、底部厚度 X、流动应力 σ_s 则为已知，此时接头强度取决于颈部厚度 t_N 和镶嵌量 t_U，两者之和越大，接头强度越大，其中镶嵌量 t_U 对强度的影响比颈部厚度 t_N 更大。

12.2.3.4 接头强度和失效形式的选择程序

由压印接头的颈部厚度 t_N、镶嵌量 t_U，通过本节所建立的求解模型可以求解出两种失效形式对应的接头强度。但一个接头只能对应一种失效形式，只有一个最大强度。需要通过两种强度的对比和分析确定在给定颈部厚度和镶嵌量时，压印接头的失效形式。如图 12.17 所示为压印接

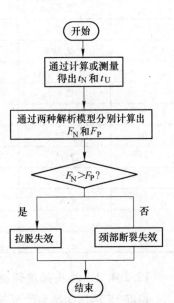

图 12.17 压印接头的强度和失效形式选择程序

头强度和失效形式的选择程序。根据求解出的求解模型，给定颈部厚度和镶嵌量，就可以确定压印接头的接头强度和失效形式。

12.2.4　接头强度求解模型的试验验证

12.2.2 节、12.2.3 节中分别提出了压印接头颈部断裂失效和上、下板拉脱失效的接头强度计算的理论强度模型。由接头的截面参数，可根据强度求解模型计算接头强度并确定其失效形式。强度求解模型的提出可以降低工程成本，并提供了压印接头研究的理论基础[5,6]。本节将通过试验验证所提出的计算模型及其精确度。

12.2.4.1　试验设置

试验采用 2.0mm 的 Al5052 铝合金在不同条件下制备压印接头。通过将不同的冲头和下模具进行组合，获得不同的颈部厚度和镶嵌量。冲头和下模具的有效组合共 15 种，为获得更多的数据，试验共研究 15 种压印接头，颈部厚度变化范围为 0.35 ~ 0.56mm、镶嵌量变化范围为 0.045 ~ 0.45mm，见表 12.3。Al5052 铝合金的化学成分和材料性能见表 10.2 和表 10.5，压印连接件尺寸如图 11.1 所示。在所有压印连接件的制备中，RIV-CLINCH 1106 P50 的工作压力设定为 0.65MPa。

表 12.3　压印接头

压印接头编号	压印连接参数			接头参数	
	冲头半径/mm	冲头圆角/mm	下模具深度/mm	颈部厚度/mm	镶嵌量/mm
1	2.5	0.7	0.7	0.563	0.058
2	2.5	0.7	1.0	0.473	0.162
3	2.5	0.7	1.4	0.420	0.280
4	2.6	0.7	1.4	0.429	0.421
5	2.6	0.7	1.0	0.513	0.196
6	2.6	0.7	0.7	0.550	0.065
7	2.6	1.0	0.7	0.610	0.044
8	2.6	1.0	1.0	0.594	0.053
9	2.6	1.0	1.4	0.501	0.153
10	2.75	0.7	1.4	0.392	0.291
11	2.75	0.7	1.0	0.516	0.193
12	2.75	0.7	0.7	0.616	0.045
13	2.85	0.7	0.7	0.612	0.084
14	2.85	0.7	1.0	0.496	0.245
15	2.85	0.7	1.4	0.347	0.453

12.2.4.2　接头强度预测结果和试验结果

根据 15 种压印接头的颈部厚度 t_N 和镶嵌量 t_U，分别按照颈部断裂失效形式下的强度公式（式（12.1））和拉脱失效形式下的强度公式（式（12.2））进行强度求解和失效形式预测。

对接头进行拉-剪试验，获得接头拉-剪载荷作用下的接头强度和失效形式。将接头强度预测结果和试验结果进行对比，见表 12.4。接头的强度预测结果与试验结果之间的最大误差为 8.9%，误差较小。根据设计程序得出的接头失效形式与试验相符，发生拉脱失效的接头数为 3 个（共 15 个），其余为颈部断裂失效。可见本节所提出的预测公式可以很好地预测压印接头的接头强度。

表 12.4 接头强度预测结果和试验结果的对比

组别	求解模型求解结果		试验结果	误差/%	失效形式（求解模型）	失效形式（试验）
	F_N/N	F_P/N	F_E/N			
1	2360.2	2034.0	1982.7	2.6	上、下板分离	上、下板分离
2	1627.3	1727.0	1694.1	-3.9	颈部剪断	颈部剪断
3	1431.0	1649.3	1455.6	-1.7	颈部剪断	颈部剪断
4	1518.0	2135.5	1635.8	-7.2	颈部剪断	颈部剪断
5	1842.4	1979.2	1788.0	3.0	颈部剪断	颈部剪断
6	1988.0	2313.0	1893.2	5.0	颈部剪断	颈部剪断
7	2227.9	1533.4	1683.5	8.9	上、下板分离	上、下板分离
8	2163.5	2303.4	2152.6	0.5	颈部剪断	颈部剪断
9	1795.5	1825.9	1705.5	5.3	颈部剪断	颈部剪断
10	1451.9	2060.0	1546.4	6.1	颈部剪断	颈部剪断
11	1951.4	2094.4	1965.8	-0.7	颈部剪断	颈部剪断
12	2271.3	2040.7	1978.8	3.1	上、下板分离	上、下板分离
13	2428.4	2476.9	2530.6	4.0	颈部剪断	颈部剪断
14	1931.9	2163.2	2031.0	-4.9	颈部剪断	颈部剪断
15	1319.1	2281.9	1393.9	-5.4	颈部剪断	颈部剪断

图 12.18 和图 12.19 分别为拉-剪试验获得的载荷-位移曲线和失效形式。对于发生颈部断裂失效的接头，最大拉伸位移为 0.11~1.2mm；对于发生拉脱失效的接头，拉伸位移

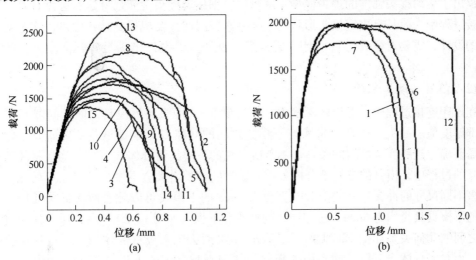

图 12.18 压印接头拉-剪试验的载荷-位移曲线

（a）颈部断裂失效试件；（b）拉脱失效形式试件

为 1.2 ~ 2.0mm。对于所有接头，随着拉伸位移的增加，拉伸载荷增大。达到最大载荷后，图 12.18（a）中载荷在一个较小的拉伸位移内降低到零，上、下板迅速断裂分离，这是由于上板颈部达到最大应力值发生突然断裂（见图 12.19（a））；图 12.18（b）中最大载荷保持一段拉伸位移后开始下降并降低到零，这是由于上板在从下板拉出的过程中，上板颈部不断发生塑性变形，直到上板从下板中脱出，上、下板分离（见图 12.19（b））。

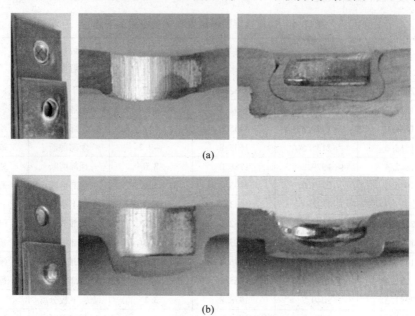

(a)

(b)

图 12.19　压印接头拉-剪试验的失效形式

（a）颈部剪断形式（表 12.4 中组别 3）；（b）拉脱失效形式（表 12.4 中组别 7）

12.2.5　模具设计程序

提出了压印接头强度的理论模型，就可以根据压印接头截面尺寸进行强度计算。在压印连接过程中，模具是决定接头形状的主要因素，因此，要想提高接头强度，实现对接头强度的设计，需要对模具进行设计。通过模具设计可以设计出满足实际强度需要的压印接头。

12.2.5.1　模具参数

在压印连接过程中，下模腔深度 H、冲头圆角 r、冲头与下模具之间的间隙 C 影响接头颈部厚度值。冲头半径 R_p、冲头与下模具之间的间隙 C 影响镶嵌量。要研究压印连接模具需要确定这些变量之间的关系。本节所研究的下模具为分体式下模，当板材在填充到下模具的过程中，模具的三个部分向外扩张，模腔体积增大。下模具的尺寸可变化，能适应较多不同尺寸的冲头，一般空载时直径为 6mm 的下模具可以配合所有冲头使用。本节研究的下模具直径均为 6mm。压印连接的冲头和下模具如图 12-20 所示，压印连接过程中参数之间的几何关系如图 12.21 所示。Varis 指出冲头压入板材的体积与下模具模腔体积相等，而对于分体式下模，冲头压入板材的体积则与分体式下模具扩张后的模腔体积相等。忽略压印连接过程导致的上板弯曲，冲头压入板材的体积 V_{punch} 可以表示为冲头半径

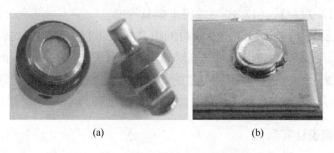

图 12.20　压印连接模具和压印连接点

（a）冲头和下模；（b）压印连接点

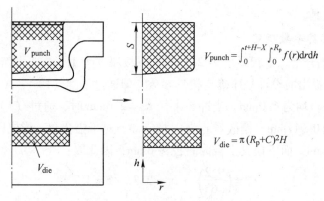

图 12.21　压印连接过程变量间关系

R_p 和冲程 S 的函数。由于下模具圆角较小且所有下模具圆角相等，计算下模腔体积时忽略其圆角，下模腔体积 V_{die} 定义为下模腔深度 H、冲头半径 R_p 和间隙 C 的函数。两体积函数如下：

$$V_{punch} = \int_0^{t+H-X} \int_0^{R_p} f(r)\,\mathrm{d}r\mathrm{d}h \tag{12.7}$$

$$V_{die} = \frac{1}{k_1} V_{punch} = \pi (R_p + C)^2 H \tag{12.8}$$

式中，k_1 为下模具扩张前后的模腔体积之比；f 为冲头形状函数。冲头半径 R_p、下模具直径 R_d、间隙 C 三个参数中有两个是独立的，三者满足式（12.9）的关系。冲头行程 S 取决于板材组合厚度 t、下模具深度 H 和接头底部厚度 X，如式（12.10）所示：

$$C = R_d - R_p \tag{12.9}$$

$$S = t + H - X \tag{12.10}$$

式（12.9）及式（12.10）建立了采用三瓣分瓣模实现材料压印连接的接头形状参数和模具参数之间的关系。

12.2.5.2　压印模具设计程序

根据给定的接头强度和失效形式，可以通过模具设计获得期望的接头强度。设计过程包括以下步骤：

（1）根据颈部断裂失效的求解模型计算出所需要的颈部厚度。

（2）根据颈部厚度和上、下板分离失效的求解模型求解所需镶嵌量。

（3）由式（12.7）～式（12.10）确定下模具深度。

（4）按照由步骤（1）～（3）所获得的模具参数进行压印连接试验，测量接头的颈部厚度和镶嵌量。如果试验获得的颈部厚度和镶嵌量与所需值有 ±10% 的误差，则改变冲头半径并重复步骤（3），直到获得所需要的颈部厚度值和镶嵌量。如果颈部厚度值和镶嵌量小于所需值，则增大冲头半径；反之，则减小冲头半径。

12.2.6　压印模具设计实例

给定接头强度的期望值，根据提出的模具设计程序，可以通过确定模具参数获得具有一定截面形状参数的压印接头，从而获得具有该强度的压印接头。本节将通过实例检验所提出的压印连接模具。

12.2.6.1　模具参数确定

使用 Al5052 铝合金，上板厚度为 2.5mm，下板厚度为 1.5mm。设定所需的接头强度为 3.5kN，采用所提出的设计程序确定模具参数，即通过步骤（1）～（4）确定。下模具直径都为同一规格，均为 6.0mm。当冲头半径 $R_p = 2.6$mm 时，通过（1）、（2）两步计算得到颈部厚度 t_N 为 0.911mm，镶嵌量 t_U 为 0.186mm。对于铝合金，形成以后的压印连接点底部直径约为 9.2mm，而下模具空载时直径为 6mm，因此取：

$$k_1 = \left(\frac{9.2}{6}\right)^2 \times k_h \approx 2.35 \times 2 = 4.7$$

式中，k_h 为下模具扩张后的最大深度与空载深度之比。计算下模具深度 $H = 0.495$mm，小于下模具深度的最小值 0.7mm，因此取 $H = 0.7$mm。对于冲头圆角，优先选用较小圆角，因此 $r = 0.7$mm。按照所获得的模具参数在压印连接设备上进行连接，将压印点沿子午面剖开，测量得到接头的形状参数：颈部厚度 $t_N = 0.877$mm，镶嵌量 $t_U = 0.082$mm。颈部厚度不在误差允许的范围内，说明所确定的模具参数不合理。

压印模具尺寸参数决定了压印接头强度。由两种强度求解模型（式（12.1）和式（12.6））可知，接头强度与冲头半径成正比。接头强度一定时，冲头半径增大，则所需的颈部厚度和镶嵌量减小。将冲头半径增大到 $R_p = 2.85$mm。按照模具设计程序重新计算得到颈部厚度 t_N 为 0.850mm，镶嵌量 t_U 为 0.105mm，下模具深度 $H = 0.618$mm，与下模具深度的最小值 0.7mm 最接近，因此取 $H = 0.7$mm。按照所获得的模具参数在压印连接设备上进行连接，将压印点沿子午面剖开，测量得到接头的形状参数：颈部厚度 $t_N = 0.823$mm，镶嵌量 $t_U = 0.103$mm。试验误差和期望值误差分别为 3.2% 和 1.9%，在允许的误差范围内，模具选择合理，可以达到期望的接头强度。

12.2.6.2　压印接头拉-剪实验

之前对 Al5052 铝合金 2.5mm-1.5mm 板材组合按照设计程序进行了压印连接模具设计和选择。获得了使接头强度为 3500N 时的模具参数，按照这些参数，对 Al5052 铝合金 2.5mm-1.5mm 板材组合在 RIVCLINCH 1106 P50 压印连接设备上进行压印连接。压印连接试件的尺寸如图 12.22 所示。并对压印连接试件进行拉-剪试验，试验在 MTS Landmark 试验机上进行，选用 Testworks 模块。

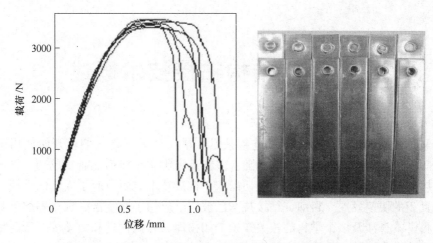

图12.22　2.5mm-1.5mm Al5052 拉剪载荷-位移曲线和失效形式

图12.22 所示为设计接头拉-剪载荷-位移曲线和失效形式。接头强度均值为3490.9N，标准差为63.9N。可见，根据本节所提出的模具设计程序可以得到能够达到期望强度值的压印接头。

参 考 文 献

[1] 杨慧艳. 压印接头强度计算方法及连接件结构研究 [D]. 昆明：昆明理工大学，2014.

[2] Liu F L, He X C, Zhao L. A performance study of clinched joint with different materials [J]. Advanced Materials Research, 2014, 887~888：1265~1268.

[3] Yang H Y, He X C, Wang Y Q. Analytical model for strength of clinched joint in aluminum alloy sheet [J]. Applied Mechanics and Materials, 2013, 401：578~581.

[4] Yang H Y, He X C, Zeng K, et al. Numerical simulation of clinching process in copper alloy sheets [J]. Advanced Materials Research, 2013, 753~755：439~442.

[5] He X C, Zhao L, Yang H Y, et al. Investigations of strength and energy absorption of clinched joints [J]. Computational Materials Science, 2014, 94：58~65.

[6] 杨慧艳，何晓聪，丁燕芳，等. 铝合金压印接头的强度研究 [J]. 应用力学学报，2014，31 (2)，299~304.

结构粘接技术概述

粘接又称为胶接，是一门古老的连接技术，早在几千年前人们就开始使用树胶、骨胶、皮胶等粘接剂，但直到近几十年，随着多种高强优质粘接剂的研发成功，以及大量新轻型难焊接薄板材料对连接新技术的迫切需求，粘接技术重新引起了人们的重视，粘接科学才得到真正的快速发展。目前，粘接技术已被广泛应用于航空器、汽车等的重要结构部位。粘接科学本身涉及多个学科的相关知识，如物理、有机化学和力学等。所谓粘接是指两个表面靠化学力、物理力或两者兼有的力使之结合在一起的状态。粘接时粘接剂首先在被粘物表面黏附，这是由于两相之间产生了黏合力，该力来源于次价键力或主价键力。

截至 2009 年，汽车工业被视为对粘接剂需求最旺盛的行业，平均每一辆车消耗粘接剂约 20kg，在最近 5 年，用于汽车结构中的粘接剂平均年增长超过 7%。航空领域的机构设计中同样大量使用了粘接剂，波音 787 和空中客车 A350 中包含超过 50% 的粘接结构。粘接剂之所以有如此广泛的应用，源于它特有的优势，如易操作、成本低、耐腐蚀和抗疲劳等特性。粘接剂工业的飞速发展使粘接技术得到广泛应用，为粘接的研究提供了广阔的基础。粘接技术在航空和航天飞行器等尖端科技领域中的应用，使粘接接头及理论研究获得了新的动力[1~10]。

13.1 粘接技术的特点

粘接是由粘接剂将两个相同或不同的材料紧密、牢固地粘接到一起，作为一种历史悠久的连接技术，粘剂构件有许多的特点，也正是因为粘接结构的这些特性，粘接剂在现代工业中才有如此广泛的应用。其主要特点表现为：

（1）结构重量轻，可获得较高经济效益。与机械连接（如铆接、螺栓连接）相比，粘接结构的重量大为减轻，这对于航空航天领域，将会产生明显的经济效益。粘接工艺简单，不需要庞大设备，操作性强，不要求较高的加工精度。铆焊、焊接需多道工序，粘接则可一次完成，而且不需要精加工等后续处理。对于复杂件可以分开加工，粘接组装，减少焊接的后续处理。粘接对工艺设备要求较低，操作简便，易于实现自动化，效率高，成本低，劳动强度低，节省能源，提高效率和经济效益。

（2）接头应力分布均匀，抗疲劳强度高。在机械连接（如焊接、铆接及螺栓连接）接头中存在着较为严重的应力集中现象，尤其是焊接接头情况更为严重。而粘接区域面积较大，应力分布均匀，可减小局部应力集中，并且不存在焊接接头的组织和性能急剧变化，粘接接头上疲劳裂纹扩展速率较低。例如胶焊复合接头比普通点焊接头的抗疲劳强度提高约 9 倍。相同面积的接头，粘接比铆接或焊接静剪切强度提高 40%~100%，不削弱结构且避免了因铆钉孔、螺钉孔和焊点周围的应力集中所引起的疲劳裂纹。没有焊接引起的变形翘曲、金相组织变化、硬度波动、涂层破坏、残余应力或热冲击。

（3）粘接结构有良好的使用性能。与铆接和螺栓连接相比，粘接接头有良好的密封性，表面光滑，外表美观。尤其是粘接接头光滑的外表面，对于交通工具、水工建筑物来说十分有利。接头处不存在电位差导致的电化学腐蚀，使用寿命长，无需特殊措施，粘接不同的金属时，没有电化学腐蚀的风险。粘接同时具有连接、密封、绝缘、防腐、防潮、减振、隔热、消声等多重功能。

（4）可实现异种材料的连接。粘接可以有效地将不同种类的金属或非金属材料连接起来，而焊接方法受到材料的焊接性方面的限制，所以粘接技术比焊接技术有更为广阔的应用空间。粘接可以连接材质、形状、厚度、大小、模量等相同或不同的材料，特别是适宜连接异型、异质、薄壁、复杂、微小、硬脆或热敏制件。

（5）可赋予接头以特殊性能。当选用功能粘接剂时，可赋予接头以快速固化、导热性、导电性及导磁性，也可获得所需的绝缘性、绝热性及减振性等独特性能的粘接技术，具有非凡的多功能，能够实现多重目的，与铆接、焊接、螺栓连接等相比具有许多独特之处，在未来的结构连接中，粘接无疑还将占有十分重要的地位。

13.2 粘接原理

虽然针对粘接机理的研究由来已久，但是由于粘接剂本身材料特性复杂，而且与粘接界面有关的理论还不完善、不成熟，加之影响粘接接头强度的因素众多，所以至今仍没有一个统一的理论可以完整地解释粘接现象。目前为止，大概有以下几种理论在不同程度上解释了粘接原理[11～18]：

（1）机械结合理论。机械理论认为，粘接剂必须渗入被粘物表面的空隙内，并排除其界面上吸附的空气，才能产生粘接作用。在粘接如泡沫塑料的多孔被粘物时，机械嵌定是重要因素。粘接剂粘接经表面打磨的致密材料效果要比表面光滑的致密材料好，这是因为：机械镶嵌；形成清洁表面；生成反应性表面；表面积增加。由于打磨确使表面变得比较粗糙，可以认为表面层物理和化学性质发生了改变，从而提高了粘接强度。

（2）吸附理论。吸附理论认为，粘接是由两材料间分子接触和界面力产生所引起的。粘接力的主要来源是分子间作用力，包括氢键力和范德华力。粘接剂与被粘物连续接触的过程叫润湿，要使粘接剂润湿固体表面，粘接剂的表面张力应小于固体的临界表面张力，粘接剂浸入固体表面的凹陷与空隙就形成良好润湿。如果粘接剂在表面的凹处被架空，便减少了粘接剂与被粘物的实际接触面积，从而降低了接头的粘接强度。

（3）扩散理论。扩散理论认为，粘接是通过粘接剂与被粘物界面上分子扩散产生的。当粘接剂和被粘物都是具有能够运动的长链大分子聚合物时，扩散理论基本是适用的。热塑性塑料的溶剂粘接和热焊接可以认为是分子扩散的结果。

（4）化学键理论。粘接作用主要是由化学键的作用而形成的。粘接剂与被粘物之间发生了化学反应，产生主价键结合。其中，所包含的化学键有离子键、共价键和金属键。

（5）静电理论。由于在粘接剂与被粘物界面上形成双电层而产生了静电引力，即相互分离的阻力。当粘接剂从被粘物上剥离时有明显的电荷存在，则是对该理论有力的证实。

（6）弱边界层理论。弱边界层理论认为，当粘接破坏被认为是界面破坏时，实际上往往是内聚破坏或弱边界层破坏。弱边界层来自粘接剂、被粘物、环境，或三者之间任意组合。如果杂质集中在粘接界面附近，并与被粘物结合不牢，在粘接剂和被粘物内部都可出现弱边界层。当发生破坏时，尽管多数发生在粘接剂和被粘物界面，但实际上是弱边界层的破坏。

13.3　常用粘接剂

常用粘接剂及其性能如下[19~22]：

（1）环氧类或增韧环氧类（epoxy）。作为最大的化学粘接剂家族，它可以提供：单组分热固化胶膜；单组分热固化型（130℃~160℃，固化20~60min）、双组分（室温固化）粘接剂；合成型或泡沫型粘接剂用于空隙填充。环氧型粘接剂优势有：高机械强度（剪切强度20~40MPa），对多数金属、高分子材料、水泥、玻璃、木材卓越的粘接性，高的化学抗性、耐久性（部分被环氧粘接剂连接的飞机部件的工作寿命甚至超过40年）、刚性（增韧型粘接剂除外），但剥离强度和抗劈裂能力会下降。环氧型粘接剂经常用于需要高模量、高刚度（即时飞行控制：机翼拍打板、方向舵）的航空制造领域，如机翼前缘和尾缘、引擎机舱罩、三明治结构绑定以及飞机外壳的刚性梁等。它们同样也用于风电叶片的粘接及工业设备（管道、缸体）、电器设备和印刷电路板等。

（2）聚氨酯类（PU）。半结构性聚氨酯类（PU）粘接剂（剪切强度6~20MPa不等）对高分子复合材料、金属、塑料、玻璃、木材都有很好的粘接效果，相对于环氧类粘接剂使用更灵活一些。PU有单组分和两组分（室温、低温固化），价格也比环氧类便宜。其用途包括结构板粘接，如公共汽车等大型运输工具的舱门或汽车门、三明治结构板、FRP船舶；再如卡车、冷藏车采用钢或铝合金构架，使用两组分PU粘接剂对GRP延伸板和结构架进行粘接。

（3）丙烯酸树脂、甲基丙烯酸酯类结构粘接剂（acrylics、methacrylates）。两组分粘接剂，具有多种混合比率，较快的固化速度（10min到2h不等），高的抗剪切强度（10~30MPa），对塑料、高分子复合材料卓越的粘接性，高冲击强度和疲劳抗性（广泛应适用于船体需要承受变化载荷的部件），良好抗水性和抗化学腐蚀性，中等价格。这种类型粘接剂正在快速发展，已经替代部分聚酯、环氧粘接剂，适用于更灵活的场合。

（4）聚酯类（polyester）。聚酯树脂的生产可提供经过改进的聚酯类粘接剂，它们与催化剂共同反应。这些粘接剂多数用于造船行业聚酯部件的加强和绑定，固化后它们将变硬、变脆，但是其缝隙填充能力不错。其剪切强度约为10MPa，适用于船壳筋板的粘接，成本较低。

（5）氨酯-丙烯酸（Urethane-acrylates）。可灵活使用的结构粘接剂，加入1%~2%催化剂室温固化，与金属、塑料、木材有良好的粘结性。其剪切强度适中（10~20MPa），具有较好抗冲击韧性及防开裂能力，达10mm缝隙填充能力，抗潮湿环境，不易吸水，多用于船舶结构和车体部件的制造。

（6）热稳定型粘接剂，包括双马来酰亚胺（bismaleimides）、聚酰亚胺（polyimides）、氰酸盐酯（cyanate esters）。这类粘接剂价格较高，多以胶膜形式供应，抗高温能力强。比如聚酰亚胺工作温度可达200~300℃，双马来酰亚胺200~250℃。然而粘接工艺要求也非常高，需要高温高压（300℃、1.5MPa）固化条件，因而比较适用于热压模工艺。这种材料仅用于需要高温性能的航空航天领域（如超音速战机外壳，在某些运行条件下表面温度可达260℃）。

（7）厌氧胶（anaerobic adhesive）和氰基丙烯酸酯（cyanoacrylates）。其用于粘接热塑性的小件材料，可以作为机械部件使用。氰基丙烯酸酯比较脆，厌氧胶对热塑性和热固性材料都有较好黏性。

参 考 文 献

[1] He X C. Static and dynamic analysis of single lap-jointed cantilevered beams [D]. Manchester, uk: University of Manchester, 2003.

[2] He X C. A review of finite element analysis of adhesively bonded joints [J]. International Journal of Adhesion & Adhesives, 2011, 31 (4): 248~264.

[3] He X C, Oyadiji S O. Predictions of the stress distributions in a single lap-jointed cantilevered beam under tension using FEA [J]. Journal of Achievements in Materials and Manufacturing Engineering, 2000, 9: 598~605.

[4] He X C. Influence of boundary conditions on stress distributions in a single-lap adhesively bonded joint [J]. International Journal of Adhesion and Adhesives, 2014, 53: 34~43.

[5] He X C. Numerical and experimental investigations of the dynamic response of bonded beams with a single-lap joint [J]. International Journal of Adhesion and Adhesives, 2012, 37: 79~85.

[6] He X C. Finite element analysis of torsional free vibration of adhesively bonded single-lap joints [J]. International Journal of Adhesion and Adhesives, 2014, 48 (3): 59~66.

[7] He X C, Gu F S, Ball A. Fatigue behavior of fastening joints of sheet materials and finite element analysis [J]. Advances in Mechanical Engineering, 2013, Article ID 658219.

[8] Kinloch A J. Adhesion and adhesives [M]. London: Chapman and Hall, 1987.

[9] 游敏, 郑小玲. 胶接强度分析及应用 [M]. 武汉: 华中科技大学出版社, 2009.

[10] He X C, Ichikawa M. Effect of spacer in adhesive layer on strength of adhesive joints [C]. Proceedings of International Conference on Adhesive'95, Wuhan: 1995: 90~95.

[11] 何晓聪. 粘接技术在机床工业中的应用前景 [J]. 制造技术与机床, 1994 (2): 10~11.

[12] Adams R D, Comyn J, Wake W C. Structural adhesive joints in engineering [M]. London: Chapman and Hall, 1998.

[13] Da Silva L F M, Ochsner A, Adams R D. Handbook of Adhesion Technology [M]. Heidelberg: Springer, 2011.

[14] He X C. Study on forced vibration behavior of adhesively bonded single-lap joint [J]. Journal of Vibroengineering, 2013, 15 (1): 169~175.

[15] He X C, Ichikawa M. Effect of thickness control of adhesive layer on strength of adhesive joints [C]. Proceeding of the 70th JSME Spring Annual Meeting, Tokyo, 1993: 490~491.

[16] 陈道义, 等. 胶接基本原理 [M]. 北京: 科学出版社, 1994.

[17] He X C, Ichikawa M. Theoretical consideration of asymptotic distributions of extremes for the case of lognormal distribution [J]. Transactions of the Japanese society of Mechanical Engineers, 1993, 59: 1789~1793.

[18] He X C, Ma Z G, Zhao Y. A practical reliability estimation method of structural adhesives [C]. Proceedings of International Conference on Adhesive'95, Wuhan, 1995: 129~133.

[19] 陈根座. 胶黏剂应用手册 [M]. 北京: 电子工业出版社, 1994.

[20] 高山凤, 何晓聪. 黏合剂的性质对单搭压印连接横向自由振动的影响 [J]. 机械制造, 2010 (9): 32~34.

[21] He X C, Oyadiji S O. Influence of adhesive characteristics on the transverse free vibration of single lap jointed cantilevered beams [J]. Journal of Materials Processing Technology, 2001, 119: 366~373.

[22] 熊腊森. 粘接手册 [M]. 北京: 机械工业出版社, 2008.

粘接接头的力学性能

14.1 粘接接头的破坏模式与失效

粘接接头受到外载荷的作用，将会在粘接接头内部产生应力，当应力超过材料的许用应力时，材料就会发生失效。根据粘接接头材料和几何形状的不同，粘接接头可能发生的失效位置有几种情况，如图 14.1 所示。

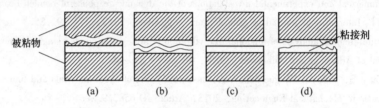

被粘物   粘接剂

(a)   (b)   (c)   (d)

图 14.1　粘接接头破坏模式

（1）被粘物内聚破坏，如图 14.1（a）所示：被粘物发生破坏。此时，说明粘接剂的强度高于被粘物，而且粘接剂和被粘物组成的粘接界面强度也大于被粘物的强度。

（2）粘接剂内聚破坏，如图 14.1（b）所示：如果在被粘物的两侧都可以看见粘接剂，这种情况可以视为粘接剂的内聚破坏，此时的粘接接头强度取决于粘接剂本身的材料性能。

（3）粘接界面破坏，如图 14.1（c）所示：如果发现粘接剂仅仅位于一个被粘物上，而另一个被粘物的表面没有粘接剂，这种破坏称为粘接界面破坏。粘接剂与板之间并没有形成足够的黏附力，才导致粘接界面发生破坏，也即是说，粘接效果差。

（4）混合破坏，如图 14.1（d）所示：同时存在界面破坏和内聚破坏时，称为混合破坏。

在实际的工作条件下，粘接接头的破坏往往表现为粘接剂的内聚破坏和界面破坏，而因为被粘物的强度通常高于粘接剂，所以发生被粘物失效的情况较少。

14.2 粘接接头的静力学性能

粘接强度取决于粘接剂本身的强度（内聚强度）和金属与粘接剂之间的黏附力（黏附强度）。对于一种粘接剂，其本身的强度是一定的，且相对比较低，而它与不同材料之间的黏附力是变化的，这种黏附力决定了粘接的强度。影响黏附力的因素有很多。其中，取决于所用粘接剂的因素有：分子结构及极性、组分、浸润性、流动过程以及固化方法。取决于被粘接件的因素有：分子机构和表面的极性、可浸润性、表面光洁度、材料性能、强度性能以及厚度。取决于粘接工艺的因素有：粘接剂的涂覆、工作室内空气的情况、固化条件（压力、温度、时间）、接头的类型以及胶线的厚度。取决于最终使用的条件因素有：负载的类型、加载速率以及环境（风蚀、温度、腐蚀性介质）。

由于上述因素在不同程度上相互依赖，有时相互叠加，所以常常不能明确地区别每一个别因素的影响。因此，无论是预先确定粘接的最佳条件还是评价所获得的结果都是非常困难的。

14.3 粘接接头的应力分析

粘接接头应力分析是个很复杂的问题。通过实验来测量粘接剂和被粘物的应变分布也是一项很困难的任务。因为载荷下接头真实的应力-应变分布常常处于剪应力和剥离应力复杂组合状态，而且受到材料不均匀性、应力集中、局部蠕变、屈服、破坏等的干扰。再者，粘剂层（胶层）厚度很薄，测量难以接近，而精确地测量粘接接头中粘接剂的应变更加不易。理论分析的目标是根据力学原理和合理的工程设计，提出结构粘接接头设计方法，使粘接接头的性能能够预计。

力学分析的基本问题是揭示加载接头上的载荷和用以描述接头破坏的判据参数之间的关系。这种参数可能是应力、应变、应变能等。最后当得到最大容许应力时，再根据加载时间长或短、载荷是静载或疲劳载荷以及环境条件与工作状态中需要专门考虑的因素，决定安全系数和许用应力。

多年来对粘接接头应力分布进行了大量的研究。大多数理论分析是针对单搭接和双搭接接头做的。因为他们是测量粘接剂性能所用试样的基本形式。

推导粘接接头中应力的性质和大小，需要知道粘接剂和被粘物基材的力学性能，并根据接头几何参数进行数学分析。常用的数学方法有两种：一种是解析法；另一种是有限元法。

解析法以连续介质力学为基础，建立一系列微分方程来描述接头的应力-应变状态，通过应力函数或其他数学方法求得闭型解析解。

早期的分析中，粘接剂和被粘物都被简化假设为完全弹性体。1938 年 Volkerson 最早分析单搭粘接接头中的应力分布[1]，只考虑了粘接剂的剪切变形和被粘物搭接段的伸长量，并认为剪应力沿胶层厚度方向不变。在许多简化的前提下，得到了胶层剪应力沿搭接长度的分布，发现最大剪应力发生在搭接端部，以最大剪应力/平均剪应力作为应力集中程度，它与无量纲系数 Δ 成比例。

$$\Delta = \frac{Gl^2}{Et\eta}$$

式中　　G——粘接剂剪切模量；

　　　　E——被粘物弹性模量；

　　　　η——胶层厚度；

　　　　l——搭接长度；

　　　　t——被粘物厚度。

应力集中取决于接头几何和物理参数。当材料一定时，接头剪切强度与包含接头几何参数的 $\sqrt{t}/l$ 有关。$\sqrt{t}/l$ 被称为"接头因子"。

以上分析没有考虑加载偏心引起被粘物的弯曲，因而没有真实反映单搭接存在的剥离应力。1944 年 Goland 和 Reissner[2] 考虑到单搭粘接接头由于加载偏心，在搭接部位将产生很大的弯矩，使被粘物弯曲变形，同时在胶层中产生剥离应力，据此求出应力的解析解，得到搭接端头被粘物中的纵向应力与弯曲应力叠加，使内层应力达到平均应力的 4 倍。搭接端部胶层中应力集中严重，且对于常见尺寸的接头，大都集中在两端各约十分之一的搭接长度范围内。它揭示了加载偏心在胶层中产生的剥离应力这个内在规律。

以上两种古典分析都假设粘接剂剪应力沿厚度方向不变。此后又有进一步的弹性分析，考虑应力沿胶层厚度的变化，应力沿被粘物的变化，搭接区转动等影响。1981 年 Dalale 等人[3]提出不同厚度、不同物理参数量的搭接理论解，解决了被粘物物理和几何特性不同而导致胶层应力分布不对称的问题。随着应力分析复杂程度的增加，显著地减小了预计峰值弹性剪应力，而且其位置也离开搭接最外端而略向内移。

所有这些弹性分析，并未反应胶层破坏的真实情况。因为良好的结构粘接剂在破坏前表现出相当大的非线性性质，引起载荷传递相当显著地重新分布。试验研究证明粘接剂材料具有粘弹性和塑性。不过精确模拟粘接剂载荷-变形的非线性性质，会给分析计算造成很大困难。Hart-Smith[4,5]1973 年开始使用双直线形弹塑性模型来说明粘接剂的非线性特点，分析方法仍以 Volkerson 的方法为基础，但对弯矩做了修正，认为其弯矩偏大，特别是当搭接长度大时，弯矩应趋于零。这一修正使解得的胶层应力分布有所不同，应力集中有所下降。他提出了各种接头（双搭接接头、单搭粘接接头和多台阶搭接接头）的数字计算机程序。这种弹塑性分析已成功地用于飞机主受力结构粘接接头剪切载荷传递的设计和分析。

数字计算机可用各种数值技术求解力学问题，因而出现了另一种粘接应力分析方法——有限元法。它是一种数值方法。分析时，接头被划分成连续的单元，依据力的连续性和位移的一致性，使每一单元和相邻单元协调一致，通过适当的边界条件，可以分析任何形状的接头，而重要的是可用计算机求解方程。已经有线性和非线性的弹性和弹塑性有限元分析[6~9]。有限元计算结果表明 Goland-Reissner 解和 Hart-Smith 解都比较符合实际情况，只是求解的准确度有些差异[10~13]。

以上两类方法都各有优缺点。解析法通常可以在微型计算机上完成，一旦求得闭型解，能很方便地进行基本参数和材料性能参数的研究。对于复杂几何形状和材料非线性影响问题，能用很细网格来处理奇异点附近的大应力梯度问题；但计算工作量大，对任何一组参数值的每一个改变，需要进行新的运算，需要高性能计算机[14~16]。

14.4　粘接接头胶层的应力分布求解

在 Volkersen 的剪-滞模型分析中[1]，假设粘接剂只发生剪切变形，被粘物发生拉伸变形。Goland 和 Reissner[2]首先考虑了被粘物弯矩的影响。他们推导出方程来计算胶层中的剥离应力和剪应力，假设剥离应力和剪应力沿胶层是连续的。在 Cornell[17]的研究工作中，通过变化扩展了 G-R 方法，确定了搭接接头中的应力，假设接头的被粘物板为简单的梁，胶层为弹性的，由无限个剪切和拉伸弹簧组成。Cornell 建立了不同的方程，通过弹簧来描述传递梁中载荷的转换，并通过了解那些方程得到了结构比较完整的接头的应力分析。Ojalvo 和 Eidinoff[18]研究了胶层厚度变化下单搭粘接接头的应力分布。通过引入 G-R 理论和更完整的胶层的应力-应变（位移）方程，扩展了搭接接头求解基本方法。Delale 等人[3]通过把两个不同的被粘物定义为正交各向异性模型，分析单搭粘接接头的一般平面应变问题。假设粘接剂线性的应力-应变关系，考虑了横向剪应力对被粘物和胶层剥离应变的影响，获得了求解结果，发现最大剪应力和最大剥离应力出现在搭接端部的边缘。Rossettos 等人[19]考虑了沿粘接剂厚度方向的二次轴向变形，使用修正剪-滞模型建立了阶梯搭接接头的解析方程，其中，粘接剂有剪切变形。

为进行深入研究引入坐标轴 (x, z)、(u, w)，如图 14.2 所示。单搭粘接接头梁结构，如图 14.3 所示。搭接长度为 $2c$；被粘物长度为 $(1+2c)$；厚度为 t；a、b 为被粘物边缘的中点；胶层厚度为 η；T 为被粘物宽度方向的单位载荷，被施加在中点 a、b 上；aob 为力作用线。(x_1, z_1)、(x_2, z_2) 为坐标轴，u 和 w 表示位移，第一个坐标轴用来研究被粘物左端的变形情况；a 点为坐标轴 x_1 的起始点，沿着被粘物的长度方向，右边为正方向；W_1 代表着横向变形，沿着向上的方向为正方向。(x_2, z_2) 坐标系采用相同的定义方式，M_1、M_2 分别为 x_1、x_2 处的弯矩[20]：

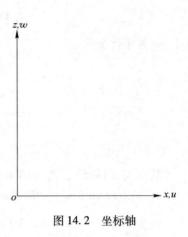

图 14.2 坐标轴

$$M_1 = T(\tan\alpha_n x_1 - w_1) \qquad (0 \leq x_1 \leq l)$$

$$M_2 = T\left[\tan\alpha_n(l + x_2) - w_2 - \frac{t + \eta}{2}\right] \quad (0 \leq x_2 \leq c) \qquad (14.1)$$

其中
$$\tan\alpha_n = \frac{(t + \eta)/2}{l + c} \qquad (\eta \ll t,\ t \ll l) \qquad (14.2)$$

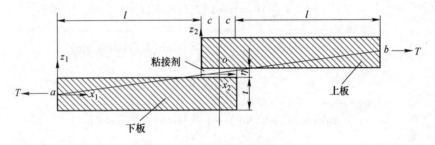

图 14.3 单搭接粘接接头梁结构

经泰勒公式简化为：

$$M_1 = T(\tan\alpha_n x_1 - w_1) \qquad (0 \leqslant x_1 \leqslant l)$$

$$M_2 = T\left[\tan\alpha_n(l + x_2) - w_2 - \frac{t}{2}\right] \qquad (0 \leqslant x_2 \leqslant c) \qquad (14.3)$$

对于变形 w_1、w_2：

$$\frac{\mathrm{d}^2 w_1}{\mathrm{d}x_1^2} = -\frac{M_1}{D_1}$$

$$\frac{\mathrm{d}^2 w_2}{\mathrm{d}x_2^2} = -\frac{M_2}{D_2} \qquad (14.4)$$

式中，D_1、D_2 为被粘物和接头的抗弯刚度。

通过式 (14.3)、式 (14.4) 可以得到：

$$\frac{\mathrm{d}^2 w_1}{\mathrm{d}x_1^2} = -\frac{T}{D_1}(\alpha_n x_1 - w_1) \qquad (0 \leqslant x_1 \leqslant l) \qquad (14.5)$$

$$\frac{\mathrm{d}^2 w_2}{\mathrm{d}x_2^2} = -\frac{T}{D_2}\Big[\alpha_n(l + x_2) - w_2 - \frac{t}{2}\Big] \qquad (0 \leqslant x_2 \leqslant c) \qquad (14.6)$$

边界条件为:

$$x_1 = 0, \ w_1 = 0$$
$$x_1 = l, \ x_2 = 0, \ w_1 = w_2$$
$$x_1 = l, \ x_2 = 0, \ \frac{\mathrm{d}^2 w_1}{\mathrm{d}x_1^2} = \frac{\mathrm{d}^2 w_2}{\mathrm{d}x_2^2}$$
$$x_2 = c, \ w_2 = 0 \qquad\qquad (14.7)$$

联立式 (14.5)、式 (14.6) 解得:

$$w_1 = A_1\cosh(b_1 x_1) + B_1\sinh(b_1 x_1) + \alpha_n x_1 \qquad (0 \leqslant x_1 \leqslant l)$$
$$w_2 = A_2\cosh(b_2 x_2) + B_2\sinh(b_2 x_2) + \alpha_n\Big(l + x_2 - \frac{t}{2}\Big) \qquad (0 \leqslant x_2 \leqslant c) \qquad (14.8)$$

则:

$$A_1 = \frac{-\Big(\dfrac{t}{2}\Big)\sinh(b_2 c)}{\sinh(b_1 l)\cosh(b_2 c) + \Big(\dfrac{b_2}{b_1}\Big)\sinh(b_1 l)\cosh(b_2 c)}$$

$$A_2 = \frac{\Big(\dfrac{t}{2}\Big)\Big(\dfrac{b_2}{b_1}\Big)\cosh(b_1 l)\sinh(b_2 c)}{\sinh(b_1 l)\cosh(b_2 c) + \Big(\dfrac{b_2}{b_1}\Big)\sinh(b_1 l)\cosh(b_2 c)}$$

$$B_1 = \frac{-\Big(\dfrac{t}{2}\Big)\cosh(b_2 c)}{\sinh(b_1 l)\cosh(b_2 c) + \Big(\dfrac{b_2}{b_1}\Big)\sinh(b_1 l)\cosh(b_2 c)}$$

$$B_2 = \frac{\Big(\dfrac{t}{2}\Big)\Big(\dfrac{b_2}{b_1}\Big)\cosh(b_1 l)\cosh(b_2 c)}{\sinh(b_1 l)\cosh(b_2 c) + \Big(\dfrac{b_2}{b_1}\Big)\sinh(b_1 l)\cosh(b_2 c)}$$

$$b_1^2 = \frac{T}{D_1}$$

$$b_2^2 = \frac{T}{D_2} \qquad\qquad (14.9)$$

接头部分受力图, 如图 14.4 所示。图中 M 为弯矩; v 为垂直应力; T 为施加在被粘物端部的拉伸载荷; 下角 u、l 表示上、下板; σ_0 表示剥离应力; τ_0 表示剪应力; v_u、v_l 表示应变。

根据力矩平衡条件:

$$\frac{\mathrm{d}M_u}{\mathrm{d}x} - v_u + \tau_0\frac{t}{2} = 0$$
$$\frac{\mathrm{d}M_l}{\mathrm{d}x} - v_l + \tau_0\frac{t}{2} = 0 \qquad\qquad (14.10)$$

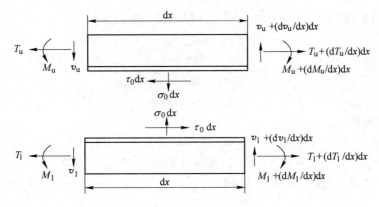

图 14.4　接头部分受力图

根据力平衡条件：

$$\frac{dT_u}{dx} - \tau_0 = 0$$

$$\frac{dT_l}{dx} + \tau_0 = 0 \tag{14.11}$$

根据剥离应力平衡条件：

$$\frac{dv_u}{dx} - \sigma_0 = 0$$

$$\frac{dv_l}{dx} + \sigma_0 = 0 \tag{14.12}$$

根据薄板理论：

$$\frac{d^2 v_u}{dx^2} = -\frac{M_u}{D_1}$$

$$\frac{d^2 v_l}{dx^2} = -\frac{M_l}{D_1} \tag{14.13}$$

$$D_1 = \frac{Et^3}{12(1 - \nu^2)}$$

其中，D_1 为被粘物的刚度；E 为弹性模量；ν 为泊松比。

根据应力-应变关系：

$$\frac{du_u}{dx} = \frac{1}{E}\left(\frac{T_u}{t} - 6\frac{M_u}{t^2}\right)$$

$$\frac{du_l}{dx} = \frac{1}{E}\left(\frac{T_l}{t} + 6\frac{M_l}{t^2}\right) \tag{14.14}$$

然而：

$$\frac{\tau_0}{G_{ad}} = \frac{u_u - u_l}{\eta}$$

$$\frac{\sigma_0}{E_{ad}} = \frac{v_u - v_l}{\eta} \tag{14.15}$$

式中，u_u、u_l 分别为上板和下板沿水平方向的应变。

联立式 (14.10) ~ 式 (14.14)，对式 (14.15) 微分得：

$$\frac{\mathrm{d}^3 \tau_0}{\mathrm{d}x^3} - \frac{8G_{ad}}{Et\eta} \frac{\mathrm{d}\tau_0}{\mathrm{d}x} = 0 \tag{14.16}$$

$$\frac{\mathrm{d}^4 \sigma_0}{\mathrm{d}x^4} + \frac{24(1 - \nu^2)E_{ad}}{Et^3\eta} \sigma_0 = 0 \tag{14.17}$$

边界条件为：

当 $x = c$ 时　　　　　$M_u = T_u = V_u = 0$，$M_1 = M_0$，$V_1 = V_0$，$T_1 = T$

当 $x = -c$ 时　　　　$M_u = T_u = V_u = 0$，$M_1 = -M_0$，$V_u = V_0$，$T_u = T$ (14.18)

通过式 (14.8)、式 (14.9)，得到：

$$M_0 = (M_1)_{x_1 = l} = -D_1 \left(\frac{\mathrm{d}^2 w_1}{\mathrm{d}x_1^2} \right)_{x_1 = l} = k \frac{Tt}{2} \tag{14.19a}$$

$$V_0 = \left(\frac{\mathrm{d}M_1}{\mathrm{d}x_1} \right)_{x_1 = l} = kT \left[3(1 - \nu^2) \frac{T}{Et} \right]^{\frac{1}{2}} \tag{14.19b}$$

$$k = \frac{\sinh(b_1 l)\cosh(b_2 c)}{\sinh(b_1 l)\cosh(b_2 c) + \left(\dfrac{b_1}{b_2} \right)\cosh(b_1 l)\sinh(b_2 c)} \tag{14.19c}$$

综上，得到胶层中剥离应力 σ_0、剪应力 τ_0 的分布：

$$\sigma_0 = \frac{pt^2}{\Delta c^2} \Big[\left(R_2 \lambda^2 \frac{k}{2} + \lambda k' \cosh\lambda \cos\lambda \right) \cosh\lambda \frac{x}{c} \cos\lambda \frac{x}{c} +$$

$$\left(R_1 \lambda^2 \frac{k}{2} + \lambda k' \sinh\lambda \sin\lambda \right) \sinh\lambda \frac{x}{c} \sin\lambda \frac{x}{c}$$

$$\tau_0 = -\frac{pt}{8c} \left[\frac{\beta c}{t} (1 + 3k) \frac{\cosh\left(\dfrac{\beta x}{t} \right)}{\sinh\left(\dfrac{\beta c}{t} \right)} + 3(1 - k) \right]$$

$$\lambda = \gamma \frac{c}{t}, \quad \gamma^4 = 6 \frac{E_{ad}}{E} \frac{t}{\eta}, \quad \beta^2 = 8 \frac{E_{ad}}{E} \frac{t}{\eta}$$

$$R_1 = \cosh\lambda \sin\lambda + \sinh\lambda \cos\lambda$$

$$R_2 = \sinh\lambda \cos\lambda - \cosh\lambda \sin\lambda$$

$$\Delta = \frac{1}{2}(\sinh 2\lambda + \sin 2\lambda), \quad k = \frac{2M_0}{pt^2}, \quad k' = \frac{V_0 c}{pt^2}, \quad b_1 = 2 \left[\frac{3p(1 - \nu^2)}{Et} \right]^{\frac{1}{2}}, \quad b_2 = \frac{b_1}{2\sqrt{2}} \tag{14.20}$$

如果材料或者被粘物的厚度不同，式 (14.17) 会变成七阶等式。显然，分析模型会很复杂，只能确定沿长度方向的应力。另外，沿胶层厚度方向的胶层应力不统一。换而言之，简化已经限制了结果。一般情况下，当我们考虑不同边界条件，采用封闭式分析，会受限于如何用代数解处理实际的数学模型，而有限元分析可以解决这个问题。

14.5　粘接接头的静强度预测分析

对于粘接接头的静强度，最简单的静强度预测方法是通过试件的名义剪应力 τ_{nom} 来实现的，采用这种方法，在试件的粘接边沿会产生应力集中，而这种应力集中依赖于试件的形状，因此这种强度预测不能应用于其他形状的粘接结构中。另外一种粘接强度预测方法

是通过最大剪应力 τ_{max} 来实现的，Goland 和 Reissner[2] 基于应力集中因素（如图 14.5 所示）总结出：

$$\frac{\tau_{max}}{\tau_{nom}} = \frac{1+3K}{4}(2\Delta)^{\frac{1}{2}}\coth(2\Delta)^{\frac{1}{2}} + \frac{3}{4}(1-K) \qquad (14.21)$$

$$\Delta = \frac{G_a l^2}{E_s St}$$

$$K = 1 + 2\sqrt{2}\tanh\left\{\left[\frac{3}{2}(1-\nu_s)\right]^{\frac{1}{2}}\frac{l}{2d}\left(\frac{\sigma_s}{E_s}\right)^{\frac{1}{2}}\right\}$$

式中　τ_{max}——搭接边缘最大应力，MPa；

　　　τ_{nom}——名义应力$\left(\dfrac{F}{粘接面积}\right)$，MPa；

　　　G_a——粘接剂剪切模量，MPa；

　　　E_s——板材的弹性模量，MPa；

　　　σ_s——板材平均应力，MPa；

　　　ν_s——板材的泊松比；

　　　l——搭接长度，mm；

　　　S——板材厚度，mm；

　　　t——胶层厚度，mm。

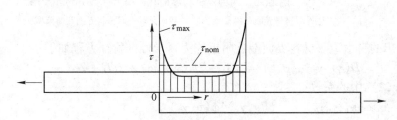

图 14.5　单搭粘接接头中胶层应力分布

　　使用最大剪应力计算粘接接头强度可以表达出试验结果（与搭接长度、胶厚、板厚之间的关系）。然而，试件边缘表现出了应力奇异性，最大剪应力 τ_{max} 表现出无限大，并且在做数值分析中，应力大小会跟划分网格的大小有关系，因此用最大应力法判断强弱不能得到准确的计算。

　　近年来提出的应力奇异性法可以实现接头的准确预测。该方法使用应力强度因子 K 和奇异性指数 λ 两个奇异性参数来表示试件边缘的应力场。其中，λ 表示奇异点附近应力场趋于无穷的趋势，K 表示应力场的大小。

　　针对界面端奇异性，Bogy[21,22] 通过 Meillin 变换，给出了任意结合角组合下的界面端应力奇异性指数特征方程，不但从理论上证明了奇异性的存在，并认为该方程在 [0, 1] 区间的根就是奇异性指数，奇异性指数的大小只与材料的弹性模量、泊松比和界面角度有关，而与载荷大小和方向无关。Dundurs[23] 给出材料参数 α、β 用于描述材料的匹配情况。Kubo[24] 等利用 Airy 应力函数，求得了应力奇异指数为实数时的奇异应力场和位移场。许金泉[25] 利用弹性力学中的 Goursat 公式，求得了应力奇异性指数为复数时的界面端奇异应力场和位移场。吴志学[26,27] 在这一基础上研究了双材料界面端附近消除奇异应力场的几何条件。亢一澜[28]通过云纹干涉试验证明了异质材料双界面端应力奇异性的存在，并得到与 Bogy 的理论解相吻合的试验结果。Van Tooren 等[29]采用的有限元法求解应力奇异性指数，不但可以确定奇异应力场的形状——奇异性指数，而且还可以分析奇异应力场的大小——应力强度因子。多数文献集中在理论求解方面，较少采用有限元法，而且较少将应力奇异性分析应用于具体的粘接接头中。

对于由两种各向同性、均质弹性体按理想条件粘接而成的双材料结构，Bogy[21]从基本方程出发，通过 Meillin 变化，分别给出了任意结合角度组合条件下，描述图 14.6 中两种情况界面端附近应力奇异性指数的特征方程 D。本节只讨论图 14.6（a）这种情况。

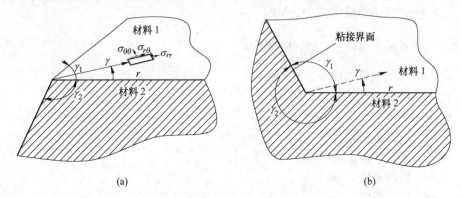

图 14.6　两种双材料界面几何模型

（a）自由边界双材料界面几何模型；（b）界面角端点双材料界面几何模型

Bogy 给出的自由边双材料界面端点附近应力奇异性的特征方程如下：

$$D(\gamma_1,\gamma_2,\alpha,\beta;p) = a\beta^2 + 2b\alpha\beta + c\alpha^2 + 2d\beta + 2e\alpha + f \qquad (14.22)$$

式（14.22）中的系数：

$$a(\gamma_1,\gamma_2;p) = 4\phi(p,\gamma_1)4\phi(p,\gamma_2)$$

$$b(\gamma_1,\gamma_2;p) = 2p^2\sin^2(\gamma_1)\phi(p,\gamma_2) + 2p^2\sin^2(\gamma_2)\phi(p,\gamma_1)$$

$$c(\gamma_1,\gamma_2;p) = 4p^2(p^2 - 1)\sin^2(\gamma_1)\sin^2(\gamma_2) + \phi(p,\gamma_1 - \gamma_2)$$

$$d(\gamma_1,\gamma_2;p) = 2p^2[\sin^2(\gamma_2)\sin^2(p\gamma_1) - \sin^2(\gamma_1)\sin^2(p\gamma_2)]$$

$$e(\gamma_1,\gamma_2;p) = -d(\gamma_1,\gamma_2;p) + \phi(p,\gamma_1) - \phi(p,\gamma_2)$$

$$f(\gamma_1,\gamma_2;p) = \phi[p,(\gamma_1 + \gamma_2)]$$

辅助方程 ϕ 为：

$$\phi(p,x) = \sin^2(px) - p^2\sin^2(x) \qquad (14.23)$$

其中 γ_1、γ_2 为夹角（如图 14.6 所示）；α、β 为 Dundurs[23]材料参数，即：

$$\alpha = \frac{G_1 m_2 - G_2 m_1}{G_1 m_2 + G_2 m_1}$$

$$\beta = \frac{G_1(m_2 - 2) - G_2(m_1 - 2)}{G_1 m_2 + G_2 m_1}$$

$$G_i = \frac{E_i}{2(1 + \nu_i)} \qquad (i = 1,2)$$

平面应变时　　　　　$m_i = 4(1 - \nu_i) \qquad (i = 1,2)$

平面应力时　　　　　$m_i = \frac{4}{1 + \nu_i} \qquad (i = 1,2)$

定义 $\lambda = 1 - p$，λ 的值为应力奇异性指数，表示奇异点附近应力场趋于无穷的趋势。由于奇异点应变能有限，故 $0 < \lambda < 1$。

14.5.1 界面端点处应力场

许多情况下，为判断结构受载荷的严重程度，采用应力这个非常有效的概念，将计算得到的应力值与试验得到的应力值相比，即可判断结构是否失效。一维应力状态可以用下式表示：

$$\sigma = \lim_{\delta A \to \infty} \frac{\delta F}{\delta A} \tag{14.24}$$

式中，F 为施加的外载荷；A 为载荷位置处的横截面积。如果 $\sigma > \bar{\sigma}$（$\bar{\sigma}$ 为许用应力）认为结构失效。但对于存在应力奇异性情况的结构，应力方法并不准确，因为即使在很小的外载荷情况下，奇异点附近应力也非常大，理论上是无穷大，远远超过了许用应力的值。此时，应该用应力强度因子和应力奇异性指数来代替应力作为评价接头受外载荷的严重程度。许金泉[25] 给出了双材料界面端点附近应力场：

$$\sigma_{ij} = \sum_{k=0}^{N} H_k r^{-\lambda_k} \cdot f_{ijk}(\theta) + \sigma_{ij}(\theta) \tag{14.25}$$

式中，(i, j)、(r, θ) 是极坐标；$m = 1$ 或 2 代表材料编号；r 为到奇异点的距离；λ_k 为应力奇异性指数；H_k 是对应于奇异性指数 λ_k 的应力强度因子，用于描述应力场大小；$f_{ijk}(\theta)$ 为角度有关函数称为角函数；N 为奇异性的个数，对于平面问题时，最多可达 6 个[21]，一般情况下常见的有单个奇异性、双重奇异性、一对共轭的复数奇异性和一个实奇异性加一对共轭的复数奇异性这几种情况；$\sigma_{ij}(\theta)$ 为热应力（通常不考虑热应力项）。对于单奇异性问题，式（14.25）可简化为：

$$\sigma_{ij} = Hr^{-\lambda} \cdot f_{ij}(\theta) \tag{14.26}$$

则：

剥离应力 $\qquad\qquad \sigma_{\theta\theta}(r, \theta_0) = H\gamma^{-\lambda} f_{\theta\theta}(\theta_0)$

剪应力 $\qquad\qquad \tau_{r\theta}(r, \theta_0) = Hr^{-\lambda} f_{r\theta}(\theta_0)$

此时 $\qquad\qquad H_1 = Hf_{\theta\theta}, H_2 = Hf_{r\theta}$

H_1、H_2 与 H 之间有比例系数关系，为了计算方便，采用应力强度因子 H_1、H_2 代替 H。

14.5.2 λ 的数值求解

借助奇异点附近的奇异应力场可以对 λ 进行求解。对式（14.26）两边进行对数运算，可以得到如下表达式：

$$\begin{aligned} \lg\sigma_{\theta\theta} &= -\lambda\lg r + \lg H_1 \\ \lg\tau_{r\theta} &= -\lambda\lg r + \lg H_2 \end{aligned} \tag{14.27}$$

式（14.27）表明：$\lg\sigma_{\theta\theta}$ 和 $\lg\tau_{r\theta}$ 均与 $\lambda\lg r$ 满足线性关系，直线的斜率均为 λ，应力强度因子 H_1、H_2 可以分别通过直线 y 轴截距计算出来。

14.5.3 不同粘接厚度的粘接接头奇异性求解

被粘物为 Al5052 铝合金，粘接剂丙烯酸酯（3M-DP810），Al5052-Al5052 单搭粘接接头部分的几何形状如图 14.7（a）所示，铝板厚度 $T=1.5\text{mm}$，胶层厚度 t 分别为 0.2mm、0.7mm、1.5mm、2.5mm，搭接长度 $l=20\text{mm}$，非搭接长度 $L=90\text{mm}$，AB、CD 为粘接界面。为满足网格尺寸要求，需要借助局部精细网格划分技术进行网格划分[30]。奇异点 A 处网格划分如图 14.7（b）所示，最小单元尺寸为 $5\times10^{-6}\text{mm}$，端部施加载荷 $P=10\text{MPa}$。粘接剂丙烯酸酯与被粘物 Al5052 铝合金的材料参数见表 14.1。

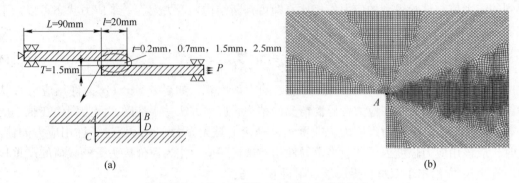

(a)　　　　　　　　　　　　　　　　　(b)

图 14.7　接头部分的几何形状和网格划分

（a）接头部分的几何形状；（b）界面端点 A 处的网格划分

表 14.1　材料参数

材　料	弹性模量/MPa	泊松比
丙烯酸酯	330	0.35
Al5052 铝合金	69500	0.33

14.5.4　奇异性指数与应力强度因子的求解

Al5052-Al5052 单搭粘接试件接头部分的 von Mises 应力云图如图 14.8 所示，可以看出边界点 A 点和 D 点为最大应力位置也是奇异性最强点。由于存在材料不连续，界面端点处容易产生裂纹导致粘接接头失效，故分析 A 点（A 点与 D 点等效）应力奇异性指数对预测接头的拉伸-剪切失效和裂纹扩展很重要。利用式（14.22）和式（14.23）得到这四种不同粘接厚度的接头中奇异点 A 处的奇异性指数理论解均为 $\lambda_{\text{理}}=0.3222$，如图 14.9 所示，其中，Dunders 材料参数计算结果为 $\alpha=0.99$，$\beta=0.23$。

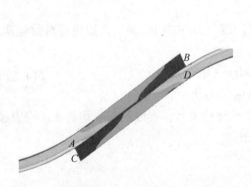

图 14.8　粘接接头部分的 von Mises 应力云图

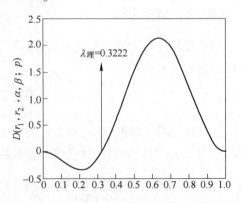

图 14.9　求解 λ 理时特征方程 D 的曲线

通过有限元模型获得了四种不同粘接厚度 Al5052-Al5052 单搭粘接接头 AB 界面上奇异点 A 附近剥离应力和剪应力分布情况，如图 14.10 所示，当逐渐靠近奇异点 A 时，这四种不同粘接厚度的粘接接头的剥离应力与剪应力都分别表现出趋于无穷的趋势，而且粘接层厚度的改变，并没有影响该处应力趋向无穷的趋势。

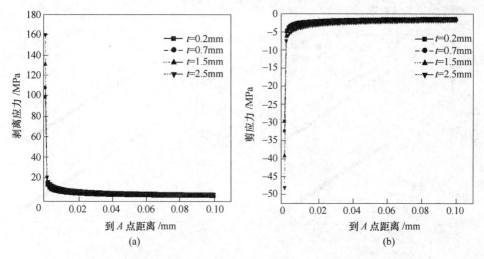

图 14.10　不同胶层厚度奇异点 A 附近剥离应力和剪应力的分布情况

（a）奇异点 A 附近剥离应力的分布情况；（b）奇异点 A 附近剪应力的分布情况

四种不同粘接厚度 Al5052-Al5052 单搭粘接接头 AB 界面上奇异点 A 附近剥离应力与剪应力的双对数曲线如图 14.11 所示。由式（14.27）可知，对于奇异应力场中的剥离应力与剪应力取双对数后，奇异应力场中的剥离应力和剪应力将满足两个条件：第一，同一个粘接接头中 $\lg\sigma_{\theta\theta}$-$\lambda\lg r$ 和 $\lg\tau_{r\theta}$-$\lambda\lg r$ 要相互平行；第二，不同厚度粘接接头中的 $\lg\sigma_{\theta\theta}$-$\lambda\lg r$ 和 $\lg\tau_{r\theta}$-$\lambda\lg r$ 直线之间要相互平行。其中角函数 $f_{\theta\theta}(\theta_0)$、$f_{r\theta}(\theta_0)$ 分别为 $f_{\theta\theta}(0°)$、$f_{r\theta}(0°)$。

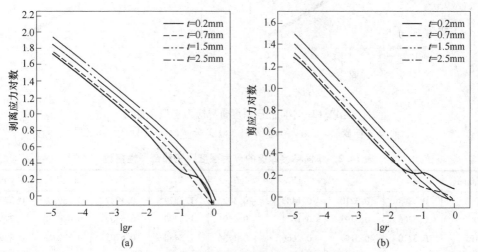

图 14.11　不同胶层奇异点附近剥离应力和剪应力双对数曲线

（a）剥离应力双对数曲线；（b）剪应力双对数曲线

通过分析，Al5052-Al5052 单搭粘接接头（$t=0.2$mm，0.7mm，1.5mm，2.5mm）中奇异应力场区域范围为 $-5 < \lg r < -3$ 或 0.00001mm $< r < 0.001$mm，非奇异性区域为 $\lg r > -3$ 或 $r > 0.001$mm；使用最小二乘法对奇异性区域中的应力点进行拟合求解，拟合结果如图 14.12 所示。拟合直线的相关系数均为 $R=99.99\%$。应力强度因子与奇异性指数数值求解结果见表 14.2。

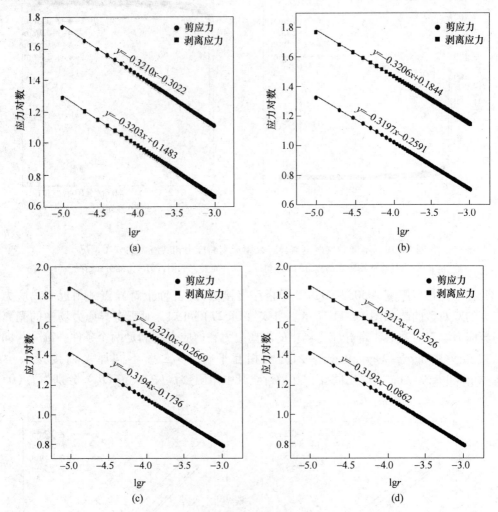

图 14.12　不同胶层厚度奇异应力场拟合直线

(a) 0.2mm 胶层；(b) 0.7mm 胶层；(c) 1.5mm 胶层；(d) 2.5mm 胶层

表 14.2　不同粘接厚度的应力强度因子和奇异性指数

胶厚/mm	λ_1	λ_2	$\lg H_1$	$\lg H_2$	H_1	H_2	λ_1 误差	λ_2 误差
0.2	0.3203	0.3210	0.1483	-0.3022	1.3829	0.4987	0.5897%	0.3724%
0.7	0.3206	0.3197	0.1844	-0.2591	1.5290	0.5507	0.4966%	0.7759%
1.5	0.3210	0.3194	0.2669	-0.1736	1.8488	0.6705	0.3724%	0.8290%
2.5	0.3213	0.3193	0.3526	-0.0862	2.2522	0.8199	0.2793%	0.9000%

胶厚-应力强度因子关系，如图 14.13 所示。由于存在角函数 $f_{\theta\theta}(0°)$、$f_{r\theta}(0°)$，两者

有比例系数关系，H_1、H_2并不相等，但变化趋势相同，H_1、H_2均随着粘接厚度的增大而增大。奇异性指数相同时，应力强度因子越大，粘接接头强度越低。可以得到，Al5052-Al5052 单搭粘接接头的强度随着胶层厚度的增大而减小，与试验结果相一致。

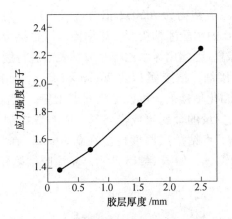

图 14.13　胶厚-应力强度因子关系图

14.6　粘接接头的疲劳性能

动态疲劳是接头在重复和振动载荷下破坏或断裂的现象。动态疲劳的重要性在于在波动载荷下，接头将在比单调载荷下能承受的应力水平低很多的情况下破坏，即给定的交变应力幅度下达到破坏的时间，比加同样大小的常应力的静疲劳破坏时间短很多。

对于把通过 10^6 次循环的粘接接头疲劳强度称为疲劳极限强度。在指定的疲劳应力下达到破坏的应力循环次数称为疲劳寿命，动态疲劳过程涉及大量的变量，如应力幅度、应力范围、平均应力水平、应力比、应变幅度、平均应变水平、应变比、加载频率、波形、环境条件和接头结合形状等。试验研究往往需要占用贵重设备并花费很长时间。复杂的使用条件通常用大为简化的试验大纲去近似。这就使了解疲劳断裂机理、掌握影响粘接接头疲劳寿命主要参数更为重要。

有多种接头试样用于疲劳试验，如标准的单搭粘接接头，厚板搭接接头，断裂力学法用的斜削双悬臂梁试样。

用标准单搭粘接接头做拉-剪疲劳试验评定疲劳强度时，其结果与接头应力集中有关。因为短搭接试样在整个搭接长度上应力、应变很高，低频试验时，粘接剂不只在搭接端头，而且在整个搭接长度上蠕变趋势明显。高频时，载荷在粘接剂有时间蠕变之前就卸掉，积累的蠕变应变小，接头可用时间长。例如，用某种粘接增韧的环境粘接剂制备的接头，在 30Hz 的高频下，可以使用 10^7 循环以上，而在 $4 \sim 10$Hz 的低频下，几百次的循环便遭破坏。因此低频破坏现象比高频更严重。当然，真实的粘接结构上粘接接头设计成很长的搭接长度，即便在高载荷下，搭接中部区应力幅度也很低，处于弹性状态，因此，可以防止蠕变积累，使接头在高频和低频下都有良好的使用寿命。

由于疲劳载荷是引起粘接接头失效的一种常见原因。对粘接剂而言，加载疲劳载荷与加载单调载荷相比，疲劳载荷抵抗裂纹扩展的能力较小。粘接接头疲劳性能的研究需要重大的改进，以理解其疲劳失效机理以及理解表面预处理、粘接剂厚度、被粘物厚度等参数对其疲劳性能的影响[31,32]。

14.6.1 试件制备

单搭粘接试件的制备：被粘物为 Al5052 铝合金板，尺寸为 110mm×20mm×1.5mm。粘接剂为 3M 公司的 DP810 丙烯酸酯粘接剂，该粘接剂可粘接金属和非金属材料，无需表面预处理，固化温度为室温。因此用无水乙醇对板材表面进行脱脂处理，放在空气中干燥后，可直接涂抹 DP810 粘接剂，粘接面积为 20mm×20mm，如图 14.14 所示。3M-DP810 结构粘接剂为常温下快速固化粘接剂，可以免除保温工序。根据 He 与 Ichikawa 早年的研究[33]，在粘接层中加入极少量的金属箔或金属丝，能有效控制粘接层厚度，总体上能有效提高接头强度。因此为了将粘接层厚度控制在 0.20mm，在粘接层中加入两段直径为 0.16mm，长度为 20mm 的铜丝，如图 14.15 所示。将涂胶粘接好的试件用夹子夹好在室温下固化 24h。

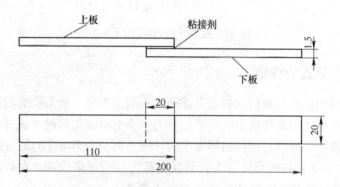

图 14.14　粘接试样（单位：mm）

图 14.15　接头中控制粘接层厚度的铜丝

14.6.2 试验过程

14.6.2.1 静态拉伸试验

考虑粘接工艺的分散性，制备 8 个试样确定其静态拉伸破坏载荷。将试样置于 MTS Landmark 疲劳实验机（见图 14.16）上进行静态拉伸试验，拉伸速率为 5mm/min。为减小试验过程中弯矩的影响，在夹持端添加 20mm×20mm×1.5mm 垫片，如图 14.17 所示。

图 14.16 MTS Landmark 疲劳试验机

图 14.17 静态拉伸试验

14.6.2.2 疲劳试验

根据静态拉伸试验结果的平均值，在 MTS Landmark 疲劳试验机上对粘接接头进行拉伸-剪切疲劳试验，载荷波形为正弦波，加载频率为5Hz，载荷比为0.5，疲劳试验最大载荷分别为静态拉伸破坏载荷平均值的50%、60%、70%、80%、85%、90%，每个载荷水平下做6~8次疲劳试验。接头在粘接处彻底断裂视为疲劳失效，停止试验，若循环次数超过100万次接头仍不失效，停止试验。

14.6.3 试验结果分析

14.6.3.1 静态拉伸试验结果分析

单搭粘接接头的载荷-位移曲线，如图14.18 所示，从曲线可以得出，接头拉伸初期，呈斜直线，处于弹性阶段，塑性变形的屈服阶段不明显，屈服之后有一段较平缓的阶段，在该阶段载荷有小范围波动，然后曲线突然急剧下降。一组试件（8个）的载荷-位移曲线在达到最大载荷过程中保持很好的一致性，各个试件的最大载荷数值相差不大，但试件的最大位移数值呈现出较大的分散性，这是由于粘接工艺随机性引起的。分析接头的失效形式可知，在静拉伸作用下，接头破坏形式为搭接末端粘接剂与板之间的黏合失效，说明搭接末端应力较大。根

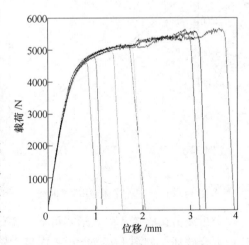

图 14.18 粘接接头载荷-位移曲线

据试验数据计算得出粘接接头静载破坏力平均值：$F = 5185.3$N，标准差为400.95N。

14.6.3.2 疲劳试验结果分析

疲劳试验的目的是研究单搭粘接接头在不同载荷下的疲劳寿命。考虑到疲劳试验数据的分散性，用散点法剔除偏差很大的试验数据。首先，把每种载荷水平下的疲劳试验数据都绘制在散点图中；然后基于 $F\text{-}N$ 曲线在单对数坐标上为指数函数曲线段的假设，利用试验得到的全部疲劳试验数据拟合最佳指数曲线；最后剔除掉疲劳寿命与拟合曲线上的相应

疲劳寿命相差在 10 倍左右或以上的散点，如图 14.19 所示。

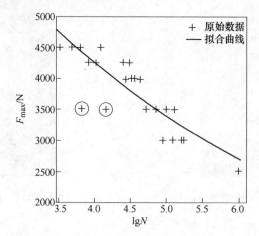

图 14.19　单搭粘接接头疲劳试验数据散点图

　　利用剔除后剩余的有效数据计算每一应力水平下的平均疲劳寿命，以此作为其疲劳寿命 N，在单对数坐标下绘制粘接接头的 F-N 曲线，如图 14.20 所示。结果表明：疲劳试验数据有较好规律性，随着疲劳载荷的增加，寿命逐渐减小；60% F 及以上载荷水平时接头 F-N 曲线走向呈线性趋势。60% F 及以上载荷水平时接头 F-N 曲线走向趋势如图 14.21 所示。

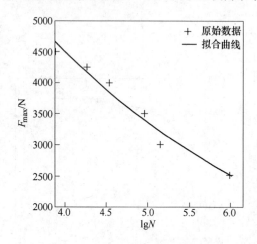

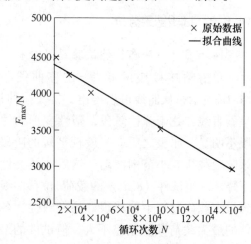

图 14.20　单搭粘接接头 F-N 曲线　　　　图 14.21　60% F 及以上载荷下接头的 F-N 曲线

　　分析疲劳试验接头失效形式可知，各载荷水平下接头失效形式表现为粘接剂内聚力破坏或混合破坏，如图 14.22 所示。内聚力破坏接头寿命要普遍高于混合破坏的接头寿命。

图 14.22　接头失效形式

由疲劳试验数据可得到在各个载荷水平下接头相对刚度随循环周期的变化，各载荷下刚度线性变化阶段的斜率分别为 $k_{90\%F} = -1.9 \times 10^{-5}$、$k_{85\%F} = -8 \times 10^{-5}$、$k_{80\%F} = -0.38 \times 10^{-5}$、$k_{70\%F} = -0.21 \times 10^{-5}$、$k_{60\%F} = -1 \times 10^{-5}$、$k_{50\%F} = -0.06 \times 10^{-5}$。由此可以得出，随着疲劳载荷的减小，$k$ 值逐渐增大，变化趋势越平缓，这表明载荷越小，裂纹扩展越慢，接头寿命越长。

14.6.4 小结

（1）通过对单搭粘接接头进行静态拉伸实验，结果表明：静载下接头能够承受的最大载荷为 5185.3N；在静拉伸作用下，搭接末端粘接剂与板之间发生界面表观破坏，说明搭接末端应力较大。

（2）在静拉伸试验的基础上，采用 6 种不同载荷水平对单搭粘接接头进行疲劳试验。结果表明：随着疲劳载荷的增加，单搭粘接接头疲劳寿命逐渐减小；在 $60\%F$ 以上疲劳载荷水平下，接头 S-N 曲线呈线性趋势变化。

（3）疲劳载荷下接头失效形式为内聚力破坏或混合破坏，内聚力破坏接头寿命要普遍高于混合破坏的接头寿命。

（4）通过分析疲劳试验过程中接头刚度的变化，可以得到：在疲劳载荷下，疲劳载荷越小，刚度降低越慢，接头寿命越长。

14.7 粘接接头的动力学性能

在包含连接组件的机械系统设计中，组合材料以及接头的动态特性对于系统最小振动响应非常重要。相对于其他传统的连接过程，粘接结构在声学隔离和衰减振动方面存在很大的优势。可以说，粘接结构可以提高系统的阻尼能力。现代粘接技术的应用中，结构振动阻尼被视为粘接接头的重要特性，并在将来的许多应用中显示出来，如研制运转更快的机器、更轻的结构、更舒适的交通工具和更高精度的仪器等，需要更好的控制动态性能。当前在多数情况下，测定接头的振动阻尼被认为是较高的要求，而在将来的应用中，它将被视为一种普遍的要求。振动阻尼在分析和设计阶段发挥越来越多的作用。为使粘接的应用更加广泛，不仅要求分析和设计的手段得到发展，而且需要获得更多的新材料试验数据，对于单搭粘接接头的动态性能，国内外学者展开了相应的研究[34~38]。Kaya 等人[39] 通过三维有限元分析研究了动态力对粘接接头各种动态性能的影响。接头被当做固定在左侧的薄板来进行建模。首先，获得了固有频率和振型；然后，提取点和传递敏感性；最后采用结构阻尼来进行分析。分析表明，阻尼大大降低了共振振幅。Bartoli 等人[40] 提出了一种半解析有限元方法来建立波形在任意界面传播的模型。考虑到材料的复杂刚度矩阵，通过扩展后的半解析有限元模型对粘弹性材料的阻尼做出了解释。通过分散解决方案，获得了波形传递的速度、在无阻尼介质中的群速度、在有阻尼介质中的能量速度、波的衰减以及横向振型。这种半解析有限元在几个例子中得到应用，即各向异性粘弹性层状板、复合材料与复合粘接剂连接的接头以及铁轨。在 Kim 等人[41] 的研究中，提出对微型电火花加工机器床身与支架之间用 L 形粘接接头连接，并在实际中得到应用。通过振动试验及有限元分析，讨论了该接法的动态性能，比如其阻尼特性。他们提出了制造微型电火花加工机器的最优结构和材料。在 He 和 Oyadiji[38] 早期的论文中，详细研究了结构胶性能对单搭悬臂梁接头横向自由振动的影响，研究发现随着杨氏模量的增大，横向固有频率也随之增大，而泊松比的增大对横向固有频率没有明显影响。Apalak 等人[42] 通过三维有限元分析以及反向传播人工神经网络方法，研究了单支撑粘接角接接头的三维自由振动性能。研究发现，支撑长度、板面厚度以及接头长度对角接接头的固有频率、振型和模态应变能有重要的影响。对不同固有频率和振型下的粘接角接接头，用遗传算法结合人工神经网络模型确定了最高固有频率和最小模态应变能下最佳的几何尺寸。用同样的方法，Apalak 和 Engin[43] 研究了纤维角、纤维体积率、粘接长度以及面板厚度对粘接接头固有频率和振型的影响。用人工神经网络模型分析表明，在对粘接接头固有频率及其对应频率下振型的影响因素中，纤维角比纤维体积率影响作用更大。另一方面，面板厚度和粘接长度是设计的主要几何参数，而粘接层厚度对振动的影响可以忽略。He[44] 应用 ABAQUS 有限元分析软件预测了单搭粘接悬臂梁结构的固有频率、振型以及频率响应函数。在单搭粘接接头悬臂梁受迫振动情况下，自由端的动态响应非常重要，因为它完全代表了悬臂梁的动态性能。

本节的研究对象为单搭粘接接头，如图 14.23 所示。这两组被粘物的参数（长×宽×厚）为 200mm×25mm×4mm 及 200mm×50mm×4mm。为了区分不同的接头，做一下说明：W25 梁表示宽度为 25mm 的板；W50 梁表示宽度为 50mm 的板。粘接剂为商用粘接剂，材料参数为弹性模量 $E_{ad} = 2GPa$，泊松比 $\nu_{ad} = 0.30$。被粘物为铝合金，其参数为弹性模量 $E = 70GPa$，泊松比 $\nu = 0.33$。粘接好的试件在常温下放置 24h。

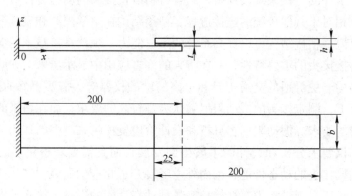

图 14.23　单搭粘接接头几何尺寸

在有限元分析中（FEA），粘接层厚度比板厚小很多，这要求在划分网格时，要同时适应胶层厚度和板厚，同时胶层中的单元尺寸要小于板厚。因此胶层中的有限元尺寸要小几个数量级。本节使用 ABQUES 仿真软件，胶层厚度为 0.2mm，为了获得单搭粘接接头的动态性能，原始网格划分尺寸如图 14.24 所示，板材和部分胶层采用 20 节点单元，过渡部分采用 15 节点单元。胶层被划分为 60 等分，包括沿长度方向（x 方向）35 等分，沿宽度方向（y 方向）20 等分，沿厚度方向（z 方向）5 等分。

对于振动特性，获得了前 50 阶频率和波形。对于力振动采用幅值为 10N 的正弦波，频率范围为 0～1000Hz，获得了接头端部频率响应曲线。

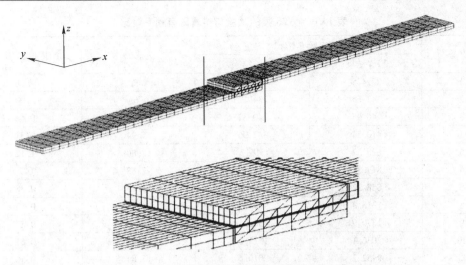

图 14.24　单搭粘接接头原始有限元网格划分

14.7.1　试验采集系统

　　试验采用 LMS 测试装置,试件一端被固定住,使用电子激振器来激励试件,并用加速度传感器来采集信号,其中激振器依靠 LMS CADA-X 软件部分来控制[3],7025A 传感器被固定在自由端来采集频率响应信号。激振器和传感器均与 LMS 系统相连。装置连接如图 14.25 所示。

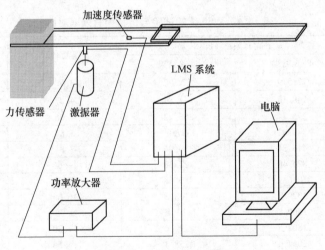

图 14.25　动态测试系统

14.7.2　仿真频率与试验频率对比

　　本小节对比了 W25、W50 两种试件的仿真与试验频率,见表 14.3、表 14.4 和图 14.26,试验与仿真结果又能较好吻合。虽然提取了前 20 阶固有频率,但是前三阶固有频率是最重要的。通过上述图表可看出,实验结果比仿真结果测量的值要低,这是因为固定的端部并不是无限刚度。此外,固定在试件上的传感器质量会影响整个系统的质量。

表 14.3　W25 梁的试验与仿真固有频率对比

模　态	固有频率/Hz		误差/%	阻尼比/%
	FEA 结果	试验结果		
1	23.425	23.71	1.22	0.9
2	143.65	134.12	6.63	2.03
3	146.95	140.32	4.51	0.48
4	410.54	347.96	15.24	0.31
5	628.57	516.7	17.80	1.12
6	817.37	712.12	12.88	0.2
7	858.22	745.53	13.13	0.38
8	1315.8	997.04	24.23	0.53
9	1870.9	1368.1	26.88	0.37
10	2036.1	1711.3	15.95	0.61
11	2452.2	2019.6	17.64	0.56
12	2650.5	2188.3	17.44	0.37
13	3233.7	2761.9	14.59	0.35
14	3392.3	3177.4	6.34	0.42
15	3805.3	3476.8	8.63	0.73
16	4405	3847	12.67	0.87
17	4505.8	4155.1	7.78	0.68
18	4783.3	4315.2	9.79	1.63
19	5980.9	5634.2	5.80	0.15
20	6115.5	5869.8	2.38	1.03

表 14.4　W50 梁的试验与仿真固有频率对比

模　态	固有频率/Hz		误差/%	阻尼比/%
	FEA 结果	试验结果		
1	22.579	22.74	3.56	2.51
2	148.16	141.84	4.27	0.35
3	276.44	265.22	4.06	0.35
4	347.82	327.5	5.84	0.37
5	413.24	380.96	7.81	0.25
6	824.48	728.38	11.66	0.77
7	1016.7	820.68	19.28	0.2
8	1329.7	1108.3	16.65	0.37
9	1569.8	1413.13	9.98	0.14
10	1802.5	1490.6	17.30	0.99
11	2057.6	1758.1	14.56	1.2
12	2480.9	2130.1	14.14	0.31
13	2681.6	2251.6	16.04	0.9
14	3404.8	2738.46	19.57	0.33
15	3489.6	3314.97	5.00	0.19
16	3851.9	3605.05	6.41	0.96
17	4172.9	3739.22	10.39	0.39
18	4316.7	4247.4	1.61	0.36
19	4845.5	4565.5	5.78	0.38
20	5503.4	5456.36	0.85	0.17

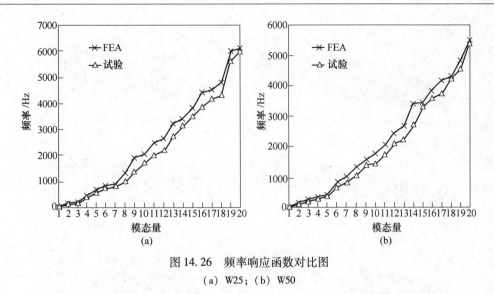

图 14.26 频率响应函数对比图

(a) W25；(b) W50

14.7.3 仿真振型与试验振型对比

在单搭粘接接头的动态分析中，振型非常重要。在设计中，某些点的振型可以代替结构某一部分的振型。这次分析中考虑了 200 阶固有频率和节点的振型。本小节考虑几种典型的振型。图 14.27 和图 14.28 对比了仿真和实验中的横向振型及纵向振型，从中看出两者比较接近，但是试验得到的振型没有仿真中得到的顺畅，这是因为试验中是依靠力传感器获得的，而传感器的质量影响整个系统的质量。

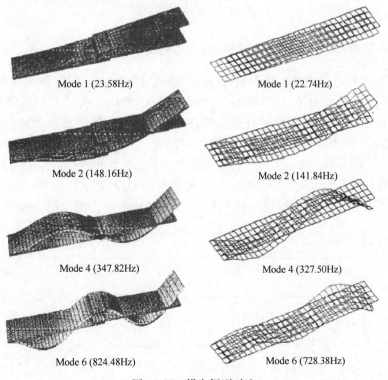

图 14.27 横向振型对比

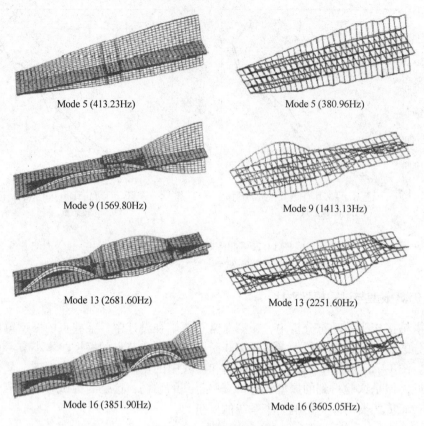

Mode 5 (413.23Hz)　　　　　　　　　Mode 5 (380.96Hz)

Mode 9 (1569.80Hz)　　　　　　　　　Mode 9 (1413.13Hz)

Mode 13 (2681.60Hz)　　　　　　　　　Mode 13 (2251.60Hz)

Mode 16 (3851.90Hz)　　　　　　　　　Mode 16 (3605.05Hz)

图 14.28　纵向振型对比

14.7.4　仿真频率响应函数与试验频率响应函数对比

　　W25 和 W50 两种单搭粘接接头梁结构的频率响应函数通过 LMS 测试装置获得，为获得准确的结果，频率范围是 0 ~ 8000Hz，分辨率是 0.288Hz。为了与试验结果进行对比，在 ABQUES 获得了 W25 和 W50 两种接头的频率响应函数曲线，其中采用稳态-动态设置和阻尼建模设置，对比结果见表 14.3 和表 14.4。

　　在单搭粘接接头动态性能分析中，采用自由边界上的点的动态特性来代表梁结构的动态特性，如图 14.29 所示。图 14.29（a）中的节点 93 为中间点，点 91、95 为两边的点；图 14.29（b）中点 153 为中间点，点 151、155 为两边的点，图中的 4060621、2060621、

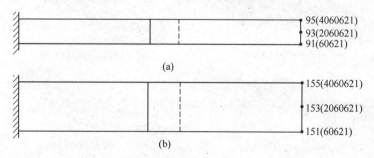

图 14.29　两种梁结构的自由边界点

60621 为仿真中网格划分后的点。

W25 和 W50 这两种接头仿真结果与试验结果得到的频率响应函数对比如图 14.30 和图 14.31 所示。在低阶时，仿真结果和试验结果可以很好吻合，但是，随着阶数的不断增大，仿真结果与试验结果相差越来越大，这仍然是受传感器的质量所影响。

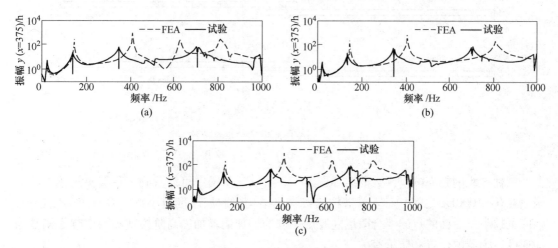

图 14.30　W25 接头仿真频率响应函数与试验频率响应函数对比

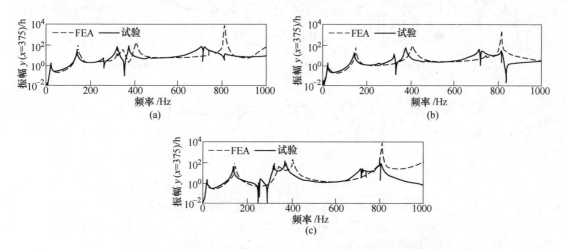

图 14.31　W50 接头仿真频率响应函数与试验频率响应函数对比

14.7.5　胶层厚度对单搭粘接接头频率响应函数的影响

本小节研究了胶层厚度对单搭粘接接头频率响应函数的影响，重新制备胶层厚度分别为 $t = 0.5\text{mm}$，1.0mm，2.0mm 的单搭粘接接头，接头的其他尺寸与 W50 相同，如图 14.32 所示。粘接剂材料参数为弹性模量 $E_{ad} = 2\text{GPa}$，泊松比 $\nu_{ad} = 0.30$。粘接好的试件在常温下放置 24h。为了区分不同的接头，做以下说明：T0.5 表示胶层厚度为 0.5mm 的接头；T1.0 表示胶层厚度为 1.0mm 的接头；T2.0 表示胶层厚度为 2.0mm 的接头。

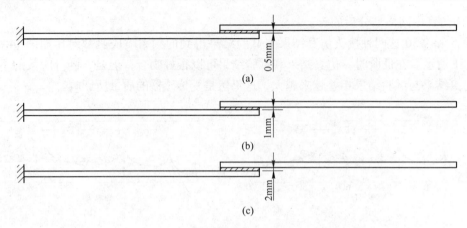

图 14.32　不同胶层厚度的单搭粘接接头

（a）T0.5；（b）T1.0；（c）T2.0

　　三种接头的频率响应函数曲线如图 14.33 所示，从图中可以看到三种接头的频率响应函数在 0～1000Hz 之间，对于单搭粘接接头梁结构，胶层厚度越小，频率响应函数越低，幅值也越小。后面的点的综合阻尼随胶层厚度的增加而增加。高阶模式的频率响应函数与加速度传感器的位置和质量有关。

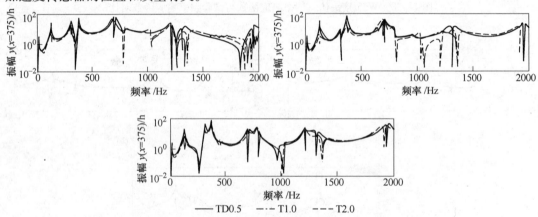

图 14.33　不同胶层厚度的单搭粘接接头的频率响应曲线

14.8　粘接接头的无损检测

14.8.1　粘接接头工艺质量常用检测方法

　　粘接接头工艺质量常用检测方法如下[45]：

　　（1）目测法。检验人员用眼睛观察粘接试件接头处有无裂纹、裂缝和缺胶现象。

　　（2）敲击法。用小手锤锤击粘接表面，从发出的声音判别粘接质量。如果局部无缺陷，则敲击发出的声音清晰；如果声音低沉，说明内部有缺陷、气泡。

　　（3）加压法。对于密封加压粘接件，可按工作介质和工作压力进行压力密封试验，如果不泄漏即为合格。

　　（4）声阻法。通过抗声阻探伤仪来测定粘接接头机械阻力的变化。粘接试件质量不同，其振动阻抗也不同。如粘接有缺陷时，则测得的阻抗明显下降。

（5）超声波法。探伤用超声波为 10^6 数量级，如果粘接接头有缺陷，超声波就能将这些缺陷反射回来，从而检验出胶层中是否存在气泡、缺陷或脱胶现象。

（6）液晶检测。将液晶及其填充剂涂于粘接接头的表面，然后将其迅速均匀加热，当接头粘接层有缺陷时，由于其密度、比热容和传导率不同，而引起结构对外部热量传导不一致，造成结构表面温度不均匀，然后利用液晶上的颜色来探测结构粘接质量。

14.8.2 粘接前被粘接试件的无损检测

粘接前被粘接表面一般都要经过预处理，良好的表面状况对形成牢固的粘接接头至关重要。表面准备不好（如表面存在污染），是接头黏附强度低的主要原因。由于黏附只是很薄一层材料（$<1\mu m$）上的界面现象，所以很难对黏附强度进行无损检测。生产上往往通过保证粘接前被粘接表面的质量来间接控制黏附质量，因此粘接前的检测主要就是对被粘接件表面状况的检测，过量的水蒸气、碳水化合物及其他污染都会降低接头强度。

简单的检测方法是测量表面的可润湿性，这实际上是对接触角的一种主观测量方法。由于清洁表面很容易润湿，水滴在清洁表面上可以铺展得很开。可以通过测量水滴的铺展程度来确定被粘接表面的清洁程度。把一滴给定体积的水滴滴在被粘接表面，然后把一个划有细密网格的透明量规置于水滴上方，读出水滴铺展的面积，以此作为表面状况的间接度量。这种方法尽管简单，却可以定量测量，效果很好。使用乌兰检测仪是高灵敏的方法，它采用振荡探针来测量粘接件表面的电子发射能，甚至灵敏到可以检测碱液后残留物的程度。然而，目前还没有一种无损检测方法能够满意地测量黏附强度。

14.8.3 粘接后粘接接头的无损检测

粘接后的检测方法很多，有常规超声波法、斜入射超声波法、兰姆波法、频谱分析法、声振动法、声发射法、声波超声法、热像法、射线法以及光全息等。根据大多数学者的看法，超声法和振动法可能是检测粘接接头最有前途的方法，实际应用中，常规超声法使用最广。其中，斜入射超声波同垂直入射相比，因其反射与入射在时间和空间上分离，对弱界面更灵敏，主要用于回波靠得太近、在垂直入射时间上难以分离的情况。

（1）超声频谱法：在 20 世纪 70 年代被认为是很有潜力的无损检测方式，优点是能够分辨在时域范围内难以分辨的频率依赖信号，即采用各种信号增强技术提高被测材料不连续性的分辨能力，这些信号处理方法包括滤波、卷积和相关变换等。在检测粘接接头固化程度、水的浸入和蜂窝薄壳等方面，超声频谱分析比常规超声更有优势，但在其他情况下，常规超声一样有效。

（2）兰姆波法：兰姆波是沿板行结构传播的波，它能在空气—粘接件—胶层—粘接剂件—空气组成的分层结构中传播，它的速度和波长对胶层的力学性能以及胶层与粘接件间的界面状况很敏感。但由于兰姆波的复杂性，特别是对兰姆波在不连续体上的反射机理尚未有一致认识，因而限制了兰姆波在实际生产中的应用。

（3）声振动法：该法利用 $1\sim30kHz$ 频率的振动，测量粘接构件的局部刚度。它可检测出的最小尺寸比超声大，还可以通过进一步分析提高灵敏度和可靠性。

（4）声发射法：声发射法可在接头断裂前检测粘接接头的失效，但接头必须加载到断裂载荷的50%左右，这种方法本质上不是无损检测，但目前没有比它更好的测量粘接强度的方法。

（5）声波超声方法（应力波因子法）：声波超声方法是超声法的推广，该方法主要用于评价缺陷状态、热退化以及亚临界缺陷数量的综合影响。

现在的大多数无损检测方法针对孔洞、裂纹、微空隙以及缺胶等缺陷，目前对粘接接头黏附性能和内聚性能的无损检测仍没有稳定可靠的方法。

14.9　复合连接

充分利用其他连接技术的优点是很重要的，例如焊接、自冲铆和压印连接。这些连接技术可以混合使用，被称为复合连接。一些研究者在不同材料和不同载荷的条件下使用了复合接头，在静载荷和疲劳试验中，复合接头表现出了很好的特性。Yin 等人[46]使用三维有限元法研究了焊接粘塑性单搭粘接接头及其应力分布，结果表明，接头的应力集中情况比直接焊接低很多，仿真结果也表明随着蠕变参数的增加会提高焊接处的最大应力。Darwish 等人[47]系统地研究了对胶焊接头影响最大的参数。焊接接头的有限元模型，如图14.34 所示，其中接头产生的热应力、胶层的厚度、弹性模量、应力集中和被粘物的材料都包括在了里面。Kelly[48]研究了单搭接复合接头的载荷强度和疲劳寿命，使用 ABAQUS 建立了三维有限元模型，其中包括大变形的影响、螺栓孔的接触和非线性粘接材料的性质。螺栓连接单搭复合接头的有限元模型如图 14.35 所示。粘接剂、接头和它们之间的连接都有利于载荷的传递，通过它们观察到混合接头疲劳寿命三个不同的阶段。Grant 等人[49]对压印连接复合接头进行了一系列的有限元仿真和试验，实验结果与点焊接头、双搭接粘接接头的进行了对比，结果表明，由于压印连接中被连接物的大变形，导致了这种

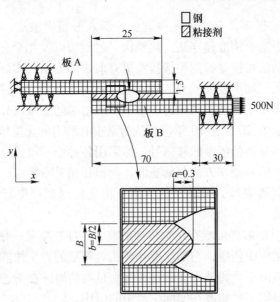

图 14.34　焊接接头的有限元模型

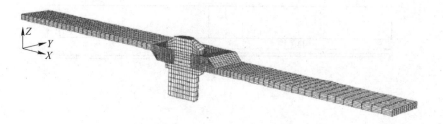

图 14.35　螺栓连接混合单搭粘接接头有限元模型

接头失效。He[50] 通过三维有限元法研究了粘接剂的杨氏模型和泊松比对压印连接混合接头的固有频率、固有频率比的影响。Atre 和 Johnson[51] 通过三维有限元模型仿真分析了粘接剂干涉的影响，直接和间接有限元法都被应用到了模型过程中。He[44,52] 使用 ANSYS 有限元分析技术分析了自冲铆接混合单搭粘接接头的扭转自由振动，模型的变形显示了不同形式下的变形，不同的变形会显示不同的动态反应和不同的应力分布，振动变形可能会导致胶层处的应力集中、局部的裂纹萌生和剥离失效。

为了促进粘接连接技术在实际生产中的应用，本节以粘接、压印连接和自冲铆接及其复合接头为对象，研究它们的优缺点，为加工制造行业中实现连接技术的组合设计提供基础[53~58]。

14.9.1　试件连接设备及接头制备

本小节引入 2mm 厚的典型铝材——Y2 纯铝（Y2）。Y2 的刚度比 Al5052 大，不易发生变形。Y2 屈服强度与抗拉强度十分接近，这意味着 Y2 的塑性较差；并且 Y2 的应变率远低于 Al5052，说明相同条件下 Y2 的材料流动性和成形性稍差，因此压印连接和自冲铆接过程中需要选择合适的连接参数。Y2 的屈服强度和抗拉强度明显小于 Al5052，这意味着在 Y2 的压印连接和自冲铆接过程中需要的连接压强要小于 Al5052。

压印连接设备为 ATTEXOR 公司生产的 RIVCLINCH 模块化型 P50S 设备，P50S 设备中依靠空气压缩机提供动力，驱动铆枪的液压缸实现连接，该空气压缩机最大压缩空气能力为 0.06MPa，冲头最大连接力为 55kN。采用圆点模具时，要求基板总厚度不超过 4mm。为更好地与自冲铆接头对比，根据基板厚度，参考设备资料选择 SR603 系列圆形模具，直径为 5.2mm 的圆形冲头上模，内腔深 1.4mm 的三瓣分体式下模。

自冲铆接设备为 MTF 型设备，根据基板总厚度，选择长度为 6mm、铆钉头直径为 7.7mm 的半空心铆钉；型号为 19794471300 的平底下模具。

为使研究更具普遍性和应用性，采用的粘接剂为市场上常见的商用汉高金属修补专用的环氧胶，其胶体为环氧树脂和聚酰胺树脂 1:1 混合粘接剂；采用 110mm×20mm×2mm 和 20mm×20mm×2mm 的 Y2 和 110mm×20mm×2mm Al5052 板材制备试件。试件分为 8 组，Y2 自冲铆接试样分别为单搭剪切和 T 形，Al5052 试样均为单搭剪切方式，搭接长度均为 20mm。连接后试件几何尺寸如图 14.36 所示。

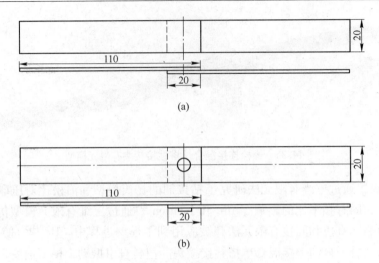

(a)

(b)

图 14.36 试件几何尺寸

（a）粘接试件；（b）压印、自冲铆接及其复合试件

（1）粘接接头的制备：将混合后的胶体均匀涂抹在板材搭接区域表面，进行固化，粘接接头试件如图 14.37（a）所示。

(a)

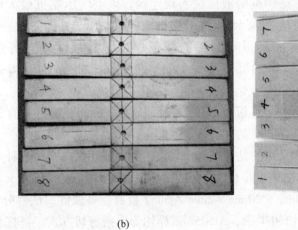

(b)

(c)

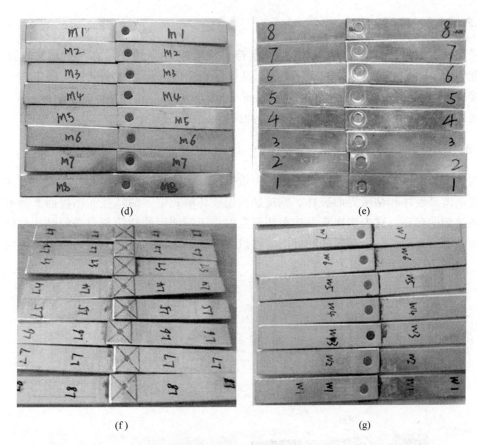

图 14. 37　连接后的试件

(a) 粘接接头试件-Y2 纯铝（Ad-Y2）；（b) 压印接头试件-Y2 纯铝（Clinch-Y2）；
(c) Clinch-Al5052；（d) 自冲铆接头试件- Y2 纯铝（SPR-Y2）；（e) SPR-Al5052；
(f) 粘接-压印复合接头试件- Y2 纯铝（Ad-Clinch-Y2）；（g) Ad-SPR-Y2

（2）压印接头的制备：根据经验和参考工艺参数对板材进行试铆，然后对试铆件沿接头子午面切割。通过观测截面中的互锁值和颈厚值，参考标准接头底厚值 1.4mm，用带表外卡规测量接头底厚值，进而调整工艺参数，确定冲头行程。采用自行设计的定位卡尺，确定连接点位置进行连接，压印接头试件如图 14. 37（b）、（c）所示。

（3）自冲铆接头的制备：通过试铆，调整工艺参数，最终确定铆接压强：对于单搭剪切试件，预紧和铆接压强为 8MPa。采用自行设计的定位卡尺，确定连接点位置进行连接。通过设备中的监控软件对铆接过程进行在线质量监控，及时剔除异常试件。自冲铆接头试件如图 14. 37（d）、（e）所示。

（4）粘接-压印复合接头的制备：先按照粘接工艺进行操作，获得粘接接头。胶体固化前，在定位卡尺的辅助下进行连接，试件如图 14. 37（f）所示。

（5）粘接-自冲铆接复合接头的制备：先按照粘接工艺进行操作，获得粘接接头。胶体固化前，在定位卡尺的辅助下进行连接，预紧压强为 8MPa，铆接压强为 16MPa。与自冲铆接头的制备方法相同，也通过监控软件进行在线质量监控，试件如图 14. 37（g）所示。

14.9.2　试验过程

采用日本岛津 AG-IS 型力学实验机，其最大承载能力为 10kN。单搭剪切试件两端夹持长度均为 30mm，装夹中需要引入垫片。设置试验速度，粘接接头试件、压印接头试件和粘接-压印复合接头试件的拉伸速度为 5mm/min，其余试件拉伸速度为 10mm/min。每组试件测试 7 个（其中 Al5052 压印接头和自冲铆接头各测试 8 个）。

14.9.3　破坏模式分析

图 14.38 显示了各组试件接头的静态失效模式。粘接接头中，接头静态失效模式主要为粘接剂内聚破坏和粘接界面破坏。粘接剂内聚破坏模式中，两基板的粘接面上都可以观察到粘接剂的存在，这表明接头的抗剪切强度取决于所使用的粘接剂自身的粘接性能。粘接界面破坏模式中，一个基板的粘接面上可以观察到粘接剂的存在，而另一个基板的粘接

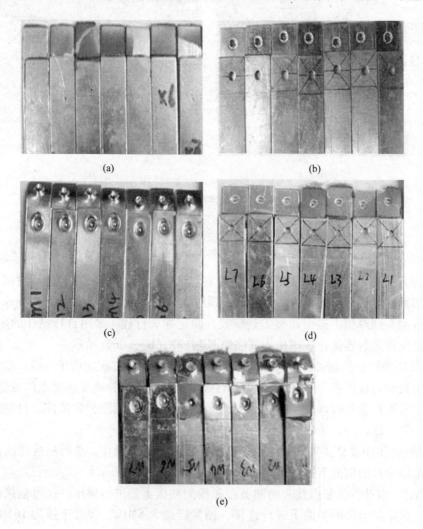

图 14.38　不同连接接头静态失效模式

（a）Ad-Y2；（b）Clinched-Y2；（c）SPR-Y2；（d）Ad-Clinched-Y2；（e）Ad-SPR-Y2

面上则无粘接剂的存在，这表明粘接剂和基板之间所形成的黏着力不够大，因此导致界面处发生破坏，即接头的粘接质量不佳。可见粘接接头的连接质量难以控制和评估，且粘接质量稳定性较差，连接工艺偶然性较大。

压印接头中，接头静态失效模式均为上板颈部断裂。这是因为压印接头中板材发生大的塑性变形，在上、下板之间形成一个机械互锁结构，并且接头中上板塑性变形程度更为严重，成形接头上板颈部材料变得较为薄弱。通常压印接头根据薄弱部位存在两种静态失效模式，即上板颈部断裂和上、下板分离。上、下板分离是由于接头中互锁值过小，使得互锁结构成为接头中最薄弱部位，也可认为该失效模式为不理想的连接情况。对于上板颈部断裂模式，测试获得的就是这种模式，是在接头互锁结构足够强大的基础上，上板颈部材料在外力作用下成为最薄弱部位，并为接头提供抗剪切强度。在外力作用下，颈部材料被拉伸至最后断裂，其失效过程如图14.39（a）所示。

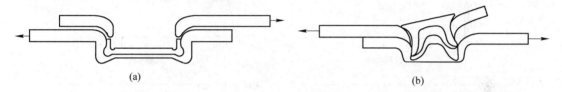

(a)　　　　　　　　　　　　　　　　(b)

图14.39　压印接头和自冲铆接头的静态失效过程

（a）压印接头；（b）自冲铆接头

自冲铆接头中，接头静态失效模式均为下板脱离铆钉和上板，为接头内锁结构失效。对于相同材料和厚度组合的自冲铆接头，静态失效模式常为下板脱离铆钉和上板，测试获得的就是这种模式。自冲铆接头中，上板发生断裂，使应力集中在一定程度上得以释放；铆钉在下板中形成互锁并与基板贴合紧密，它们之间的摩擦力为接头提供抗剪切强度。在外力作用下，板材发生翘曲和相对移动，铆钉被逐渐拉出，其失效过程如图14.39（b）所示。

粘接-压印复合接头中，接头静态失效模式仍然为上板颈部断裂，与压印接头失效模式相同，即粘接剂的存在对粘接-压印复合接头的宏观静态失效模式无显著影响。注意到复合接头中粘接剂的失效模式主要为粘接界面破坏，少数为粘接剂内聚破坏。可见，粘接-压印复合接头中压印互锁结构为主要承载部位。

粘接-自冲铆接复合接头中，接头静态失效模式仍然为下板脱离铆钉和上板，与自冲铆接头失效模式相同，即粘接剂的存在对粘接-自冲铆接复合接头的宏观静态失效模式无显著影响。同样发现复合接头中粘接剂的失效模式仍然主要为粘接界面破坏，少数呈现为粘接剂内聚破坏。可见，粘接-自冲铆接复合接头中自冲铆互锁结构为主要承载部位。

14.9.4　静强度分析

根据静力学测试结果，获得各试件组的载荷-位移曲线，为了便于直观地对比分析各组数据，采用相同的坐标值进行显示，如图14.40所示。在试件装夹过程中，一部分粘接接头发生失效，仅获得5个粘接测试数据，为分析试件的连接质量和稳定性，不再额外补充粘接试件。

其中粘接-自冲铆接复合接头（Y2）组的最大抗剪切强度不服从正态分布，这是由于粘接剂的存在所导致的，该问题将在后续的分析中详细讨论和分析，剔除异常值后进行重新检验。各试件组的最大抗剪切强度测试数据均服从正态分布，最大抗剪切强度正态直方图如图 14.41 所示。采用 t 分布，计算数据均值 95% 置信系数下的置信区间。各组试件的最大抗剪切强度（F）的统计参量见表 14.5。

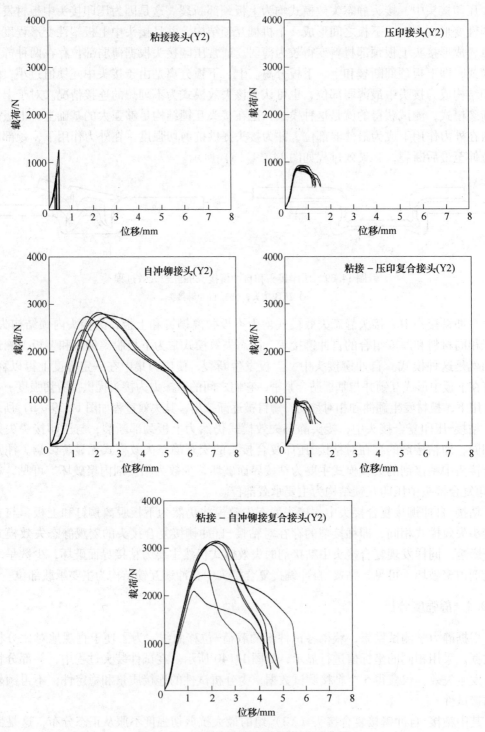

图 14.40　不同连接接头的载荷-位移曲线

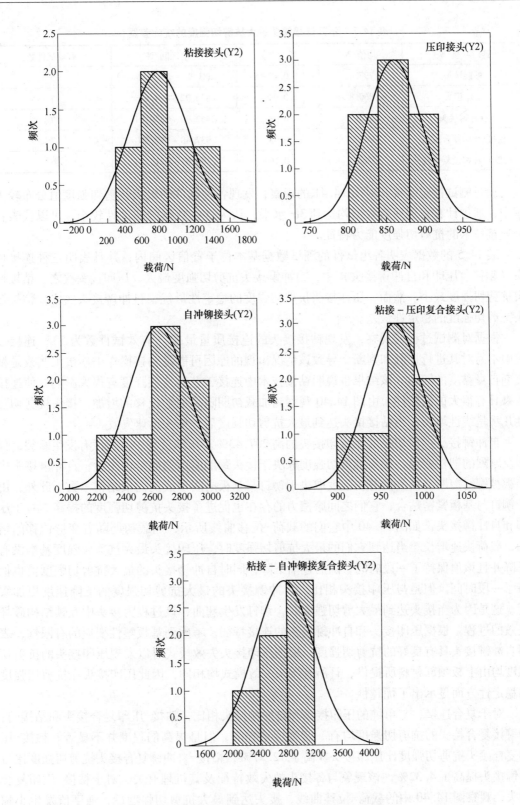

图 14.41 不同连接接头最大抗剪切强度直方图

表 14.5　不同连接接头最大抗剪切强度的统计参量

连 接 接 头	均值/N	变差系数	置信区间/N	有效试件数
粘接接头	797.4	0.42	381.94~1212.86	5
压印接头	860.8	0.04	826.92~894.68	7
自冲铆接头	2646.4	0.08	2452.99~2839.81	7
粘接-压印复合接头	967.3	0.03	937.40~997.20	7
粘接-自冲铆接复合接头	2760.8	0.16	2308.07~3213.53	6

　　通过测试检验结果和对图 14.41 的观察，发现各种试件的最大抗剪切强度值分布较为集中，通过计算发现所有数据均达到 3σ 水平，认为这些数据的波动性较小，可以代表各种连接技术的抗剪切强度能力特征。

　　表 14.5 的数据表明各组试件的测试数据基本位于置信区间内，并且表明三种连接接头（粘接、压印和自冲铆接头）中，自冲铆接头抗剪切强度最大，压印接头次之，粘接接头抗剪切强度最小。然而，压印接头抗剪切强度的稳定性最优，自冲铆接头次之，粘接接头抗剪切强度的稳定性最差。

　　根据对测试过程的观察，发现粘接接头的连接质量最差（有效试件数为 5），连接过程中不易对其进行控制和判断。导致该情况出现的原因可能是粘接操作中连接工艺或是粘接剂自身黏度的问题。该结果也说明粘接技术中连接工艺对连接强度有很大影响，使连接效果具有很大的偶然性。由图 14.40 观察到加载初期随着变形位移的增加，接头抗剪切强度几乎呈线性增长；当粘接接头达到最大抗剪切强度后，接头迅速失效。

　　自冲铆接头抗剪切强度比压印接头的高 207.43%。压印接头中基板没有发生断裂，仅涉及剧烈的塑性变形，接头抗剪切强度取决于接头颈部厚度值或是内嵌量；自冲铆接头中上板被铆钉剪断，接头抗剪切强度取决于铆钉与基板之间形成的内锁结构参数。此外，由于铆钉与基板紧密贴合，它们之间摩擦力的存在也促进了接头抗剪切强度的提高。对于压印和自冲铆接头，如图 14.40 中它们的载荷-位移曲线所示，加载初期随着变形位移的增加，载荷快速增长。当达到它们的最大抗剪切强度时，压印接头最大抗剪切强度基本没有下降并且该值保持了一段时间，随后逐渐下降；同时自冲铆接头的最大抗剪切强度值也保持了一段时间。但是与压印接头相比，自冲铆接头的最大抗剪切强度的下降速度更加缓慢，这是因为当接头达到最大剪切强度时，铆钉发生翘曲，该过程为接头中互锁结构破坏失效的过程。根据压印接头和自冲铆接头的连接特征，考虑到基板塑性变形的有限性，表明自冲铆接头具有良好的抗剪切强度。根据压印接头失效模式可以发现压印接头的抗剪切强度均由上板颈部材料所提供，且所有接头失效模式均相同，因此压印接头在抗剪切强度的稳定性方面显示出了优越性。

　　对于复合连接，与单纯的压印接头和自冲铆接头相比，粘接-压印复合接头和粘接-自冲铆接复合接头的抗剪切强度均有一定程度地提高，但是提高的程度并不显著。粘接-压印复合接头抗剪切强度比压印接头提高了 12.37%，粘接-自冲铆复合接头抗剪切强度比自冲铆接头提高了 4.32%，该现象与各接头的失效特征及其机理有关。对于粘接-压印复合接头，观察图 14.40 中的载荷-位移曲线，接头达到最大抗剪切强度后，强度值发生小幅度下降，之后接头强度保持一段时间。可见接头曲线中的峰值点由粘接剂和压印连接共同作用而获得，达到该点后粘接剂迅速失效，之后接头强度由压印接头颈部材料所提供并维持。由于压印接头中上板颈部材料提供抗剪切强度，粘接剂的存在延缓了基板的变形和颈部材料的剪切失效。对于粘接-自冲铆接复合接头，与自冲铆互锁结构相比，粘接剂提供的强度很小，因此对接头强度提升的程度不大。当接头达到最大剪切强度时，该值保持较短时间后，逐渐下降，如图14.40中其载荷-位移曲线所示。由于自冲铆接头中互锁结构之间的摩擦力提供抗剪切强度，粘接剂的存在会提高接触面之间的表面光洁度，从而会对接头的抗剪切强度产生负面影响。同时由于粘接剂的黏着作用，在加载前期可有效地延迟和抑制板材的翘曲。这些变形和失效特征说明复合接头不能够大幅度提高接头抗剪切强度，且粘接-压印复合接头抗剪切强度提高的程度高于粘接-自冲铆接复合接头。

为完整地分析各组试件的静力学性能特征，对接头最大变形位移进行分析。数据检验结果表明，有理由相信它们来自正态分布，采用t分布计算它们的置信区间（95%的置信度）。各组试件最大变形位移统计参量见表14.6。

表14.6　不同连接接头最大变形位移的统计参量

连接接头	均值/mm	变差系数	置信区间/mm	有效试件数
粘接接头（Ad）	0.42	0.21	0.31~0.53	5
压印接头（Clinch）	1.35	0.10	1.23~1.47	7
自冲铆接头（SPR）	5.76	0.30	4.16~7.36	7
粘接-压印复合接头（Ad-Clinch）	1.17	0.14	1.01~1.33	7
粘接-自冲铆接复合接头（Ad-SPR）	4.53	0.16	3.86~5.20	7

根据表14.6可知各组测试数据基本位于各自置信区间，计算表明所有数据均达到3σ水平，表明这些数据波动性较小，可以代表各种连接技术的失效变形能力特征。可见，对于三种连接接头（粘接、压印和自冲铆接头），自冲铆接头最大变形位移值最大，压印接头次之，粘接接头最大变形位移值最小；压印接头及其复合接头变形位移数据的离散程度最小，自冲铆接头及其复合接头次之，如图14.42所示。

自冲铆接头失效过程，实质为铆钉从下板中被拔拉的过程，该过程中，铆钉与上、下板之间的摩擦力及上、下板之间的摩擦力均起到了延长变形位移的作用。由于自冲铆接头抗剪切强度最

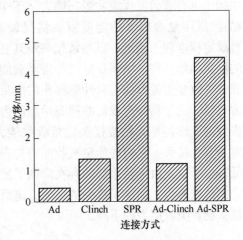

图14.42　不同连接接头最大变形位移

大，接头的抵抗变形能力也最大，即增强了接头的抗失效变形能力。在接头失效后期，载荷逐渐降低的特征促进了接头失效变形过程的延长，如图14.40中自冲铆接头的载荷-位移曲线所示。压印接头失效过程，实质为上板颈部材料被剪断的过程，因为这些材料是连续的且具有一定残余厚度，使得整个失效过程可持续一定时间，因此使接头具有一定的抗失效变形能力。但是由于接头抗剪切强度和颈部材料残余厚度的有限性使得接头抗失效变形能力远低于自冲铆接头。粘接接头失效过程，相对而言就显得更加短暂。由接头静态失

效模式可知粘接界面破坏为主要的失效模式，加之粘接剂在固化后的刚度较大，一旦达到接头最大抗剪切强度，胶层迅速断裂，接头也就迅速失效，该变形特征可以在图 14.40 中粘接接头的载荷-位移曲线中观察到。

　　对于复合接头，与压印接头相比，粘接-压印复合接头失效变形能力要稍低一些，且粘接-自冲铆接复合接头也得到了类似的结果。粘接-压印复合接头变形位移比压印接头降低了 13.33%，粘接-自冲铆接复合接头变形位移比自冲铆接头降低了 21.35%。根据对复合接头最大抗剪切强度的分析，可知粘接剂的存在会提高板材表面光洁度，降低它们之间的摩擦力，因此降低了复合接头的变形位移。根据自冲铆接接头的失效特征（见图 14.39（b）），可知摩擦力在自冲铆接头中的连接作用更为突出，因此粘接-自冲铆接复合接头的变形位移下降程度较大。

　　为了更全面地衡量各种连接技术的静力学性能，结合测试过程中接头的载荷和位移，分析接头的能量吸收性能。各组试件接头能量吸收的统计参量见表 14.7 和图 14.43。

表 14.7　不同连接接头能量吸收的统计参量

连接接头	Ad	Clinched	SPR	Ad-clinch	Ad-SPR
均值/J	0.22	0.88	9.43	0.78	8.58
变差系数	0.70	0.12	0.34	0.16	0.23

　　从表 14.7 和图 14.43 中可以看出，三种连接接头中，自冲铆接头能量吸收能力最强，即在结构中可有效的发挥缓冲吸振能力。压印接头和粘接-压印复合接头的能量吸收情况最为稳定，且稳定程度较为接近；自冲铆接头及其复合接头的稳定稍差一些。由于良好的静态承载能力和较强的失效变形能力使得自冲铆接头的能量吸收能力最强。由于粘接剂较低的静态承载能力和迅速失效的变形特征，粘接接头能量吸收能力最低。对于复合接头，它们的能量吸收能力均发生了降低现象。这是由于粘接剂的存在降低了接触界面之间的摩擦力，加速了接头的失效，进而导致了接头能量吸收能力的下降。

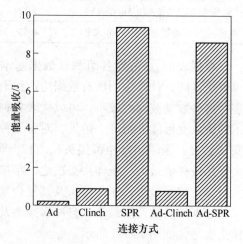

图 14.43　不同连接接头能量吸收

14.9.5　小结

　　选择两种不同材料的基板、三种不同连接技术及它们的复合连接技术，对连接接头和复合接头进行静力学试验，获得了相关数据，采用 t 分布对它们的有效性进行分析。

　　结果表明对于三种连接 Y2 纯铝的技术，粘接过程中连接工艺对接头强度有很大的影响，连接效果具有很大偶然性。与单纯的压印和自冲铆接头相比，粘接剂的存在对粘接-压印复合接头和粘接-自冲铆接复合接头的宏观失效模式无显著影响，即粘接-压印复合接头和粘接-自冲铆接复合接头中主要承载部位分别为接头中的压印连接和自冲铆接互锁结构。

与 Y2 纯铝（Y2）粘接接头相比，压印接头、自冲铆接头及它们与粘接的复合接头的抗剪切强度提高了 8.0%、231.9%、21.3% 和 246.2%，失效位移增加了 221.4%、1271.4%、178.6% 和 978.6%，能量吸收能力增强了 300%、4186.4%、254.6% 和 3800%。与 T 形自冲铆接头相比，单搭剪切自冲铆接头抗剪切强度增加了 169.3%，变形位移和能量吸收能力降低了 188.2% 和 52.3%。与 Y2 压印和自冲铆接头相比，Al5052 压印接头和自冲铆接头的抗剪切强度增加了 117.6% 和 70.2%，变形位移增加 -25.2% 和 9.5%，能量吸收能力增加了 45.5% 和 128.4%。

对于复合连接技术的选择，需要根据应用场合对静力学性能指标要求来选择，例如对承载能力要求高时，尽可能选择复合连接技术；而对抗冲击能力要求高时，尽可能选择单一连接技术。

参 考 文 献

[1] Volkersen O. Die nietkraftverteilung in zugbeanspruchten nietverbindungen mit konstanten laschenquerschnitten [J]. Luftfarhtforschung, 1938, 15 (1~2)：41~47.

[2] Goland M, Reissner E. Stresses in cemented joints [J]. Journal of Applied Mechanics, 1944, 11 (1)：17~27.

[3] Delale F, Erdogan F, Aydinoglu M N. Stresses in adhesively bonded joints：A closed-form solution [J]. Journal of Composite Materials, 1981, 15 (3)：249~271.

[4] Hart-Smith L J. Adhesively-bonded single-lap joints [R]. NASA CR-112236. Langley Research Centre, 1973.

[5] Hart-Smith L J. Adhesively-bonded scarf and stepped-lap joints [R]. NASA CR-112237. Langley Research Centre, 1973.

[6] Adams R D, Comyn J, Wake W C. Structural adhesive joints in engineering [M]. London：Chapman and Hall, 1998.

[7] He X C, Wang Y Q. Numerical study on normal stress distributions in a single-lap adhesive joint [J]. Advanced Materials Research, 2014, 893：685~689.

[8] He X C. Shear stress distributions in a bonded joint under tension [J]. Applied Mechanics and Materials, 2014, 467：327~331.

[9] He X C. Stress analysis of bonded joint using solid element combinations [J]. Applied Mechanics and Materials, 2014, 467：332~337.

[10] Bennett S J, Devries K L, Williams M L. Adhesive fracture mechanics [J]. International Journal of Fracture, 1974, 10 (1)：33~43.

[11] Anderson G P, Bennett S J, Deveries K L. Analysis and testing of adhesive bonds [M]. NewYork：Aacadamic Press, Inc. , 1977.

[12] Da Silva L F M, Ochsner A, Adams R D. Handbook of adhesion technology [M]. Heidelberg：Springer, 2011.

[13] Wang S S, Yau J F. Interface cracks in adhesively bounded lap-shear joints [J]. International Journal of Fracture, 1982, 19 (4)：295~309.

[14] He X C, Wang Y Q. Three-dimensional non-linear FE analysis of normal stress distributions in single-lap adhesively bonded cantilevered beam [C]. Proceedings of 2014 International Conference on Mechanical De-

sign, Manufacture and Automation Engineering, 2014: 93～97.

[15] He X C, Wang Y Q, Cun H Y, et al. Stress distribution properties in adhesively bonded beams [J]. Applied Mechanics and Materials, 2014, 556～562: 720～724.

[16] He X C, Wang Y Q. Three-dimensional non-Linear FE analysis of shear stress distributions in adhesively bonded joint [J]. Advanced Materials Research, 2014, 893: 690～693.

[17] Cornell R W. Determination of stresses in cemented lap joints [J]. Journal of Applied Mechanics, 1953, 20 (3): 355～364.

[18] Ojalvo I U, Eidinoff H L. Bond thickness effects upon stresses in single-lap adhesive joints [J]. AIAA Journal, 1978, 16 (3): 204～211.

[19] Rossettos J N, Lin P, Nayeb-Hashemi H. Comparison of the effects of debonds and voids in adhesive joints [J]. Journal of Engineering Materials and Technology, 1994, 116 (4): 533～538.

[20] He X C, Wang Y Q. An analytical model for predicting the stress distributions [J]. Advances in Materials Science and Engineering, 2014, Article ID 346379.

[21] Bogy D B. Two edge-bonded elastic wedges of different materials and wedge angles under surface tractions [J]. Applied Mechanics, 1971, 38 (2): 377～386.

[22] Bogy D B, Wang K C. Stress singularities at interface corners in bonded dissimilar isotropic elastic materials [J]. Solids and Structures, 1971, 7 (8): 993～1005.

[23] Dundurs J. Discussion edge-bonded dissimilar orthogonal elastic wedges under normal and shear loading [J]. Applied Mechanics, 1969, 36 (3): 650～652.

[24] Kubo S, Oji K. Gcometricat conditions of no free-edge stress singularity in edge bonded elastic dissimilar wedges [J]. Trans of JSME, 1991, 57 (535): 632～639.

[25] 许金泉, 金烈候, 丁皓江. 双材料界面端附近的奇异应力场 [J]. 上海力学, 1996, 17 (2): 104～109.

[26] 吴志学. 双材料界面端附近奇异应力场消除几何条件研究 [J]. 工程力学, 2004, 21 (6): 494～498.

[27] 吴志学. 无应力奇异性条件下的界面应力集中问题研究 [J]. 工程力学, 2010, 27 (2): 54～58.

[28] 亢一澜. 异质双材料界面端部应力奇异性的试验分析 [J]. 力学学报, 1995, 27 (4): 506～512.

[29] Van Tooren M J L, Krakers L A. A generalized stress singularity approach for material failure prediction and its application to adhesive joint strength analysis [J]. Adhesion Science and Technology, 2006, 20 (9): 981～995.

[30] 王玉奇, 何晓聪, 刘福龙, 等. 奇异性法预测粘接厚度对单搭粘接接头失效的影响 [J]. 力学季刊, 2014, 2 (35): 341～349.

[31] 周森, 何晓聪, 王玉奇, 等. 5052铝合金胶接接头静强度及疲劳性能研究 [J]. 材料导报, 2013, 27 (18): 104～107.

[32] 郭忠信, 等. 铝合金结构胶接 [M]. 北京: 国防工业出版社, 1993.

[33] He X C, Ichikawa M. Effect of thickness control of adhesive layer on strength of adhesive joints [C]. Proceeding of 70th JSME Spring Annual Meeting, Tokyo, 1993: 490～491.

[34] He X C. Effect of mechanical properties of adhesives on stress distributions in structural bonded joints [J]. Lecture Notes in Engineering and Computer Science, 2010, 2: 1168～1172.

[35] He X C. Influence of boundary conditions on stress distributions in a single-lap adhesively bonded joint [J]. International Journal of Adhesion and Adhesives, 2014, 53: 34～43.

[36] He X C. Numerical and experimental investigations of the dynamic response of bonded beams with a single-lap joint [J]. International Journal of Adhesion and Adhesives, 2012, 37: 79～85.

[37] Xing B Y, He X C, Feng M S. Influence of adhesive dimensions on the transverse free vibration of single-lap adhesive cantilevered beams [J]. Advanced Materials Research, 2012, 393～395: 149～152.

［38］ He X C, Oyadiji S O. Influence of adhesive characteristics on the transverse free vibration of single- lap jointed cantilevered beams ［J］. Journal of Materials Processing Technology, 2001, 119: 366~373.

［39］ Kaya A, Tekelioglu M S, Findik F. Effects of various parameters on dynamic characteristics in adhesively bonded joints ［J］. Materials Letters, 2004, 58 (27~28): 3451~3456.

［40］ Bartoli I, Marzani A, Di Scalea F L, et al. Modeling guided wave propagation for structural monitoring of damped waveguides ［C］. Proceedings of the 3rd European Workshop -Structural Health Monitoring, 2006: 1054~1061.

［41］ Kim D I, Jung S C, Lee J E, et al. Parametric study on design of composite- foam- resin concrete sandwich structures for precision machine tool structures ［J］. Composite Structures, 2006, 75 (1~4): 408~414.

［42］ Apalak M K, Ekici R, Yildirim M. Free vibration analysis and design of an adhesively bonded corner joint with double support ［J］. Journal of Adhesion, 2007, 83 (11): 957~986.

［43］ Apalak M K, Engin A. Geometrically non-linear analysis of adhesively bonded double containment cantilever joints ［J］. Journal of Adhesion Science and Technology, 1997, 11 (9): 1153~1195.

［44］ He X C. Dynamic behaviour of single- lap jointed cantilevered beams ［J］. Key Engineering Materials, 2009, 413~414: 733~740.

［45］ 熊腊森. 粘接手册 ［M］. 北京: 机械工业出版社, 2008.

［46］ Yin Y, Chen J J, Tu S T. Creep stress redistribution of single-lap weld-bonded joint ［J］. Mechanics of Time- Dependent Materials, 2005, 9 (1): 91~101.

［47］ Darwish S M, Al-Samhan A. Thermal stresses developed in weld-bonded joints ［J］. Journal of Materials Processing Technology, 2004, 153: 971~977.

［48］ Kelly G. Quasi-static strength and fatigue life of hybrid (bonded/bolted) composite single-lap joints ［J］. Composite Structures, 2006, 72 (1): 119~129.

［49］ Grant L D R, Adams R D, Da Silva L F M. Experimental and numerical analysis of clinch (hemflange) joints used in the automotive industry ［J］. Journal of Adhesion Science and Technology, 2009, 23 (12): 1673~1688.

［50］ He X C. Forced vibration behavior of adhesively bonded single-lap joint ［J］. Applied Mechanics and Materials, 2012, 110~116: 3611~3616.

［51］ Atre A P, Johnson W S. Analysis of the effects of interference and sealant on riveted lap joints ［J］. Journal of Aircraft, 2007, 44 (2): 353~364.

［52］ He X C. Bond thickness effects upon dynamic behavior in adhesive joints ［J］. Advanced Materials Research, 2010, 97~101: 3920~3923.

［53］ Oyadiji S O, He X C. Free vibration of single-lap jointed cantilevered beams ［C］. Proceedings of International Congress on Acoustics and Vibration, Hong Kong, 2001: 2637~2644.

［54］ He X C, Gao S F, Zhang W B. Torsional free vibration characteristics of hybrid clinched joints ［C］. Proceedings of ICMTMA 2010, 2010: 1027~1030.

［55］ 邢保英, 何晓聪, 严柯科. 粘结剂对自冲铆-粘结复合接头强度的影响及数理统计分析 ［J］. 材料导报, 2012, 26 (4): 117~121.

［56］ 邢保英, 何晓聪, 冯模盛, 等. 粘结剂对压印连接强度的影响及数理统计分析 ［J］. 材料导报, 2012, 26 (1): 56~59.

［57］ He X C. FEA of fatigue behavior of adhesively bonded joints ［J］. Advanced Materials Research, 2011, 148~149: 753~757.

［58］ He X C. Coefficient of variation and its application to strength prediction of adhesively bonded joints ［C］. Proceedings of ICMTMA 2009, 2009: 602~605.

15 影响粘接接头力学性能的因素

15.1 几何形状

15.1.1 接头几何形状对粘接接头应力强度的影响

为提高粘接接头的强度，不同长度的单搭粘接接头、间隙接头、预成形角接头、楔块接头和贴片接头相继被提出。通过合理地选择搭接长度、间隙的长度、预成形角的角度和接头端部刚度，接头的强度均可以得到明显的提高[1~10]。以上相关研究不仅丰富了粘接接头的形式，而且对粘接的应用提供了更为广阔的空间。

15.1.2 预成形角对单搭粘接接头应力分布影响的试验与仿真研究

目前尚未见有关铝合金预成形角度与粘接接头强度关系的文献，本节将通过实验和仿真相结合的方法，研究不同预成形角度对 Al5052 铝材预成形角粘接接头强度和应力分布的影响。并将研究上、下板的偏移量、不同胶瘤形式对粘接接头强度失效的影响[11]。

15.1.2.1 预成形粘接接头实验

A 实验说明

为了研究板的预成形角度对粘接接头强度的影响，制备尺寸为 110mm × 20mm × 1.5mm 的 Al5052 铝合金试样，粘接剂为丙烯酸 3M-DP810，粘接面积 20mm × 20mm。将试件制备成 $\theta = 0°$、4°、7°、10°、13°、15°的试件各 8 件。各预成形角试件如图 15.1 所示。

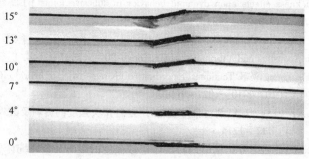

图 15.1 各个角度的试件

B 实验仪器

用 SHIMADZU（岛津）SLFL 拉伸试验机，如图 15.2（a）所示，对试件进行了拉伸-剪切试验，拉伸速度为 5mm/min。为了减小力不对中产生的弯矩，不同角度的接头要添加不同厚度的垫片，如图 15.2（b）所示。

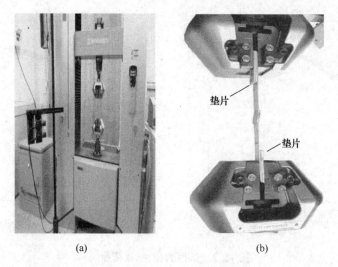

(a)   (b)

图 15.2　SLFL 实验机及试件装夹

（a）拉伸试验机；（b）试件装夹

C　实验结果处理分析

图 15.3 为预成形角单搭粘接接头的位移-载荷曲线。从图 15.3 中可以看出，曲线大

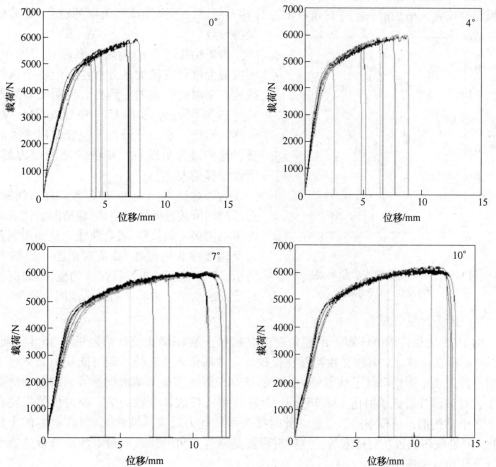

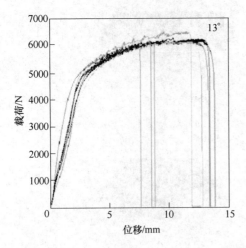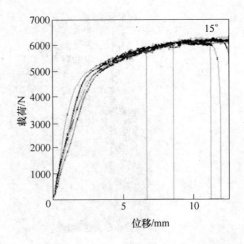

图 15.3　试件的位移-载荷曲线

体分成两个阶段，光滑曲线阶段和波动曲线阶段。光滑曲线阶段是接头变形的线性阶段，在该阶段，由于粘接接头存在角度的差异，所以位移-载荷曲线存在差异。在该阶段中位移相同时，位移-载荷斜率大的曲线对应的接头载荷小，这说明该角度下粘接接头受力得到了改善、承载能力有所提高。波动区域表示接头变形进入屈服阶段，在该阶段，带角度的板已被拉直，粘接接头不存在角度的差异性，所以，不同预成形角度的位移-载荷曲线保持一致。

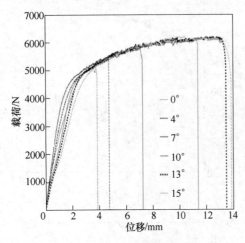

图 15.4　不同角度预成形角粘接接头
的位移-载荷曲线

由于粘接工艺影响因素多而且难以控制，所以最大位移有较大的分散性，但各个试件曲线的斜率保持较好的一致性，说明实验数据有一定的参考价值，从图 15.3 中可以看出，最大位移虽然有一定的分散性，但表现出变大的趋势，这是因为角度越大接头的储能能力越强，所以位移越大。

为了对比不同角度粘接接头的承载能力，选择与均值接近的那组位移-载荷曲线代表该角度下粘接接头的位移-载荷曲线，从而得到各个角度粘接接头的位移-载荷对比图。如图 15.4 所示，7°角的预成形粘接接头的位移-载荷曲线有最大的斜率，说明接头的承载能力最强。

D　接头的破坏模式

图 15.5 为试件的破坏图。不同角度的粘接接头破坏模式统计结果见表 15.1。其中，0°、7°不存在板破坏，其他角度均存在板破坏，破坏位置在夹持末端可能是因为夹持工件时对工件造成了损伤降低了该部分的强度；破坏位置为搭接末端可能是因为制造预成形角度工艺对该部分造成了损伤。除 15°外，7°粘接接头板破坏个数最多，因为板的强度在理论上强于粘接剂，从概率的观点看，此时接头承载能力最强，虽然 15°时板破坏的个数为 5 个，但是破坏位置在夹持末端，这很有可能是制造大角度预成形角对该部分板造成了损伤，导致该处强度下降。

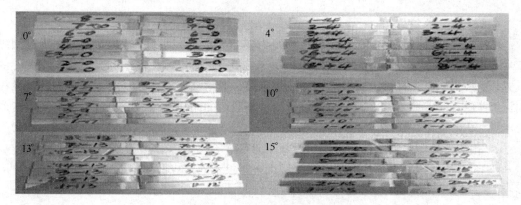

图 15.5　粘接接头的破坏模式

表 15.1　接头破坏模式的统计

角度/(°)	0	4	7	10	13	15
破坏模式	粘接剂	粘接剂	粘接剂 + 板	粘接剂 + 板	粘接剂 + 板	粘接剂 + 板
破坏个数	8	8	4 + 4	5 + 3	5 + 3	3 + 5
破坏位置	界面破坏	界面破坏	夹持末端界面破坏	夹持末端、板中间、搭接末端	夹持末端、板中间、搭接末端	板中间搭接末端界面破坏

15.1.2.2　预成形角接头的有限元仿真分析

A　有限元模型的建立

预成形角粘接接头的有限元模型如图 15.6 所示，板尺寸为 100mm × 20mm × 1.5mm，粘接剂厚度为 0.3mm，搭接长度为 20mm。弯曲角度 θ 为 0°、4°、7°、10°、13° 和 15°；搭接端部均为呈 45° 的胶瘤，胶瘤为粘接工艺中自然存在的现象，所以要考虑它的存在。接头的宽度远大于接头的厚度，故将有限元模型简化为平面应变模型。粘接剂和铝板采用 Glue 命令将接触面上的节点连接起来。铝板和粘接剂都考虑为线弹性各向同性材料，材料参数见表 15.2。分析中不考虑胶层中存在气孔等空隙，假定胶层结构完好，结合面上不存在缺陷。

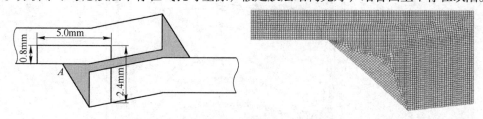

图 15.6　预成形角粘接接头有限元模型

表 15.2　材料的力学特性

材　料	弹性模量/MPa	泊松比	屈服极限/MPa
粘接剂	300	0.38	60
被粘物	70700	0.3	195

在 0° 板的末端施加 1.836mm 的位移，得到在板的末端应力为 122.33MPa，而实验的结果表明：0° 接头，位移为 1.836mm 时，载荷为 4000N，应力为 133.33MPa，这说明有限元分析和实验数据大致能够吻合。

B 计算结果分析

粘接接头的破坏形式有三种：粘接剂发生破坏（内聚破坏）、粘接剂和被粘物之间破坏（界面破坏）以及上述两种情况综合（复合破坏）。所以，粘接层和界面是我们关心的位置。剪应力对粘接件的测试及其性能非常重要，通常粘接件在设计时主要考虑的是粘接剂是否能够承受剪应力。但因粘接接头承受劈裂载荷的能力较弱，故也应将接头的劈裂应力考虑在内。

a 预成形角度对粘接剂中心层应力分布的影响

图 15.7 为粘接剂中心层应力分布。结果表明：不同预成形角度下应力的分布趋势并

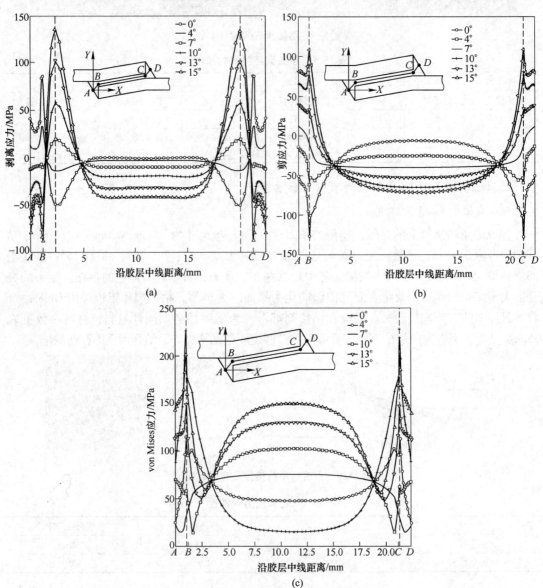

图 15.7 粘接剂中心层的应力分布

（a）粘接剂中心层的劈裂应力；（b）粘接剂中心层的剪应力；（c）粘接剂中心层的 von Mises 应力

没有改变，即应力分布呈现出对称性。von Mises 应力、剪应力的最值出现在胶瘤部分的 B、C 点，而劈裂应力的最值除了出现在 B、C 点外，还在靠近 B、C 点的位置出现。

图 15.7（a）中可以看出，4°、7°时，粘接接头的劈裂应力整体趋势分布相似，但 7°时，劈裂应力在胶瘤处为负值，而 4°时为正值；相对而言，在胶层中间除 0°外，其他角度的劈裂应力都为负。劈裂应力为负值时能够显著提高接头的强度，尤其是接头的疲劳强度。

图 15.7 可以看出，对于带预成形角度的单搭粘接接头，可以找到一个最适合的角度，保证接头的载荷路径一致，降低弯矩的影响。如果角度偏离最佳角度，就会增大弯矩，加大应力，整体的应力就会呈现出更大的突变行为。

b　预成形角度对粘接界面处应力分布的影响

图 15.8 为界面处应力分布，它和粘接剂中心层的应力分布有相同的趋势，但界面上

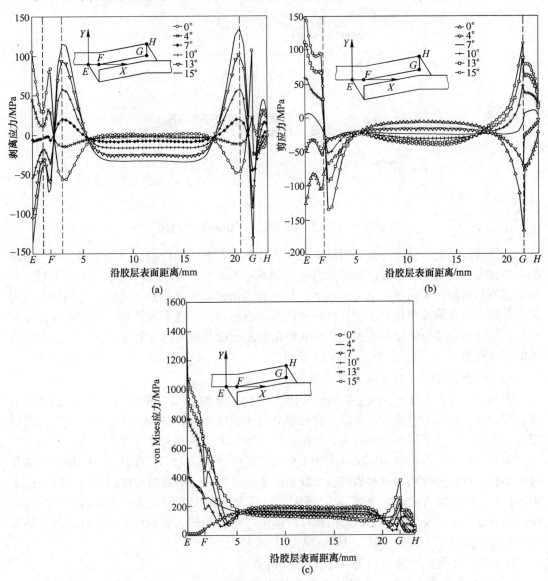

图 15.8　粘接界面的应力分布

（a）粘接界面的劈裂应力；（b）粘接界面的剪应力；（c）粘接界面的 von Mises 应力

的应力分布在不同角度之间表现出更小的分散性，说明角度对界面的影响要弱于对粘接剂中心层的影响。

图 15.9 为 0°和 7°接头部分的 von Mises 应力对比，可以发现，0°时，搭接末端的粘接剂出现最大应力，板的外侧应力较小；7°时，接头的应力最大值转移到搭接末端上板的外侧，最大应力点转移到了高强度区域，故接头的强度得到了提高。

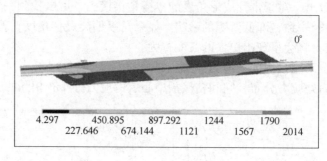

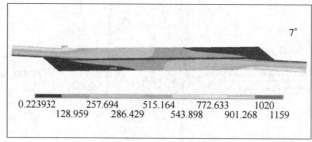

图 15.9　0°和 7°接头部分 von Mises 应力对比

由此可以看出：角度的大小对接头的应力分布有着重要的影响，主要原因是随着角度的不断加大，接头上、下板之间的垂直距离就不断地增加，由于载荷的不对中而引起的弯矩也就不断增加，从而导致应力的增加；角度的变化也将外载荷分解成剪应力和劈裂应力两个分量，由于粘接剂抗剪切和抗劈裂的能力并不相同，一般来说粘接剂的剪切强度更高一些，所以导致接头强度发生变化。预成形角度还会影响胶瘤部分的应力大小以及该处应力的突变行为。

C　粘接接头的应力峰值点应力分析

图 15.10 为 A 点在 x 方向上 0.2mm 内劈裂应力。从图 15.10 可以看出 A 点为最大应力点，即为接头的应力峰值点。所以，有必要分析 A 点应力奇异场。还可以看出 7°时，劈裂应力分布均匀，几乎没有突变行为，0°和 13°、4°和 10°大体是关于 7°曲线对称。

图 15.11 为 A 点在 R = 0.2mm 半径上应变能密度。从图 15.11 可以看出，角度能够显著地影响 A 点附近的粘接剂和板的应变能密度水平。7°时，粘接剂和被粘物应变能密度水平都很低，而且两者之间无突变。10°和 4°时，应变能密度数值相当，突变行为相当，且粘接剂的应变能密度水平低于板。由此可以得出，在相同的边界条件下，A 点最不容易发生失效的角度是 7°，然后是 4°、10°、13°、0°和 15°。

D　局部几何尺寸对粘接接头应力分布的影响

a　倒角 R 的大小对粘接接头应力分布的影响

为了减小几何突变位置处的应力集中，通常工程实际中会在应力集中位置设置倒角，

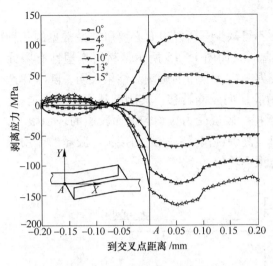

图 15.10　A 点的 0.2mm 内劈裂应力

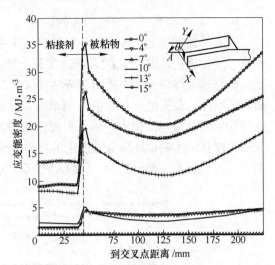

图 15.11　A 点 R = 0.2mm 半径上的应变能密度

以减小应力集中的严重程度。预成形单搭粘接接头的搭接末端，由于存在因预成形角度引起的几何形状的突变，该处有较严重的应力集中现象。在之前分析的基础上，除了倒角外，其他参数保持（包括边界条件和载荷）不变，具体分析了倒角的大小对粘接剂中心层的应力分布的影响。倒角的大小为 1mm、20mm 和 50mm，如图 15.12 所示。

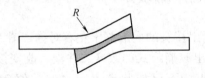
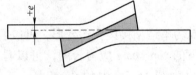

图 15.12　不同局部几何形状的粘接接头

　　不同倒角下，粘接剂中心层剪应力分布如图 15.13 所示，从图中可以看出，倒角的大小对粘接剂中心层的影响较小。图 15.14 为粘接接头部分的 von Mises 应力分布，图中可以看出最大应力的位置并没有发生变化，而最大应力的数值随着角度的增大有所减小，整体上来看倒角的大小对粘接接头的应力分布和最大应力影响较小。

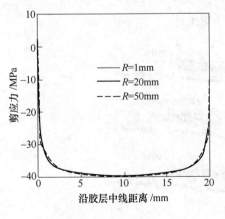

图 15.13　倒角大小对粘接层剪应力的影响

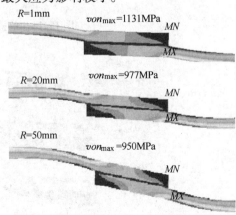

图 15.14　不同倒角的粘接接头的 von Mises 应力分布

b　不同胶瘤形式对粘接接头的影响

胶瘤作为粘接工艺的产物，在粘接接头中不可缺少。所以很有必要研究最常见的几种胶瘤形式，确定其对接头的影响。常见的胶瘤形式如图 15.15 所示，利用弹塑性有限元法，研究粘接剂的弹性模量对单搭粘接接头应力、应变分布的影响。结果表明，随着弹性模量的增加，接头的应力峰值逐渐增大，并由胶层向胶瘤转移，其刚度越大，应变越小。低弹性模量粘接剂的接头，载荷主要由胶层承担，胶层受力很均匀，而胶瘤的作用很小，胶瘤并没有很大幅度地降低胶层中的应力峰值。高弹性模量粘接剂的接头，胶瘤的作用很大，承担了很大一部分载荷，而胶层中部受力很不均匀。

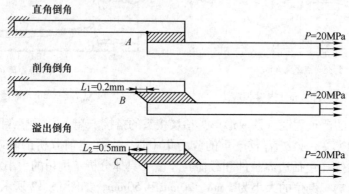

图 15.15　不同的胶瘤形式

图 15.16 为单搭粘接接头的变形，可以看出接头的变形关于左右对称。图 15.17 为不同胶瘤形式下的 von Mises 应力云图，可以看出胶瘤形式的改变，并没有改变接头的最大应力位置，仍为图 15.15 中的 A、B、C 三点；不仅如此最大应力的数值 71.406MPa、71.904MPa、69.873MPa 也很接近，说明胶瘤形式也对最大应力的数值影响不大。

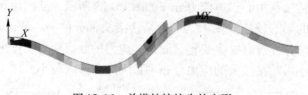

图 15.16　单搭粘接接头的变形

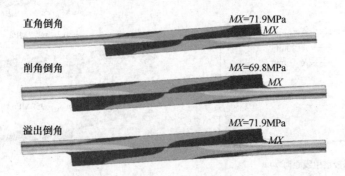

图 15.17　不同胶瘤接头的 von Mises 应力云图对比

c　胶瘤形式对界面应力的影响

由图 15.18 和图 15.19 可知，胶瘤形式的变化对粘接界面处的剪应力和剥离应力影响不大，而对粘接末端胶瘤处的影响较大。三种胶瘤形式中，四边形（无胶瘤溢出）形式的胶瘤，在接头的搭接末端出现了最严重的应力集中，而其他两种形式应力集中现象相当。三种形式的胶瘤都具有明显承载作用。应力分布并不是左右对称，而是在接近奇异点时，应力的剪应力和劈裂应力都发生急剧变化。

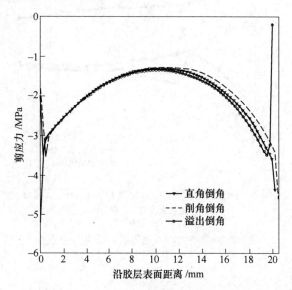

图 15.18　不同胶瘤下界面处的剪应力对比

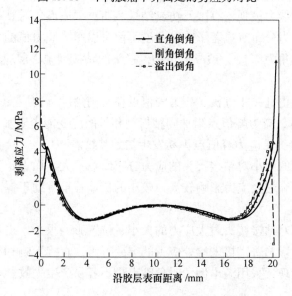

图 15.19　不同胶瘤下界面的剥离应力对比

d　胶瘤形式对搭接末端端点处应力的影响

从图 15.20 中可以看出在不同的胶瘤形式下，最大应力点处剪应力表现出不同应力突变行为，其中无胶瘤的四边形倒角的应力突变最为明显，削角倒角和溢出倒角的应力突变相当，而溢出倒角的剪应力的数值要小于削角倒角的数值，这与 Bogy 方程的理论分析相一致。通过分析可以得出：危险点最容易产生失效的是无胶瘤的四边形倒角，其次是削角倒角，最优形式为溢出倒角胶瘤。

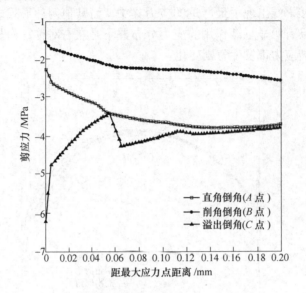

图 15.20　最大应力处界面上剪应力的分布

15. 1. 2. 3　小结

试验研究表明：预成形角度影响粘接接头承载能力。Al5052 铝合金预成形角度为 7° 时，粘接接头的承载能力最强。有限元仿真结果表明：预成形角对粘接接头的粘接剂中心层和粘接界面处的应力分布有显著影响，角度不但可以影响应力值的大小，还影响应力分布的均匀性。预成形角为 7° 时，预成形角粘接接头的粘接剂中心层应力值较小，而且应力的整体分布均匀。

通过子模型技术更进一步分析了应力峰值点在不同角度下的应变能密度水平，可以发现：预成形角为 7° 时，应力峰值点附加的粘接剂和板的应变能密度水平都低，而且两者差距小，说明 7° 时，接头的应力峰值点不易发生初始裂纹。

相对而言，倒角的大小对粘接接头的应力分布影响不大，而上、下板的偏移量对粘接剂中心层的应力分布和最大应力影响较大，较小的负偏移量有助于提高接头的应力分布并减小最大应力。

不同的胶瘤形式对粘接接头最大应力的大小、位置影响很小，也对粘接界面处的应力分布影响较小，但它影响着搭接末端处应力的突变行为，直接影响到粘接接头产生初始失效的可能性。结果发现：采用溢出倒角时危险点最不容易产生失效。

15. 1. 3　胶厚对单搭粘接接头强度影响的试验与仿真研究

目前，对于胶厚对单搭粘接接头强度影响的研究已经有不少报道。但是，关于在仿真分析同时考虑材料非线性和几何非线性，并采用三维模型来分析胶层中的应力分布的文献比较少[12]。

15.1.3.1 试验过程

A 试件制备

Al5052-Al5052 单搭粘接接头试件的制备：被粘物为 Al5052 铝合金板，尺寸均为 110mm×20mm×1.5mm。粘接剂为丙烯酸酯 3M-DP810，粘接面积 20mm×20mm。将粘接好的试件在室温下固化 24h。

B 试验操作

本次试验采用 MTS 试验机对 Al5052-Al5052 单搭粘接接头试件进行拉伸，使粘接区发生剪切变形直至破坏。试验中采用了如下措施和试验参数：

（1）在试件两端分别粘贴上 20mm×20mm×1.5mm 垫片，以减小实验过程中弯矩的影响。

（2）设置拉伸速率为 5mm/min，进行 6 次重复性试验。

C Al5052-Al5052 单搭粘接接头破坏模式分析

胶厚为 0.2mm 的 Al5052-Al5052 单搭粘接接头中出现了混合破坏模式和胶层内聚破坏模式，其中发生混合破坏模式的试件个数为 5 个，所占比例为 5/6；发生胶层内聚破坏模式的个数为 1 个，所占比例为 1/6（胶层内聚破坏模式是指粘接剂胶层发生破坏，界面破坏模式是指胶层与被粘物整个脱开，混合破坏模式是指同时含有胶层内聚破坏和界面破坏）。胶厚为 0.7mm 的 Al5052-Al5052 单搭粘接接头中出现了混合破坏模式和界面破坏模式，其中发生混合破坏模式的试件个数为 2 个，所占比例为 2/6；发生界面破坏模式的试件个数为 4 个，所占比例为 4/6。胶厚为 1.5mm 的 Al5052-Al5052 单搭粘接接头中出现了混合破坏模式和界面破坏模式，其中发生混合破坏模式的试件个数为 1 个，所占比例为 1/6；发生界面破坏模式的个数为 5 个，所占比例为 5/6。胶厚为 2.5mm 的 Al5052-Al5052 单搭粘接接头中只出现了界面破坏模式。通过以上分析得出界面破坏模式的比例随着粘接厚度的增加而增大，即胶层厚度会影响粘接效果。

D Al5052-Al5052 单搭粘接接头强度分析

胶层厚度分别为 0.2mm、0.7mm、1.5mm 和 2.5mm 的 Al5052-Al5052 单搭粘接接头载荷-位移曲线如图 15.21（a）~（d）所示，图中位移指试件被夹持端的行程，由于粘接工艺因素多且难以控制，所以 Al5052-Al5052 单搭粘接接头最大位移有较大的分散性，但各个厚度试验中的试件载荷-位移曲线斜率有较好的一致性，说明数据有一定的参考价值。4 种不同胶层厚度的单搭粘接接头平均失效载荷见表 15.3。其中胶厚为 0.2mm 的 Al5052-Al5052 单搭粘接接头强度最大（6311.7N）；胶厚为 2.5mm 的 Al5052-Al5052 单搭粘接接头强度最小（4562.3N）；胶厚从 0.2mm 到 2.5mm，表现出胶层厚度越大，Al5052-Al5052 单搭粘接接头强度越小的趋势。

表 15.3 不同胶层厚度的 Al5052-Al5052 单搭粘接接头失效载荷统计

胶层厚度/mm	0.2	0.7	1.5	2.5
失效载荷/N	6311.7	5473.3	5358.5	4562.3

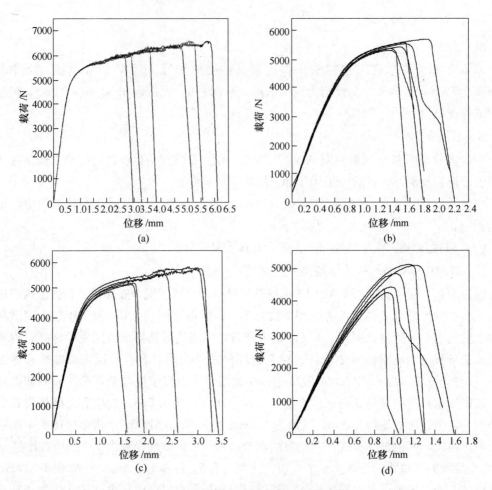

图 15. 21　不同胶层厚度载荷-位移曲线

（a）胶层厚度 0. 2mm；（b）胶层厚度 0. 7mm；（c）胶层厚度 1. 5mm；（d）胶层厚度 2. 5mm

15. 1. 3. 2　有限元仿真分析

A　有限元模型建立

本小节研究对象为薄板材料粘接接头，粘接剂为丙烯酸酯，该粘接剂既不是橡胶状胶，也不是玻璃状胶，而是处于两者中间状态的一种结构胶。考虑到粘接接头的材料非线性和几何非线性，在 ANSYS 仿真分析中，铝合金板和粘接剂被定义为弹塑性模型，金属基材单元与粘接剂单元设置为面接触，采用 3D Solid185 单元，边界施加载荷 $P = 15MPa$。同时，不考虑胶层中存在气孔等空隙，且假定胶层结构完好，结合面上无缺陷。Al5052 铝合金板和丙烯酸酯胶层的材料属性见表 15. 4。接头部分的几何形状和有限元模型如图 15. 22 所示。

表 15. 4　Al5052 铝合金板与丙烯酸酯材料属性

材　料	弹性模量/MPa	泊松比	屈服强度/MPa	切线模量/MPa
Al5052 铝合金	69500	0. 33	212	500
丙烯酸酯	330	0. 35	40	40

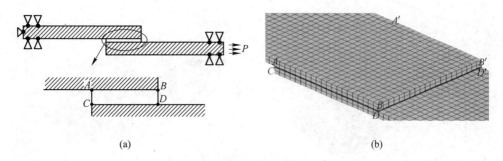

图 15.22 接头部分的几何形状和有限元模型

（a）接头部分的几何形状；（b）接头部分的有限元模型

B 胶层应力分析

a von Mises 屈服准则

von Mises 屈服准则是一个比较通用的屈服准则。对于 von Mises 屈服准则，其等效应力为：

$$\sigma_e = \sqrt{\frac{1}{2}[(\sigma_1 - \sigma_2)^2 + (\sigma_2 - \sigma_3)^2 + (\sigma_1 - \sigma_3)^2]}$$

其中，σ_1、σ_2、σ_3 为三个主应力。

b 相同拉伸载荷下胶层 von Mises 应力分析

胶厚为 0.2mm 的 Al5052-Al5052 单搭粘接接头中丙烯酸酯 von Mises 应力云图如图 15.23 所示，MN 为胶层表面沿长度方向的中线。

对于胶层，其上表面与下表面上的应力成反对称分布，本小节只分析胶层上表面 $AA'B'B$ 的应力。不同厚度胶层表面 $AA'B'B$ 上的 von Mises 应力分布曲面如图 15.24（a）~（d）所示。通过分析，可以得到：最大 von Mises 应力出现在胶层沿长度方向的端部，即在边界 AA' 上。胶厚为 0.2mm 的 Al5052-Al5052 单搭粘接接头胶层上的最大 von Mises 应力最小（最大值为 5.20MPa）；胶厚为 2.5mm 的 Al5052-Al5052

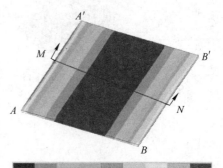

图 15.23 Al5052-Al5052 单搭粘接
接头中胶层 von-Mises 应力云图

单搭粘接接头胶层上的最大 von Mises 应力最大（最大值为 7.49MPa）；根据 von Mises 屈服准则，von Mises 应力越大胶层越容易被破坏，胶厚从 0.2mm 到 2.5mm，胶层厚度越大，Al5052-Al5052 单搭粘接接头强度越小，这与试验结果一致。同时，随着胶层厚度的增加，胶层上表面边界 AA' 附近的应力集中现象更加明显，胶层上表面边界 BB' 附近的 von Mises 应力出现了变小的趋势，这是由于随着胶层厚度的增加，边界 AA' 应力集中程度逐渐增大，边界 BB' 承受的应力逐渐减小导致的。

C 试验结果与仿真结果失效载荷对比分析

试验结果与仿真所得失效载荷对比如图 15.25 所示。仿真分析中 4 种不同厚度的

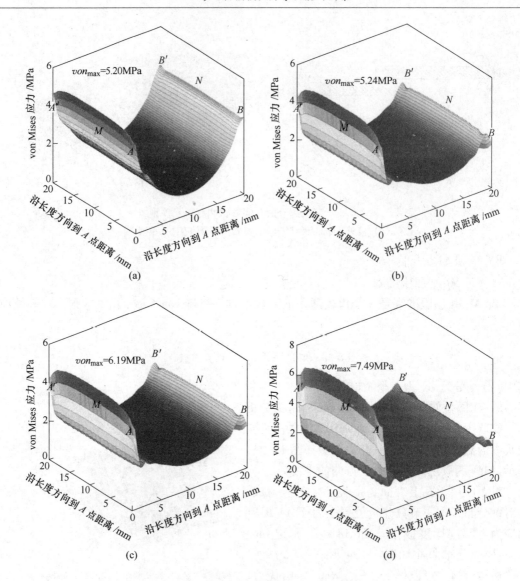

图 15.24 不同厚度胶层表面的 von Mises 应力云图

（a）胶层厚度 0.2mm；（b）胶层厚度 0.7mm；（c）胶层厚度 1.5mm；（d）胶层厚度 2.5mm

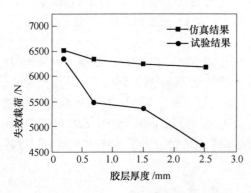

图 15.25 试验结果与仿真结果失效载荷对比

Al5052-Al5052 单搭粘接接头失效载荷分别为 6515.9N、6336.2N、6240.1N 和 6180.3N，接头的强度随着胶层厚度的增加而减小，这种趋势与试验结果相一致。在胶层厚度为 0.2mm 时，试验结果与仿真结果相差较小（约 204N），之后，随着胶层厚度的增加，仿真结果与试验结果相差也逐渐增大，当胶层厚度为 2.5mm 时，差值甚至已达到了 1618N。胶层厚度越大，仿真结果与试验结果差值越大，初步断定这是由于在实际试验中胶层厚度影响粘接效果，而在仿真分析中，不考虑胶层中存在气孔等空隙，且假定胶层结构完好，结合面上无缺陷所致。

15.1.3.3 小结

通过试验法研究了胶层厚度对 Al5052-Al5052 单搭粘接接头强度的影响；通过有限元法分析了胶层表面应力的分布情况，对比试验和仿真结果，得到以下结论：

（1）胶层厚度影响粘接剂对 Al5052-Al5052 单搭粘接接头的粘接效果。随着胶层厚度的增加，发生界面破坏模式的试件的比例增大。

（2）Al5052-Al5052 单搭粘接接头强度随着胶层厚度的增加而减小。胶厚为 0.2mm 的 Al5052-Al5052 单搭粘接接头强度最大（6311.7N），胶厚为 2.5mm 的 Al5052-Al5052 单搭粘接接头强度最小（4562.3N）。

（3）胶层表面上的最大 von Mises 应力随着胶层厚度的增加而增大。根据 von Mises 屈服准则，von Mises 应力越大，胶层越容易被破坏，胶厚从 0.2mm 到 2.5mm，表现出胶层厚度越大，Al5052-Al5052 单搭粘接接头强度越小的趋势，这与试验结果相一致。同时，随着胶层厚度的增加，胶层上表面边界 AA' 附近的应力集中现象越明显，胶层上表面边界 BB' 附近的 von Mises 应力出现了变小的趋势。

15.1.4 基于一维梁理论的单搭粘接贴片接头强度研究

目前少有关于接头搭接端部刚度与强度关系的文献报道。本小节基于 Goland 和 Reissner 一维梁理论模型，提出单搭粘接贴片接头，先后对 Al5052-Al5052 单搭粘接接头、Al5052 单搭粘接贴铝片接头和 Al5052 单搭粘接贴铜片接头进行拉伸-剪切试验，并进行了考虑材料非线性以及几何非线性的三维有限元分析，研究了接头搭接端部刚度对粘接接头强度及应力分布的影响，证明了单搭粘接贴片接头的可行性和有效性[13]。

15.1.4.1 试验过程

A 试件制备

单搭粘接接头试件的制备：被粘物为 Al5052 铝合金板，尺寸均为 110mm×20mm×2.0mm。粘接剂为 3M 公司的 DP810 丙烯酸酯粘接剂，粘接面积为 20mm×20mm。

B 试验操作

本次试验采用 MTS 试验机对 Al5052 单搭接粘接头试件进行拉伸-剪切试验。在试件两端分别粘贴上 20mm×20mm×1.5mm 垫片，以防产生扭矩。设置拉伸速率为 5mm/min，进行 8 次重复性试验。

15.1.4.2 试验结果及分析

A 单搭粘接接头破坏模式与强度分析

Al5052 单搭粘接接头的破坏模式如图 15.26 所示，出现了胶层内聚破坏模式（CFM）和混合破坏模式（MFM），其中发生胶层内聚破坏模式的试件个数为 1 个，所占比例为 1/8；发生混合破坏模式的试件为 7 个，所占比例为 7/8。由于粘接界面端部存在奇异性，界面破坏部分均出现在试件端部。Al5052 单搭粘接接头载荷-位移曲线，如图 15.27 所示。图中位移指试件被夹持端行程，由于粘接工艺因素多且难以控制，所以 Al5052 单搭粘接接头最大位移有较大的分散性，但试验中各个试件载荷-位移曲线斜率有较好的一致性，说明数据有一定的参考价值。使用 Matlab 拟合优度检验试件最大失效载荷的统计分布，使用样本置信区间估计命令以 95% 的置信度估计置信区间来检验数据的有效性。经 Matlab 拟合优度检验，Al5052 单搭粘接接头的最大失效载荷均服从正态分布，如图 15.28 所示，均值为 7469.1N，标准差为 183.2N，说明实验数据为有效实验数据，拉伸试验结果中出现的两种破坏模式不影响单搭粘接接头的整体强度。

图 15.26　Al5052 单搭粘接接头破坏模式

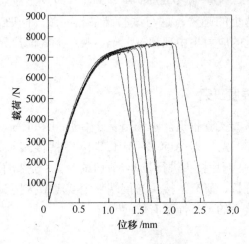

图 15.27　载荷-位移曲线

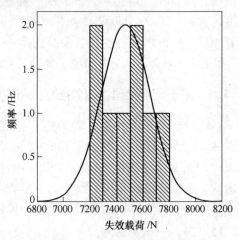

图 15.28　最大失效载荷正态分布

B　胶层扫描电镜失效样貌观察

Al5052 单搭粘接接头两种失效模式中，胶层内聚破坏部分为典型的失效样貌，通过扫描电子显微镜（SEM）对其进行观察。图 15.29 为 Al5052 单搭粘接接头胶层失效样貌扫描图。图 15.29（a）为放大 60 倍图样，其中的 A 区域为接近基底金属表面的区域，B 区域为胶体区域。图 15.29（b）为胶体区域放大 200 倍图样。由图可知，胶体区域表现出准解理特征，同时，胶层在失效过程中没有产生明显的塑性变形，可见该胶体失效特征属于脆性断裂，说明 DP810 丙烯酸酯粘接剂为脆性胶，具有较大的强度。

15.1.4.3　理论模型及贴片接头设计

被拉伸的 Al5052 铝合金板端部弯曲度如图 15.30 所示，在离边缘 20mm 的搭接端部 A 点处，出现了明显的弯曲。

A　理论模型

搭接对象为 Al5052 单搭粘接平衡接头，引入 G-R 一维梁理论模型对接头搭接端部载荷进行分析。单搭粘接接头试件整体和部分受力图，如图 15.31 所示，图中 E 和 ν 为被粘体的弹性模量和泊松比；E_a 和 ν_a 为粘接剂的弹性模量和泊松比；β 为力作用线和与 x 轴夹

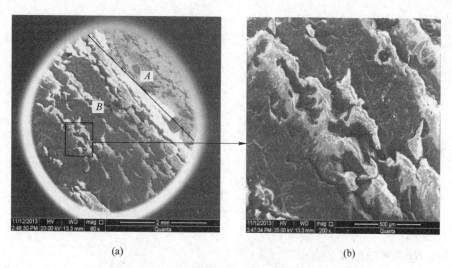

图 15.29　Al5052 单搭粘接接头胶层失效样貌 SEM 图像

（a）放大 60 倍；（b）胶体区域放大 200 倍

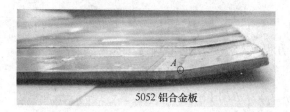

图 15.30　Al5052 铝合金板弯曲程度

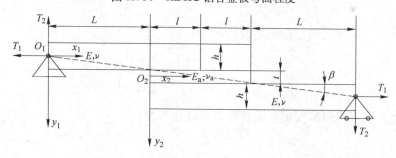

（a）

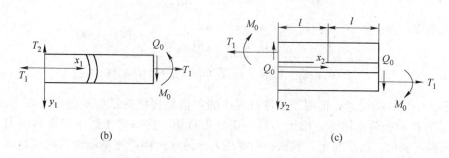

（b）　　　　　　　　　　　　　　　　（c）

图 15.31　粘接试件整体和部分受力图

（a）单搭粘接接头试件受力图；（b）上板受力图；（c）接头受力图

角；h 为板厚；t 为胶层厚度。

根据薄板中轴线及载荷 T_1 所引起的力矩几何分析，分别建立上板和接头处弯矩方程。

$$T_2 = \beta T_1, \qquad \beta = \frac{h + t}{2(l + L)}$$

$$M_1 = T_1(\beta x_1 - y_1) \qquad (0 \leqslant x_1 \leqslant L) \tag{15.1}$$

$$M_2 = T_2\left[\beta(L + x_2) - \left(y_2 + \frac{h + t}{2}\right)\right] \qquad (0 \leqslant x_2 \leqslant l) \tag{15.2}$$

由梁弯曲理论得到：

$$\frac{\mathrm{d}^2 y_1}{\mathrm{d}x_1^2} = -\frac{M_1}{D_1} = -\frac{T_1}{D_1}(\beta x_1 - y_1) \qquad (0 \leqslant x_1 \leqslant L) \tag{15.3}$$

$$\frac{\mathrm{d}^2 y_2}{\mathrm{d}x_2^2} = -\frac{M_2}{D_2} = -\frac{T_1}{D_2}\left[\beta(L + x_2) - \left(y_2 + \frac{h + t}{2}\right)\right] \qquad (0 \leqslant x_2 \leqslant l) \tag{15.4}$$

式中，D_1、D_2 为弯曲刚度，有：

$$D_1 = \frac{Eh^3}{12(1 - \nu^2)}$$

$$D_2 = \frac{Eh^3}{3(1 - \nu^2)} + \left(\frac{1}{2}ht^2 + h^2 t\right)\frac{E}{1 - \nu^2} + \frac{E_a t^3}{12(1 - \nu_a^2)}$$

方程（15.3）和方程（15.4）解的形式为：

$$y_1 = A_1 \mathrm{ch}(\eta_1 x_1) + B_1 \mathrm{sh}(\eta_1 x_1) + \beta x_1 \qquad (0 \leqslant x_1 \leqslant L)$$

$$y_2 = A_2 \mathrm{ch}(\eta_2 x_2) + B_2 \mathrm{sh}(\eta_2 x_2) + \beta(L + x_2) - \frac{h + t}{2} \qquad (0 \leqslant x_2 \leqslant l)$$

其中，$\eta_1 = \sqrt{\dfrac{T_1}{D_1}}$，$\eta_2 = \sqrt{\dfrac{T_1}{D_2}}$。

根据以下边界条件来确定待定系数：

$$y_1\big|_{x_1} = 0, \ y_1\big|_{x_1 = L} = y_2\big|_{x_2 = 0}$$

$$\frac{\mathrm{d}y_1}{\mathrm{d}x_1}\Big|_{x_1 = L} = \frac{\mathrm{d}y_2}{\mathrm{d}x_2}\Big|_{x_2 = 0}, \ y_2\big|_{x_2 = l} = 0$$

联立以上方程求得搭接端部弯矩和剪力的表达式为：

$$M_0 = k\frac{T_1(h + t)}{2}$$

$$Q_0 = k\frac{T_1(h + t)}{2}k \cdot \frac{\eta_1 \mathrm{ch}(\eta_1 L)}{\mathrm{sh}(\eta_2 L)}$$

式中弯矩系数 k 为：

$$k = \frac{\mathrm{sh}(\eta_1 l) \cdot \mathrm{ch}(\eta_2 l)}{\mathrm{sh}(\eta_1 L)\mathrm{ch}(\mu_2 l) + \dfrac{\eta_1}{\eta_2}\mathrm{ch}(\eta_1 L)\mathrm{sh}(\eta_2 l)}$$

综上，G-R 一维梁理论证明了拉伸过程中的单搭粘接接头试件端部存在着弯矩 M_0 和剪力 Q_0。在拉伸载荷作用下，由于力偏心而产生弯矩。这一弯矩产生的剥离应力在接头端部形成剥离载荷。初步断定，被粘物刚度越大，因弯矩而产生的剥离效应就越弱，接头抗拉伸-剪切能力也就越强。单搭粘接接头拉伸变形，如图 15.32 所示，图中 E、E' 为应力集中点，M_0 为接头端部的弯矩，α 为弯曲角度。

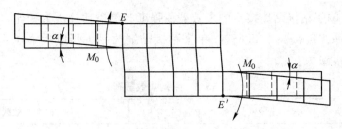

图 15.32 单搭粘接接头拉伸变形

B 单搭粘接贴片接头设计

通过试验与 G-R 一维梁理论分析，单搭粘接接头的强度跟搭接端部刚度有一定的关系。为了增大接头端部的刚度，提高接头强度，设计出单搭粘接贴片接头，如图 15.33 所示。

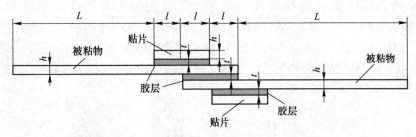

图 15.33 单搭粘接贴片接头几何尺寸

C 单搭粘接贴片接头试验验证

为了对比接头搭接端部不同刚度对接头强度的影响，在搭接端部粘贴 Al5052 铝片和 H62 铜片（H62 铜片刚度大于 Al5052 铝片），尺寸为 20mm×20mm×2.0mm。Al5052 单搭粘接贴片接头试件的制备与前文所述的单搭粘接接头试件的制备条件相同。

对两种单搭粘接贴片接头进行 8 次重复性拉伸-剪切试验，其载荷-位移曲线如图 15.34 所示。Al5052 单搭粘接接头、Al5052 单搭粘接贴铝片接头和贴铜片接头平均失效载

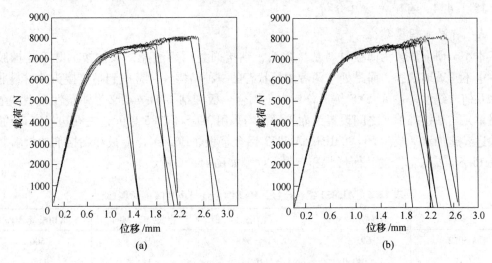

图 15.34 单搭粘接贴片接头的载荷-位移曲线

（a）Al5052 单搭粘接贴铝片接头；（b）Al5052 单搭粘接贴铜片接头

荷，见表 15.5。单搭粘接贴片接头的失效载荷强度与单搭粘接接头相比，都有所提高，单搭粘接贴铝片接头强度提高了 3.8%，单搭粘接贴铜片接头强度提高了 4.9%，单搭粘接贴铜片接头的强度最大。

表 15.5　平均失效载荷

接头种类	胶厚/mm	平均失效载荷/N
Al5052 接头	0.2	7469.1
Al5052 贴铝片接头	0.2	7767.2
Al5052 贴铜片接头	0.2	7839.3

D　单搭粘接贴片接头端部弯曲度观察

被拉伸的 Al5052 铝合金板和 Al5052 贴片铝合金板端部弯曲度如图 15.35 所示，Al5052 单搭粘接接头、Al5052 单搭粘接贴铝片接头和 Al5052 单搭粘接贴铜片接头的弯曲角度分别为 13°、8° 和 6°，被拉伸的 Al5052 贴片铝合金板端部弯曲度出现了一定程度的降低，可见在接头端部粘贴上金属片后，增大了接头搭接端部的刚度，增强了端部的抗弯曲能力。

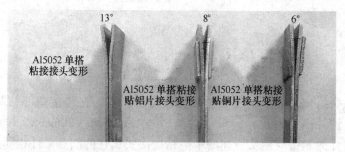

图 15.35　Al5052 铝合金板和 5052 贴片铝合金板端部弯曲度对比

15.1.4.4　有限元仿真分析

A　有限元模型建立

本小节研究对象为薄板材料粘接接头，粘接剂为丙烯酸酯，该粘接剂既不是橡胶状胶，也不是玻璃状胶，而是处于两者中间状态的一种结构胶。考虑到粘接接头的材料非线性和几何非线性，在 ANSYS 仿真分析中，铝合金板和粘接剂被定义为弹塑性模型，金属基材单元与粘接剂单元之间设置为面接触，均采用 3D-Solid185 单元，左端边界完全约束，右端边界施加水平载荷 $P = 20\text{MPa}$。Al5052 铝合金板、H62 铜合金板和粘接剂的材料属性见表 15.6。接头部分的几何形状和有限元模型如图 15.36 所示。

表 15.6　Al5052 铝合金板、H62 铜合金与丙烯酸酯材料属性

材料	弹性模量/MPa	泊松比	屈服强度/MPa	剪切模量/MPa
Al5052	69500	0.33	212	500
H62	110000	0.34	340	1150
丙烯酸酯	330	0.35	40	40

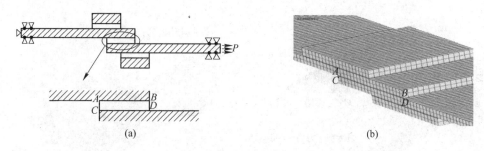

图 15.36 接头部分的几何形状和有限元模型

(a) 接头部分的几何形状；(b) 接头部分的有限元模型

B 胶层应力分析

Al5052 单搭粘接接头胶层剪应力云图如图 15.37 所示，平面 $AA'B'B$ 为胶层上表面，MN 为胶层沿长度方向的中线。

对于胶层，胶层上表面与下表面的应力呈反对称分布，因此本小节只分析胶层上表面 $AA'B'B$ 的应力。Al5052 单搭粘接接头、Al5052 单搭粘接贴铝片接头和 Al5052 单搭粘接贴铜片接头表面 $AA'B'B$ 剪应力分布曲面如图 15.38 所示，沿搭接长度方向表面 $AA'B'B$ 上直线 MN 的剪应力分布情况，如图 15.39 所示。通过分析，可以得到：粘接接头中胶层表面剪应力和剥离应力均表现出

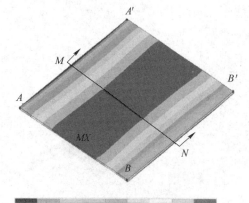

-4.36245 -3.66392 -2.96538 -2.26684 -1.56831
 -4.01318 -3.31465 -2.61611 -1.91757 -1.21904

图 15.37 Al5052 单搭接粘接接头胶层剪应力云图

"高—低—高"的分布形式（负号表示方向），最大剪应力和最大剥离应力均出现在沿长度方向的边界 AA' 上，最小剪应力和最小剥离应力均出现在胶层中部。三种粘接接头胶层表面 $AA'B'B$ 上最大剪应力分别为 -4.362MPa、-3.431MPa 和 -3.333MPa，最大剥离应力分别为 5.569MPa、3.629MPa 和 3.455MPa。Al5052 单搭粘接接头胶层的最大剪应力和

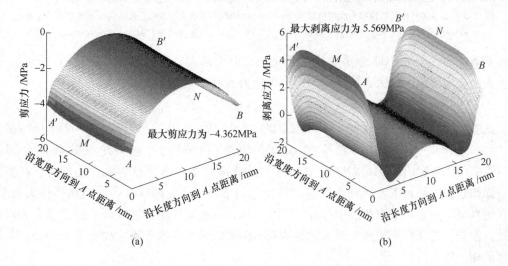

(a) (b)

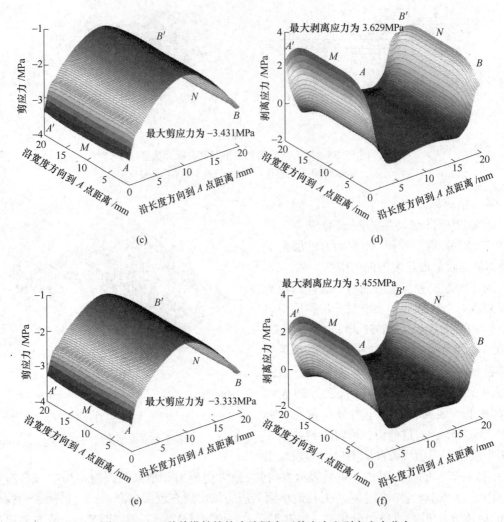

图 15.38　三种单搭粘接接头胶层表面剪应力和剥离应力分布
(a) Al5052 单搭粘接接头胶层剪应力分布；(b) Al5052 单搭粘接接头胶层剥离应力分布；
(c) Al5052 单搭粘接贴铝片接头胶层剪应力分布；(d) Al5052 单搭粘接贴铝片接头胶层剥离应力分布；
(e) Al5052 单搭粘接贴铜片接头胶层剪应力分布；(f) Al5052 单搭粘接贴铜片接头胶层剥离应力分布

最大剥离应力大于 Al5052 单搭粘接贴片接头；应力越大，胶层越容易被破坏，同时，粘接接头搭接端部刚度越大，胶层中间部分剪应力和剥离应力分布越平缓。

C　试验结果与仿真结果失效载荷对比分析

试验结果与仿真所得失效载荷对比如图 15.40 所示。仿真分析中 Al5052 单搭粘接接头、Al5052 单搭粘接贴铝片接头和 Al5052 单搭粘接贴铜片接头的失效载荷分别为 7774.8N、7920.6N 和 8016.2N，仿真结果失效载荷均略大于试验结果，这是由于在实际试验操作过程中粘接工艺影响因素多，粘接层与结合面上会出现气孔影响粘接接头强度，而在仿真分析中，不考虑胶层中存在气孔等空隙，且假定胶层结构完好，结合面上无缺陷所致。但是，仿真结果中接头强度同样表现出随着搭接端部刚度增大而增大的趋势，与试验结果相一致。

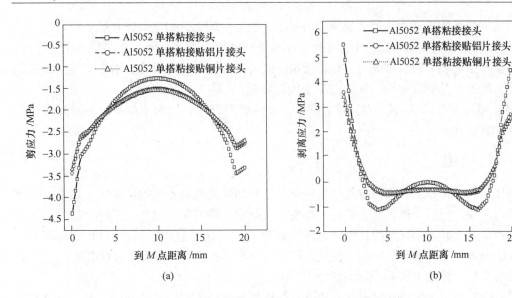

图 15.39　三种粘接接头胶层表面沿直线 *MN* 剪应力和剥离应力分布
（a）直线 *MN* 上剪应力分布；（b）直线 *MN* 上剥离应力分布

设计之后的 Al5052 单搭粘接贴片接头强度高于 Al5052 单搭粘接接头，Al5052 单搭贴铜片接头强度最大，试验结果和仿真结果得到了相同的结论，说明了单搭粘接贴片接头的有效性和可行性。通过 Goland 和 Reissner 的一维梁理论，可知单搭粘接接头在拉伸-剪切过程中，接头搭接端部存在着弯矩和剪力；由于弯矩作用，被粘物刚度越大，因弯矩而产生的剥离效应越弱，接头抗拉伸-剪切能力就越强；在端部应力集中处贴上金属片，增大了被粘物搭接端部的刚度，降低了其剥离效应，从而提高了接头强度。

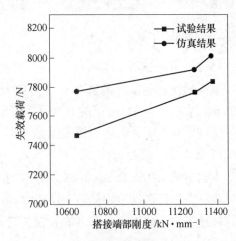

图 15.40　试验结果与仿真结果失效载荷对比

15.1.4.5　小结

通过试验法研究了 Al5052 单搭粘接接头的强度，并设计出提高接头强度的单搭粘接贴片接头；通过有限元法获得了单搭粘接接头和单搭粘接贴片接头中胶层表面应力的分布情况和失效载荷，对比试验和仿真结果，得到以下结论：

（1）单搭粘接接头的强度随着搭接端部刚度的增大而增大。试验结果得到 Al5052 单搭粘接贴片接头强度高于 Al5052 单搭粘接接头，与 Al5052 单搭粘接接头强度相比 Al5052 单搭粘接贴铝片接头提高了 3.8%，Al5052 单搭粘接贴铜片接头提高了 4.9%，仿真结果得到的失效载荷也表现出相同的趋势。

（2）单搭粘接接头胶层表面的最大剪应力和最大剥离应力随着搭接端部刚度的增大而减小，胶层中间部分应力随着搭接端部刚度的增大而趋于平缓。Al5052 单搭粘接接头胶层表面上的最大剪应力和最大剥离应力均大于 Al5052 单搭粘接贴片接头。Al5052 单搭粘接贴铜片接头的最大剪应力和最大剥离应力最小，胶层中间部分的应力分布最平缓。

（3）单搭粘接接头的剥离效应随着搭接端部刚度的增大而减弱。搭接端部刚度越大，因弯矩而产生的剥离效应就越弱。在搭接端部应力集中处贴上金属片，增大了被粘物端部的刚度，降低了其剥离效应，从而提高了接头强度。

（4）通过分析试验结果、仿真结果和 G-R 一维梁理论，证明了单搭粘接贴片接头的可行性和有效性。

15.2 材料参数

粘接剂和被粘物的材料参数对接头的应力分布和强度都有着很大的影响，如果不考虑粘接剂的非线性特性，通常最主要的材料参数就是弹性模量和泊松比。影响粘接接头强度的因素很多，尤其是粘接剂的性能（如弹性模量）以及接头形式（如胶瘤等）。近年来这方面的研究取得了进展，但对弹性模量的研究主要集中在研究弹性模量对混合接头（尤其是胶焊接头）的应力分布和强度的影响[14～18]。

目前少有有关金属材料对丙烯酸酯单搭粘接接头强度影响的文献报道。本节通过试验与仿真结合的方法，研究了金属材料对丙烯酸酯单搭粘接接头强度和应力分布的影响，为丙烯酸酯粘接剂粘接接头的广泛应用提供设计参考[19]。

15.2.1 试验过程

15.2.1.1 试件制备

单搭粘接接头试件的制备：被粘物为 Al5052 铝合金板，尺寸均为 110mm × 20mm × 2.0mm。粘接剂为 3M 公司的 DP810 丙烯酸酯粘接剂，粘接面积为 20mm × 20mm。将粘接好的试件放在室温下的干燥箱中固化 24h。

15.2.1.2 试验操作

本次试验采用 MTS 试验机对 Al5052 铝合金和 H62 铜合金单搭粘接接头进行拉伸-剪切试验。在试件两端分别粘贴上尺寸为 20mm × 20mm × 2.0mm 的垫片，以防产生扭矩。设置拉伸速率为 5mm/min，每种粘接接头进行 8 次重复性试验。

15.2.2 试验结果及分析

15.2.2.1 不同金属板材粘接接头破坏模式与强度分析

Al5052 铝合金单搭粘接接头与 H62 铜合金单搭粘接接头破坏模式如图 15.41 所示。其载荷-位移曲线如图 15.42 所示，图中位移指试件被夹持端行程，Al5052 铝合金单搭粘接接头平均失效强度（7469N）低于 H62（8476N）。Al5052 铝合金单搭粘接接头出现了胶层内聚破坏模式（CFM）和混合破坏模式（MFM），其中发生胶层内聚破坏模式的试件个数为 1 个，所占比例为 1/8；发生混合破坏模式的试件为 7 个，所占比例为 7/8；H62 铜合金单搭粘接接头出现了胶层内聚破坏模式和混合破坏模式，其中胶层内聚破坏模式试件个数为 7 个，所占比例为 7/8，发生混合破坏模式试件个数为 1 个，所占比例为 1/8。由于粘接界面端部存在奇异性，界面破坏（interface failure）部分均出现在搭接端部。两种接头都出现了胶层内聚破坏模式和混合破坏模式，Al5052 铝合金单搭粘接接头发生胶层内聚破

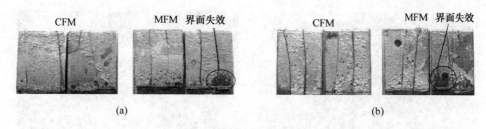

图 15.41 单搭粘接接头的失效模式

（a）Al5052 铝合金单搭粘接接头破坏模式；（b）H62 铜合金单搭粘接接头破坏模式

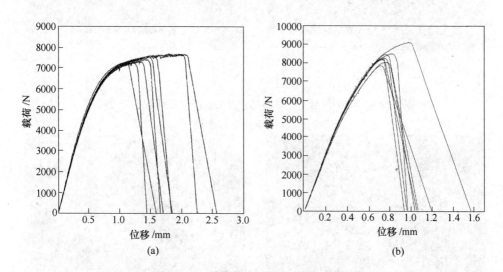

图 15.42 单搭粘接试件载荷-位移曲线

（a）Al5052-Al5052 粘接接头载荷-位移曲线；（b）H62-H62 粘接接头载荷-位移曲线

坏模式的数量明显下降，发生混合破坏模式的数量明显上升。综上可以得到，金属材料影响丙烯酸酯粘接接头的破坏模式。

15.2.2.2 胶层扫描电镜失效样貌分析

Al5052-Al5052 单搭粘接接头与 H62-H62 单搭粘接接头的两种失效模式中，胶层内聚破坏部分为典型的失效样貌，通过扫描电子显微镜（SEM）对其进行观察。图 15.43（a）和图 15.43（b）分别为 Al5052-Al5052 单搭粘接接头胶层失效样貌放大 60 倍和 200 倍的 SEM 图像。图 15.44（a）和图 15.44（b）分别为 H62-H62 单搭粘接接头胶层失效样貌放大 60 倍和 200 倍的 SEM 图像。图 15.43 中，失效胶层表现出准解理断裂特征，呈台阶状。图 15.44 中，失效胶层也表现出准解理断裂特征，但是呈现出一定程度的剪切韧窝状。胶层在宏观分析中没有产生明显的塑性变形，可见该胶体失效特征属于脆性断裂，初步断定，在拉伸-剪切过程中，Al5052-Al5052 单搭粘接接头中的胶层被剥离程度比 H62-H62 严重，被剪切程度比 H62-H62 弱。综上可以得到，金属材料影响丙烯酸酯粘接接头的失效样貌。

15.2.2.3 金属板材端部弯曲度观察

被拉伸的 H62 铜合金板端部和 Al5052 铝合金板端部弯曲度如图 15.45 所示，两者弯曲的部位均出现在离边缘 20mm 处，即 E 和 F 两点，为应力集中处，Al5052 铝合金板端

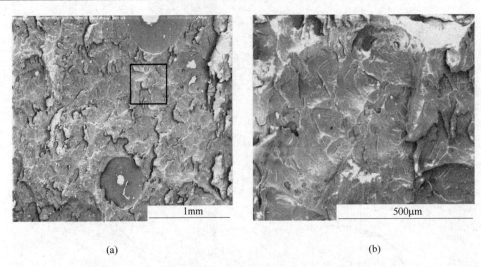

图 15.43　Al5052-Al5052 单搭粘接接头胶层失效样貌 SEM 图像

（a）放大 60 倍；（b）放大 200 倍

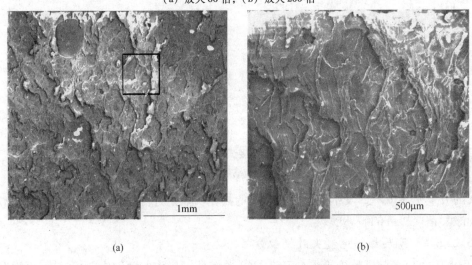

图 15.44　H62-H62 单搭粘接接头胶层失效样貌 SEM 图像

（a）放大 60 倍；（b）放大 200 倍

图 15.45　Al5052 铝合金板和 H62 铜合金板端部弯曲度对比

部弯曲度大于 H62。在拉伸-剪切过程中，Al5052 铝合金板搭接端部产生的剥离效应强于 H62。

15.2.3　有限元仿真分析

15.2.3.1　有限元模型建立

本小节研究对象为薄板材料粘接接头，粘接剂为丙烯酸酯，该粘接剂既不是橡胶状胶，也不是玻璃状胶，而是处于两者中间状态的一种结构胶。考虑到粘接接头的材料非线性和几何非线性，在 ANSYS 仿真分析中，铝合金板和粘接剂被定义为弹塑性模型，金属基材单元与粘接剂单元设置为面接触，采用 3D-Solid185 单元，试件左端施加固定约束，右端施加载荷 $P = 20\mathrm{MPa}$。Al5052 铝合金、H62 铜合金和丙烯酸酯胶层的材料属性见表 15.7。接头部分的几何形状和有限元模型如图 15.46 所示。

表 15.7   Al5052 铝合金、H62 铜合金与丙烯酸酯材料属性

材 料	弹性模量/MPa	泊松比	屈服强度/MPa	剪切模量/MPa
Al5052 铝合金	70700	0.33	212	500
H62 铜合金	110000	0.34	340	1150
丙烯酸酯	330	0.35	40	40

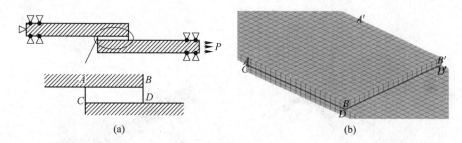

图 15.46   接头部分的几何形状和有限元模型
（a）接头的几何形状；（b）接头的有限元模型

15.2.3.2 胶层应力分析

Al5052-Al5052 单搭粘接接头，丙烯酸酯胶层剪应力云图如图 15.47 所示。

对于胶层，胶层上表面与胶层下表面上的应力呈反对称分布，本小节只分析胶层上表面 $AA'B'B$ 的应力。Al5052-Al5052 单搭粘接接头和 H62-H62 单搭粘接接头表面 $AA'B'B$ 剪应力和剥离应力分布曲面如图 15.48 所示，沿搭接长度方向表面 $AA'B'B$ 上直线 MN 的剪应力和剥离应力分布情况，如图 15.49 所示。通过分析，可以得到：粘接接头中胶层表

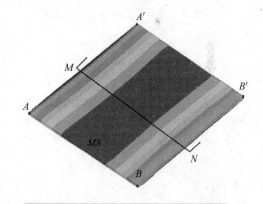

-4.36245   -3.66392 -2.96538   -2.26684 -1.56831
-4.01318   -3.31465 -2.61611 -1.91757 -1.21904

图 15.47   Al5052-Al5052 搭接条件下胶层剪应力云图

面 $AA'B'B$ 上剪应力和剥离应力表现为"高—低—高"的分布形式（负号表示方向），最大剪应力和最大剥离应力均出现在胶层沿长度方向的边界 AA' 上，最小剪应力和最小剥离应力均出现在胶层中部。Al5052-Al5052 粘接胶层上最大剪应力（最大值为 -4.315MPa）和最大剥离应力（最大值 5.569MPa）均大于 H62-H62（其最大值分别为 -3.659MPa、4.598MPa），应力越大，胶层越容易被破坏，即 Al5052-Al5052 单搭粘接接头强度低于 H62-H62，这与试验结果相一致。

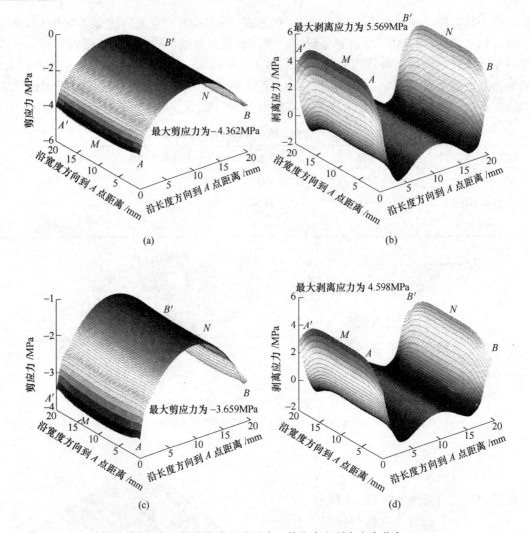

图 15.48　粘接接头的胶层表面剪应力和剥离应力分布

（a）Al5052-Al5052 单搭粘接接头胶层表面剪应力分布；（b）Al5052-Al5052 单搭粘接接头胶层表面剥离应力分布；
（c）H62-H62 单搭粘接接头胶层表面剪应力分布；（d）H62-H62 单搭粘接接头胶层表面剥离应力分布

15.2.4　小结

通过试验法研究了金属材料对丙烯酸酯粘接剂单搭粘接接头失效样貌和粘接强度的影响；通过有限元法分析了丙烯酸酯胶层表面应力的分布情况，对比试验和仿真结果，得到以下结论：

（1）金属材料影响丙烯酸酯粘接接头的破坏模式、失效样貌和粘接强度。Al5052-Al5052 单搭粘接接头与 H62 单搭粘接接头发生破坏模式的比例相差较大；Al5052-Al5052 单搭粘接接头胶层被撕裂的程度比 H62-H62 严重；Al5052-Al5052 单搭粘接接头强度低于 H62-H62。

（2）金属材料影响丙烯酸酯粘接接头的应力大小。Al5052-Al5052 单搭粘接接头胶层中的最大剪应力和最大剥离应力均大于 H62-H62。应力越大，胶层越容易被破坏。同时，

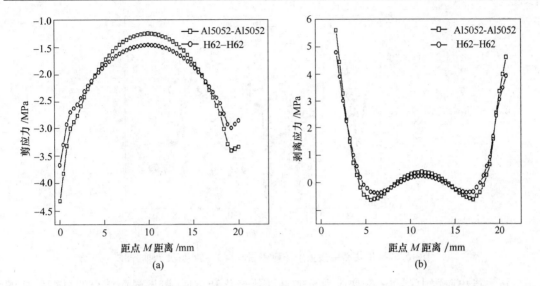

图 15.49 Al5052-Al5052 粘接接头和 H62-H62 粘接接头胶层表面沿直线 *MN* 剪应力分布
（a）直线 *MN* 上剪应力分布；（b）直线 *MN* 上剥离应力分布

这两种金属材料单搭粘接接头中丙烯酸酯胶层表面剪应力和剥离应力，均呈现为"高—低—高"的分布形式。

（3）金属材料影响丙烯酸酯粘接接头的剥离效应。5052 铝板端部出现的弯曲程度大于 H62。结合 G-R 一维梁理论表明，由于弯矩作用，在使用同一种粘接剂丙烯酸酯的情况下，金属材料板刚度越小，抗弯曲能力越弱，因弯矩而产生的剥离效应就越强，丙烯酸酯粘接强度也就越小。

15.3 环境因素

金属粘接零部件在实际使用时，总是要处于各种自然环境条件之中。如长期暴露于大气之中，处于特殊介质中，历经高温、低温交变的热冲击或长期处于真空或高能辐照之下等。在这种外环境条件的作用下，粘接接头的各种性能将会发生变化。为了保证粘接结构在不同环境下能长期运行且在短时过载下能正常工作，以及评估粘接件的实际使用寿命，就必须研究各种环境参数对接头性能的影响，以便在尽可能接近实际使用的情况下预先提供一些数据[20]。

15.3.1 温度对粘接接头强度的影响

在聚合固化过程中，环氧树脂会因体积收缩而产生收缩应力。涂覆于金属表面的环氧树脂胶层的收缩受到基材的阻碍越大，引起的内应力或残余应力也越大。胶层中的内应力或残余应力严重影响涂层与基材之间的界面强度、持久强度、抗渗性能、耐磨性和耐腐蚀性。郑小玲等人[21]通过应变仪测定了由钢制单搭接粘接接头上的胶层于室温下固化时产生的收缩应变和固化结束后因环境温度波动所引起的纵向、横向应变。测定的实验数据绘制成应变-时间曲线如图 15.50 所示。结果表明，在试验条件下，最初 12h 时间内测得搭接部胶层内的纵向、横向应变为收缩应变，随后在大约 3℃ 的环境温差作用下呈现以 24h 为周期的变化，纵向应变高于横向应变。对结构钢-胶层界面上的内应力形成过程做了初

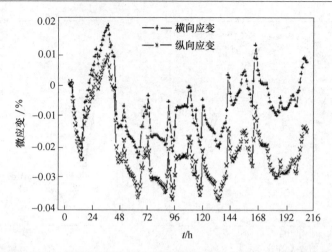

图 15.50　单搭粘接接头中环氧树脂胶层的真实应变-时间曲线

步分析，指出胶层中存在的交变应力可能是导致老化和金属-胶层界面结合的早期破坏的主要原因之一。

15.3.2　高温对单搭接粘接接头影响的试验与仿真研究

针对高温环境下，温度对单搭粘接接头破坏模式的影响以及热应力对单搭粘接接头强度影响的文献相对较少。为此，本小节通过试验研究分析了 20℃、50℃、80℃ 和 90℃ 对粘接接头强度和破坏模式的影响，并运用有限元法分析了粘接层的热应力分布，为以后的相关设计提供参考[22]。

15.3.2.1　试验过程

A　试件制备

试件的制备：被粘物为 Al5052 铝合金板，尺寸为 110mm×20mm×1.5mm。粘接剂为丙烯酸酯（3M-DP810），粘接面积 20mm×20mm。将粘接好的试件在室温下固化 24h。

B　试验操作

采用 MTS 试验机先对 Al5052 铝合金板材进行力学测试，再对接头进行力学测试：

（1）试验温度分别取 20℃、50℃、80℃ 和 90℃，其中 20℃ 室温为参考温度。

（2）在试件两端分别粘贴 20mm×20mm×1.5mm 垫片，以防产生扭矩，移动温控箱，使试样处于温控箱的中心位置，以保证受热均匀，如图 15.51 所示。

（3）在进行高温试验过程中，保温 10min，温度波动为 ±3℃；拉伸速率为 5mm/min，对其进行拉伸-剪切测试。

15.3.2.2　结果及分析

A　温度对 Al5052 铝合金板材的影响

被粘物 Al5052 铝合金板材在不同温度下的破坏模式，

图 15.51　温控箱中的单搭试件

如图 15.52 所示。4 个试件断裂位置不一样,这是由于加工或装夹过程中产生的应力集中造成的。Al5052 铝合金板材在 4 个温度下的载荷-位移曲线,如图 15.53 所示。对应的最大失效载荷分别为 6702.6N、6438.4N、6378.2N 和 6566.7N,而最大与最小失效载荷值相差 5%,可认为对铝合金板材的强度没有影响。在分析温度对单搭粘接试件的影响时可以排除温度对铝合金板材的影响。

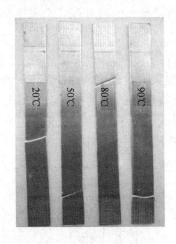

图 15.52 Al5052 铝合金板材在 4 个
温度下的破坏模式

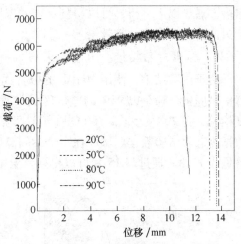

图 15.53 Al5052 铝合金板材在 4 个温度下的
载荷-位移曲线

B 温度对单搭试件破坏模式的影响

为保证试验数据的有效性,每组试验做 6 个单搭接试件,分别观察和分析不同温度下单搭粘接接头的破坏模式,如图 15.54 所示。

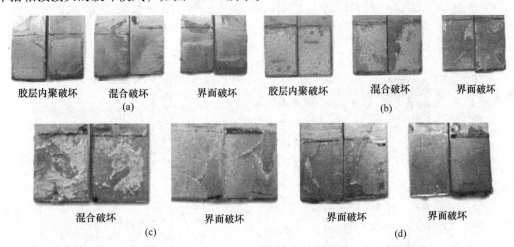

图 15.54 不同温度下试件破坏模式
(a) 20℃;(b) 50℃;(c) 80℃;(d) 90℃

在 20℃时,出现了胶层、混合和界面破坏三种破坏模式,其中胶层破坏模式占 40%,混合破坏模式占 20%,界面破坏模式占 40%。在 50℃时,出现了胶层、混合和界面破坏三种模式,其中胶层破坏模式占 33.3%,混合破坏模式占 11.1%,界面破坏模式占

55.6%，与20℃时相比，发生内聚破坏模式和发生混合破坏模式的试件减少，而发生表观破坏模式的试件增多。在80℃时，出现了混合破坏和界面破坏两种模式，其中混合破坏模式占12.5%，界面破坏模式占87.5%，与50℃时相比，没有出现胶层破坏模式，发生界面破坏模式的试件明显增多。在90℃时，只出现了界面破坏模式，即界面破坏形式为100%，与80℃时相比，不但没有发生混合破坏模式，而且发生界面破坏模式的试件明显增多。通过以上分析，可以得到：随着温度的变化，粘接接头的破坏模式会发生变化，温度过高时，会影响粘接效果。

C　温度对粘接接头强度的影响

对于试验结果，使用 Matlab 的拟合优度检验试件最大失效载荷的统计分布，使用样本置信区间估计命令以95%的置信度估计置信区间来检验数据的有效性。经 Matlab 拟合优度检验，在20℃、50℃、80℃和90℃下粘接接头的最大失效载荷均服从正态分布，试验数据为有效试验数据。试件在4个不同温度下最大失效载荷正态分布如图15.55所示，均值见表15.8。通过表15.8可以得到，温度越高，粘接接头强度越低。

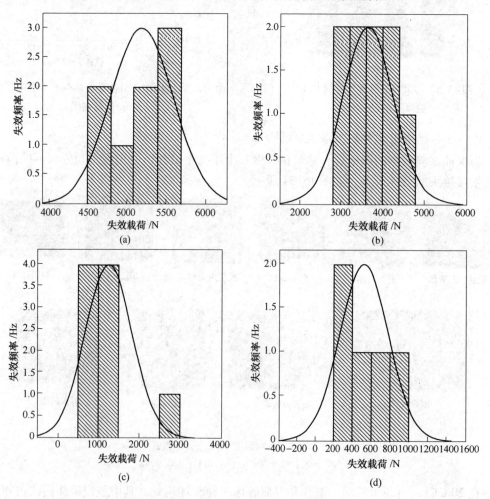

图 15.55　不同温度时最大失效载荷正态分布

(a) 20℃；(b) 50℃；(c) 80℃；(d) 90℃

表 15.8 不同温度下粘接接头最大失效载荷均值

温度/℃	20	50	80	90
最大失效载荷均值/N	5190.7	3644.7	1247.3	477.3

单搭试件在不同温度下的位移-载荷曲线如图 15.56 所示,可知:(1)开始时,呈现斜直线,说明载荷值逐渐变大,接头还处在弹性阶段,达到峰值即失效载荷后,载荷值逐渐减小;(2)对比 4 个温度下试件拉伸初始阶段的直线斜率,温度越高,对应直线的斜率越小,粘接剂的弹性模量越小;(3)对比 4 个温度下拉伸载荷的峰值,温度越高,峰值越小,粘接剂的剪切强度也越小。

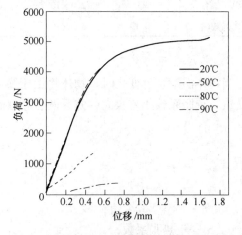

图 15.56 单搭试件在不同温度下的位移-载荷曲线

15.3.2.3 有限元法仿真分析

在拉伸-剪切试验中,单搭粘接接头不但受到剪切力和剥离应力的作用,而且由于外界为高温环境,被粘接件与粘接剂之间还存在着热应力。本小节采用理论分析法和有限元法分析粘接接头在 4 种温度下的热应力分布情况。

A 有限元模型的建立

在 20℃ 中,采用 3D-Solid45 单元;在 50℃、80℃ 和 90℃ 中使用热-结构顺序耦合法,采用 3D-Solid70 三维热实体单元,该单元可用于三维稳态或瞬态的热分析问题,并可补偿由于恒定速度场质量输运带来的热流损失。该热单元在进行结构分析时,可被一个等效的结构单元 Solid45 所代替。接头部分的几何形状和有限元模型如图 15.57 所示。Al5052 铝合金板和胶层材料的材料属性见表 15.9。

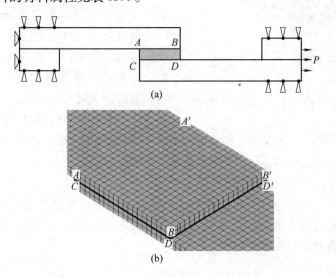

图 15.57 接头部分的几何形状和有限元模型
(a)接头的几何形状;(b)接头的有限元模型

表 15.9	Al5052 铝合金板与丙烯酸酯材料属性

材 料	导热系数 /W·(m·K)$^{-1}$	热胀系数 /K^{-1}	弹性模量 /MPa	泊松比	比热容 /J·(kg·K)$^{-1}$	密度 /kg·m^{-3}
Al5052 铝合金	235	2.0×10^{-5}	69460	0.30	880	2.68×10^{3}
丙烯酸酯	0.19	5.5×10^{-5}	330	0.34	1400	0.98×10^{3}

B 胶层热应力分析

当物体温度发生变化时，物体将由于膨胀而产生线应变，由于铝合金板与粘接剂的弹性模量、热胀系数相差很大，并且两者粘接在一块相互约束，必然产生热应力，即：

$$\varepsilon_T = \alpha \Delta T \tag{15.5}$$

$$\sigma_T = E\varepsilon_T \tag{15.6}$$

式中　ε_T——线应变；

　　　σ_T——热应力；

　　　ΔT——温度改变值；

　　　α——热胀系数；

　　　E——弹性模量。

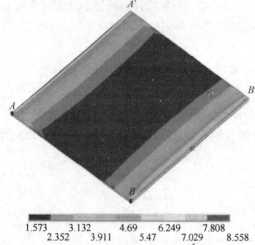

图 15.58　50℃时单搭接试件胶层热应力云图

因此，在铝合金板和粘接剂弹性模量、热胀系数一定的情况下，温度改变值 ΔT 越大，线应变越大，对应的热应力越大。则通过式（15.5）和式（15.6）可以得到单搭接试件在 4 种温度下，胶层中热应力的大小关系为 $\sigma_{T90} > \sigma_{T80} > \sigma_{T50} > \sigma_{T20}$，在 50℃时的胶层热应力云图，如图 15.58 所示。

单搭接试件在 20℃、50℃、80℃ 和 90℃ 下，胶层表面 AB 热应力曲面如图 15.59 所示。通过分析，可以得到：4 种温度下，胶层的热应力分布相同，均表现为"高—低—高"的分布形式，最大热应力都出现在沿长度方向的端部，最小热应力都出现在胶层中部；在 20℃、50℃、80℃ 和 90℃ 下，胶层最大热应力分别为 7.30MPa、8.59MPa、8.61MPa 和 8.62MPa，因此温度越高，von Mises 应力越大（$\sigma_{T90} > \sigma_{T80} > \sigma_{T50} > \sigma_{T20}$），粘接接头强度越低。

C 试验与仿真结果对比分析

试验结果显示，温度越高，粘接剂剪切强度越小，使得粘接接头强度降低，并且在 4 种温度条件下，粘接接头的强度相差较大。仿真分析结果表明，温度越高，胶层中的热应力越大，也会使得粘接接头强度降低。

15.3.2.4　小结

通过试验法研究了高温对粘接接头强度的影响，通过有限元法分析了粘接层热应力分布情况，最后，对比了试验结果和仿真结果，得到如下结论。

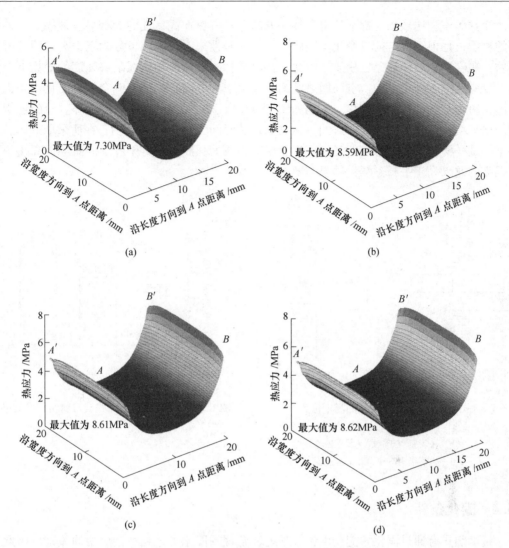

图 15.59　4 种温度胶层表面 AB 热应力曲面
(a) 20℃；(b) 50℃；(c) 80℃；(d) 90℃

（1）温度对粘接接头强度影响明显。温度越高，粘接剂剪切强度越小，使得粘接接头强度越低，并且随着温度的升高，粘接接头的破坏形式也会发生变化，20℃粘接接头的破坏模式为胶层破坏、混合破坏和界面破坏；50℃时，以界面破坏模式为主，含有少部分的胶层破坏模式和混合破坏模式；80℃时，仍以界面破坏模式为主，含有少部分的混合破坏模式；90℃时，为界面破坏模式。

（2）有限元结果表明，当温度取 20℃、50℃、80℃和 90℃时，温度越高，热应力越大，也会使得粘接接头强度越低。

（3）对比试验结果和仿真结果表明，高温对粘接接头强度影响明显，温度升高时，粘接剂剪切强度会变小，胶层热应力会越大，进而导致粘接接头强度将低。

15.3.3　磁场对粘接接头剪切强度的影响

对于聚合物来说，如果其分子在某个方向上发生沿变化电场产生方向排列，则可以在不改变其体积和质量的前提下获得在某一方向上具有更加优良性能的材料。磁场是一种特殊的物质，是由运动电荷或变化电场产生的。从磁性来看，物质可分为三大类，即抗磁性物质、顺磁性物质和铁磁性物质。因此，具有某种磁性能的物质在足够强度的磁场下，其化学反应速度、分子结构、空间网络结构以及分子的取向排列都可能会发生变化，并由此引起材料物理化学性能的变化。采用如图 15.60 所示的装置研究磁场对由环氧树脂连接的钢制单搭粘接接头剪切强度的影响，磁场处理的时间为 4h，结果表明，在所采取的试验条件下，试样叠合后立即施加的磁场可显著影响接头的强度，垂直于胶层的磁场提高接头剪切强度的效果高于平行磁场，结果如图 15.61 所示[23]。

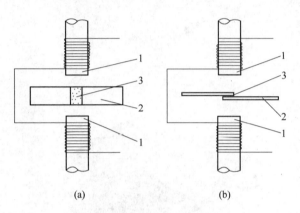

图 15.60　搭接接头在磁场中位置　　　　　图 15.61　不同磁处理方式及对剪切强度的影响
　　（a）磁场平行于胶层（平行磁场）；
　　（b）磁场垂直于胶层（垂直磁场）
　　1—电磁极；2—试样；3—胶层

15.4　固化条件

　　粘接剂只有通过固化才能产生粘接强度，合理的固化工艺是粘接成功的关键。因此固化工艺的正确制定和实施是粘接技术中一个非常重要的环节。环氧树脂的固化过程与其性能（特别是其抵御环境条件而维持其正常使用的耐湿热性能）关系密切。对于 HT1012 型铜粉导电胶制备的单搭粘接接头，当固化温度为 60℃、晾置时间确定为 10min 时，固化时间为 3h 所对应的剪切强度较高；当变动固化温度时，固化温度提高会引起剪切强度下降[24]。

15.5　物料填充

　　在粘接剂中加入填料可以降低成本，减小热膨胀系数和收缩率，增加热导率，增加耐热性和机械强度，提高制件的耐火性和形状的稳定性，消除制件的成形应力，不易发生裂纹，使胶的耐化学品性能得到改善，降低吸水性，使胶的使用寿命有所增加以及改变胶的流动性和比重等。在环氧胶中加入不同磁特性的填料后，逆磁性填料对磁处理效果的影响不明显；加入顺磁性填料可进一步提高磁处理效果；而加入铁磁性填料会由于在胶层中受到明显的磁场力作用导致接头的强度下降[25]。

参 考 文 献

[1] He X C. A review of finite element analysis of adhesively bonded joints [J]. International Journal of Adhesion & Adhesives, 2011, 31 (4): 248~264.

[2] He X C, Wang Y Q. An analytical model for predicting the stress distributions within single-lap adhesively bonded beams [J]. Advances in Materials Science and Engineering, 2014, Article ID 346379.

[3] He X C. Influence of boundary conditions on stress distributions in a single-lap adhesively bonded joint [J]. International Journal of Adhesion and Adhesives, 2014, 53: 34~43.

[4] Tang Y, He X C, Zheng J C, et al. Stress distribution in reverse-bent bonded joint [J]. Applied Mechanics and Materials, 2012, 236~237: 48~51.

[5] He X C. Stress distribution of bonded joint with rubbery adhesives [J]. Advanced Materials Research, 2011, 189~193: 3427~3430.

[6] He X C. Effect of supports on stress distributions in the adhesive joints [J]. Applied Mechanics and Materials, 2012, 130~134: 1495~1498.

[7] 余海洲, 游敏, 郑小玲, 等. 单搭接接头胶层间隙对强度和应力的影响 [J]. 机械强度, 2006, 28 (5): 775~779.

[8] He X C. Influence of mechanical behavior of adhesives on shear stress distributions in the single-lap adhesive joints [J]. Advanced Materials Research, 2011, 306~307: 1126~1129.

[9] He X C. FEA of stress behavior in the single-lap adhesive joints [J]. Key Engineering Materials, 2011, 474~476: 807~810.

[10] He X C. Normal stress distributions in a single-lap adhesively bonded joint under tension [J]. Advanced Materials Research, 2012, 5 (30): 9~13.

[11] 唐勇, 何晓聪, 郑俊超, 等. 对预成角薄板胶接接头强度及其应力分析 [J]. 航空材料学报, 2013, 33 (4): 84~89.

[12] 王玉奇, 何晓聪, 邢保英, 等. 胶厚对单搭粘接接头强度影响的试验与仿真研究 [J]. 机械强度, 2014, 36 (6): 873~877.

[13] Wang Y Q, He X C, Xing B Y, et al. The research of adhesively-bond of paster single lap joints on strength based on ANSYS [J]. Advanced Materials Research, 2013, 785~786: 1236~1239.

[14] 王玉奇, 何晓聪, 丁燕芳, 等. 基于奇异性理论模型的金属单搭粘接接头强度 [J]. 上海交通大学学报 (自然科学版), 2015, 40 (1): 28~33.

[15] 孔凡荣, 游敏, 郑小玲, 等. 胶粘剂力学性能参数对劈裂载荷作用下胶接接头中应力分布的影响 [J]. 航空材料学报, 2006, 26 (4): 110~114.

[16] He X C, Oyadiji S O. Influence of mechanical properties of adhesives on stress distributions in lap joints [C]. Proceedings of 7th Biennial ASME Conference on Engineering Systems Design and Analysis ESDA2004, 2004: 397~403.

[17] He X C. Investigation of critical stresses of a single-lapjointed cantilevered beam [C]. Proceedings of 7th Biennial ASME Conference on Engineering Systems Design and Analysis ESDA2004, 2004: 405~412.

[18] He X C. Stress distribution in the cantilevered single-lap adhesive joints [J]. Advanced Materials Research, 2011, 179~180: 936~939.

[19] 王玉奇, 何晓聪, 赵伦, 等. 金属材料对单搭粘接接头强度的影响 [J]. 材料导报, 2014, 28 (6): 70~74.

[20] He X C. Effect of mechanical properties of adhesives on stress distributions in structural bonded joints [J]. Lecture Notes in Engineering and Computer Science, 2010 (2): 1168~1172.

[21] 郑小玲，魏晓红，游敏，等．单搭接接头胶层中的温度应变研究 [J]．三峡大学学报（自然科学版），2003，25（2）：111～113.

[22] 王玉奇，何晓聪，周森，等．高温对单搭接接头强度的影响 [J]．宇航材料工艺，2014（2）：78～82.

[23] 刘刚，游敏，曹平，等．外加磁场对胶接接头剪切强度的影响 [J]．粘接，2005，26（3）：16～18.

[24] 毛玉平，游敏，邓冰葱，等．固化工艺对 HT1012 铜粉导电胶剪切强度的影响 [J]．粘接，2004，25（4）：11～13.

[25] 游敏，朱定锋，郑小玲，等．金属胶接接头残余应力计算及数值分析 [J]．材料导报，2009，23（22）：110～112，116.

粘接技术的应用

16.1 汽车结构的粘接

在汽车结构中，使用结构粘接剂形成的连接接头越来越多。如果没有粘接，现代汽车工业的轻量化设计、安全和模块化的概念将无法实现。迄今为止，仍主要依靠粘接方法来增加车体结构的刚度、抗冲击能力和抗疲劳强度，今后将向采用粘接接头的方向发展。40多年前，粘接剂在汽车工业中主要作为密封剂使用。在粘接剂被用来防腐蚀后，就出现了第一代的结构粘接剂用来提高汽车车体的刚度。现在，粘接剂已经用来连接汽车的部分结构，甚至用来减轻碰撞造成的损失，通过高强度钢、铝镁合金、层叠复合材料结构和纤维增强塑料等不同材料进行轻量化设计的趋势，加速了汽车生产中粘接剂的使用[1~9]。新型的克莱斯勒 S 型汽车的车身中采用了总长度超过 100m 的结构粘接剂胶缝；而宝马 7 系列汽车中使用的结构粘接剂超过了 10kg。

16.1.1 对材料的要求

直到 20 世纪 80 年代，汽车零部件材料主要还是低碳钢，只是少量特殊零部件采用高强度钢、铝合金或增强塑料，不能焊接的部件多用螺纹连接对于全钢材汽车，点焊是一种高效的连接方式，可以实现车身制造的质量稳定性和可靠性。

20 世纪 90 年代初全铝合金材料的汽车面市，从此改变了这种状况。铝的电阻低，具有稳定且不导电的氧化层，加上铝与点焊电极的相互作用，因此铝合金的点焊连接不易实现，而铝的电极寿命低又引起工艺成本增加。此外，铝合金在经历焊接之后强度会下降，对抗疲劳性能不利，因为粘接技术在汽车制造中确立了其不可动摇的地位，如图16.1 所示，特斯拉 model S 拥有全铝车身[10]。

图 16.1 特斯拉 model S 全铝车身

现代汽车用材是基于一种所谓多材料设计的概念，使用的多是铝、镁合金，纤维增强塑性材料和高强度钢等轻质材料，以达到最好的性能。钢材用于立柱、纵梁和横梁等主要承受冲击载荷的部件；铝合金可用于大部分构件，如前罩盖、保护罩、顶板和车门等；镁的耐腐性差，塑性成形性好，常常用于内部构件和形状复杂的部件。汽车保险杠等其他部件需有好的弹性，以保证汽车时速超15km/h 时发生事故也不会损坏。由于显而易见的原因，复合材料不能焊接，这种情况下主要采用机械连接和粘接技术。

16.1.2　汽车车身的粘接

汽车生产中，典型的工艺环节可以在以下几个环节中完成：冲压车间、车身车间、油漆车间和装配车间。

为了防腐蚀和易于成形，冲压加工材料必须润滑，通常使用不同的矿物油防护或润滑材料表面。目前，使用所谓"干态润滑剂"（如高黏度润滑油和蜡）的情况较多。为了粘接这些部件，在车身制造车间使用的粘接剂应具有一定的耐油性。这些部件粘接后，必须通过工艺措施使其固定直到粘接剂固化。一般通过混合连接方式完成，例如同时采用粘接与点焊或铆接等。车身工程中典型的粘接接头如图 16.2 所示。

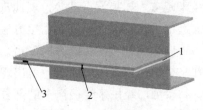

图 16.2　车身工程中的典型粘接接头[4]

1—胶层　2—铆接　3—点焊

粘接后的车身需经喷漆处理。为了去除油污和润滑剂，板料要脱脂，洗涤后用磷酸预处理。这时，保证接头的粘接剂不被冲洗掉显得尤为重要，否则将导致车间环境污染。为获得期望的冲洗稳定性，车身制造车间通常使用低黏度粘接剂，在 125℃ 温度下预固化。洗涤和预处理之后，接着进行电泳处理，所用的涂料在 180℃ 温度下大约固化 30min；接着涂覆面漆并固化；最后车体进入整车装配阶段，挡风玻璃、车窗以及装饰条带和徽标也要粘接在车体上。图 16.3 所示为装配车间中典型的粘接接头。

图 16.3　装配车间中典型的粘接接头[4]

因为粘接剂在最终固化前强度较低，所以生产过程中必须通过辅助手段得到足够的承受工艺加工的强度。在自动化生产线中，使用机械连接的效率比较低，为了保证所需的强度，常常使用粘接与点焊、铆接（自穿孔铆钉）或嵌接组合的混合连接技术。在这些混合连接接头中，机械连接仅仅提供承载强度或在需要时平衡剥离载荷，而由粘接提供接头的最终强度，没有必要同时采用两种结构连接技术。

汽车车体中使用粘接剂的主要目的是防腐，增加接头刚度，提高抗疲劳和抗冲击能力。为了防止凸缘和卷边凸缘的腐蚀，必须将粘接剂充满间隙以防止水分渗入。对零件的刚度或抗冲击能力要求不高的场合，可以使用 PVC 基塑溶胶或丙烯酸酯粘接剂。当因为加工限制使间隙不能完全充满，且水分可能渗入接头时，常常使用盖面密封胶。这些密封胶也是以 PVC 基塑溶胶为基础制成的。如果使用有机涂层、镀锌层、热镀锌钢板或铝合金板时，有时也可以不用盖面密封胶。

对不同的车身结构来说，采用粘接工艺可提高其结构刚度 15%～30%。将使用点焊、熔焊、铆接激光焊和胶焊方式连接铝合金的抗疲劳强度进行比较，可知胶焊结构的抗疲劳强度最高。用于车身连接的结构粘接剂对含油钢板和脱脂铝合金板的黏附性好，一般为含有环氧基团或橡胶基的热固粘接剂。用于汽车的新一代粘接剂以改善车身的抗撞击能力为出发点，要求其在遭受高速撞击时吸收功高。由于有高的强度及冲击韧度，接头在遭受撞击状态下仍能保持稳定。

防撞击性能优异的粘接剂一般是高交联度的热固性树脂，如催化固化的环氧树脂，可在增加韧度的同时维持其高强度。近年来，其他一些能抵御冲击载荷的高强增韧型粘接剂也可以投入市场。

16. 1. 3 对粘接剂性能的要求

16. 1. 3. 1 工艺性能

在汽车系列产品生产中，部件由机器人和适当的分配系统实现自动化连接。尽管粘接剂用于板材的位置不同，胶缝的几何形状也不同，但胶缝位置和几何形状需保持一致。因此要求粘接剂要有高的初始黏附力和高的黏度以粘住板材，获得稳定的形状。考虑到高黏度材料不易通过管道输送，所以需要粘接剂具有剪切流变性，即在使用期间粘接较低，使用后黏度较高以形成稳定的胶层。例如35℃的保温粘接剂在输送和涂覆的过程中具有低而稳定的黏度，且保证粘接剂的温度恒高于周围环境的温度。当粘接剂的输送距离较长时，输送泵的剪切速率可能需要改变，此时流体状态也可能改变，因而输送距离应严格限制，以保证粘接剂有足够的稳定性。

16. 1. 3. 2 使用性能

汽车结构中粘接剂主要用途是防腐，提高汽车车身在静载荷、动载荷下的刚度以及提高汽车的抗疲劳和抗冲击性能。根据不同的用途，需要粘接剂具有不同性能。

（1）耐腐蚀性。为使汽车结构具有较高的耐腐蚀性，一般使用卷边法兰粘接剂和密封胶来密封凸缘。在卷边部位充填适量粘接剂和密封胶，不允许存在间隙和气泡。如果水已经进入间隙，此时应使其有可能逸出，加宽卷边半径是有效方法之一。卷边没有充满粘接剂且末端是敞开的，便于水分逸出，但同时容易含有空气。空气如果不能通过设定的路径排出，将在粘接剂和密封胶中形成气泡，导致泄漏；气泡还产生了多孔性表面，使水容易渗入，导致腐蚀。避免这种现象方法之一，是感应加热卷边处的粘接剂，一边固化一边填充密封胶；另一种提高防腐能力的方法是使用在油面钢板上也有很强黏附力，且在汽车的使用过程中耐久性足够高的粘接剂。

（2）刚度。高弹性模量粘接剂可以提高车身在静载荷、动载荷作用下的刚度，根据车身的几何形状，提高幅度可达40%以上。通常情况下对油面板材具有良好黏附性的热固性环氧树脂粘接剂适于该用途。近年来，可替代环氧树脂粘接剂的新一代硬橡胶基粘接剂也发展起来。

（3）抗冲击性。用以增加部件刚度的标准环氧树脂粘接剂，其冲击韧度不高，这意味着在冲击载荷作用下，接头的剪切强度和剥离强度较低，利用环氧树脂粘接剂形成粘接接头来维持连接是不可能的。20世纪90年代中期，新一代增韧环氧树脂进入市场，在高速冲击下，粘接剂具有很高的强度和冲击韧度。这种性能是通过在环氧树脂晶体中合理地分布橡胶颗粒来获得的。

（4）抗冲击粘接剂能用来提高刚度。这是因为它们具有相当高的弹性模量和剪切模量。但是，如果实际情况下对抗冲击性能要求不高时，采用这样的粘接剂会导致成本显著上升。

16.1.4 表面处理

对车身制造车间中需要进行粘接的钢件来说，表面处理不经济，有时可以省去。用于钢件的粘接剂主要有热固性环氧树脂粘接剂、热熔粘接剂和橡胶基粘接剂，它们对油面钢板显示出良好的粘接性能。板面含油量限制在 $3 \sim 4 g/m^2$ 以下，才可避免粘接剂未固化时出现部件滑移现象。在 180℃ 的条件下固化后，这些粘接剂对基体表现出良好的黏附性。而室温固化的粘接剂不能用于油面钢板的粘接，高合金钢必须进行喷刚玉丸、砂纸打磨或浸蚀处理。

用于车身制造的粘接剂对铝表现出良好的黏附性，但对表面有油的铝件粘接效果不太令人满意。因为没有必要在生产过程中对铝进行防腐处理，在压延过程后，与粘接剂相容性好的润滑油和润滑剂必须清洗掉。

16.1.5 强度和耐久性

16.1.5.1 强度

（1）结构粘接剂粘接。环氧和橡胶基高强度粘接剂用于车身工程中的结构连接，这些粘接剂的强度取决于粘接剂、被粘物的种类和几何形状，为 $10 \sim 30 MPa$。玻璃化转变温度应该比工作温度高，通常为 $80 \sim 100℃$。当结构设计合理时，基体通常出现由于疲劳载荷引起的疲劳破坏。

（2）半结构粘接剂粘接。抗振疲劳粘接剂用于形成软弹性接头，例如，在汽车罩盖上面板的内部和外部之间或侧边的半结构粘接剂可减少振动和噪声。这类粘接剂通常以反应弹性体混合物为基体，固化时形成交联。搭接剪切强度为 $0.5 \sim 3 MPa$，弹性模量和剪切模量低，破坏时伸长率可能超过 200%。

（3）玻璃窗直接粘接。用于车窗连接的单组分湿固化聚氨酯的厚度可达 20mm，其弹性模量为 $3 \sim 15 MPa$，剪切模量为 $1 \sim 5 MPa$。弹性模量高的粘接剂导致车身刚度增大，但弹性模量和剪切模量受到车窗强度的限制，实际上车窗粘接剂的搭接剪切强度在 $3 \sim 6 MPa$ 之间。

16.1.5.2 耐久性

粘接剂性能受到不同温度下湿度和盐分的影响。如果主要性能（如强度或失效应变）不可逆地下降，需确定可接受的下降幅度或最低值。为了解在不同条件下的失效情况，汽车工业中常进行各种加速老化试验，基于时温等效法则来缩短测试时间。

影响粘接接头耐久性的因素是被粘物、表面质量、涂覆和固化工艺、粘接剂类型等。通常在起始状态和使用不同的老化方法之后，在粘接样品上测试这些参数对失效形式、搭接强度、抗剥离性能和冲击韧度的影响。最为常见的是烟雾试验，试验时间从数小时至数千小时不等，大多情况下为 480h。

湿度的影响可以通过浸泡试验测试，将试样浸泡在80℃高温蒸馏水中；或进行耐久存放试验，即将样品在70℃下存放21天，或在−30℃的潮湿环境下存放16h。为模拟汽车使用中的真实老化情况，常将不同老化方法混合使用。

16.1.6　粘接在车辆制造业中的应用实例

（1）汽车制动器件的粘接。汽车制动器件的粘接剂使用条件十分苛刻，在摩擦所产生的高温下仍必须保持很高的粘接强度，还必须耐热老化、耐汽车润滑油的侵蚀，以及能经受相对强烈的冲击力和振动等。所用的粘接剂应具有强度高、韧性好、耐冲击、耐热、耐油、耐尘土及较好的抗老化性能等。使用HAS双组分超强结构粘接剂粘接的制动片粘接牢固，磨损均匀，性能可靠。

（2）汽车车门的粘接。汽车车门是汽车的主要部件之一，由内层部分和外层部分组成。内层部分主要装有门锁、门窗机构，各种装饰物，铰链和防护栅等部件；外层部分应呈现出车门外形，附加上外层板，经喷漆后可起防护及美化作用。汽车车门的粘接可用手工粘接组装，也可机械化粘接组装。手工粘接一般分两步：第一步在外层板上施加粘接剂，与内层板粘接；第二步是外层板折边凸缘部分粘接。所用粘接剂为氯丁橡胶-叔丁酚醛结构胶。涂胶一定要保证胶层的厚度适宜，涂胶太少、胶层太薄易形成缺胶，使粘接强度降低或导致粘接失败；涂胶太多，受压时会将胶液挤出，造成模具污染、返工甚至是车门报废。

（3）汽车内装饰物的粘接。汽车内装饰物的种类很多，就材质而言，大多属于PVC、ABS薄膜、薄片、泡沫塑性材料板材、地毯及木纹装饰的非金属材料。受力较大的装饰板一般使用环氧树脂类的粘接剂；而受力较小的装饰板则采用热熔粘接剂、丙烯酸酯乳液粘接剂或溶剂型粘接剂。如用塑料薄片包裹门的边缘和装饰衬板时，可用热熔卷边胶来定位。汽车内的车顶线路、消声衬板和橡胶挡风雨带，一般使用氯丁胶或SBR类溶剂粘接剂固定在车内或门槽内；地毯和地板则一般采用SA类溶剂粘接剂粘贴。

（4）汽车外状物的粘接。汽车上使用的铭牌和标牌，过去通常用铆接安装，大多整体贴合不紧密、不美观，且工艺复杂。使用粘接剂粘接，要求粘接剂初粘力高、粘接面积大、耐老化性能好、耐油性好等，国内用以氯丁橡胶-酚醛树脂为主体的粘接剂、丙烯酸酯类压敏粘接剂等。粘接前，被粘物表面要进行除尘、去油、去锈处理，然后涂胶黏合。

（5）驾驶室（复合材料）与车体支承结构之间的粘接。驾驶室由带夹层板的复合材料构成，整个驾驶室粘接在车体钢结构框架上，所使用的材料是高弹性聚氨酯，其延展率超过400%。粘接处有10mm厚，不仅有效地保证了粘接强度，而且也为弥补制造公差留出了足够余量。

（6）客车玻璃钢件粘接。玻璃钢件与车身采用铆接连接，施工方便、操作简单；但易引起玻璃钢件的应力集中，时间久了还会引起铆钉松动和玻璃钢件局部开裂。粘接工艺将玻璃钢件所受的应力平均分布于粘接面上，避免了铆接所产生的应力变形和开裂，正在取代传统的铆接工艺。

（7）客车外护面的粘接。蒙皮与骨架的连接常局限于CO_2焊接、单面双点焊或铆接等形式，这些连接方式产生的变形难以消除。采用应力蒙皮粘接工艺方案能解决变形难题。

16.2　航空航天器的粘接

16.2.1　粘接在飞机制造业中的应用领域与特点

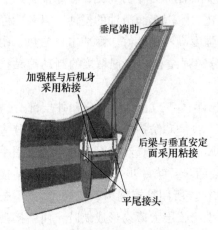

图16.4　后机身内部粘接结构

粘接在飞机制造工业上的应用始于20世纪40年代，甚至可以追溯到20世纪20年代。迄今为止，世界各国采用粘接结构的飞机已经有一百多种，几乎所有的军用、民航飞机都不同程度地使用粘接，粘接已经成为整个飞机设计的基础。使用粘接的部件也由原来的机内装饰、非结构件、非受力件发展到结构件、受力件，甚至整个机体全是粘接件，如国内设计制造的 AD 型系列单座、多座旅游、勘察、公务飞机，就是整个飞机机身、机翼、垂尾、平尾都是由玻璃钢蜂窝粘接的结构[1]，后机身内部粘接结构如图 16.4 所示。

16.2.1.1　粘接在飞机制造业的应用领域

目前飞机上粘接应用主要有下列几类：

（1）蒙皮类壁板粘接，如机翼壁板、机身壁板、尾翼壁板等。大多具有曲面外形，这类壁板可分为两种：一种为板件与长桁（各种剖面形状）的粘接；另一种为蒙皮与多层加强板的粘接，或与波骨板的粘接，有的蒙皮壁板上还需粘接钛止裂带。

（2）梁、肋类构件粘接，如翼梁、油箱隔板及机身隔板等，大多为平面板件，这类构件也可分为两种：一种为梁、肋或框的腹板与加强型材、加强板或止裂带等粘接；另一种是由双层板件粘接成梁、肋或框的腹板，构成双通道传力结构，如图 16.5 所示，为框的粘接。

（3）全高度蜂窝结构构件粘接，如襟翼、副翼、方向舵、调整片、减速板、鸭翼等。一般由面板、端肋梁及全高度蜂窝夹芯粘接而成。这类粘接构件的剖面形状以楔形居多。

（4）壁板类蜂窝结构件一般由面板、边框或端肋板及厚度变化不大的蜂窝夹芯粘接而成，如翼刀、

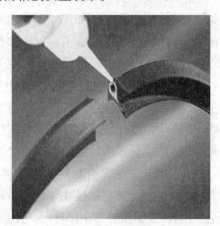

图16.5　框的粘接

腹鳍、折流板等。也有较复杂的双曲度蜂窝壁板，如机身蜂窝壁板等。大型飞机的操纵结构件，大多采用壁板类蜂窝结构形式。

（5）纤维增强塑料-金属交替复合粘接。纤维增强塑料与金属交替粘接形成混杂层结构，兼备各相同性的铝合金薄板与各向异性的纤维增强塑料板材交替粘接结构的优点，并克服了各自的缺点，已成为一种崭新的复合材料。由于这种层压板具有优异抗疲劳裂纹扩

展性能，可作为飞机的主要结构材料，国外已进入工业化生产，如图 16.6 所示，芬兰 FlyNano 水上电动私人飞机质量仅有 70kg[11]。

（6）玻璃纤维增强复合材料（玻璃钢）轻型飞机粘接制造。轻型飞机可用于空中摄影、森林防火巡逻、地质勘探以及旅游运输等，用玻璃钢复合材料通过粘接装配制造，具有轻便（全机空重 234kg、起飞质量 450kg）、油耗率低（贮油 75.7L，每升可飞行 25.49km）、起飞着陆跑道距离短（海平面起飞距离 186m，着陆距离 240m）等优点。该飞机不仅质量小，比强度、比刚度

图 16.6　芬兰 FlyNano 水上电动私人飞机[11]

高，还有良好的耐破损安全性、耐疲劳性能，以及良好的减振性、良好的绝热性和防噪声性能等，且一般地面雷达天线难于发现。

（7）飞机结构粘接修复。飞机结构经过长期使用或受到意外损伤，会出现结构缺陷，影响进一步使用，采用粘接剂可对其缺陷部分进行粘接修复，修复后的结构制品性能良好，有的修复后性能还有新的提高。粘接修复常用的有纤维增强塑料结构和复合材料结构两种材料，目前最感兴趣的是蜂窝结构材料的修复，这种材料在军用飞机中应用，如直升机的旋翼叶片、飞机舱壁、横向剪切辐板、地板工作台、工作平台、滑行台、出入门、燃料舱外壳板、机翼蒙皮、襟翼稳定器、舱顶和座舱外壳板等。可修复的缺陷与损伤通常为开裂与断裂、分层、小孔、需要更换的损伤部件等。

（8）飞机非结构件粘接，主要为铭牌、机翼面整流板、推进器、仪表开关板、机身装饰板等非受力部件的粘接。

16.2.1.2　粘接在飞机制造业中的应用特点

飞机制造中越来越多应用粘接结构，是因为粘接与传统的焊接、铆接、螺栓连接相比，具有结构质量轻、抗疲劳性能好、启动性能好、工艺简单、成本低等优点。主要特点有：

（1）由于被粘接材料间有一层富有弹性的粘接剂连接层，在受应力场作用时，胶层具有良好的减振性，可减少应力集中，防止裂纹扩展，从而提高结构件的结构强度和整体刚性，有效改善结构损伤安全性、抗疲劳性、气动力特性、耐腐蚀性和密封性能。

（2）粘接适于作为夹层结构和复合材料的连接，所以在满足结构性能要求的同时，可显著减轻结构质量，限定制造成本。

（3）与机械紧固结构相比，由于粘接剂的存在，粘接结构要比铆接、螺接等对于不良的细微连接、载荷的重新分布和损伤容限的敏感性更高，故粘接结构的设计要求比传统的机械紧固法设计要求高得多。

（4）由于粘接结构无紧固件孔洞，清除了裂纹发生和扩展源，结构经久耐用可免于维护，至少可将维护工作量减少到最低程度，从而减少了维护成本。

（5）由于粘接剂品种多、型号全、选择范围广，再加上粘接剂配制灵活性大，可以制成胶液、糊浆、粉末、腻子等形式，为飞机构件制造商组装飞机构件提供了极大的方便。

（6）粘接剂粘接技术除了能用于构件制造和组装外，还可用于飞机损伤部件的修复，

由于粘接剂可常温固化、施工性能好，适用于飞机的现场修复。

（7）由于飞机是特殊的交通工具，有着特殊的使用环境和条件，对粘接剂和粘接工艺性能的要求特别苛刻，因此要在飞机上使用一种胶水和粘接结构，并证明其可靠性、耐久性，必须要事先进行大量、细致、周密、可靠的各种原理试验、性能试验、地面试验、模拟试验等一系列试验，只有试验合格、验收通过后，方可使用。

（8）由于粘接质量的分散性，即使同一种粘接剂，在不同的环境和条件下，采取不同的粘接工艺和方法，由不同水平的操作者施工，所得到的粘接质量不同。而且，即使在同样的环境条件下，采用同样的粘接工艺和方法，由同一个人操作施工，使用同一种胶的粘接，所得的粘接质量、性能也不尽相同。因此在飞机制造中，在选择合适的粘接剂的同时，必须有先进的粘接全过程质量控制、质量保证体系，以获得安全、可靠、优质的粘接结构。

16.2.2　粘接在飞机制造业中的应用实例

（1）飞机中蜂窝夹层结构粘接。蜂窝夹层结构件由蒙皮与正六边形蜂窝格子粘接而成的复合结构。它具有质量小、强度大的优点，特别是在承受压力时，有较大的抗压强度和耐弯曲刚度，广泛用来制造飞机的各种零件、部件。

（2）飞机中的机翼粘接。飞机机体主要是玻璃纤维-环氧结构，中翼采用了铝合金单块式结构。中翼由蒙皮、长桁、舌形片等组成上、下板件和前、后墙以及翼肋组成的骨架装配而成，其内部容积可以盛放燃油。对中翼除要求外形准确，接头可互换和足够的刚度、强度之外，还应具有良好的密封性。

（3）飞机壁板粘接。为减轻飞机结构质量，机翼前缘、中段壁板用 0.4 ~ 0.6mm 厚的铝合金蒙皮与 0.4mm 厚铝合金异型长桁采用纯粘接连接。机翼尾端及襟、副翼为环氧树脂粘接剂组成的玻璃钢-泡沫结构，农药箱、机头罩、飞行员座椅盆、机翼翼尖、尾翼翼尖、机器撑杆整流罩等均为环氧胶组成的玻璃钢零件。

（4）飞机中的密封粘接。随着飞机的设计使用寿命的不断提高，为了确保机器、仪表的高精确性和高灵敏性，对密封性的要求也相应提高。用于飞机密封部位的粘接剂用量很大，一架大型客机上，平均用量在 450kg 以上，应用部位为油箱、机窗、座窗、外露系统、分离器、电器接线柱和高温接合部位等。

1）油箱的密封。飞机油箱又称整体油箱，是将主翼外壳与桁条等结构部位的接合处和缝隙密封，直接盛装燃油的箱子。密封粘接剂要求具有良好的耐燃性，对金属（铝合金）表面有高的粘接强度，无腐蚀性，且要有优良的机械性和施工性，主要采用聚硫胶，可在 -60 ~ 130℃ 环境下使用 8 年以上；在频率 90 次/min，振幅 +7 ~ -8mm 情况下，连续振动 30h（计 16 万次），未发现有任何泄漏情况。

2）机窗的密封。飞机上的机窗玻璃多采用有机玻璃、增强的无机玻璃，或者两者结合使用。粘接密封材料不仅要求具有良好的耐候性、防腐蚀性和优良粘接性，而且在用于复合结构的中间层时，不会因为有机玻璃和无机玻璃的线膨胀系数的不同而引起胶层剥落，通常使用硅橡胶粘接剂。

3）座舱、外露系统的密封。座舱密封主要是隔压板、防火层、出入门、窗、气孔以及管路系统的各种结合面，大多采用有机硅胶和聚氨酯胶。飞机外露系统主要有机身各部件对接处，机身门窗和各种箱盖的端面，垂直尾翼方向舵连接部位，以及起落架上壁板和机身对接处等。

4）分离器、电器接线柱的密封。分离器要求粘接剂兼有高密封性和适度的粘接强度，一般选用单组分潮气固化型液体聚硫胶。接线柱主要是灌封，可以提高飞机电器的可靠性和使用寿命。粘接剂主要有液体聚硫胶、聚氨酯胶和有机硅胶。液体聚硫胶大多用于低电压部位，聚氨酯胶主要用于高压部位，有机硅胶由于具有优良的耐热性和电绝缘性，大多用于工作温度较高和对电绝缘性要求较苛刻的部位。

5）高温结合部位的密封。飞机的高温部位通常是指超声速机型的主翼前缘和发动机罩壳前缘。这些部位温度可高达 200～250℃，一般采用有机硅胶。此外，飞机其他一些接合部位，如发动机盖板、附件壳接合面、压气机油箱盖、涡轮机壳结合面、燃烧室分箱面、消声器结合面及燃油管道法兰面等的工作温度一般也较高，也要采用耐热性较好的粘接剂。

16.3　粘接在宇航工业中的应用

16.3.1　粘接在宇航工业中的应用领域与特点

16.3.1.1　粘接在宇航工业的应用领域

宇航工业的粘接应用，主要是指在运载火箭、人造卫星及宇宙飞船等领域的粘接应用。

（1）运载火箭和导弹的粘接应用。航天运载火箭和战略导弹结构广泛采用各种粘接结构，主要由受力部件、耐高温部件和承力机构等。其中铝制蜂窝结构发展较快，这种质量轻、比强度、比模量较高，综合性能较为优越的结构，已从非受力结构的小型舱口盖发展到大型次承力和主承力结构，如：

1）欧洲阿里亚娜 4 型火箭整流罩的前锥和圆柱段均采用碳纤维增强面板-蜂窝夹芯的粘接结构，最大直径约 400mm，前锥高约 3500mm，圆柱段高 4000mm。

2）美国地-地、空-空导弹也大量运用粘接结构。如美国"人马座"地-地导弹隔热层、"斗牛士"地-地导弹的弹翼、"鲨鱼"地-地导弹的操纵面板、"鹅式"地-地导弹弹体、"丘比特"地-地导弹弹体等均采用粘接夹层结构或采用层状复合材料粘接结构制成。"奈基"空-空导弹操纵面板也是采用粘接结构的蜂窝夹芯层复合材料制成的。火箭和导弹发动机药柱均采用粘接结构，其强度高，质量轻，可满足应用要求。

3）我国的长征 CZ-3 和 CZ-2E 运载火箭上也大量采用蜂窝夹层结构。如 CZ-3 整流罩双锥，直径为 2600mm，结构高度 20mm，采用玻璃纤维增强塑料为芯材，两面加玻璃纤维增强复合材料板的粘接层压材料结构。直筒直径为 2600mm，高度为 20mm，采用通用铝芯材，面为 2A12 铝板的夹层粘接结构。

（2）人造卫星结构的粘接应用。人造卫星可用于广播电视、空间侦察、气象监测、导航、通信、对地球各军事目标侦测和地球矿产资源的探测等。卫星在大气外围空间作业，在宇宙空间中运行，对质量可靠性要求十分苛刻，在服役期内应确保处于完好的工作状态，并具备优越的耐久性。考虑到运载火箭的发射能力，必须采用那些比强度、比模量高的复合材料，特别是聚合物基复合材料作为其结构材料，其部件间的连接件组装应考虑使用轻质化的粘接剂材料进行粘接，粘接是卫星制造中常用技术之一。

粘接在卫星中应用很广，如天线、热保护层、光学元件、太阳能电池片、电容器件剂温控用二次表面镜等。20 世纪 80 年代以来，虽然碳纤维树脂基复合材料日趋成熟，正在逐步代替金属（国外有些卫星结构，复合材料占 50% 以上），但是铝合金材料在卫星结构中仍占有一定比例，一些复杂外形和难以加工的部件、要求精度较高的连接端框、仪器安装板上的镶嵌件等，都由铝合金粘接而成。太阳能帆板结构和承力的外壳结构中还常采用铝蜂窝夹芯，在卫星结构中既有结构的承载用途又有传热目的。

（3）宇宙飞船和航天飞机的粘接应用。航天飞机粘接部件有蒙皮外侧隔热防热材料——陶瓷隔热瓦，其为脆性材料，且强度偏低，与蒙皮件粘接比较困难，属铝合金与陶瓷粘接。一般采用过渡层技术粘接而成，如采用 Nomex 纤维毡作为过渡应变隔离层，以室温硫化的有机硅弹性体粘接剂，按照铝-陶表面处理方法粘接而成，其效果较好。如美国"哥伦比亚"号航天飞机整个机身采用近 3 万块陶瓷瓦，采用过渡层粘接制成，隔热防热层可耐高温达到 1000 ~ 1300℃。前苏联的"暴风雪"航天飞机则采用蒙皮与陶瓷直接粘接的方法，但这种粘接结构对胶层弹性要求更高些。

16.3.1.2　粘接在航天工业中的应用特点

上述应用中粘接接头要经受超高温、超低温、强冲击等恶劣的使用条件，对粘接剂和粘接技术分别提出了一些特殊的技术要求，这些要求主要有：

（1）耐特殊热环境特性。如发射太空飞船、高速火箭表面产生 2000℃ 的高温，载人太空飞船再入大气层的环境是高热焓、低热流、低驻点压力和长时间；导弹弹头再入大气层的环境是高热焓、高热流、低驻点压力，因此，粘接接头必须有优良的耐烧蚀和绝缘特性，粘接部件必须具有足够的瞬间抗撕裂强度。

（2）耐复杂空间环境特性。如耐高温、低温交变，耐高能粒子及电磁波辐射，耐超低温，耐介质特性等。

（3）良好的工艺性、密封性以及被粘材料的匹配性等。

（4）选胶的特殊性。由于运载火箭和远程导弹、人造卫星及宇宙飞船的特别工作条件，粘接剂必须具有粘接强度高，胶层具有较大弹性可减缓飞行中的振颤，并能起一定阻尼减振作用；能耐超低温、耐瞬间高温、耐冷热交变；能经受住紫外线、质子、电子等辐射，无大量的挥发物；具备合适的施工期，最好是室温无压固化等性能，且应为结构粘接剂。

在航天工业中常用的粘接剂主要有改性环氧、环氧-橡胶、酚醛-环氧、酚醛-丁腈、有机硅、聚氨酯弹性体等结构粘接剂、无机粘接剂、密封粘接剂和其他粘接剂等。

16.3.2　粘接在宇航工业中的应用实例

16.3.2.1　飞机、导弹制造中的粘接应用

（1）热防护层的粘接。导弹弹头结构层（材料为铝合金或碳纤维等）与外加的热防护层（材料为树脂基或无机基复合材料）的粘接，特别需要具有良好的耐烧蚀性能。典型的粘接剂是以酚醛树脂为基料，以少量的环氧树脂改性，加入固化剂、填料、抗氧化剂组成，具有中温固化（100℃）的特点，可粘接玻璃、酚醛复合材料，300℃下接头的剪切强度大于 20MPa，短期耐温可达 500℃，1500 ~ 1700℃下静态烧蚀 15s 及 2000℃ 动态烧蚀下，

接头粘缝无裂纹、不塌陷。

（2）超低温粘接。以液氢、液氧为推进剂的高推力运载火箭系统，必须解决 -235℃ 至室温范围的粘接问题。涉及液氢、液氧箱共底粘接，箱体与绝热层及绝热层与外表面密封层间的粘接，液氢、液氧输送管道外绝热层的粘接，其他与超低温结构相连接的零件间的粘接等。粘接剂应具有高的室温粘接强度和足够的超低温下的粘接强度，能够制成胶膜，热膨胀系数与被粘材料接近，能经受二次加温固化等特性。主要采用聚氨酯和环氧类型粘接剂，如 PBI 聚苯并咪唑粘接剂使用温度可为 -250 ~ 370℃。

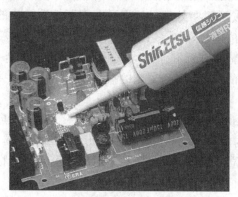

图 16.7　电子板线路的粘接

（3）电路导电粘接。火箭、导弹某些电路系统采用粘接方法，如在覆有导电膜的玻璃上粘接电极，在防热石英玻璃上粘接无线引信等，有些可以代替铅-锡铅焊，有时甚至是唯一可行的连接工艺。采用的导电胶的导电性能与导电填料的种类相关，也与导电胶的制备、涂胶、固化等应用工艺有关，当然这些电路的粘接接头也要满足火箭、导弹使用环境的要求，电子板线路的粘接如图 16.7 所示。

（4）耐压、耐油密封粘接。其主要特点为：火箭、导弹不少部件要求工作温度 -40 ~ 200℃，且在一定压力下密封性能好；同时要求能及时拆开或能在压力爆炸时脱卸，因此粘接接缝常态应耐压密封，达到某一条件时，又能顺利脱卸；火箭、导弹上伺服系统内部构件的粘接接头应耐航空液压轴油，且在 -40 ~ 135℃ 范围具有足够的粘接强度、气密性、耐冲击和耐振动。这类应用通常采用耐低温性好的硅橡胶为主要成分作为密封粘接剂。

（5）火箭、导弹结构粘接。要求其粘接接头疲劳强度高，粘接结构表面流线性好，耐高温、耐低温、耐辐射和高真空性能强等。如"土星"火箭第二级前缘部分、火箭第二级的最大全粘接组合件（密封的椭圆形的三层结构舱壁）等，主要使用有机硅密封胶粘接制造。

16.3.2.2　人造卫星中的粘接应用

（1）铝蜂窝夹层结构的粘接。蜂窝夹层结构具有质量轻、结构强度高、刚度好、耐疲劳、隔声、减振阻尼等优点，在卫星上得到广泛应用。

（2）太阳能电池片的粘接。太阳能电池片常常是卫星上的主要电源，太阳能电池片用粘接剂粘贴在太阳能电池基板或卫星壳体的外面板上。面板材料有铝合金、玻璃钢和碳纤维复合材料等。粘接剂要承受最恶劣的环境条件，要有良好粘接性能；用于太阳能电池片与透明保护片粘接的粘接剂，还具有良好的光学透明性和耐紫外线、粒子辐射性能，太阳能板上的粘接如图 16.8 所示。

图 16.8　太阳能板上的粘接

（3）桁板的粘接。卫星上经常应用的结构之一是碳纤维复合化材料管式桁架，由于碳纤维复合材料与铝合金、钛合金粘接而成，用于安装天线、望远镜、发动机等。

（4）其他装置的粘接。如各种耐热材料的连接均采用无机粘接剂，这些装置的表面温度可达1900℃，个别点上温度达2200℃，甚至在短时间内达到更高。还有机匣壳体、仪表盘、油管、发动机外罩、电气设备及制动机等，可用硅橡胶粘接剂等。

16.3.2.3　宇航飞船的粘接应用

（1）隔热层的粘接。如阿波罗宇宙飞船指令舱的隔热屏板为铜制钎焊结构，内层是由玻璃钢制成的蜂窝状结构空心层，外部盖有环氧酚醛树脂处理过的聚酰亚胺薄板等组成的烧蚀隔热材料。隔热组件内层用环氧酚醛粘接剂粘接，外层采用环氧-酚醛复合型结构粘接剂粘接，保证绝热效果，使阿波罗飞船上指令舱能够顺利通过大气层返回地球。此外，为了强化和密封指令舱，有700多个零件，包括角铁、支架和复杂的接头，使用军用粘接剂粘接在座舱表面上。

（2）过渡舱的粘接制造。过渡舱用来粘接阿波罗勤务舱和登月型"土星"（TVB）启动级，该舱为长8.5m的三层包皮的截锥形，结构由8块主要壁板制成，形成密封的舱体，能在-156~177℃温度下工作，短时间在局部部位过热到达260℃，采用环氧酚醛树脂粘接剂粘接。

16.4　粘接在船舶工业中的应用

16.4.1　粘接在船舶工业中的应用领域与特点

16.4.1.1　粘接在船舶工业的应用领域

粘接在船舶工业的制造、修复和维修中得到广泛的应用，众多的零部件和船舶的许多部位均采用粘接剂粘接和密封。粘接可以简化加工工艺、降低劳动疲劳、提高生产效率和增强产品安全可靠性，已成为船舶工业中必不可少的技术之一[1]。

船舶装配粘接，在造船工业中，大量的金属结构件、玻璃钢、木材、塑料制品的内部设施，如船舱地板、各种隔声隔热材料、装饰材料及其受力构件等，橡胶件、管道安装、锁紧螺纹连接等都需要粘接制造，甚至小型船只和中型吨位船只的玻璃钢船身也是粘接制造的。

金属船体的结构中，采用粘接-焊接和粘接-机械连接法，将卡箍、角铁、法兰及套筒等固定在船体上；粘接-机械连接用于船体上层金属结构和甲板室与金属船体粘接；木制船体可粘接玻璃纤维布覆面层；玻璃钢船体用粘接-机械连接，可将加强件粘接于船体结构等。

船舶机械系统的粘接应用，如螺旋桨的粘接于防腐、主副机垫片粘接、艉轴与铜套粘接。

船用密封粘接应用，除了进行零件的结构粘接之外，还由于船舶航行于江、湖、海的特殊环境，大量使用密封粘接，如液体聚硫密封剂用于填充结构连接缝的粘接密封，从而解决了靠木材泡胀使用接头密封的问题。密封粘接在船舶上大量用于甲板缝、舱孔、舷窗，以及各种油、水管路和电线贯通的密封等。

船舶零件的裂纹与断裂的粘接修复，各种船舶零件的裂纹与断裂均采用粘接修复。

钢船、水泥船和玻璃钢船只的修复，如钢船、水泥船和玻璃钢船只的水下粘接维修等。

16.4.1.2 粘接在船舶工业中的应用特点

船舶工作的环境条件比较特殊，长年累月航行在江河、湖泊、海洋中，气候条件复杂多变。因此，对粘接剂的要求比较苛刻，除要求粘接剂耐水、耐海水、耐气候老化、耐腐蚀、耐振动、阻燃外，某些部位还要求粘接剂耐油、耐高低温等性能。船舶粘接操作通常是现场作业，为确保施工安全，减少环境污染，应选用无毒、无味、挥发分小的阻燃性粘接剂为宜。

修理钢船、水泥船和玻璃钢船只以及水下粘接，采用环氧树脂粘接剂。其特点是活性期较长，能在5℃温度下和较高的气温下，甚至能在水中粘接金属、玻璃钢、干燥或湿润的木材表面。

在造船工业中，为了锁紧（止动）螺纹连接，已比较多地应用厌氧胶，并能密封海水，耐燃油、润滑油和霉菌。安装造船中的管道、电缆及其他零件时，均采用可进行拆卸的粘接剂。

16.4.2 粘接在船舶工业中的应用实例

（1）船舶舱室的粘接。船舶舱室内常用的隔声、隔热材料有：聚苯乙烯、聚氯乙烯和聚氨酯泡沫塑料，软木、玻璃棉和矿物棉等。聚苯乙烯、聚氯乙烯等材料粘接性能较好，粘接面的粘接强度均高于泡沫塑料本身强度。但由于这类材料易燃，国际造船机械推荐使用防热、防潮、难燃的玻璃棉。若采用以塑代木的框架，所制成的隔声隔热层效果良好，同时可达到造船的防火要求，但成本较高。阻燃泡沫塑料，特别是高性能阻燃泡沫塑料也是国内外普遍关注的新型隔声隔热材料。粘接隔声、隔热材料要求粘接剂应无毒或低毒无味、初黏性好、耐水、耐潮湿、抗振动、常温固化、施工方便等。

（2）船舶机械系统的粘接。采用粘接方法将艉轴与螺旋桨连接，可简化组装工艺，节省工时和劳动强度，同时也不需刮拂工序，还可改善艉轴的防腐性能，解决拆卸螺旋桨的困难。粘接艉轴和螺旋桨常用的粘接剂是环氧厌氧粘接剂。

（3）船舶中的密封粘接。甲板的捻缝密封，过去用麻绳、油灰作为捻缝材料，其密封性能差，容易渗漏，还会造成木质甲板的腐烂。采用粘接密封，使密封质量和产品使用寿命明显提高。常用的密封粘接剂是聚氨酯弹性体和氯丁橡胶粘接剂，均以腻子的形式施加。先将表面上的污物（如沥青、油污等）清除，再用吹风机将粉尘清除。木质甲板表面处理按木材粘接表面处理实施，捻缝处含水量（质量分数）为25%~28%。新甲板则应把木板两侧刨成Ｖ形缝口，夹缝深度应是板厚的2/3。金属甲板则要对甲板夹缝处进行认真处理，除去表面产生的氧化物、锈斑、油脂及污物等，并用丙酮或甲苯进行清洗。

（4）电缆贯穿绝缘密封。在船舶中，动力机械系统舱室电缆要穿过密封舱壁，需要安装大口径电缆护套，必须用填料或防水粘接剂水密封。常用填料的主体材料由环氧树脂、聚硫橡胶、丁基橡胶等材料制成。电缆密封灌注胶为聚硫橡胶密封剂，可常温固化。还可在上述组分中加入阻燃剂，制成阻燃密封粘接剂，在用于电缆穿过船舶舱壁的水密封中起到更好的作用。

（5）管道和管螺纹的密封。传统的密封方法是采用白漆麻丝或红粉白漆密封。该法容易产生渗漏和变形，而且拆卸困难，改用胶带或粘接剂密封法，其操作简单，且密封效果好。

参 考 文 献

[1] He X C, A review of finite element analysis of adhesively bonded joints [J]. International Journal of Adhesion & Adhesives, 2011, 31 (4)：248～264.

[2] 游敏，郑小玲. 胶接强度分析及应用 [M]. 武汉：华中科技大学出版社，2009.

[3] 何晓聪. 结构粘接技术在机械工程中的应用 [J]. 粘接，1998 (4)：34～36.

[4] 何晓聪，马正刚，赵彦. 结构粘接剂实用可靠性评价方法初探 [J]. 昆明理工大学学报，1997 (3)：31～38.

[5] 何晓聪，赵彦，马正刚. AE 波检测法在粘接接头强度评价中的应用 [J]. 粘接，1996 (3)：29～31.

[6] 北京粘接学会. 胶黏剂技术与应用手册 [M]. 北京：宇航出版社，1991.

[7] 游敏，郑小玲，郑勇. 金属结构胶接 [M]. 武汉：武汉水利电力大学出版社，2000.

[8] 熊腊森. 粘接手册 [M]. 北京：机械工业出版社，2008.

[9] He X C, Oyadiji S O. Application of coefficient of variation in reliability-based mechanical design and manufacture [J]. Journal of Materials Processing Technology, 2002, 119：374～378.

[10] 陈子峰. 特斯拉 Model S P85D [OL]. http：//auto. youth. cn/2015/0420/1123960. html

[11] 赵颖. 德国 RemosGX 私人飞机机身机翼由碳纤维复合材料打造 [OL]. http：//lux. cngold. org/c/2014-12-19/C2948495. html

索　引